UTB **8449**

Eine Arbeitsgemeinschaft der Verlage

Böhlau Verlag · Köln · Weimar · Wien
Verlag Barbara Budrich · Opladen · Farmington Hills
facultas.wuv · Wien
Wilhelm Fink · München
A. Francke Verlag · Tübingen und Basel
Haupt Verlag · Bern · Stuttgart · Wien
Julius Klinkhardt Verlagsbuchhandlung · Bad Heilbrunn
Lucius & Lucius Verlagsgesellschaft · Stuttgart
Mohr Siebeck · Tübingen
Nomos Verlagsgesellschaft · Baden-Baden
Orell Füssli Verlag · Zürich
Ernst Reinhardt Verlag · München · Basel
Ferdinand Schöningh · Paderborn · München · Wien · Zürich
Eugen Ulmer Verlag · Stuttgart
UVK Verlagsgesellschaft · Konstanz
Vandenhoeck & Ruprecht · Göttingen · Oakville
vdf Hochschulverlag AG an der ETH Zürich

Thomas Reinard

Molekularbiologische Methoden

127 Abbildungen
15 Maps
41 Tabellen

Verlag Eugen Ulmer Stuttgart

Thomas Reinard, wurde 1963 in Leverkusen geboren und studierte nach dem Abitur 1982 an der Friedrich-Wilhelms-Universität Bonn Biologie. Das Thema seiner Dissertation war die Charakterisierung von Auxin-bindenden Proteinen und wurde am Institut für Genetik und einem längerem Aufenthalt an der University of North Carolina at Chapel Hill durchgeführt. Anschließend wechselte er an das Institut für Pflanzengenetik, Abt. II, der Leibniz Universität Hannover (http://www.genetik.uni-hannover.de), wo er als Akademischer Rat arbeitet. Die von ihm geleitete Arbeitsgruppe Molekulare Biochemie beschäftigt sich mit der Herstellung pharmazeutisch relevanter Proteine in Pflanzen sowie mit der Wirkung von Auxinen. Er bietet in den Studiengängen Life Science, Pflanzenbiotechnologie und Biologie eigenverantwortlich Lehrveranstaltungen in den Fächern Molekularbiologie und Bioinformatik an.

Er ist einer der Autoren der Dechema-Studie Biotechnologie 2020 (http://bio2020.dechema.de).

Bibliografische Information der Deutschen Nationalbibliothek
Die Deutsche Nationalbibliothek verzeichnet diese Publikationen in der Deutschen Nationalbibliografie; detaillierte bibliografische Daten sind im Internet über http://dnb.d-nb.de abrufbar.

ISBN 978-3-8252-8449-7 (UTB)
ISBN 978-3-8001-2930-0 (Ulmer)

Das Werk einschließlich aller seiner Teile ist urheberrechtlich geschützt. Jede Verwertung außerhalb der engen Grenzen des Urheberrechtsgesetzes ist ohne Zustimmung des Verlages unzulässig und strafbar. Das gilt insbesondere für Vervielfältigungen, Übersetzungen, Mikroverfilmungen und die Einspeicherung und Verarbeitung in elektronischen Systemen.

© 2010 Eugen Ulmer KG
Wollgrasweg 41, 70599 Stuttgart (Hohenheim)
E-Mail: info@ulmer.de
Internet: www.ulmer.de
Lektorat: Alessandra Kreibaum
Herstellung: Jürgen Sprenzel
Umschlagentwurf, Innenlayout und Satz: Atelier Reichert, Stuttgart
Druck und Bindung: Egedsa, Sabadell, Spanien
Printed in Spain

ISBN 978-3-8252-8449-7 (UTB-Bestellnummer)

Inhaltsverzeichnis

Vorwort   7

1   Das Leben und seine Bestandteile   11

1.1   Der Aufbau von DNA und RNA   13
1.2   Der genetische Code   16
1.3   Die Gene   17
1.4   Die Proteine   22
1.5   Die Zelle   27

2   Grundlagen der Arbeit im Labor   29

2.1   Wasser   30
2.2   Messung des pH-Wertes   31
2.3   Puffer   32
2.4   Waagen   33
2.5   Mikropipetten   34
2.6   Gefäße im Labor   36
2.7   Zentrifugen   36
2.8   Mischen und Konzentrieren   40
2.9   Konzentrieren   41
2.10   Pufferwechsel   42
2.11   Proben-Lagerung   42
2.12   Steriles Arbeiten   43
2.13   Die kleinen Freunde – Pflege und Aufzucht von *Escherichia coli*   45
2.14   Der Aufschluss von Geweben   50

3   Aufreinigung von Nukleinsäuren   53

3.1   Gegenspieler erfolgreicher DNA- und RNA-Isolationen   55
3.2   Extraktion von Nukleinsäuren   58
3.3   Die weitere Aufreinigung der DNA   59
3.4   Einige ausgewählte DNA-Aufreinigungsmethoden   66
3.5   Die Isolation von RNA   71
3.6   Übersicht über den Einsatz von Kits   74
3.7   Tipps zum Erzielen hoher Ausbeuten bei der Isolation von Nukleinsäuren   74
3.8   Quantifizierung von Nukleinsäuren   75

4   Polymerase Kettenreaktion   79

4.1   Prinzip der Polymerase-Kettenreaktion   81
4.2   Die Komponenten der PCR   81
4.3   Geräte für die PCR   90
4.4   Die Standard-PCR   91
4.5   Ausgewählte PCR-Methoden   91
4.6   Anwendungen der PCR   100
4.7   Optimierung der PCR-Reaktion   101

5   Klonieren für Einsteiger   103

5.1   Restriktionsenzyme   105
5.2   Ligation   113
5.3   Dephosphorylierung   115
5.4   Die Transformation von *E. coli*   117
5.5   Der Weg zum klonierten Gen   119
5.6   Der ungerichtete Einbau einer amplifizierten DNA in einen Vektor   119
5.7   Der gerichtete Einbau von DNA in einen Vektor   122
5.8   Ligase-unabhängige Klonierungssysteme   124
5.9   Wenn es mal nicht klappt ...   125

6   Vektoren   127

6.1   Plasmide   129
6.2   Klonierungsplasmide   132
6.3   Rekombinase-basierte Klonierung   136
6.4   Expressionsplasmide   139
6.5   Reportergene   143
6.6   Phagen   146
6.7   Phagemide   147
6.8   Shuttle-Vektoren   147
6.9   Künstliche Chromosomen: BACs, PACs und YACs   148
6.10   Hefen als Klonierungs- und Expressionssystem   149

6.11	Die Transformation von Pflanzen 151	10		**Immunbiochemische Methoden 217**
6.12	Die Transformation von Säugetieren und tierischen Zellkulturen 153		10.1	Antikörper 219
7	**Elektrophorese von Nukleinsäuren 157**		10.2	Prinzipien immunbiochemischer Verfahren 223
			10.3	Spezifische und unspezifische Bindungen 229
7.1	Agarose-Gelelektrophorese von DNA 159		10.4	Immunbiochemische Verfahren 230
7.2	Die Detektion der DNA im Gel 164		10.5	ELISA 230
7.3	Präparative Agarosegele 165		10.6	Immunfärbung nach Western Blot 235
7.4	Auftrennen von RNA im Agarosegel 167		10.7	Immunoaffinitätschromatographie 237
7.5	Fehlersuche bei der Agarose-Gelelektrophorese 168		10.8	Weitere Antikörper-basierte Methoden 239
			10.9	Wenn es mal nicht klappt … 240
8	**Proteinaufreinigung 171**	**11**		**Molekularbiologie für Fortgeschrittene 243**
8.1	Homogenisation 175			
8.2	Extraktion von Proteinen 177		11.1	DNA-Sequenzierung 245
8.3	Dialyse und Konzentrierung 181		11.2	Bioinformatische Sequenzanalyse 248
8.4	Weitere Aufreinigungsschritte 183		11.3	Der Einsatz der Bioinformatik für die Klonierung von DNA 250
8.5	Quantifizierung von Proteinen 186		11.4	Vollständige Sequenzen durch 3' RACE-PCR und 5' RACE-PCR 251
8.6	Aufreinigungsverfahren für getaggte Proteine aus E. coli 189		11.5	Stammsammlungen 253
9	**Gelelektrophorese von Proteinen 195**		11.6	Identifizierung von Nukleinsäuren durch Hybridisierung 253
			11.7	DNA-Chips oder Microarrays 255
9.1	Die Polyacrylamid-Gelelektrophorese (PAGE) 197		11.8	Veränderung von Nukleinsäuren 256
9.2	Die denaturierende SDS-PAGE 197		11.9	Synthetische Gene 260
9.3	Das Färben der Gele 206	**Anhang**		
9.4	Weitere Elektrophoreseverfahren für Proteine 208			
			A1	Sicherheit im Labor 262
9.5	Western Blotting 211		A2	Die 10 goldenen Laborregeln 263
9.6	Wenn es mal nicht klappt … 214		A3	Das Laborbuch und die finale Arbeit 264

Verzeichnis der Maps, Protokolle, E-Docs, Tabellen und Abbildungen 266
Abkürzungsverzeichnis 268
Quellenverzeichnis 268
Register 269

Alle E-Docs finden Sie im Internet unter http://www.utb-mehr-wissen.de

Vorwort

Dieses Buch basiert auf meiner gleichnamigen Vorlesung, die sich an fortgeschrittene Studierende der Lebenswissenschaften richtet. Es soll die Lücke zwischen den allgemeinen Lehrbüchern der ersten Semester und reinen Methodenbüchern schließen.

Darüber hinaus ist es ein Reiseführer durch das zunächst unentdeckte Land molekularbiologisch geprägter Lebenswissenschaften mit all ihren Facetten. Daher wird Ihnen dieses Buch auch später im Labor ein hoffentlich wertvoller Berater sein. Denn obwohl die Arbeit im Labor heute durch die Verwendung von Kits bestimmt ist, entheben diese den experimentierfreudigen Studierenden nicht von der Notwendigkeit, die zugrundeliegenden Prinzipien zu kennen. Nur so kann der Fehler gefunden werden, wenn ein Verfahren nicht wie vorgesehen funktioniert. Noch viel wichtiger ist es jedoch, dass das Fehlen dieser Kenntnisse dazu führen kann, Ergebnisse falsch zu interpretieren oder dass wichtige Kontrollen vergessen werden.

Dieses Buch kann nur beispielhaft die große Zahl der molekularbiologischen Methoden beleuchten, daher wurde der Fokus auf die Aktualität und Verbreitung der Verfahren gesetzt. Oft lassen sich bei unterschiedlichen Methoden starke Parallelen ausmachen, weshalb die Concept-Maps der zunächst verwirrenden Vielfalt der Verfahren eine Struktur geben und Zusammenhänge zwischen ihnen aufdecken. Der Text wird durch verschiedene Textboxen aufgelockert:

 GUT ZU WISSEN-Boxen liefern Hintergründe.

 TIPP-Boxen geben wertvolle Tipps für die praktische Arbeit.

 PROTOKOLL-Boxen vervollständigen besonders wichtige Verfahren mit zusätzlichen und detaillierten Informationen.

Um das Buch preislich erschwinglich zu halten, mussten leider einige interessante Methoden ausgelagert werden und stehen daher nur online zur Verfügung. Es lohnt sich sehr, in den umfangreichen Online-Bereich mehr als nur einen Blick zu werfen.

Natürlich entsteht ein Buch nicht im stillen Kämmerlein. Ohne die Hilfe von meinen Kollegen und Freunden wäre das vorliegende Werk sicher unfertig daher gekommen, daher möchte ich André Frenzel, Wiebke Rathje und Maren Wichmann ganz herzlich für die viele konstruktiven Diskussionen und Vorschläge danken. Martina Famulla hat die Ergebnisse, die in vielen Fotos zu sehen sind, im Labor produziert. Meinen Mitarbeitern und Kollegen, die ihre Fotos zur Verfügung gestellt haben, möchte ich ebenfalls herzlich danken.

Ohne meine Familie, Elvira, Henrik und Clara, die mich die ganze Zeit unterstützt hat, wäre dieses Projekt niemals verwirklicht worden. Danke!

So, und dies soll genug der Vorrede sein. Steigen wir nun ein in die Welt der molekularbiologischen Methoden, aber nicht ohne einen letzten wichtigen Hinweis zu geben:

Sicher wird die ein oder andere hier beschriebene Methode in manchen Laboren abweichend durchgeführt. Wenn das Protokoll funktioniert, gibt es keinerlei Grund daran etwas zu ändern.

Bevor wir uns nun auf den spannenden Weg durch die Methoden der Molekularbiologie begeben, bleiben mir nur noch zwei Worte mitzuteilen:

KEINE PANIK!

Zu diesem Buch

Auf den ersten Blick scheint die Molekularbiologie aus einem unüberschaubaren Sammelsurium von Methoden zu bestehen, was diesen Bereich der Naturwissenschaft zwar spannend aber auch sehr unübersichtlich macht. Eigentlich ist es aber gar nicht so schwer, denn glücklicherweise liegen verschiedenen Methoden oft ähnliche Prinzipien zugrunde.
Map 1 zeigt einen Überblick der in diesem Buch behandelten Verfahren. Wir beginnen im Zentrum, bei den Bausteinen des Lebens (Kapitel 1). Nach einer kurzen Beschreibung gängiger Laborgeräte (Kapitel 2) beschäftigen wir uns mit der Aufreinigung der Biomoleküle, wobei wir uns zunächst auf die DNA- und RNA-Aufreinigung konzentrieren (Kapitel 3).
Die Polymerasekettenreaktion (PCR, Kapitel 4) ist ein zentraler Dreh- und Angelpunkt. Sie stellt den Übergang zu den verschiedenen Methoden der Klonierung und Transformation dar (Kapitel 5).

Map 1:
Übersicht der einzelnen Arbeitsschritte in der Molekularbiologie, welche in diesem Buch behandelt werden.

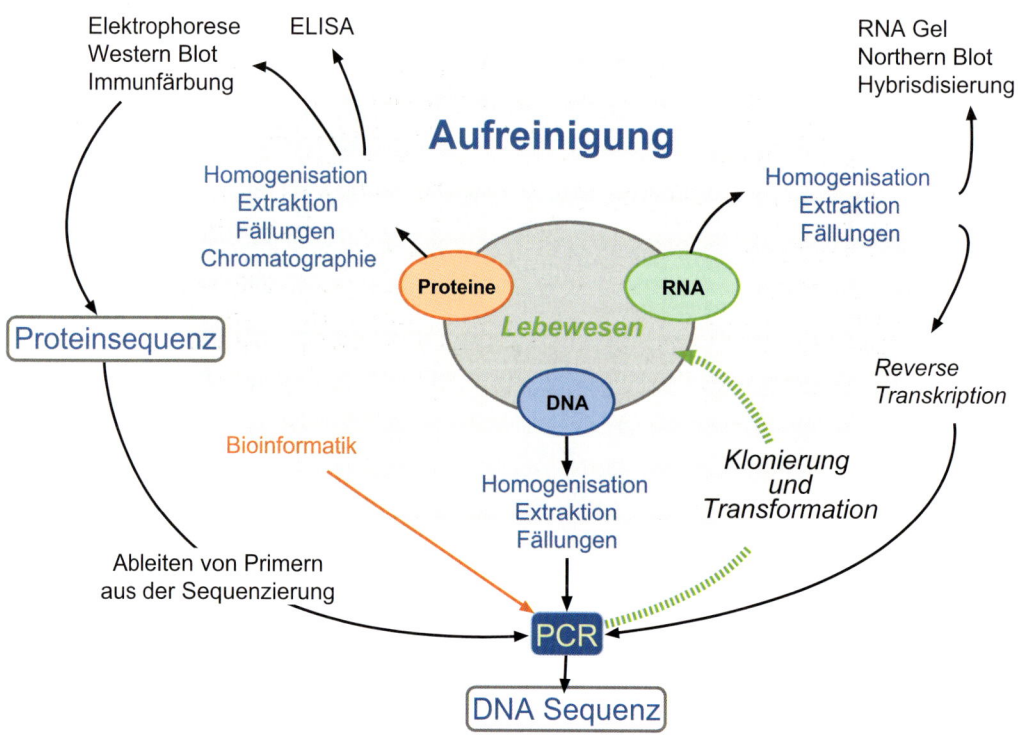

In diesem Zusammenhang werden wir uns auch mit den Vektoren beschäftigen (Kapitel 6). Das sind selbst-replizierende DNA-Moleküle, in die ein fremdes DNA-Fragment eingesetzt werden kann, damit sie es in eine neue Wirtszelle bringen. Die bekanntesten Vektorarten sind Plasmide. Auf diese Weise entstehen transgene Organismen, welche durch die Aufnahme fremder DNA neue Eigenschaften erhalten haben, beispielsweise stellen sie ein neues Protein her. Einige dieser Organismen sind für molekularbiologische Arbeiten besonders gut geeignet und werden als Modellorganismen bezeichnet. Produziert ein transgener Organismus ein fremdes Protein, spricht man von heterologer Expression. Die Aufreinigung und Analyse solcher heterologer Proteine ist Gegenstand der Kapitel 8 und 9. Der Nachweis bestimmter Proteine beschränkt sich hier auf Antikörper-basierte Nachweisverfahren wie Immunfärbung und ELISA (Kapitel 10). In Zeiten der Genomprojekte nimmt die Informationssuche über das Internet einen wesentlichen Teil der Arbeitszeit eines Molekularbiologen in Anspruch, weshalb in Kapitel 11 zumindest ein kurzer Einblick in diesen Themenbereich zu finden ist. In diesem Kapitel beschäftigen wir uns auch mit einigen verbreiteten Verfahren, die gewisse Vorkenntnisse erfordern, welche zuvor in den anderen Kapiteln vermittelt wurden.

Zu diesem Buch gehört auch ein umfangreicher Online-Bereich, in dem Sie sowohl Protokolle als auch Informationen zu Techniken finden, deren Methodik den Rahmen dieses Buches sprengen würde. Heute gibt es viele sehr nützliche Verfahren, die wegen ihres apparativen Aufwands oder der Kosten eher in Master- oder Doktorarbeiten eingesetzt werden. Solche aktuelle Techniken finden sich ebenfalls im Online-Bereich zu diesem Buch.

Einen Hinweis möchte ich wegen seiner Wichtigkeit an das Ende dieser Einleitung setzen:
Viele Methoden unterscheiden sich in ihrer Durchführung von Labor zu Labor. Dies bedeutet, dass eine in diesem Buch beschriebene Methode mehr oder weniger stark verändert durchgeführt werden kann. Daher sind die aufgelisteten Protokolle als Vorschlag zu betrachten und nicht als strikte Arbeitsanleitung. Sie wurden aufgenommen um die zugrundeliegenden Prinzipien zu verdeutlichen, denn letztendlich zählt nur eine Sache: Eine Methode sollte funktionieren.

1 Das Leben und seine Bestandteile

1.1 **Der Aufbau von DNA und RNA**

1.2 **Der genetische Code**

1.3 **Die Gene**

1.4 **Die Proteine**

1.5 **Die Zelle**

Auf den ersten Blick erscheint das Leben auf der Erde extrem vielfältig. Schon in der kleinsten biologischen Einheit, der Zelle, finden wir komplexe strukturelle und funktionale Zusammenhänge. Auf den zweiten Blick lassen sich allgemeine Prinzipien entdecken, die es erleichtern, Gemeinsamkeiten zwischen den vielfältigen biologischen Vorgängen zu entdecken:
1. Alle biologischen Systeme sind hierarchisch strukturiert.
2. Es gibt in biologischen Systemen eine sehr enge Verknüpfung zwischen der Struktur und der Funktion.

Gerade einmal vier verschiedene Arten an Makromolekülen sind für die enorme Vielfalt verantwortlich. In diesem Buch befassen wir uns mit den Nukleinsäuren und den Proteinen. Polysaccharide und Lipide stellen ebenfalls wichtige Makromoleküle dar, werden hier jedoch nicht behandelt.

Alle Makromoleküle sind hierarchisch aufgebaut, denn sie bestehen aus Monomeren, also kleineren Molekülen. Die Monomere werden über eine Kondensation unter Abspaltung von Wasser zu immer größeren Einheiten zusammengefügt: Nukleotide werden zu Nukleinsäuren kondensiert, Aminosäuren zu Peptiden und Proteinen. Solche Makromoleküle können durch Hydrolyse wieder in kleinere Einheiten, bis hin zu den Monomeren zerlegt werden.

Heute ist allgemein akzeptiert, dass Ribonukleinsäuren (RNA) die ältesten Biomoleküle darstellen. Einerseits können sie in ihrer Sequenz genetische Informationen speichern, wie dies in RNA-Viren der Fall ist, andererseits sind sie auf vielfältige Weise enzymatisch aktiv, wie in Ribosomen oder Spliceosomen. Später in der Evolution haben sich andere Biomoleküle auf jeweils eine der beiden Funktionen spezialisiert. Die Desoxyribonukleinsäure (DNA) ist chemisch viel stabiler und fungiert als Speicher der genetischen Information, Proteine dienen sowohl der Strukturbildung, als Speicherproteine sowie als Katalysatoren in der Zelle.

Prinzipiell verläuft der genetische Informationsfluss in eine Richtung: von der DNA über die mRNA als Zwischenstufe hin zum Protein. Dieser universelle Informationsfluss wird „Zentrales Dogma der Molekularbiologie" genannt (Abb. 1.1). Die genetische Information wird durch vier verschiedene, stickstoffhaltige Basen in der DNA gespeichert: den Purinen Adenin (A) und Guanin (G) sowie den Pyrimidinen Cytosin (C) und Thymin (T). Das Umschreiben dieser genetischen Information von DNA auf mRNA heißt Transkription. Auch die dafür zuständige mRNA nutzt für die Informationsvermittlung vier verschiedene Basen, wobei statt Thymin hier Uracil (U) verwendet wird. Im zweiten Schritt wird die Information der mRNA in eine Proteinsequenz umgeschrieben, dieser Prozess wird Translation genannt. Bereits Anfang der 70er Jahre wurde eine Ausnahme dieses universellen Dogmas entdeckt, denn Retroviren sind in der Lage, ihre auf RNA gespeicherte Information in DNA umzuschreiben. Daher wurde das Zentrale Dogma um diese Möglichkeit erweitert.

Abb. 1.1:
Zentrales Dogma der Molekularbiologie. Durch die Replikation der DNA wird die genetische Information vervielfältigt und auf die Tochterzellen weitergegeben. Der genetische Informationsfluss läuft von der DNA über die RNA zum Protein. Durch die Entdeckung der Reversen Transkription in Retroviren wurde das Konzept entsprechend erweitert.

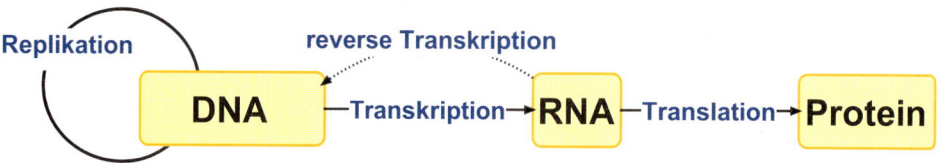

Abb. 1.2:
Die DNA ist aus drei verschiedenen Komponenten aufgebaut: einer von vier verschiedenen Basen (Adenin, Guanin, Cytosin oder Thymin), die an einen Zucker, (eine Desoxyribose) gebunden sind. Diese Kombination aus Base und Zucker wird als Desoxynukleosid bezeichnet. Abhängig von der Base ergibt sich so Desoxyadenosin, -cytidin, -guanosin und -thymidin. Durch die Bindung eines Monophosphats an den Zucker entsteht ein Desoxynukleotid, welches allgemein als dNMP abgekürzt wird. Für die verschiedenen Basen ergibt sich daher Desoxyadenosinmonophosphat, (dAMP) etc. Freie, nicht eingebaute Nukleotide liegen als energiereiche Triphosphate vor, welche allgemein als dNTP und je nach Base z.B. Desoxyguanosintriphosphat (dGTP) genannt werden. Beim Einbau werden diese dNTPs dephosphoryliert, sodass Monophosphate (dNMP) entstehen. Im Gegensatz zur DNA trägt RNA einen anderen Zuckeranteil, eine Ribose. Daher fällt bei RNA immer die Vorsilbe „Desoxy" weg (z.B. Cytosinmonophosphat, CMP).

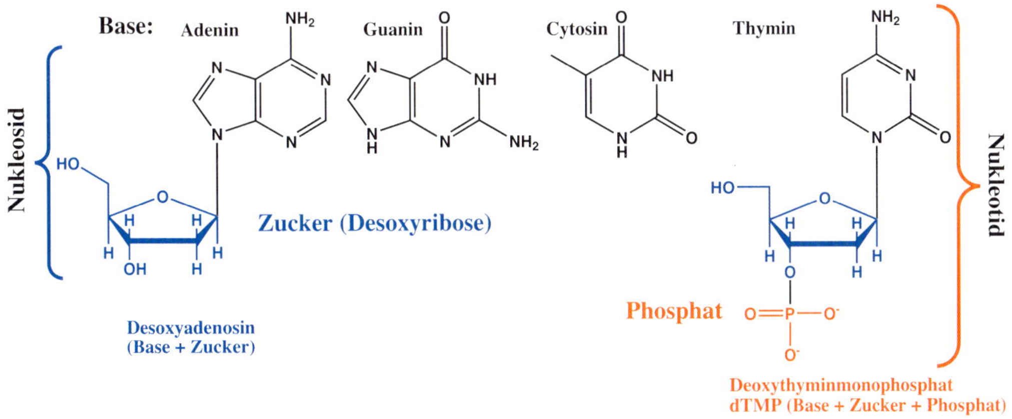

Eine weitere zentrale Voraussetzung für das Leben soll hier nicht unerwähnt bleiben: die genetische Information muss regelmäßig dupliziert werden (Abb. 1.1). Diesen Prozess nennt man Replikation und er ist eng verknüpft mit der Teilung der Zelle. Durch die vorherige Duplikation der genetischen Information wird gewährleistet, dass beide Tochterzellen nach einer Zellteilung die gleiche genetische Information erhalten.

1.1 Der Aufbau von DNA und RNA

In allen Lebewesen besteht das genetische Material aus Nukleinsäuren. Diese stellen Polymere aus einer sehr kleinen Zahl unterschiedlicher Monomere dar, den Nukleotiden. Die Nukleotide wiederum bestehen aus drei verschiedenen Komponenten: einem Zucker und einem Phosphat, die das Rückgrat der Nukleinsäure bilden, sowie einer stickstoffhaltigen Base, die den eigentlichen Informationsträger darstellt (Abb. 1.2).

Die einzelnen Nukleotide sind über 5'→3' Phosphodiesterbindungen miteinander verknüpft, wodurch das Molekül eine bestimmte Ausrichtung aufweist: vom freien 5'-Phosphatende hin zum freien 3'-OH-Ende (Abb. 1.3). Alle DNA-modifizierenden Enzyme wirken an dieser Phosphodiesterbindung, d. h. DNA oder RNA-Moleküle werden zunächst an der Phosphodiesterbindung kondensiert (=ligiert, also zusammengefügt) oder hydrolysiert (gespalten).

Während Zucker und Phosphat für die strukturelle Integrität der DNA sorgen, ist die dritte Komponente, die stickstoffhaltigen Basen, für die Codierung der genetischen Information verantwortlich. In der DNA sind dies die beiden Purine Adenin (A) und Guanin (G) sowie die Pyrimidine Cytosin (C) und Thymin (T). Bei RNA wird Thymin durch Uracil (U), ebenfalls ein Pyrimidin, ersetzt.

Abb. 1.3:
Vier verschiedene Monomere bauen die DNA auf. Jedes dieser Monomere besteht aus einer Desoxyribose (rot), einem Phosphat (Blau) und einer der vier stickstoffhaltigen Basen: dAMP, dCMP, dGMP und dTMP. Innerhalb eines Stranges sind die Monomere über ein Zucker-Phosphat-Rückgrat miteinander verbunden. Das Phosphat ist immer an das C5-Atom des Zuckers gebunden. Bei der Polymerisation wird eine kovalente Bindung zum C3-Atom des nächsten Nukleotids gebildet. Dadurch erhält der DNA Strang eine Richtung vom 5'-Phosphatende auf der einen Seite zum 3'-OH-Ende auf der anderen Seite. DNA liegt als antiparalleler Doppelstrang vor, wobei immer Paarungen zwischen den Basen Adenin und Thymin (Paarung oben) oder zwischen Guanin und Cytosin (Paarung unten) erfolgen. Zwischen dAMP und dTMP werden zwei Wasserstoffbrücken und zwischen dCMP und dGMP drei Wasserstoffbrücken gebildet.

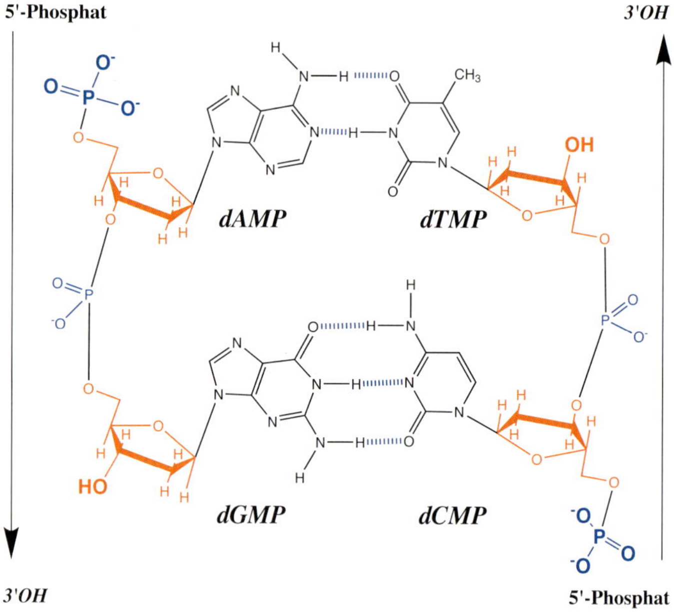

DNA liegt in den meisten Organismen doppelsträngig vor, wobei die beiden Stränge durch Wasserstoffbrücken zwischen den beiden Strängen zusammengehalten werden. Es bilden immer A und T eine Paarung, die aus zwei Wasserstoffbrücken besteht, G und C bilden Paarungen mit drei Wasserstoffbrücken. Es erfolgt also immer eine Paarung zwischen einem Purin und einem Pyrimidin. Andere Paarungen sind in der DNA nicht möglich. Durch diese Paarungen bildet DNA normalerweise eine rechtdrehende Doppelhelix, die sogenannte B-Form.

> **TIPP**
> Doppelsträngige DNA wird mit dsDNA [ds = *double stranded*], einzelsträngige als ssDNA [ss = *single stranded*] abgekürzt. Diese Abkürzungen werden analog auch für RNA (dsRNA und ssRNA) verwendet.

Da immer die gleichen Basen miteinander Wasserstoffbrücken ausbilden, ist die Information auf den beiden Strängen gegenläufig (antiparallel). Die beiden DNA-Stränge sind zueinander komplementär, wie an dieser kurzen DNA-Sequenz verdeutlicht werden kann:

5'-ATG CCA GTA -3'
3'-TAC GGT CAT -5'

Da T immer mit A paart bzw. C mit G, ergibt sich die Basenfolge des einen Stranges zwangsläufig aus der des anderen Stranges. Daher bleibt die Information auch nach der Trennung der beiden Stränge erhalten (Abb. 1.4).

> **GUT ZU WISSEN**
> DNA kann auch andere Strukturen ausbilden, wie die rechtsdrehende A-Form oder die linksdrehende Z-Form. Diese sind jedoch selten.

Die dsDNA ist ein sehr stabiles Molekül, was eindrucksvoll das Neandertaler-Genomprojekt belegt (http://www.eva.mpg.de/neandertal), dessen zu sequenzierende drei Milliarden Basenpaare aus DNA stammt, die ungefähr 35000 - 70000 Jahre alt ist.
Bei hohen Temperaturen werden die Wasserstoffbrücken zwischen den Basen aufgebrochen,

Abb. 1.4:
Doppelsträngige DNA besteht immer aus den Paaren A und T bzw. C und G und bildet eine rechtsdrehende Helix aus. In dieser Struktur bilden sich alternierend eine zugängliche, große Furche [Major Groove] sowie eine kleine Furche [Minor Groove] aus.

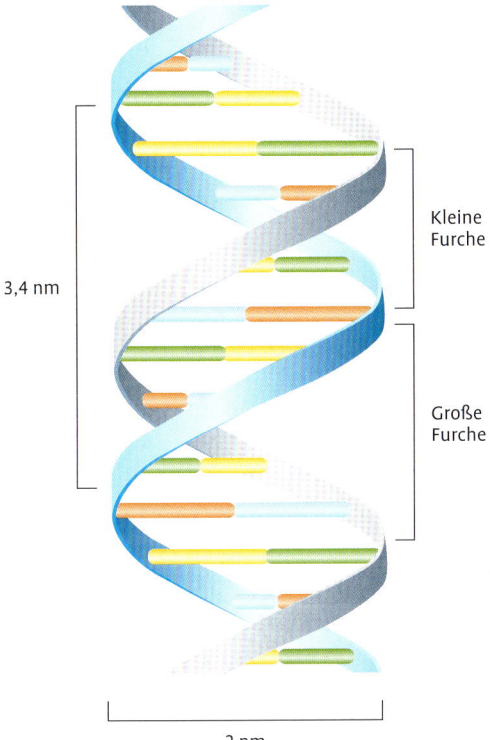

was zu einer Trennung der DNA Stränge führt. Diesen Vorgang nennt man Denaturierung der DNA. DNA denaturiert bei Temperaturen zwischen 70 - 90 °C. Die Temperatur, bei der die Hälfte der DNA Stränge einzelsträngig vorliegt, wird Schmelztemperatur (T_m) genannt. Da die A-T-Paarung zwei Wasserstoffbrücken ausbildet und C-G drei, ist die Schmelztemperatur nicht nur von der Länge der DNA Moleküle abhängig, sondern auch vom A-T- bzw. G-C-Gehalt. Man kann die DNA-Denaturierung photometrisch (Kapitel 3.8) nachverfolgen **(Abb. 1.5)**, denn ssDNA absorbiert das Licht stärker als dsDNA. Dieses Verhalten wird Hypochromer Effekt genannt und in Kapitel 3.8.1 eingehender behandelt werden.

Die Denaturierung der DNA ist reversibel, was bedeutet, dass sich bei Abkühlung wieder die beiden DNA-Stränge zusammenlagern. Dieser Vorgang der Renaturierung ist stark abhängig von der Länge der beiden DNA-Moleküle. Bei kurzen DNA Molekülen von einigen Tausend Basen läuft dieser Vorgang innerhalb von Minuten recht schnell und effizient ab, für DNA Stränge von über $10^4 - 10^5$ Basen werden Stunden bis Tage benötigt.

Der Aufbau der RNA ist dem der DNA sehr ähnlich. Durch die Ribose im Rückgrat ist die Struktur der RNA flexibler als die der DNA. Weiterhin findet sich in der RNA statt Thymin das Pyrimidin Uracil (U) **(Abb. 1.6)**.

Eigentlich ist RNA einzelsträngig, sie tendiert aber dazu, ebenfalls doppelsträngige Auffaltun-

Abb. 1.5:
Je nach Gehalt an GC-Paarungen steigt die Schmelztemperatur einer DNA an (**A**). Die Denaturierung von dsDNA kann photometrisch bei einer Wellenlänge λ=260 nm verfolgt werden (**B**). Die Temperatur, bei der die Hälfte der DNA Moleküle einzelsträngig vorliegen, heißt Schmelztemperatur T_M. In der Abbildung liegt der T_m bei 83°C.

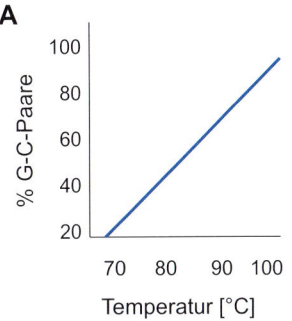

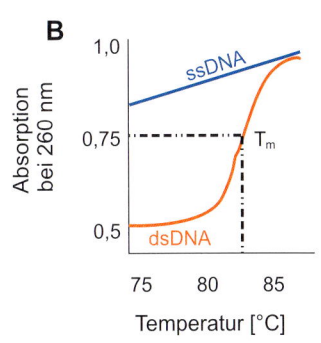

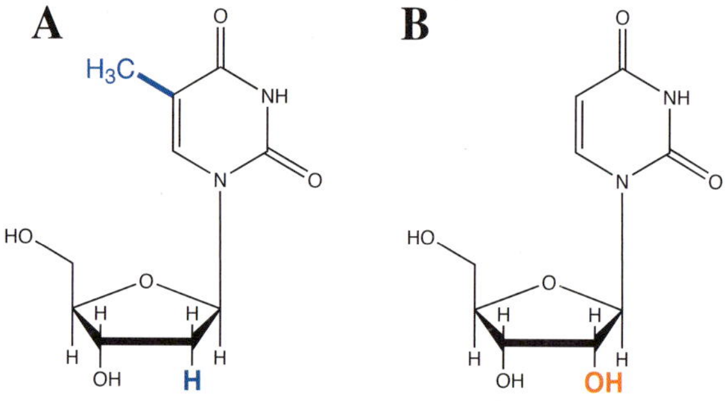

Abb. 1.6:
Die DNA enthält 2-Desoxyribose (**A**), während RNA aus Ribose (**B**) besteht. Die Base Thymin (**A**) ist typisch für DNA und wird in RNA durch die Base Uracil (**B**) ersetzt.

Desoxythymidin — Uridin

gen durchzuführen. Diese doppelsträngigen Bereiche werden nur über relativ kurze Sequenzabschnitte ausgebildet, weil der antiparallele Partnerstrang fehlt. Diese dsRNA-Regionen werden gebildet, wenn zwei Abschnitte auf dem gleichen Molekül oder auf zwei verschiedenen RNA-Molekülen zueinander komplementär sind. Sie haben eine enorme biologische Bedeutung, denn im Gegensatz zur DNA kann RNA durch ihre flexible Struktur auch enzymatische Funktionen übernehmen[1].

Es gibt drei wichtige Arten an RNAs:
- Die ribosomale RNA (rRNA) in den Ribosomen macht ungefähr 85 % der gesamten RNA einer Zelle aus und stellt vor allem die enzymatische Komponente der Ribosomen dar.
- Die Transfer-RNA (tRNA) kommt auf ungefähr 10 % der Gesamt-RNA und ist ebenfalls an der Translation beteiligt. Sie vermittelt zwischen den Codons der mRNA und den zugehörigen Aminosäuren. Die tRNA besitzt einige seltene Basen und ungewöhnliche Basenpaarungen. Sie bildet sehr charakteristische Strukturen aus.
- Die Messenger-RNA (mRNA) überträgt die Sequenzinformation von der DNA auf den Translationsapparat und macht weniger als 5 % der Gesamt-RNA aus.

[1] Katalytisch aktive RNAs werden als Ribozyme bezeichnet und sind in der Natur weit verbreitet, z.B. in Ribosomen und Spliceosomen.

1.2 Der genetische Code

Da den vier Basen der DNA bzw. mRNA zwanzig verschiedene Aminosäuren für die Proteine gegenüberstehen, bilden immer drei aufeinanderfolgende Basen eine Informationseinheit für eine bestimmte Aminosäure. Die DNA-Abfolge ATC wird so bei der Transkription in AUC umgeschrieben und anschließend in die Aminosäure Isoleucin translatiert.

Durch die Verwendung von Tripletts können maximal 64 verschiedene Kombinationen entstehen (4x4x4 Varianten = 64), genug um die zwanzig Aminosäuren zu codieren. Daher können einige Aminosäuren durch verschiedene Tripletts, die sogenannten Codons, repräsentiert werden (**Abb. 1.7**). Oft unterscheiden sich Codons, die für die gleiche Aminosäure codieren, in der dritten Base. Beispielsweise codieren GCA, GCC, GCG und GCT alle für die Aminosäure Alanin (Abb. 1.7). Man spricht in diesem Zusammenhang vom degenerierten Code, bei dem die dritte Base eines Codons variieren kann („wobbeln" [*to wobble* = wackeln, schwanken]).

> **TIPP**
> Da immer drei Basen eine Aminosäure repräsentieren, kann man aus der Länge einer DNA-Sequenz auf die ungefähre Größe des zugehörigen Proteins schließen: Eine DNA-Sequenz von 900 Basenpaaren (bp) codiert für ein Protein aus 300 Aminosäuren. Als Faustregel kann für

eine Aminosäure ein durchschnittliches Molekulargewicht von 110 Da angenommen werden. Die 900 bp DNA codieren also für ein Protein aus 300 Aminosäuren mit ungefähr 33 kDa. Dies ist nur eine grobe Abschätzung, denn einzelne Aminosäuren weichen in ihrem Molekulargewicht stark ab, außerdem sind Proteinmodifikationen, wie Glykosylierungen, nicht berücksichtigt.

Drei weitere Codons codieren nicht für eine Aminosäure. Diese Codons dienen als Stoppcodons, denn bei ihnen bricht die Translation ab.

> **GUT ZU WISSEN**
> Die Grundbausteine, welche DNA, RNA oder Proteine aufbauen, sind in allen Lebewesen gleich. Auch der genetische Code ist – bis auf wenige Ausnahmen – universell. Dies gilt auch für zelluläre Prozesse wie Transkription, Translation oder primäre Stoffwechsel.
> Von diesen allgemeinen Prinzipien gibt es nur wenige Ausnahmen. Beispielsweise verläuft der Informationsfluss bei Retroviren von der RNA zur DNA. Einige Mitochondrien und wenige niedere Eukaryonten nutzen abweichende Codons für bestimmte Aminosäuren. Einige Proteine enthalten besondere Aminosäuren.
> Diese universellen Prinzipien ermöglichen erst die molekularbiologischen Arbeitstechniken, wie wir sie heute kennen. Ohne diese könnte kein Protein in einem artfremden Organismus hergestellt werden. Dies ist auch ein deutlicher Hinweis darauf, dass das Leben auf dieser Erde nur ein einziges Mal entstanden ist.

1.3 Die Gene

Die genetische Information eines Organismus ist in bestimmte DNA-Bereiche organisiert, den Genen. Dies sind Abschnitte einer Nukleinsäure, welche die genetische Information für ein

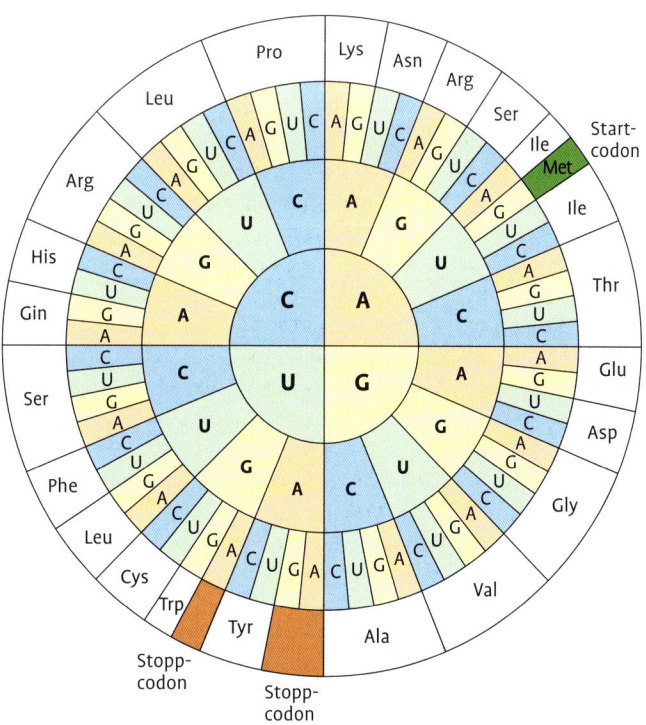

Abb. 1.7:
Codon Sonne. Da RNA statt Thymin die Base Uracil enthält, verwenden Codon-Tabellen U statt T. Die Aminosäuren sind in ihrem 3-Buchstabencode angegeben. Es ist zu beachten, dass manche Aminosäuren nur durch einen Code repräsentiert werden, z.B. Tryptophan (Trp) oder Methionin (AUG). Letzteres dient auch als Startcodon für die Translation. Codons ohne zugehörige Aminosäure dienen als Stoppcodon.

funktionales Polypeptid oder ein RNA-Molekül (mRNA, rRNA, tRNA) tragen[2].

Die DNA-Sequenz wird sowohl von den RNA-Polymerasen als auch von den DNA-Polymerasen von 5' nach 3' gelesen. Die RNA-Polymerasen sind für die Erstellung der RNAs verantwortlich, die DNA-Polymerasen für die Replikation der DNA. Wie wir bereits erfahren haben, verläuft die Umsetzung der genetischen Information, die in der DNA-Sequenz gespeichert ist, hin zu der Aminosäuresequenz der Proteine über ein zweiteiliges Verfahren (Transkription und Translation, Abb. 1.1). Es ergibt sich somit folgender Zusammenhang zwischen DNA-Sequenz und Proteinsequenz:

- ▶ Das 5' Ende der Nukleinsäure entspricht dem Amino-Ende des Proteins.
- ▶ Das 3' Ende der Nukleinsäure entspricht dem Carboxy-Ende des Proteins.

TIPP
Leserichtung und Strangbezeichnungen:
DNA codierender Strang
5'-ATG CCA GTA GGC CAC TTG TCA-3'
(= sense Strang; = + Strang)

DNA Template Strang
3'-TAC GGT CAT CCG GTG AAC AGT-5'
(= codogener Strang; = antisense-Strang; = - Strang)

mRNA
5'-AUG CCA GUA GGC CAC UUG UCA-3'
Protein
N- Met – Pro - Val – Gly - His – Leu - Ser – C

Da die DNA aus zwei gegenläufigen, komplementären Strängen besteht (Abb. 1.4), die RNA-Polymerase aber nur einen dieser Stränge als Vorlage für die Synthese der mRNA verwendet, ist die Sequenz des einen DNA-Stranges komplementär zur davon abgeleiteten mRNA. Der andere DNA Strang weist genau die gleiche Sequenz wie die mRNA auf. Leider ist die Nomenklatur dieser beiden Stränge nicht einheitlich, da die obigen Begriffe von einigen Autoren auch anders definiert werden. Dieses Buch folgt den Empfehlungen der International Union of Biochemistry. In der Proteinsequenz symbolisiert N das Amino- und C das Carboxy-Ende des Proteins.

Neben der eigentlichen proteindefinierenden Sequenz gibt es eine Reihe weiterer DNA Abschnitte, die vor allem der Regulation der Genexpression dienen. Die Organisation der Gene und der regulierenden DNA-Bereiche ist in Prokaryonten und Eukaryonten signifikant verschieden.

1.3.1 Die Genstruktur in Prokaryonten

In Prokaryonten sind die Gene in Gruppen unter der Kontrolle eines Promoters[3] zusammengefasst. Eine solche Gengruppe heißt Operon und Produkte der gemeinsam regulierten Gene sind meistens auch in dem gleichen Stoffwechselweg involviert. Bekannte Beispiele sind das bakterielle Lac-Operon oder das Tryptophan-Operon.

Ist das Operon aktiviert bzw. nicht reprimiert[4], bindet die RNA-Polymerase am Promoter. Alle Gene eines Operons werden in eine mRNA umgeschrieben (Abb. 1.8). Die Transkription endet durch eine spezielle Sequenz, dem Terminator, welche zu einer Schlaufenbildung in der mRNA führt. Dadurch fällt die Polymerase ab[5].

Die nachfolgende Translation beginnt mit der Bindung der mRNA an die kleine Untereinheit des Ribosoms. Diese Bindung wird durch die sogenannte Shine-Dalgarno-Sequenz oder riboso-

---

2 Allerdings gibt es auch die Situation, dass eine bestimmte Sequenz von zwei Genen genutzt wird. Gene können auch nicht-codierte Sequenzen enthalten. Diese Szenarien sind hier nicht wichtig.

3 Ein Promoter ist eine in 5'-Richtung vom Gen lokalisierte DNA-Sequenz, welche für die Stelle für den Beginn der Transkription verantwortlich ist. Sie kann die Menge an gebildeter mRNA beeinflussen.

4 Die Expression eines Operons wird durch die Bindung eines Aktivators an den Operator aktiviert (bzw. durch Bindung eines Repressors abgeschaltet). Diese sind in Abb. 1.8 nicht weiter berücksichtigt. Das Gen des Repressors bzw. Aktivators liegt außerhalb des regulierten Operons.

5 Es gibt alternative Terminationsverfahren in Prokaryonten, die hier jedoch nicht weiter berücksichtigt werden.

Abb 1.8:
Aufbau eines prokaryotischen Operons. Die Gene eines Operons werden gemeinsam durch einen Promoter reguliert und bilden eine polycistronische mRNA. Die Gene stehen oft auch in einem funktionalen Zusammenhang: Sie sind beispielsweise im gleichen Stoffwechselweg involviert. Am Ende des Operons entsteht in der transkribierten mRNA eine Schlaufe, die zur Abtrennung der RNA-Polymerase führt. Jedem Gen ist eine ribosomale Bindestelle (rbs) vorgeschaltet, die durch die Bindung an ein Ribosom erst die Translation ermöglicht. Das dabei entstehende Peptid beginnt am ersten AUG nach der rbs. Sobald ein Stoppcodon (hier: UGA) in der Sequenz auftritt, endet die Translation und somit das Peptid.

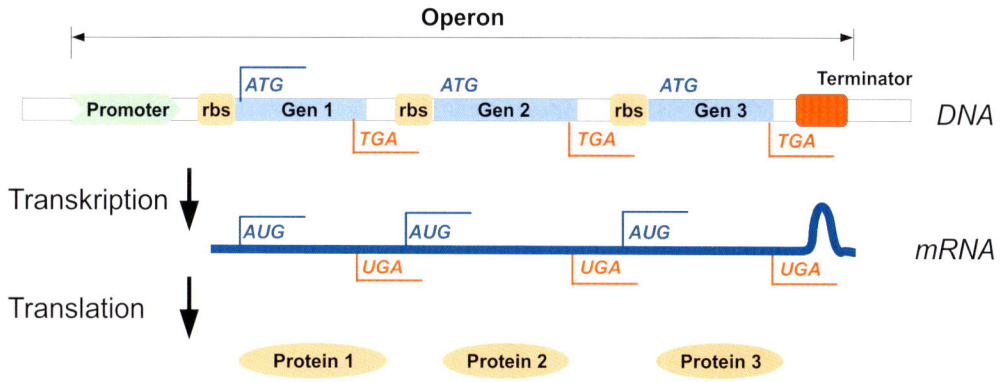

male Bindesequenz (rbs), die komplementär zu einer Sequenz in den Ribosomen ist, am 5'-Ende der mRNA vermittelt. Die Proteinsynthese beginnt am ersten AUG, welches dem Transkriptionsstart folgt und endet am ersten Stoppcodon. Es folgen weitere Gruppen, sogenannte Cistrons, aus rbs, Startcodon, zu translatierender Sequenz und Stoppcodon. Da Bakterien mRNAs bilden, die mehrere solcher Cistrons besitzen, sind bakterielle mRNAs polycistronisch.

Sobald die mRNA an die kleine ribosomale Untereinheit gebunden ist, bindet auch die große Untereinheit. Ribosomen sind sehr komplex aufgebaute Strukturen aus drei verschiedenen rRNAs (welche nach ihrer Größe 5S, 16S und 23S genannt werden[6]) und 52 ribosomalen Proteinen. Die benötigten Aminosäuren werden durch tRNAs, an deren Ende sie gebunden sind, geliefert. Die tRNAs besitzen eine Kleeblattstruktur, an deren mittlerem Blatt das Anticodon aus drei Basen liegt.

Dieses Anticodon definiert, welche Aminosäure an der t-RNA gebunden ist.

Die Ribosomen dirigieren die mRNA und die tRNA so, dass es zu einer Paarung zwischen einem Codon der mRNA und dem zugehörigen Anticodon der tRNA kommt. Durch die Vermittlung der tRNA wird so eine bestimmte Aminosäure, die mit dem Codon auf der mRNA korrespondiert, in Position gebracht. Beispielsweise paart das Codon AGC der mRNA (Abb. 1.7) mit der tRNA, welche das Anticodon UCG besitzt und demzufolge mit der Aminosäure Serin beladen ist. Die Zuordnung von Codon bzw. Anticodon zu bestimmten Aminosäuren ist in (fast) allen Lebewesen gleich (Kapitel 1.2).

Bei der Proteinsynthese befinden sich immer zwei tRNAs am Ribosom. Nachdem das Codon der mRNA mit dem passenden Anticodon der tRNA gepaart wurde, werden die beiden Aminosäuren miteinander verknüpft. Das Ribosom rutscht auf der mRNA ein Codon weiter. Es folgt die Paarung zwischen Codon und Anticodon und anschließend die Verknüpfung der Aminosäure an die Peptidkette. Dieser Prozess wiederholt sich bis zum Stoppcodon. Auf diese Weise

---

[6] Das „S" steht für Svedberg-Einheit, welche durch Dichtezentrifugation ermittelt wird (Kapitel 2.7).

Tab. 1.1:
Beispiele verschiedener Gengrößen und Anzahl der Introns einiger menschlicher Gene.

Gen	Gengröße [kbp]	Größe der mRNA [kbp]	Zahl der Introns
Insulin	1,7	0,4	2
Kollagen	38	5	50
Albumin	25	2,1	14
Dystrophin	2000	17	50

wird die mRNA in 5'-3' Richtung in das zugehörige Protein umgeschrieben, welches dabei vom Aminoende (N-Terminus) zum Carboxyende (C-Terminus) synthetisiert wird.

1.3.2 Genstruktur in Eukaryonten

Während bei Prokaryonten die Genstruktur und Genregulation noch relativ übersichtlich ist, sind bei Eukaryonten eine Vielzahl von Transkriptionsfaktoren (trans-Elemente) und regulierenden Gensequenzen auf der DNA (cis-Elemente) an der Steuerung der Expression beteiligt. Es gibt cis-Elemente, deren Lage zum Gen in bestimmten Grenzen variabel ist, die sogenannten Enhancer, welche oft die Gewebespezifität der Expression vermitteln. Weitere cis-Elemente liegen nah am Gen und werden als Promoter bezeichnet. Sie dirigieren vor allem die RNA-Polymerase zusammen mit einer großen Zahl weiterer genereller und spezifischer Transkriptionsfaktoren an die richtige Position. Spezifische Transkriptionsfaktoren sind nur bei der Transkription bestimmter Gene beteiligt, die generellen bei (fast) jeder Transkription. Solche generellen Faktoren binden beispielsweise an die CAAT-Box (deren Sequenz ähnlich dieser ist: 5'-**GGCCAATC**-3'), andere an die TATA-Box (mit einer Sequenz ähnlich 5'-**TATAAA**-3'). Die TATA-Box definiert den Transkriptionsstartpunkt, der die Koordinate +1 zugewiesen bekommt[7]. Erst wenn alle benötigten Transkriptionsfaktoren im Bereich des Promoters gebunden sind, kann die RNA-Polymerase mit der Synthese der hnRNA[8] beginnen. Die hnRNA stellt ein Abbild der DNA-Sequenz dar, doch wird diese, noch während die RNA-Synthese läuft, bis zur mRNA prozessiert, die dann den Zellkern verlässt.

Am 5' Ende der hnRNA wird ein methyliertes Guanin angehängt, das sogenannte ^{m7}G-Cap. Dieses stabilisiert einerseits die RNA, dient aber auch als Bindestelle für den eIF4 Komplex, der später noch für die Initiation der Translation wichtig wird.

Eine weitere Prozessierung stellt das sog. Spleißen [*Splicing*] dar, bei dem bestimmte Bereiche der gerade entstandenen hnRNA wieder herausgeschnitten werden. Die herausgeschnittenen Bereiche nennt man Introns. Die Bereiche des Gens, welche noch in der reifen RNA vorhanden sind, heißen Exons. In niederen Eukaryonten sind Introns eher selten, in höheren Eukaryonten stellen sie die Regel dar und können einen großen Anteil am Gen einnehmen **(Tab. 1.1)**.

> **GUT ZU WISSEN**
> Eine mRNA kann an unterschiedlichen Stellen gespleißt werden. Der Vorgang des Alternativen Spleißens ist in höheren Eukaryonten ein gängiger Prozess (22 - 59 % der menschlichen Gene sollen alternativ gespleißt werden). Aus einer DNA-Sequenz können so verschiedene mRNAs und demzufolge verschiedene Proteine entstehen. Welche Spleißvariante der mRNA gebildet wird, ist oft gewebeabhängig.

---

7   Es gibt auch Gene ohne TATA- oder CAAT-Boxen.

8   hnRNA steht für heterogene nukleäre RNA und ist die Form, der RNA, welche durch die RNA-Polymerase II in Eukaryonten synthetisiert wird.

Das Spleißen, welches nur bei Eukaryonten vorkommt, hat eine wichtige Konsequenz für den Molekularbiologen. Um ein eukaryontisches Protein in Bakterien heterolog zu exprimieren, muss die Sequenzinformation der mRNA intronfrei in das Bakterium eingebracht werden. Denn die Bakterien können die Introns der eukaryontischen, genomischen DNA nicht entfernen. Um intronfreie DNA zu erhalten, wird eukaryontische mRNA verwendet, welche durch das Enzym Reverse Transkriptase (Kapitel 4.5.5) in DNA umgeschrieben wird (Abb. 1.1). Das entstandene Abbild der mRNA wird cDNA genannt. Eine direkte Terminationssequenz, wie bei Prokaryonten, gibt es in Eukaryonten nicht. Erreicht die RNA-Polymerase das Polyadenylierungssignal, wird sie wahrscheinlich von einem Komplex, der für die Polyadenylierung von der DNA zuständig ist, abgedrängt. Bei der Polyadenylierung werden ca. 20-30 Basen nach dem Polyadenylierungssignal (meist 5'-AAUAAA-3' oder ähnlich) eine Sequenz von 100-200 A's (Adenin) angehängt **(Abb. 1.9)**.

Abb. 1.9:
Genstruktur und Expression bei Eukaryonten. Neben einer viel komplizierteren Regulation durch Enhancer und verschiedene Promoterelemente sowie einer Vielzahl an Transkriptionsfaktoren, verläuft die Bildung der mRNA über verschiedene Zwischenschritte. Die durch die RNA-Polymerase gebildete hnRNA wird sofort umfassend prozessiert. Neben dem ^{m7}G-Cap am 5'-Ende sorgt das Polyadenylierungssignal (roter Pfeil) dafür, dass ca. 200 A's, der sogenannte PolyA$^+$-Strang, am 3'-Ende angehängt wird. Ein wesentlicher Unterschied zu Prokaryonten liegt in der Intron-Exon-Struktur der Gene. Die Intronbereiche werden aus der hnRNA ausgeschnitten. Erst die vollständig prozessierte mRNA verlässt den Zellkern. Nur der mittlere Bereich der mRNA, die CDS, wird in ein Protein translatiert. Dieser Bereich liegt zwischen dem Startcodon AUG und dem Stoppcodon (hier: UGA). An beiden Enden gibt es untranslatierte Bereiche, die UTR's [*UnTranslated Regions*]. Auch das Protein kann weiter modifiziert werden, am bekanntesten ist sicher die Glykosylierung von Proteinen (oranges Fünfeck).

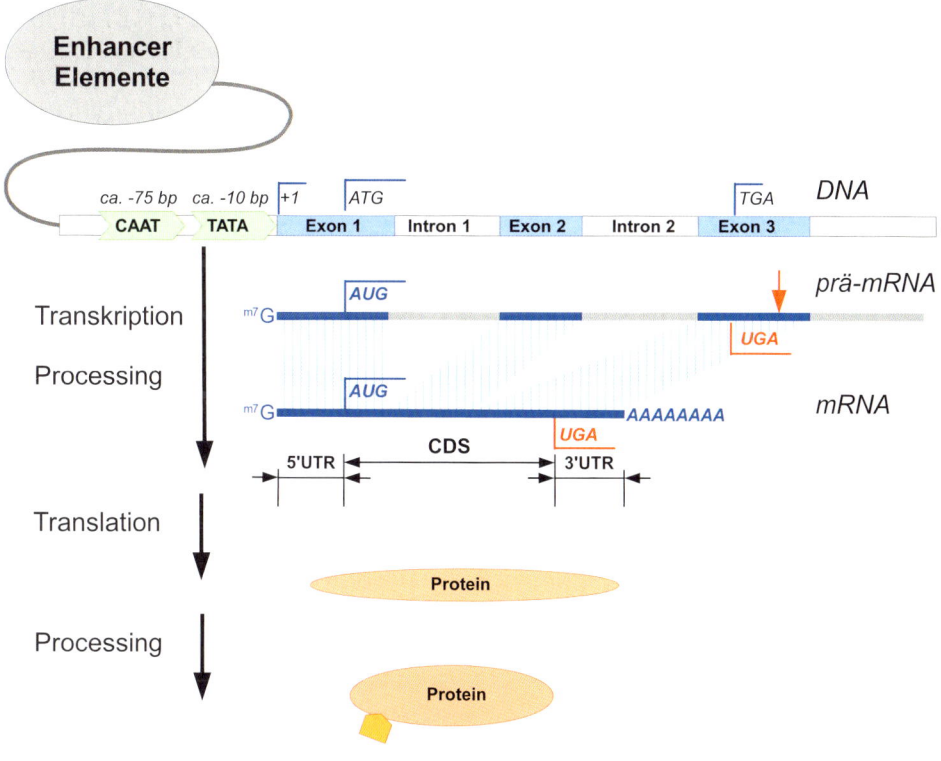

Alle Schritte der RNA-Prozessierung finden im Zellkern statt. Erst die reife mRNA verlässt diesen und wird in das Zytoplasma transportiert, wo die Translation stattfindet.

Im Zytoplasma erfolgt die Translation ähnlich wie oben für die Prokaryonten beschrieben, allerdings um ein Vielfaches komplexer. Beispielsweise erfolgt die Bindung der mRNA an die kleine ribosomale Untereinheit nicht direkt, sondern wird durch den Proteinkomplex eIF4F am ^{7m}G-Cap des 5' Endes vermittelt. Das eukaryotische Ribosom besteht aus vier rRNAs (5S, 5,8S, 18S und 28S) und 88 ribosomalen Proteinen. Auch der polyA-Schwanz besitzt eine wichtige Funktion bei der Translation. Dort bindet PABP 1 (polyA-bindendes Protein 1). Durch eine Interaktion mit eIF4F entsteht so ein ringförmiges Gebilde aus mRNA, eIF4F und PABP1. Erst dieses kann sehr effizient translatiert werden.

Nicht die gesamte mRNA wird in Protein translatiert. Die Translation beginnt erst beim ersten Startcodon auf der mRNA, meist ein AUG (welches für die Aminosäure Methionin codiert) und sie endet beim Stoppcodon (Abb. 1.9). Es soll an dieser Stelle betont werden, dass sich Start- und Stoppcodon exklusiv auf die Translation beziehen und nichts mit der Transkription zu tun haben!

Der Bereich, welcher in ein Protein translatiert wird, wird CDS [*Coding Sequence*] genannt. Die Bereiche außerhalb heißen 5'UTR und 3'UTR [*UTR=untranslated region*]. Sie haben wichtige Funktionen für die Regulation und Stabilität der mRNA.

Der Vollständigkeit halber sei erwähnt, dass der Aufbau und die Regulation der rRNA und tRNA-Gene von dem hier beschriebenen System abweichen. Auch die dort involvierten RNA-Polymerasen sind andere.

> **GUT ZU WISSEN**
> Nicht alle eukaryontischen mRNAs werden polyadenyliert, die Histon-mRNAs in Säugern tragen keine Polyadenylierung. Auch prokaryotische mRNA ist nicht polyadenyliert. Zwischen den Begriffen „PolyA⁺-RNA" und „mRNA" gibt es daher einen Unterschied.

1.4 Die Proteine

Proteine sind die biologischen Makromoleküle, welche in der Natur am häufigsten vorkommen. Im Gegensatz zu den Nukleinsäuren sind sie in Sequenz, Struktur und Funktion äußerst vielfältig. Sie werden aus 20 verschiedenen Monomeren, den Aminosäuren, aufgebaut. Aminosäuren sind in ihrer Grundstruktur sehr ähnlich: ein zentrales C-Atom (das Cα-Atom) wird von einer Aminogruppe (NH_2) auf der einen Seite und einer organischen Säure, der Carboxylgruppe (COOH), auf der anderen Seite eingefasst. Die verschiedenen Aminosäuren unterscheiden sich durch die Seitenkette (Abb. 1.10). Wegen der vier unterschiedlichen Gruppen am Cα-Atom sind Aminosäuren asymmetrisch (=chiral), denn ihre Seitenketten können im Raum verschieden angeordnet sein[9], weshalb man die D-Form von der L-Form unterscheidet. Allerdings kommen in Lebewesen fast ausschließlich Aminosäuren der L-Form vor.

Aminosäuren können in wässrigen Lösungen, je nach pH-Wert, als Kation oder Anion vorliegen. Sie sind Ampholyte, die bei niedrigem pH (Protonenüberschuss) eine H_3^+N-Gruppe tragen und positiv geladen sind. Bei Protonenmangel tragen sie eine negativ geladene Carboxylgruppe COO^-. An ihrem isoelektrischen Punkt ist eine Aminosäure nach außen hin ungeladen, sie wird zum Zwitterion. Dabei ist zu beachten, dass die Seitengruppen ebenfalls Amino- und Carboxygruppen tragen und die Ladung einer Aminosäure maßgeblich beeinflussen (Abb. 1.11).

Aufgrund der unterschiedlichen Seitenketten können die Aminosäuren in verschiedene Gruppen mit ähnlichen chemischen Eigenschaften zusammengefasst werden. Zu den basischen Aminosäuren gehören Lysin, Arginin und Histidin. Aminosäuren mit sauren Seitenketten sind Asparaginsäure und Glutaminsäure.

---

[9] Die einzig Ausnahme stellt das achirale, symetrische Glycin dar.

Abb. 1.10:
Alle proteinogenen Aminosäuren außer Glycin besitzen ein asymmetrisch substituiertes Cα- Atom als chirales Zentrum, hier am Beispiel von L-Alanin und D-Alanin dargestellt.

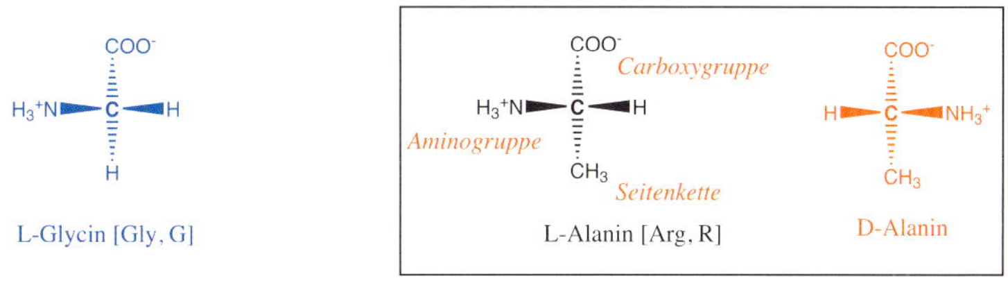

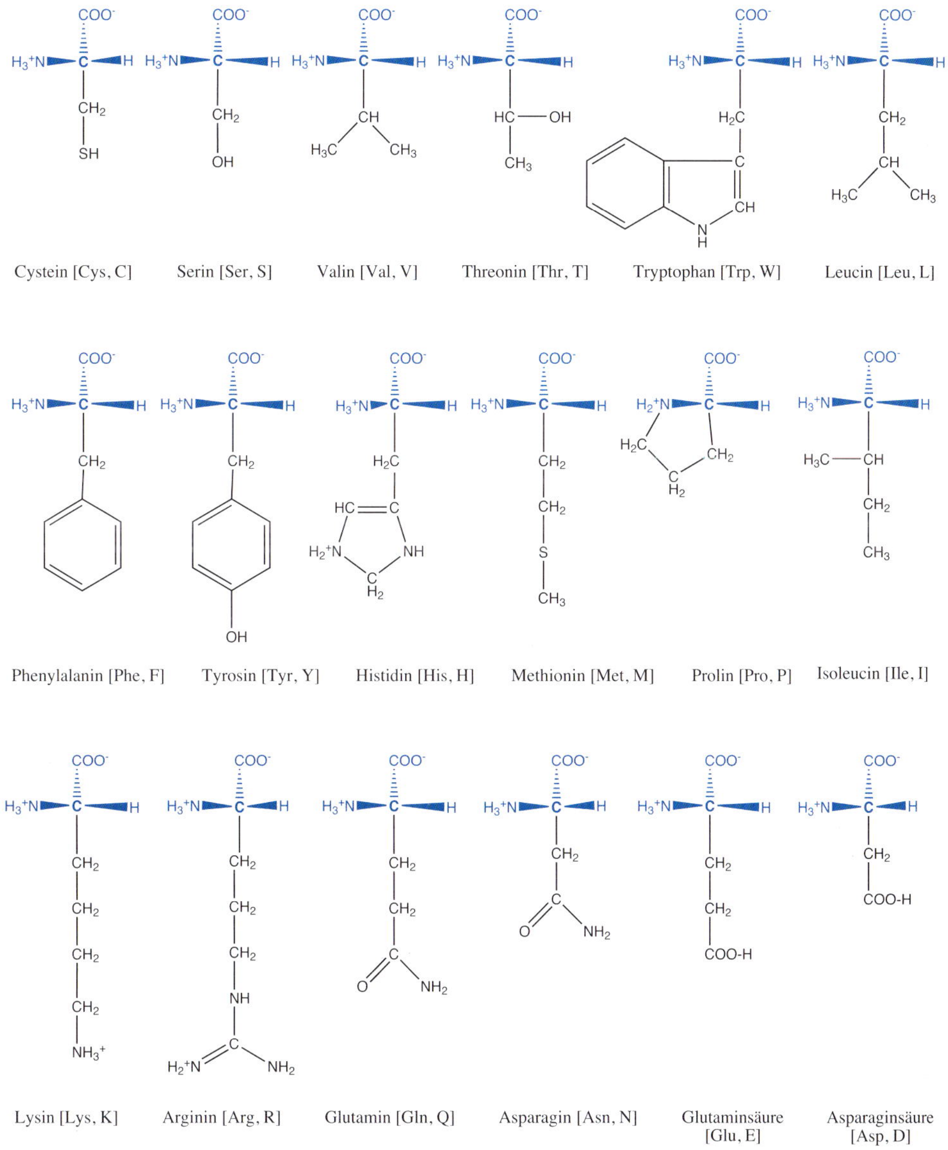

L-Glycin [Gly, G]

L-Alanin [Arg, R] — *Carboxygruppe*, *Aminogruppe*, *Seitenkette*

D-Alanin

Cystein [Cys, C]   Serin [Ser, S]   Valin [Val, V]   Threonin [Thr, T]   Tryptophan [Trp, W]   Leucin [Leu, L]

Phenylalanin [Phe, F]   Tyrosin [Tyr, Y]   Histidin [His, H]   Methionin [Met, M]   Prolin [Pro, P]   Isoleucin [Ile, I]

Lysin [Lys, K]   Arginin [Arg, R]   Glutamin [Gln, Q]   Asparagin [Asn, N]   Glutaminsäure [Glu, E]   Asparaginsäure [Asp, D]

Abb. 1.11:
Die Ladung einer Aminosäure hängt vom pH-Wert der umgebenden Lösung ab. An ihrem isoelektrischen Punkt (pI) liegt die Aminosäure ungeladen vor – man spricht vom Zwitterion. Ist der pH < pI ist die Aminosäure positiv geladen, bei pH > pI ist sie negativ geladen.

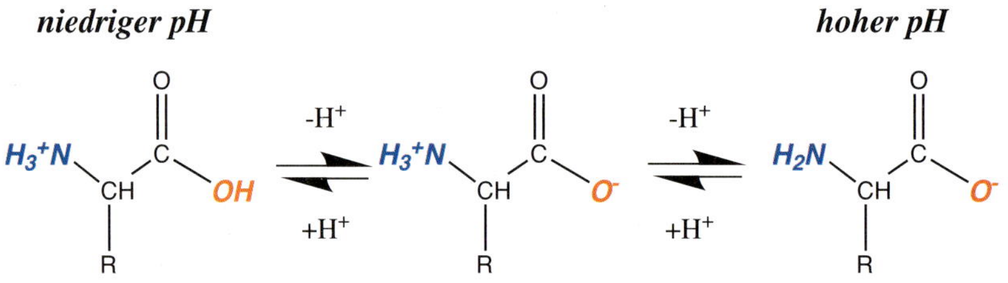

niedriger pH   *hoher pH*

GUT ZU WISSEN

Die zwanzig Standardaminosäuren, die durch die Codons (Abb. 1.7) definiert werden, heißen kanonische Aminosäuren. Nicht-kanonischen Aminosäuren, wie Selenocystein und Pyrrolysin, werden nicht während der Translation eingebaut, sondern stellen posttranslationale Modifikationen von Standardaminosäuren dar. Neben den Aminosäuren der Proteine, den proteinogenen Aminosäuren, gibt es viele weitere nicht-proteinogene Aminosäuren. Das Schilddrüsenhormon Thyroxin ist beispielsweise eine nicht-proteinogene Aminosäure.

Durch die Translation werden die einzelnen Aminosäuren zu Peptiden verbunden. Dabei entsteht zwischen der Carboxygruppe der einen und der Aminogruppe der anderen Aminosäure unter Ab-

Abb. 1.12:
Die Sekundärstruktur eines Proteins ergibt sich aus der Interaktion von Carboxy- und Aminogruppe im Rückgrat. Die abgebildete Interaktion in (**A**) führt zur Ausbildung einer α-Helix, die in (**B**) zur Ausbildung eines β-Faltblattes.

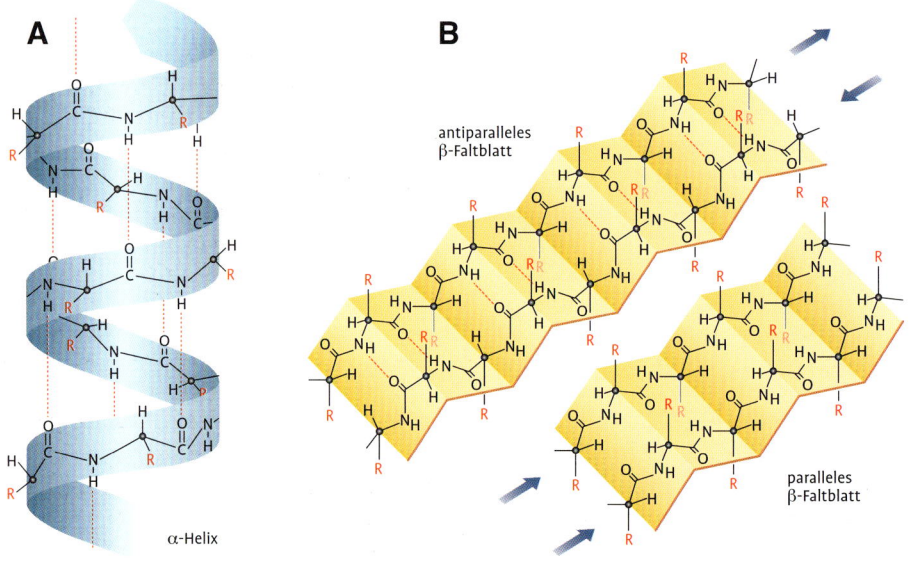

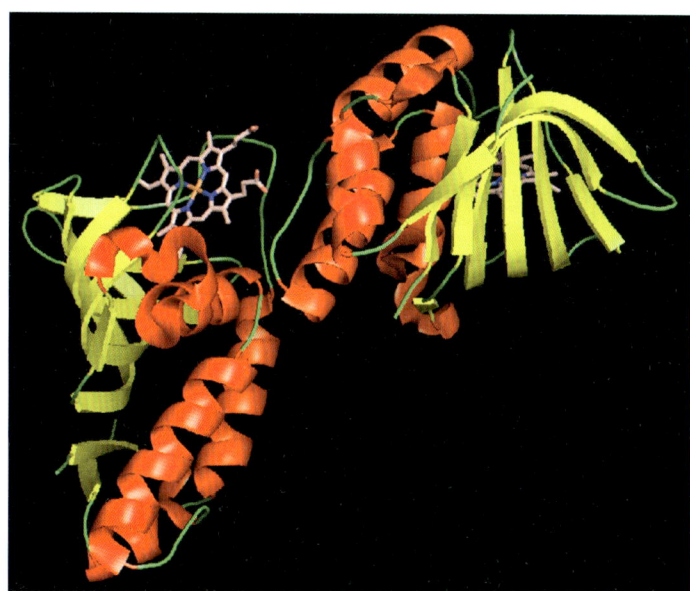

Abb. 1.13:
Ein Protein (hier: die Hämophore HasAp von *Pseudomonas aeruginosa*) enthält meistens unterschiedliche Sekundärstrukturen wie α-Helix (rot), β-Faltblatt (gelb) und Loops (grün). Die Tertiärstruktur eines Proteins beruht auf Interaktionen zwischen den Seitenketten der Aminosäuren und kann auch weitere Nicht-Proteingruppen (hier: Hämgruppe in Altrosa) enthalten. Mehrere Peptide, die in Tertiärstruktur vorliegen, können sich zu multimeren Proteinen zusammenlagern. Hier sind die beiden Untereinheiten, die die Quartärstruktur bilden, deutlich zu erkennen.
Ausgangsdaten der abgebildeten Struktur: Alontaga *et al.*: Structural characterization of the hemophore HasAp from Pseudomonas aeruginosa: NMR spectroscopy reveals protein-protein interactions between Holo-HasAp and hemoglobin. Biochemistry. 2009, 48(1):96-109

spaltung von H_2O eine Peptidbindung, die recht starr ist und das Rückgrat eines Proteins darstellt. Das Peptidrückgrat [*Backbone*] kann über Wasserstoffbrückenbildung zwischen Amino- und Carboxylgruppe verschiedene Strukturen ausbilden, wovon α-Helix, β-Faltblatt [*β-sheet*] und Schleife [*Loop*] die bekanntesten Sekundärstrukturen darstellen. Die Ausbildung von Sekundärstrukturen ist immer lokal begrenzt, was bedeutet, dass ein Protein verschiedene Sekundärstrukturelemente enthält **(Abb. 1.12)**.

Die nächsthöhere strukturelle Ebene ist die Tertiärstruktur **(Abb. 1.13)**, die sich aus Interaktionen zwischen den Seitenketten des Peptids ergibt. Sie stellt in der Regel die funktionale Form eines Proteins dar. Die Interaktionen zwischen den Seitenketten können entweder auf Wasserstoffbrückenbildung oder ionischen Wechselwirkungen beruhen oder sogar kovalenter Natur sein, wie bei der Ausbildung von Disulfidbrücken zwischen zwei Cysteinen. Auch van der Waals Kräfte beeinflussen die Tertiärstruktur. Da die zugrundeliegenden Bindungen unterschiedlich stark sind, ist die Stabilität der Tertiärstruktur eines Proteins sehr variabel. Der Verlust der Tertiärstruktur führt zum Verlust der biologischen Funktion eines Proteins, es wird denaturiert und in seine Primärstruktur überführt. Die Denaturierung zerstört zwar die Struktur eines Proteins, führt jedoch nicht zu einer Spaltung der Peptidkette. Die Denaturierung kann durch Hitze oder bestimmte Chemikalien erfolgen. Je nach Protein und denaturierendem Agenz kann die Denaturierung irreversibel oder reversibel sein. Ein gekochtes Ei wird nicht mehr flüssig, hier liegt eine irreversible Denaturierung vor. Wird RNase für mehrere Minuten auf 80 °C erhitzt, ist sie während dieser Zeit inaktiv, da sie denaturiert ist. Nach der Abkühlung auf 30 - 37 °C faltet sich die RNase selbstständig wieder in ihre biologisch aktive Tertiärstruktur. Hier liegt daher eine reversible Denaturierung vor.

Die höchste strukturelle Organisationsform von Proteinen stellt die Quartärstruktur dar, die durch die Interaktion verschiedener Peptidketten in einem multimeren Protein entsteht. Die zugrundeliegenden Bindungskräfte sind die gleichen, die zur Ausbildung der Tertiärstruktur führen.

> **GUT ZU WISSEN**
> Die Vielfalt der Proteine wird durch Cofaktoren und prosthetische Gruppen weiter erhöht. Beide haben einen entscheidenden Einfluss auf die biologische Funktion. Cofaktoren dienen oft der Regulation einer Enzymaktivität.

Proteine mit einer mehr oder weniger kugelförmigen Tertiär- oder Quartärstruktur werden als globuläre Proteine bezeichnet. Die meisten Enzyme gehören in diese Gruppe. Oft sind die Aminosäuren aufgrund ihrer Hydrophobizität unterschiedlich im Protein verteilt: Innen befinden sich bevorzugt hydrophobe (wasserfeindliche) Aminosäuren, während sich polare Aminosäuren eher auf der Oberfläche befinden. Daher sind globuläre Proteine in der Regel gut wasserlöslich.

Proteine können auch faserige Strukturen ausbilden, meist finden sich solche bei Strukturproteinen. Eine weitere Gruppe stellen die Membranproteine dar, welche an den Enden polar geladen sind, in ihrer Mitte jedoch entsprechende hydrophobe Transmembran-Bereiche aufweisen.

In diesem Buch werden wir hauptsächlich globuläre Proteine berücksichtigen.

> **GUT ZU WISSEN**
> Die Masse von Proteinen wird in Dalton angegeben. 1 Dalton [Da] ist die Masse, die 1/12 eines Kohlenstoffatoms (genauer dem Isotop ^{12}C) entspricht, also $1,661 \times 10^{-24}$ g. Ein Protein von 60000 Da oder 60 kDa wiegt also so viel wie 5000 Kohlenstoffatome oder -als Daumenregel – ungefähr soviel wie 60000 Wasserstoffatome.

Tab. 1.2:
Vergleich der wichtigsten Eigenschaften von Pro- und Eukaryonten.

Eigenschaft	Prokaryonten	Eukaryonten
Typische Größe	1 - 10 μm	meist 10 - 100 μm
Lokalisation der DNA	Bakteriumchromosom im Nukleoid	Zellkern, von einer doppelten Membran umgeben
DNA	Meist zirkulär	lineare Moleküle mit Histonen in komplexen Strukturen (Chromosomen) verbunden.
Transkription	im Zytoplasma	im Zellkern
Translation	im Zytoplasma	im Zytoplasma
Ribosomale Untereinheiten	50S + 30S	60S + 40S
Zellstruktur	Wenig strukturiert	Komplexe Kompartimentierung
Mitochondrien	keine	ein bis einige Dutzend
Chloroplasten	keine	nur in Pflanzen
Weitere DNA-Moleküle	optional Plasmide	Genom im Mitochondrium und ggf. im Chloroplasten (bei Pflanzen)
Zellteilung	Mitose	Mitose und Meiose bei entsprechend spezialisierten Zellen
Organisation	Einzelzellen	Einzelzellen, Kolonien oder mehrzellige Organismen mit spezialisierten Zellen

1.5 Die Zelle

Die Zelle stellt die grundlegende Organisationseinheit biologischer Systeme dar. Allen Zellen gemeinsam ist eine Zellmembran, die das Zellinnere von der Umgebung abtrennt. In manchen Organismen wird diese durch eine Zellwand umgeben. Dazu gehören viele Bakterien, Hefen und Pflanzenzellen. Zellen sind in der Lage, sich durch Zellteilung zu vermehren. Die Aufnahme von Nahrung sowie die Umwandlung von Energie führt zum Aufbau von Zellstrukturen.

Prokaryoten bestehen aus einfach strukturierten Zellen ohne Zellkern, während Eukaryoten aus Zellen bestehen, die wesentlich komplizierter strukturiert sind und einen Zellkern besitzen. Die wichtigsten Unterschiede sind in **Tab. 1.2** aufgelistet.

Eukaryontische Zellen enthalten mehrere voneinander abgetrennte Kompartimente. Die DNA liegt im Zellkern, welcher von einer Membran

Abb. 1.14:
In eukaryontischen Zellen bindet die mRNA zunächst an freie Ribosomen und die Translation beginnt. Proteine, die an freien Ribosomen translatiert werden, verbleiben entweder in Zytosol oder werden, wenn sie entsprechende Signalsequenzen aufweisen, in den Zellkern, Mitochondrien, Chloroplasten, Vakuolen oder Peroxisomen transportiert. Weist der Anfang des synthetisierenden Peptids eine spezielle Signalsequenz für das *Signal Recognition Particle* auf, werden Ribosom und halbfertiges Peptid an die ER-Membran dirigiert. Die restliche Proteinsynthese erfolgt in das ER-Lumen hinein. Dabei werden die Proteine schon während des Eintritts in das ER-Lumen glykosyliert. Besitzen solche Proteine eine Signalsequenz an ihrem Carboxyende, verbleiben sie im ER Lumen. Ohne Signalsequenz werden sie zum Golgi transportiert und entweder aus der Zelle heraus, zu den Lysosomen oder der Plasmamembran transportiert. Im Golgi erfolgt auch der proteinspezifische Umbau der vorhandenen Glykosylierung. Pflanzenspezifische Organellen sind grün, tierische rot unterlegt.

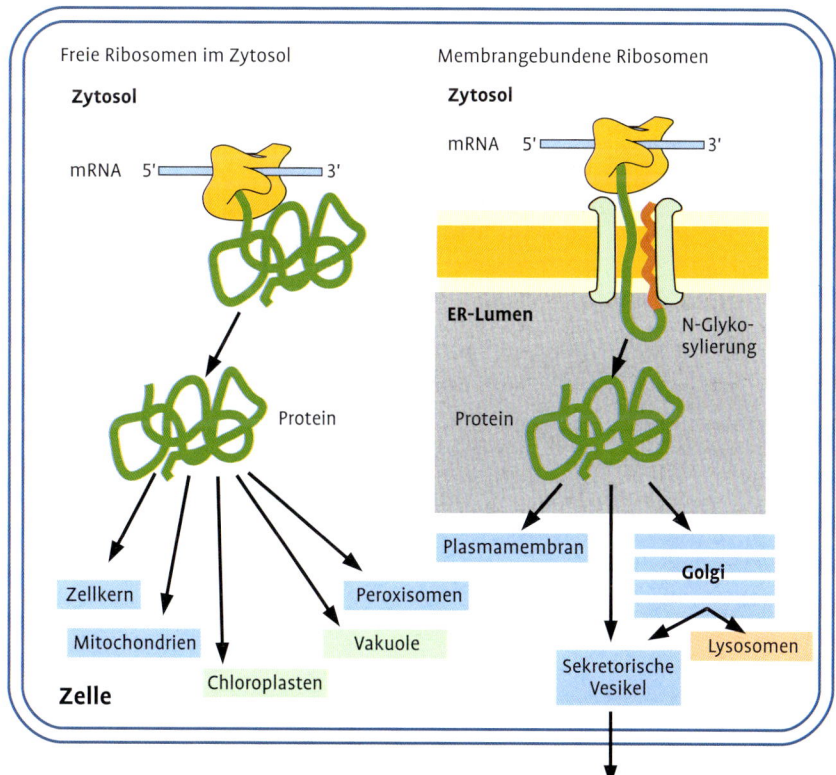

umgeben ist. Neben dieser nukleären DNA finden sich noch weitere DNA Moleküle: Alle Mitochondrien der Eukaryonten haben ein eigenes Genom (wenn auch viele Proteine kerncodiert sind und importiert werden). Pflanzen enthalten ein weiteres Genom in den Plastiden.

Die bei Eukaryonten im Zellkern synthetisierten und prozessierten mRNAs werden in das Zytoplasma transportiert, wo die Translation an den Ribosomen beginnt (Abb. 1.14). Enthält das entstehende Peptid an seinem Aminoende eine bestimmte Signalsequenz, wird das sogenannte *Signal Recognition Particle* (SRP) gebunden, welches das Ribosom zur Membran des Endoplasmatischen Reticulums (ER) dirigiert. Dort erfolgt die weitere Proteinsynthese in das ER-Lumen hinein. Die so translatierten Proteine werden dabei glykosyliert (N-Glykosylierung). Ohne weitere Signalsequenzen gelangen die Proteine nach weiteren Prozessierungsschritten im ER-Lumen (z.B. der Ausbildung von Disulfidbrücken) über Vesikel in den Golgi-Apparat, wo die Glykosylierungen komplett umgebaut werden. Erst im Golgi entsteht die protein-spezifische Glykosylierung, deren Mechanismen nur teilweise verstanden sind. Abschließend werden die Proteine wiederum über Vesikel aus der Zelle exportiert. Die Konsequenz dieser Vorgänge liegt darin, dass nur extrazelluläre Proteine sowie die aus dem ER-Lumen und Golgi eine N-Glykosylierung tragen.

Ohne Signalsequenz am Aminoende erfolgt die komplette Translation im Zytoplasma. Selten tragen diese Proteine eine O-Glykosylierung, meistens sind zytoplasmatische Proteine nicht glykosyliert. Proteine, die in Organellen wie Mitochondrien, Plastiden oder Zellkerne transportiert werden, enthalten Organell-spezifische Signalsequenzen.

2 Grundlagen der Arbeit im Labor

2.1 Wasser

2.2 Messung des pH-Wertes

2.3 Puffer

2.4 Waagen

2.5 Mikropipetten

2.6 Gefäße im Labor

2.7 Zentrifugen

2.8 Mischen und Konzentrieren

2.9 Konzentrieren

2.10 Pufferwechsel

2.11 Proben-Lagerung

2.12 Steriles Arbeiten

2.13 Die kleinen Freunde – Pflege und Aufzucht von *Escherichia coli*

2.14 Der Aufschluss von Geweben

Bevor wir die molekularbiologischen Verfahren besprechen, müssen wir einen kurzen Exkurs in die Chemie machen. Dabei werden die Kenntnisse über die wichtigsten Eigenschaften von Wasser aufgefrischt und durch Informationen zum pH-Wert und Puffern ergänzt.

Im zweiten Teil werfen wir einen Blick auf wichtige Hilfsmittel und Geräte, denen wir im Labor begegnen sowie einigen grundlegenden Techniken der Laborarbeit. Abgeschlossen wird dieses Kapitel durch die Vorstellung des wohl wichtigsten Labororganismus, dem Bakterium *Escherichia coli* und gängigen Aufschlussverfahren.

Bedenken Sie, dass Sie bei der Arbeit im Labor zahlreichen Gefahrenstoffen begegnen. Im Anhang A1 finden Sie wichtige Informationen zum sicheren Arbeiten im Labor. Direkt anschließend sind unter A2 die 10 Goldenen Regeln des Laborlebens aufgeführt.

Beachten Sie, dass alle Ihre Experimente genau dokumentiert werden müssen. Dazu erhalten Sie einige Tipps im Anhang A3.

2.1 Wasser

Wasser ist das zentrale Lösungsmittel im molekularbiologischen Labor. Etwas verwirrend erscheinen die vielen verschiedenen Typen an Wasser, mit denen man im Labor konfrontiert wird und die sich in ihrer Reinheit unterscheiden:

▶ **Leitungswasser** [*Tap water*]

Die Qualität von Leitungswasser ist regional sehr unterschiedlich und es enthält viele Mineralien und andere Spurenelemente, wie Fluoride, in wechselnden Anteilen. Daher ist es für Arbeiten im Labor ungeeignet. Es wird eigentlich nur zum Spülen verwendet. Allerdings müssen alle gespülten Gegenstände gründlich mit demineralisiertem Wasser nachgewaschen werden. Insbesondere das in Spülmitteln enthaltene Natriumdodecylsulfat (SDS, *sodium dodecyl sulfate*) kann viele Experimente stören.

▶ **Demineralisiertes Wasser** ($Aqua_{demin}$)

Dieses Wasser entspricht der niedrigsten Qualitätsstufe in Laborexperimenten. Es wird über spezielle Ionenaustauscherkartuschen gewonnen, die an Leitungswasser angeschlossen werden. Demineralisiertes Wasser enthält weniger zweiwertige Ionen aber oft mehr Natriumsalze als Leitungswasser. Es wird primär zum Nachspülen des Laborgeschirrs verwendet.

▶ **Destilliertes Wasser** ($Aqua_{dest}$)

Früher gab es in jedem Institut große, birnenförmige Destillen, in denen Wasser aufgekocht und der Dampf in einem zweiten Gefäß kondensierte. Wurden zwei Destillen hintereinander ge-

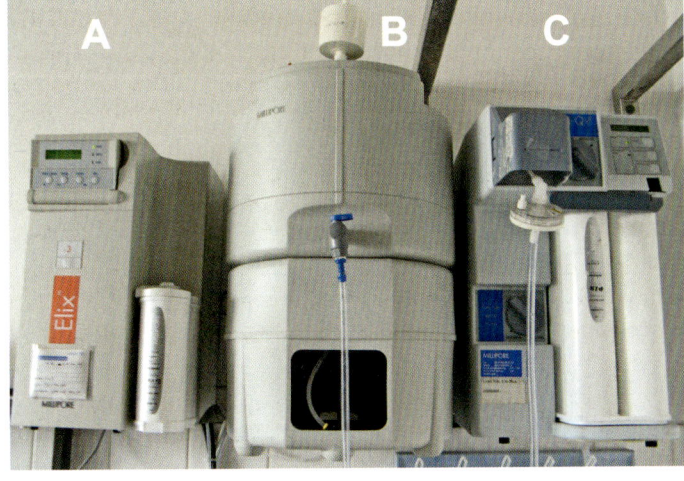

Abb. 2.1:
Eine typische Reinstwasseranlage, wie sie in vielen Laboren zu finden ist, besteht oft aus mehreren Komponenten: einem Vorfilter-System (**A**), einem Vorratsbehälter (**B**) und der eigentlichen Anlage (**C**) mit den verschiedenen Kartuschen (weiß) und dem Leitfähigkeitsmesser (oben rechts).

schaltet, entstand das *Aqua$_{bidest}$*. Neben den Salzen wurden auch viele organische Substanzen über die Destillierung entfernt.

▶ **Reinstwasser** (*Aqua$_{purificata}$*)
Reinstwasseranlagen haben heute weitgehend die Destillen verdrängt **(Abb. 2.1)**. Sie reinigen das Wasser chemisch über verschiedene Kartuschen. Es stellt – zumindest theoretisch – die sauberste Form des Wassers dar, was sich in seinem hohen elektrischen Widerstand von > 18 MΩ zeigt. Deshalb wird dieser Typ auch 18 MΩ Wasser genannt. Der Kartuschentyp wird auf das vor Ort vorhandene Leitungswasser angepasst, der pH-Wert dieses Wassers liegt bei pH 5 - 6[1].

Reinstwasser kann auch käuflich erworben werden. Da für molekularbiologische Experimente wie die PCR nur wenig Wasser benötigt wird, sollte dies in Erwägung gezogen werden. Das gekaufte Wasser wird autoklaviert, unter der Sterilbank in 1 ml Volumina auf 1,5 ml Reaktionsgefäße aufgeteilt (aliquotiert) und bis zum Gebrauch bei -20 °C eingefroren.

> ❗ **TIPP**
> Die Bezeichnung H_2O besagt, dass es sich nur um H_2O handelt. Begriffe wie „Reinst-H_2O" oder „Dest-H_2O" sind daher schlichtweg falsch. Der einzige erlaubte Begleiter für H_2O ist H_2O_{steril}, für autoklaviertes H_2O.

2.2 Messung des pH-Wertes

Der pH-Wert gibt die Konzentration an Wasserstoffionen in einer Lösung an, indem er den negativen dekadischen Logarithmus dieser Konzentration darstellt. Wie der pH berechnet werden kann sowie die sich daraus ergebende Hasselbach-Gleichung sind im **E-Doc 2-1** beschrieben. In der Regel werden Lösungen im Labor mittels pH-Elektrode (auch: Einstabmesskette) zur pH-Messung verwendet **(Abb. 2.2)**.

---

1 Das CO_2 in der Luft löst sich sehr gut in H_2O. Da dieses keinerlei Pufferkapazität aufweist, führt die Bildung von H_2CO_3 zu einem sauren pH-Wert.

Abb. 2.2:
Ein typisches pH-Meter. Links befindet sich die Messkette (**A**), die in einer 3M KCl-Lösung gelagert wird. Nach der Messung muss die Messkette gründlich mit demineralisiertem Wasser abgespült werden. Da die pH-Messung temperaturabhängig ist, gibt es neben der pH-Anzeige (**B**) auch eine für die Temperatur (**C**). Ein pH-Meter muss regelmäßig kalibriert werden. Entsprechende pH-Pufferlösungen sind kommerziell erhältlich.

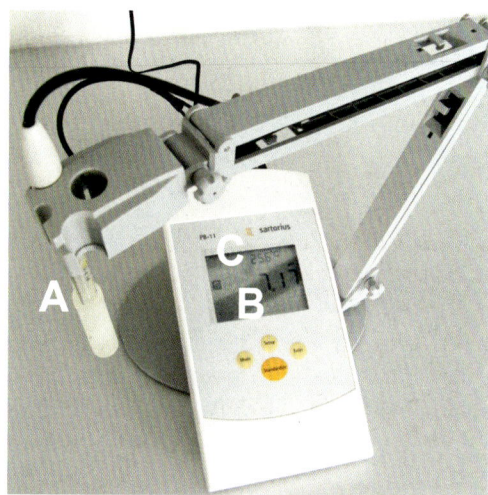

Die Glaselektrode muss zunächst mit kommerziell erhältlichen pH-Pufferlösungen mit bekannten pH-Werten kalibriert werden. Abhängig von der H$^+$-Konzentration entsteht zwischen zwei Elektroden ein Potenzial, welches gemessen wird. Im äußeren Bereich des Glaskörpers befindet sich in der Bezugselektrode eine gesättigte 3 M KCl Lösung, die von Zeit zu Zeit erneuert werden muss. Im Inneren der Messkette gibt es eine zweite Elektrode, die Messelektrode. Sie besitzt unten eine Glasmembran, über welche die eigentliche Messung erfolgt. Die Glasmembran ist für die Protonen durchlässig und sehr empfindlich gegenüber Stößen.

Für die Arbeit mit dem pH-Meter gibt es einige wichtige Regeln:
▶ Das pH-Meter sollte täglich kalibriert werden.
▶ Die pH Elektrode sollte in einer 3 M KCl Lösung aufbewahrt und diese regelmäßig erneuert werden.
▶ Vor und nach jeder Messung muss die Elek-

trode gründlich mit demineralisiertem Wasser gespült werden, um die KCl-Lösung nicht zu verunreinigen.
- Da die Glasmembran sehr stoßempfindlich ist, sollte die pH Messung niemals auf einem Rührer durchgeführt werden.
- Während der Messung sollte die Messkette nicht zu lange in die Pufferlösung getaucht werden, da es sonst zu Diffusion kommt.
- Es dürfen niemals osmotisch aktive Substanzen (z.B. Saccharose) oder starke Säuren (z.B. HCl) und Laugen (konzentrierte NaOH-Lösung) mit einem pH-Meter gemessen werden. Der pH-Wert solcher Substanzen wird mit pH-Papier, welches sich abhängig vom pH-Wert unterschiedlich anfärbt, gemessen.
- Der pH-Wert einer Lösung oder eines Puffers ist temperaturabhängig. Soll ein Puffer bei 4 °C verwendet werden, muss sein pH-Wert auch bei 4 °C eingestellt werden.

2.3 Puffer

Für alle molekularbiologischen Experimente ist ein konstanter pH-Wert von enormer Wichtigkeit. Schon leichte Veränderungen des pH-Wertes haben enorme Auswirkungen auf alle biochemischen Prozesse.

Der pH-Wert einer schwachen Säure oder Base kann mittels der Henderson-Hasselbalch Gleichung berechnet werden (E-Doc 2-1). An dieser Stelle ist für uns nur wichtig, dass die Pufferkapazität stark vom pK-Wert eines Puffers abhängt. Die Pufferkapazität repräsentiert, wie viel H^+ oder OH^- Ionen zu einem Puffer zugegeben werden können, ohne dass sich der pH des Puffers merklich ändert. Aus diesem Grund werden im Labor verschiedene Puffer verwendet, die sich vor allem dadurch unterscheiden, in welchem pH-Bereich sie eine Lösung stabil halten (Abb. 2.3).

Die Pufferkapazität hängt nicht nur vom pH-Bereich ab, sondern auch von der Konzentration der Puffersubstanzen. Ein 100 mM Phosphatpuffer hat eine viel höhere Pufferkapazität als ein 20 mM Phosphatpuffer. Andererseits enthält er mehr Ionen und wird umso teurer, je höher er konzentriert ist.

> **TIPP**
> Der pH wird immer mit der korrespondierenden Base oder Säure eingestellt. Das bedeutet, dass man einen Natriumacetatpuffer nur mit NaOH oder Essigsäure einstellt, aber nie mit einer neuen Komponente wie HCl.

Neben dem Pufferbereich gibt es noch weitere wichtige Kriterien für die Auswahl eines geeigneten Puffers:
- Einige Puffer reagieren mit bestimmten Enzymen und sind daher von vornherein ungeeignet. Beispielsweise ist ein Phosphatpuffer ungeeignet, um eine ATPase oder eine Kinase aufzureinigen und zu analysieren.

Abb. 2.3:
Um das gesamte pH-Spektrum abzudecken, werden verschiedene Puffer im Labor eingesetzt. Hier sind nur einige Beispiele gängiger Puffer und ihrer Pufferbereiche aufgelistet.

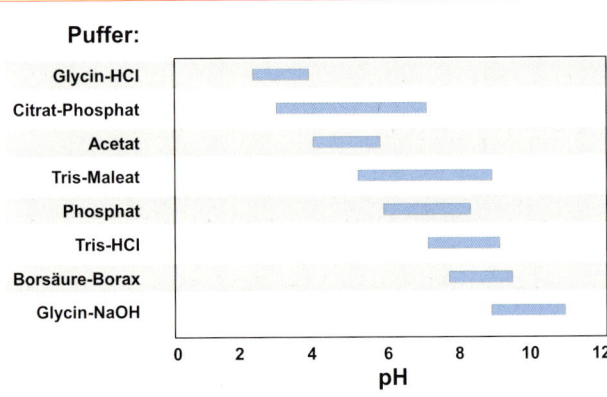

▶ Manche Methoden werden durch bestimmte Puffer negativ beeinflusst. Ein Beispiel ist der für die Proteinquantifizierung genutzte BCA-Test (Kapitel 8.5.2), welche durch Tris-Puffer empfindlich gestört wird.

2.4 Waagen

Das exakte Abwiegen von Substanzen ist eine grundsätzliche Voraussetzung erfolgreichen Arbeitens. Die abzuwiegende Substanz wird aus dem Vorratsbehälter auf einem Wägepapier oder einer Wägeschalen abgewogen. Zu viel entnommene Chemikalien werden immer verworfen und niemals in den Vorratsbehälter zurückgegeben.

Für eine genaue Messung muss die Waage vor allem sauber und eben ausgerichtet sein, weshalb die meisten Laborwaagen eine Wasserwaage besitzen. Eine Erschütterung der Waage ist zu vermeiden – deshalb stehen sie oft auf massiven Steinplatten. Als Schutz vor Luftbewegungen besitzen die empfindlicheren Instrumente einen Windschutz.

Laborwaagen werden aufgrund ihres Wägebereichs in unterschiedliche Gruppen eingeteilt:

▶ **Ultramikro- und Mikrowaagen**
Sind die empfindlichsten Waagen für Bereiche ab 0,1 µg bzw. 1 µg. Sie sind meistens mit einer Haube ausgestattet, die sie vor Luftzug schützt.

▶ **Analysenwaagen**
Ihre Ablesbarkeit liegt bei 0,01 - 0,1 mg und maximal können oft 0,1 - 1 g gewogen werden. Sie sind mit Windschutz in fast jedem Labor zu finden.

▶ **Präzisionswaagen**
Sie sind die häufigsten Waagen im Labor und kommen oft ohne Windschutz aus. Sie unterscheiden sich in ihrer Ablesegenauigkeit, die zwischen 1 mg und 100 mg liegen sowie in ihrem maximalen Messbereich, der je nach Waage im Bereich zwischen 50 - 1000 g liegen kann **(Abb. 2.4)**.

Einige Informationen zum Ansetzen von Puffern und Lösungen sowie das Mischungskreuz sind im **E-Doc 2-2** kurz erläutert.

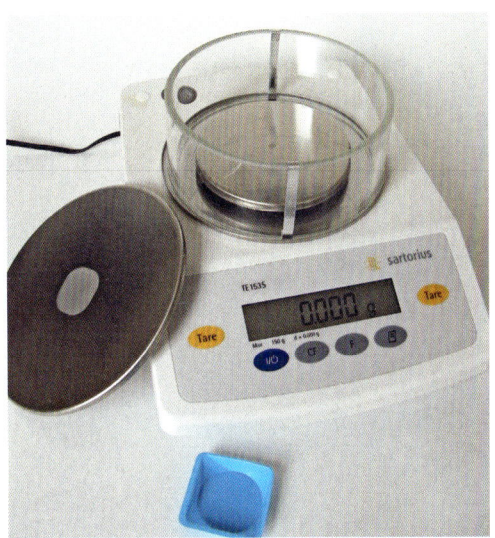

Abb. 2.4:
Eine Laborwaage mit Windschutz und Deckel. Davor ist eine blaue Wägeschale zu sehen. In diese werden die Chemikalien gefüllt, um sie abzuwiegen. Die Wägeschalen gibt es in verschiedenen Größen.

 PROTOKOLL 2.1

Abwiegen von Gefahrstoffen

Gefahrstoffe müssen unter einem Laborabzug abgewogen werden, doch befindet sich dort meist keine Waage. Daher wird folgendermaßen vorgegangen:

1. Zuerst wird das Gefäß (mit Deckel!) gewogen.
2. Unter dem Abzug wird die ungefähr benötigte Menge in das Gefäß gefüllt und dieses fest verschlossen.
3. Es wird erneut gewogen und die Tara vom Bruttogewicht abgezogen.
4. Aus der Einwaage kann das Volumen des zuzugebenen Puffers oder Wassers berechnen werden.
5. Die Zugabe des Puffers oder von H_2O erfolgt wiederum unter dem Abzug.

2.5 Mikropipetten

Mikropipetten, häufig auch „Eppendorf-Pipetten" genannt, sind das Herzstück einer jeden Laborarbeit. Häufig wird dem Neuankömmling im Labor ein eigener Satz zur Verfügung gestellt. Ein Pipettensatz besteht aus drei oder vier Pipetten mit variabel einstellbaren Volumina, die oft folgende Volumenbereiche abdecken: 0,1 µl - 2,5 µl; 1 µl - 10 µl, 10 µl - 100 µl und 100 µl - 1000 µl. Die Pipetten haben oft unterschiedliche Farben, die mit den Farben der passenden Pipettenspitzen korrespondieren (Abb. 2.5). Glücklicherweise halten sich die meisten Hersteller an die Farbcodes, sodass Mikropipetten un-

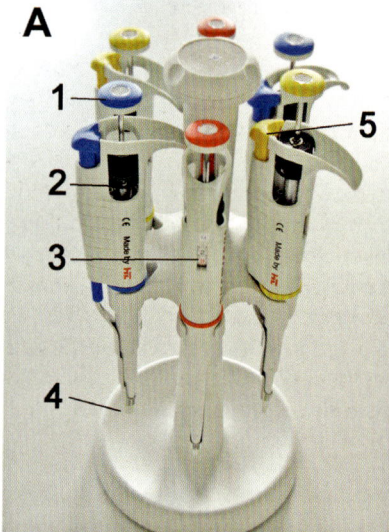

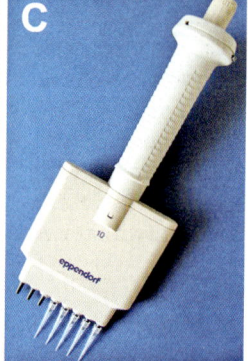

Abb. 2.5:
Mikropipetten. (**A**) Zwei Pipettensätze aus je drei Pipetten: 1 - 10 µl (rot), 10 - 100 µl (gelb) und 100 - 1000 µl (blau) auf einem Pipettenständer. Der Druckknopf (1) dient zur Aufnahme und Abgabe von Flüssigkeiten, mit der Stellschraube (2) wird das Volumen eingestellt, welches auf der Anzeige (3) angezeigt wird. Die Pipettenspitze wird auf den Konus (4) unten aufgesteckt und kann mit dem Abwerfer (5) nach Gebrauch abgeworfen werden. Pipettenspitzen befinden sich in geschlossenen Boxen (**B**), bei denen der Deckel immer nur kurz angehoben werden sollte, um Kontaminationen zu verhindern. Multikanal-Pipetten pipettieren achtmal parallel das gleiche Volumen (**C**), hier sind fünf Spitzen aufgesteckt. Die Abstände der Kanäle sind normiert, sodass man mit einem Mal acht Spitzen aus der Box (**B**) aufsetzen kann. Multikanalpipetten werden z.B. für ELISA-Platten (Abb. 10.7) benötigt.

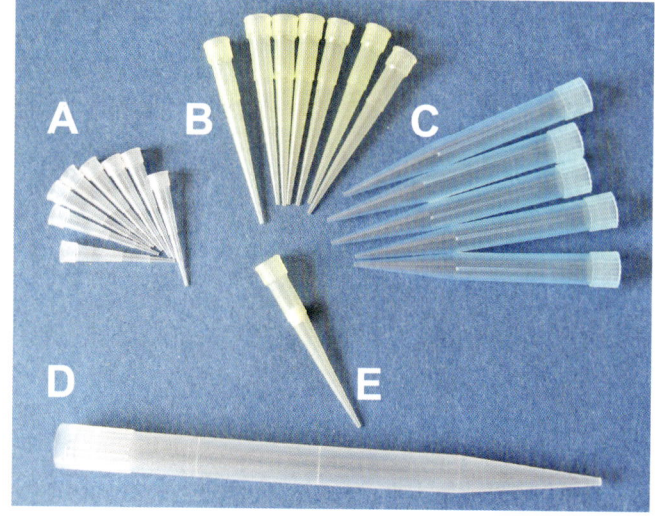

Abb. 2.6:
Pipettenspitzen sind Einmalartikel, die in Boxen mit Deckeln (Abb. 2.5B) oder in Beuteln verpackt zum Selberstecken geliefert werden. Die weißen Spitzen (**A**) sind für Volumina bis 10 µl, gelbe Spitzen (**B**) werden für Pipetten bis 200 µl verwendet. Blaue Spitzen (**C**) gehören auf Pipetten bis 1000 µl. Die große Spitze (**D**) ist für Pipetten bis 5 ml geeignet. Alle Spitzengrößen gibt es auch als gefilterte Spitzen (**E**), die die Kontamination der Pipette durch pathogene Organismen und Flüssigkeiten verhindern. Umgekehrt werden Enzymstammlösungen und sterile Kulturen vor der Kontamination durch Partikel in der Pipette geschützt.

terschiedlicher Hersteller die gleichen Farbcodes aufweisen. Blaue Spitzen fassen bis 1000 µl, gelbe Spitzen sind für den Bereich von 10 µl bis 200 µl vorgesehen (Abb. 2.6). Farblose für die Bereiche unter 10 µl und über 1000 µl. Neben Pipetten mit variablem Volumen trifft man vereinzelt noch auf Pipetten mit festem Volumen. Manche Pipetten können autoklaviert werden. Dies ist sinnvoll, wenn mit pathogenen Organismen gearbeitet wird. Mehrkanalpipetten (Abb. 2.5 C) werden mit acht Spitzen bestückt, die alle parallel das gleiche Volumen pipettieren.

Für genaues Pipettieren ist es unerlässlich, dass die Pipettenspitze mit der Gefäßwand Kontakt hat. Sonst stimmen die pipettierten Volumina nicht (Abb. 2.7).

Durch Betätigen des zusätzlichen Abwurfkolbens wird die Spitze in einen Müllbehälter abgeworfen. Die Pipetten einiger Hersteller haben keinen zusätzlichen Abwurfkolben, dort muss der Hauptkolben über den zweiten Druckpunkt hinaus gedrückt werden (Protokoll 2.2).

Regelmäßig sollten die Pipetten kalibriert werden. Dazu wird zehnmal hintereinander eine be-

PROTOKOLL 2.2

Pipettieren mit einer Mikropipette

▶ Auswahl der geeigneten Pipette für das benötigte Volumen.
▶ Auswahl der passenden Spitze, welche fest aufgesteckt wird.
▶ Einstellen der benötigten Voumen an der Mikropipette.
▶ Der Druckstift wird bis zum ersten Druckpunkt (Meßhub) heruntergedückt, die Spitze in die aufzunehmende Flüssigkeit getaucht.
▶ Langsam wird der Druck gelockert, sodass der Kolben langsam nach oben gleitet. Dabei darf keine Luft in die Pipettenspitze gelangen.
▶ Jetzt die Pipette an die Wand des neuen Gefäßes halten und wiederum bis zum zweiten Druckpunkt (Überhub) die Flüssigkeit an der Gefäßwand herunterlaufen lassen.

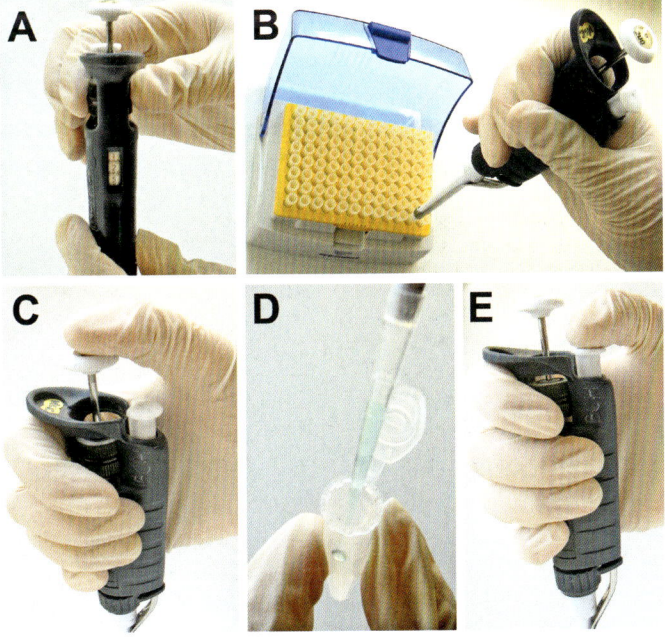

Abb. 2.7:
Übersicht des Pipettiervorgangs. (**A**) Zunächst wird das benötigte Volumen eingestellt. Dann wird die Pipettenspitze aufgesteckt (**B**), wobei der Vorratskasten sofort wieder geschlossen werden sollte. Durch Drücken des farbigen Druckknopfes (**C**) bis zum ersten Druckpunkt wird die Luft aus der Spitze herausgedrückt. Die Pipettenspitze wird dann in die Lösung getunkt und der Druckknopf langsam wieder losgelassen. Beim Ablassen der Lösung ist darauf zu achten, dass die Pipettenspitze das Plastik des Reaktionsgefäßes berührt (**D**). Am Ende wird die Spitze durch Druck auf den Abwurfknopf abgeworfen (**E**). Manche Pipetten haben auch nur einen Druckknopf, dann werden die einzelnen Schritte durch unterschiedliche Druckpunkte repräsentiert.

stimmte Menge H$_2$O auf eine Waage pipettiert (meist wird 80 % des Maximalvolumens der Pipette verwendet). Die Abweichungen sollten unter 5% liegen, die Details sind in der Bedienungsanleitung zu finden.

Pipetten können auch auseinander gebaut und gereinigt werden. Im Beipackzettel findet sich eine entsprechende Anleitung des Herstellers. Einige Fabrikate erfordern ein spezielles Werkzeug, das käuflich zu erwerben ist.

> **TIPP**
> Neben den „normalen" Spitzen werden auch Pipettenspitzen mit integriertem Filter angeboten. In vielen Laboren werden sie genutzt, um besonders saubere Arbeiten durchzuführen (beispielsweise wenn Enzyme aus den Vorratsgefäßen pipettiert werden). Wichtig sind sie auch, wenn mit Phagen, Viren oder anderen pathogenen Organismen gearbeitet wird. Die Spitzen mit Filter werden steril geliefert und werden in der Regel nicht mehr autoklaviert.

2.6 Gefäße im Labor

Die Wahl des Gefäßes ergibt sich durch das benötigte Volumen. **Tab. 2.1** gibt eine Übersicht der wichtigsten Gefäßarten, die zusätzlich in **Abb. 2.8** abgebildet sind.

In manchen Fällen muss das Material der Gefäße beachtet werden, da einige Plastikarten mit dem Inhalt reagieren können, durch die Chemikalien zersetzt werden können oder einen notwendigen Autoklaviervorgang nicht überstehen. Angaben hierzu sind beim Hersteller zu finden.

2.7 Zentrifugen

Durch die Massenträgheit werden in schnell rotierenden Gefäßen befindliche Partikel nach außen gedrückt. Dieses Prinzip wird bei der Salatschleuder in der Küche ebenso verwendet wie beim Kettenkarussell. Eine Zentrifuge besteht

Abb. 2.8:
Kleine PCR-Gefäße (**A**) mit 200 µl Volumen gibt es auch als Streifen (**B**). Auch 0,5-ml-Gefäße (**C**) werden bei der PCR eingesetzt. Die 1,5 ml Gefäße (**D**) und die 2 ml-Gefäße (**E**) sind die am häufigsten verwendeten Gefäße im Labor. Ungefähr gleiche Volumina haben Schraubgefäße (**F**) und die speziellen Kryoröhrchen (**G**) die zum Einfrieren von biologischem Material dienen. Sehr viel größer sind die 15 ml Gefäße (**H**) und die 50 ml Gefäße (**L**), welche beide mit Schraubdeckel geliefert werden. Die weißen Balken entsprechen jeweils 1 cm.

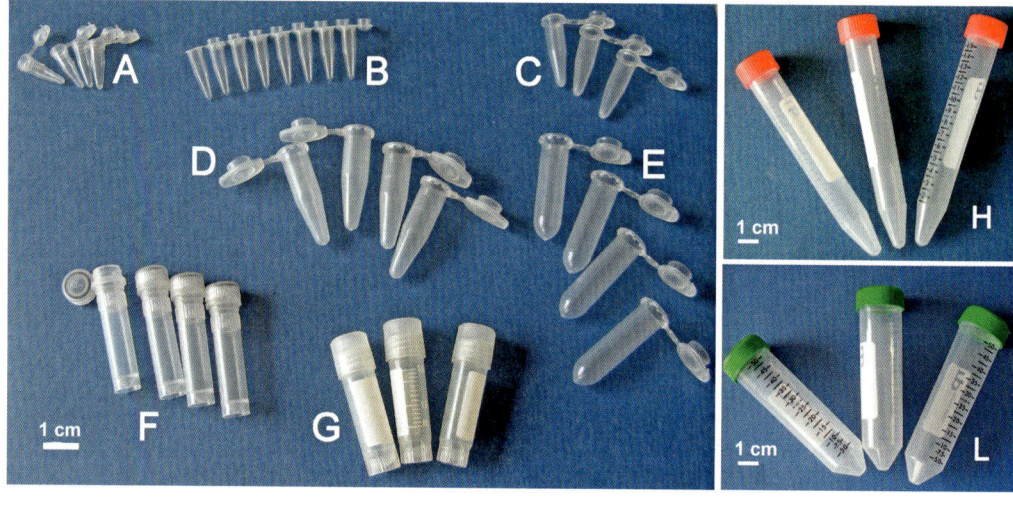

Tab. 2.1:
Einige gängige Laborgefäße. Welche Gefäßart verwendet wird, ergibt sich aus der Anwendung und dem benötigten Volumen. 1,5 ml Gefäße werden im Laborjargon oft „Eppendorf-Cap", „E-Cap" oder „Eppi" genannt, die 15 ml und 50 ml Gefäße werden als „Falcon-Tube" bezeichnet. Für Hochleistungszentrifugen (Kapitel 2.7) gibt es spezielle Gefäße, die in dieser Tabelle nicht aufgeführt sind.

Reaktionsgefäß	Volumen	Typische Anwendung
0,2 ml Reaktionsgefäß	0,2 ml	PCR
Reaktionsgefäß-Streifen	8 x 0,1 - 0,2 ml	Aneinandergehängte Gefäße mit 0,1 ml oder 0,2 ml Volumen, die in der PCR genutzt werden.
0,5 ml Reaktionsgefäß	0,5 ml	Werden vor allem für ältere PCR Maschinen genutzt.
1,5 ml Reaktionsgefäß	1,5 ml	Der Allrounder im Labor.
2 ml Reaktionsgefäß	2 ml	Wird für viele Laborarbeiten verwendet.
2 ml Gefäße mit Schraubverschluss	2 ml	Lagerung und Homogenisation. Sie werden auch Kryoröhrchen genannt.
15 ml Zentrifugenröhrchen	15 ml	Für alles bis 15 bzw. 50 ml, besitzen einen Schraubdeckel und werden in der Regel steril geliefert.
50 ml Zentrifugenröhrchen	50 ml	
Mikrotiterplatten	0,05 - 2 ml	„96 Well"-Platten sind das Standardformat (Abb. 10.7 A, es gibt auch Platten mit 384 Vertiefungen bei gleicher Plattengröße. Die Platten sind mit und ohne Deckel und aus verschiedenen Materialien lieferbar. Deep Well Platte sind höher, hier fasst eine Vertiefung 2 ml. Kleinere Platten werden für PCRs verwendet. Für die Säuger-Zellkultur werden „12-well" und 24-well" Platten mit entsprechend großen Vertiefungen verwendet.
Kulturröhrchen	5 - 10 ml	Locker sitzender Deckel, Anzucht von Bakterien, im Gegensatz zu den anderen Gefäßen, bestehen diese meistens aus Glas (Abb. 2.16).

im Prinzip aus einem Motor und einem sich drehenden Rotor, der oft austauschbar ist. Daneben existieren Kühlzentrifugen, die eine Zentrifugation bei einer definierten Temperatur, meist 4 °C, erlauben **(Abb. 2.9)**.

Die relative Zentrifugalbeschleunigung (RFC = „*relative centrifugal force*") ist der zentrale Parameter für eine Zentrifugation. Dieser Wert gibt die vielfache Erdbeschleunigung an, die auf ein Teilchen in der Zentrifuge wirkt.

> **TIPP**
> Die Erdbeschleunigung g (=9,81 m/s²) ist eine Konstante, keine Einheit. Eine Angabe wie „1000 g" ist daher falsch, es muss heißen: 1000 xg (1000 fache Erdbeschleunigung „g").

Es gibt einen mathematischen Zusammenhang zwischen der relativen Zentrifugalkraft (RCF), der Zentrifugationsgeschwindigkeit [Umdrehungen pro Minute = Upm] und dem Radius des Rotors [r] (Gleichung 2.1):

$$RCF = 11{,}17 \times r \times \left(\frac{UPM}{1000}\right)^2$$

Dabei wird der Radius r von der Mitte des Rotors bis zur äußersten Spitze der zentrifugierten Probe gemessen. Heute hat fast jede Zentrifuge einen Schalter, der die wahlweise Anzeige von „xg" oder „Upm" ermöglicht.

Abb. 2.9:
Verschiedene Zentrifugen im Labor. Sie unterscheiden sich in den Rotationsgeschwindigkeiten und den zu zentrifugierenden Volumina. Bei Kühlzentrifugen (**A**) lässt sich die Temperatur einstellen, während ungekühlte Zentrifugen (**B**) diese Option nicht haben. Bei größeren Zentrifugen (wie A) können häufig verschiedene Rotoren eingesetzt werden. Bei kleineren ist ein Rotorwechsel meist nur eingeschränkt oder gar nicht möglich. Auf der kleinen Minizentrifuge (**C**) befindet sich ein Schmetterlingsrotor [*butterfly rotor*]. Dieser wird gern für die Zentrifugation von Reaktionsgefäßstreifen (Abb. 2.8) verwendet, die bei der PCR zum Einsatz kommen.

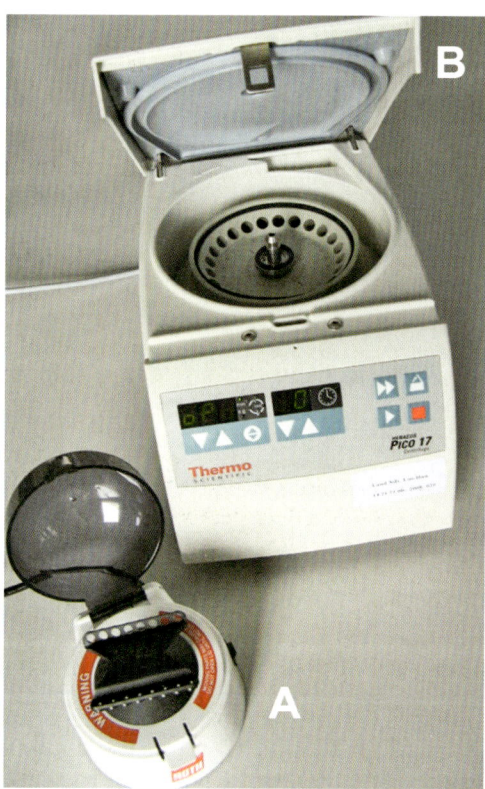
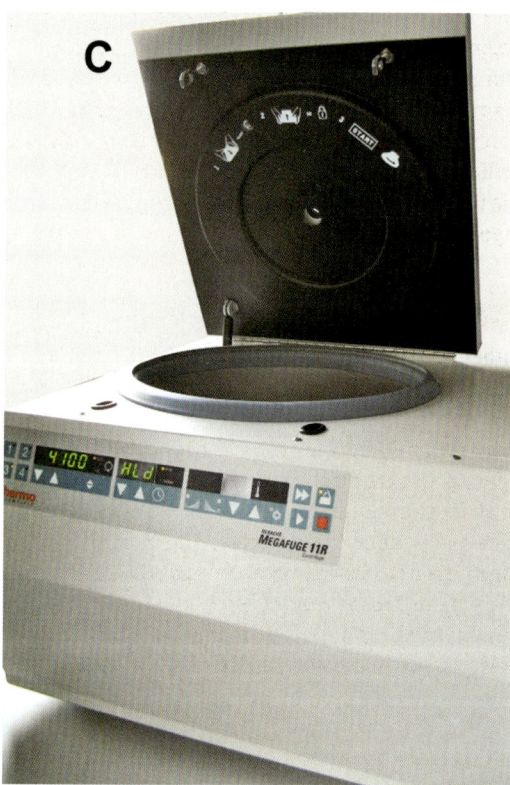

> **TIPP**
> In Protokollen sollte immer xg angegeben werden. Wird Upm verwendet muss auch immer der Radius des Rotors genannt sein, es sind also zwei Werte erforderlich.

Die meisten Rotoren sind Festwinkelrotoren mit schräg eingebrachten, festen Bohrungen für die Probengefäße. Weiterhin sind Ausschwingrotoren verbreitet. Sie schwingen während der Zentrifugation in die Horizontale, rotieren aber langsamer als die Festwinkelrotoren (Abb. 2.9).

In den letzten Jahren sind ungekühlte Minizentrifugen (Abb. 2.7 A) sehr populär geworden. In ihnen können Reaktionsgefäße kurz zentrifugiert werden, um die Flüssigkeiten am Boden des Gefäßes zu sammeln. Ebenfalls für 1,5 ml Reaktionsgefäße ausgelegt sind Mikrozentrifugen (Abb. 2.7 B), die es mit und ohne Kühlung gibt und höhere Rotationsgeschwindigkeiten erreichen.
Tischzentrifugen (Abb. 2.7 C) besitzen einen austauschbaren Fest- oder Ausschwingrotor, sind meist kühlbar und nehmen Gefäße bis 50 ml auf. Hochleistungszentrifugen sind etwa

waschmaschinengroß und erreichen Rotationsgeschwindigkeiten bis 40000 Upm und können – je nach Rotor – Zentrifugenbecher bis 500 ml aufnehmen.

Darüber hinaus gibt es noch die Ultrazentrifugen, die Geschwindigkeiten bis 100000 Upm erreichen. Diese Rotationsgeschwindigkeiten sind nur zu erreichen, weil die Zentrifugen zu Beginn des Laufes den Rotationsraum luftleer pumpen. Ultrazentrifugen erfordern spezielle Zentrifugengefäße und sollten mit besonderer Vorsicht und nur nach gründlicher Einweisung bedient werden.

Die ungefähren Leistungsdaten gängiger Zentrifugen sind in **Tab. 2.2** zusammengefasst.

TIPP
Tipps zur Zentrifugation:
Unbedingt die Bedienungsanleitung lesen und sich einweisen lassen!
Den Rotor entsprechend des benötigten Volumens auswählen und fest auf der Achse befestigen. Meist wird der eingesetzte Rotor von der Zentrifuge erkannt, falls nicht, muss der Rotorcode an der Zentrifuge eingestellt werden.
Oft müssen Kühlzentrifugen vorgekühlt werden. Die gegenüberstehenden Probengefäße müssen exakt auf einer Waage austariert werden. Dies gilt vor allem für Ultrazentrifugen. Dabei

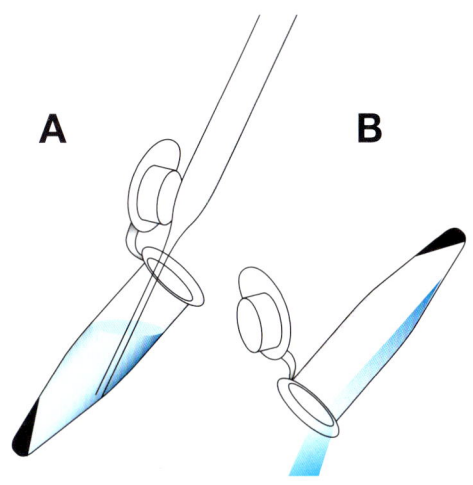
Abb. 2.10:
Der Überstand kann abgesaugt (**A**) oder abgegossen (**B**) werden. Beachte die Lage des Sediments.

darf nicht das Gewicht der Gefäßverschlüsse vergessen werden. Es ist sinnvoll die Gefäße zu markieren, sodass die Außenseite, an der später das Sediment [*Pellet*] klebt, eindeutig erkannt werden kann.

Das Probengefäß muss genau die Rotorbohrung ausfüllen. Oft gibt es spezielle Adapter.

Tab. 2.2:
Gängige Zentrifugentypen und ihre Eigenschaften. Die Buchstaben in Klammern beziehen sich auf Abb. 2.9.

Typ	Upm	x g	Gefäßvolumen	Zahl der Gefäße
Minizentrifugen (A)	6000	2000	0,2 bis 2 ml, je nach Bauart	6 bis 8 Einzelgefäße oder 2 Gefäßstreifen
Mikrozentrifuge (B)	14000	15000	0,5 bis 2 ml	12 oder 24
Tischzentrifuge mit Ausschwingrotor (C)	6000	4500	1,5 ml 50 ml 15 ml	24 4 8
Kühlzentrifuge	40000	50000	500 ml 50 ml 1,5 ml	6 12 24 oder 48
Ultrazentrifuge	100000	800000	10 bis 50 ml, je nach Rotor	4 bis 20

Nach der Zentrifugation müssen die Gefäße vorsichtig entnommen werden. Wenn der Überstand verworfen werden soll, kann dieser entweder mit einer Pipette abgesaugt (Abb. 2.10 A) oder ausgeschüttet werden (Abb. 2.10 B). Bei Letzterem ist unbedingt darauf zu achten, dass sich das Sediment an der oberen Seite des Gefäßes befindet, da es sonst ausgespült wird.

Hier beschränken wir uns auf sedimentierende Zentrifugationen, an deren Laufende ein Sediment [*Pellet*] von dem Überstand getrennt wird. Daneben sind im Labor auch Dichtegradientenzentrifugationen weit verbreitet, vor allem um Zellorganellen zu fraktionieren. Diese Verfahren sind im E-Doc 2-3 beschrieben.

> **GUT ZU WISSEN**
> Über Dichtezentrifugation kann der Sedimentationskoeffizient eines Teilchens ermittelt werden, der in Svedberg [S] gemessen wird. Darauf beruht auch die Klassifizierung der verschiedenen Untereinheiten von Ribosomen, z.B. 18 S rRNA oder 24 S rRNA.

2.8 Mischen und Konzentrieren

Es gibt im Labor unterschiedliche Geräte, die der Durchmischung von Flüssigkeiten dienen. Am bekanntesten sind sicher Schüttelgeräte, die unter dem Namen Vortexer bekannt wurden

Abb. 2.11:
Verschiedene Geräte für das Mischen von Flüssigkeiten. Taumeltische (**A**) wippen in alle Richtungen und werden für die Inkubation mit Gefäßschalen z.B. bei Immunfärbungen (Kapitel 10.6) genutzt. Rührer (**B**) mit magnetischem Rührfisch (**B1**) nutzt man für das Ansetzen von Puffern und Lösungen, während mit dem Vortexer (**C**) auch biologische Lösungen und Zellen wieder in Lösung gebracht werden können. Allerdings muss hierbei auf die entstehenden Scherkräfte geachtet werden (Kapitel 3.1.2). Den Rotationsmischer (**D**) gibt es neben 1,5 ml Reaktionsgefäße auch für andere Größen. Auf einem Inkubationsschüttler (**E**) werden Bakterienkulturen angezogen und sie besitzen daher oft eine temperierbare Haube. Die schwarzen Balken entsprechen ungefähr 5 cm und dienen dem Größenvergleich.

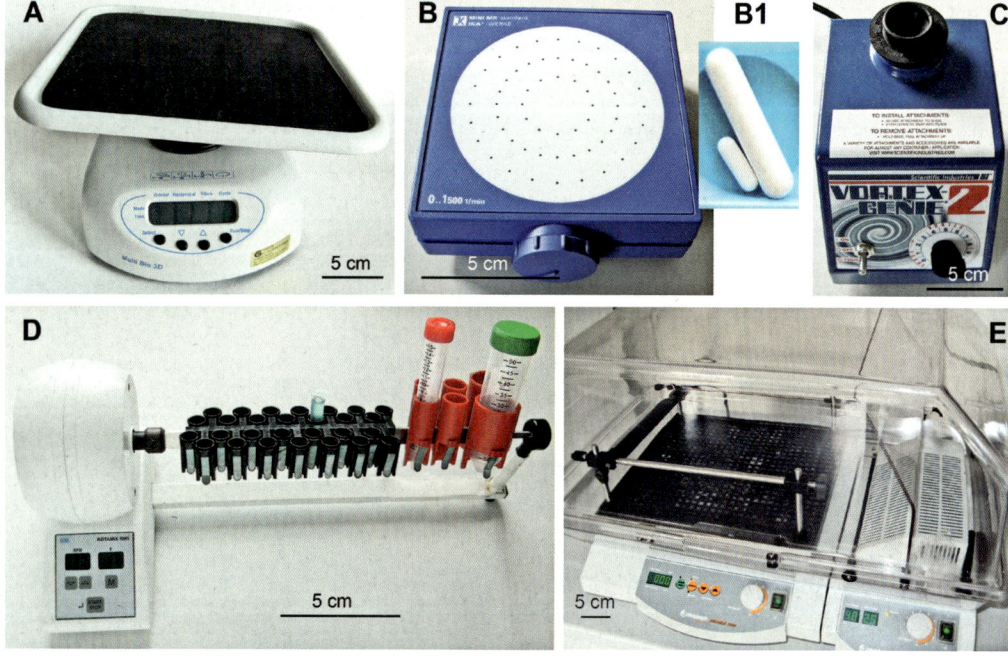

sowie Magnetrührer (Abb. 2.11). Beim Vortexer wird das Gefäß oben auf eine Gummimulde gedrückt und entsprechend der eingestellten Rüttelfrequenz geschüttelt. Beim Vortexen treten starke Scherkräfte auf, welche große DNA-Moleküle zerstören können (Kapitel 3.1.2).

Magnetrührer gibt es beheizt und unbeheizt. Ein magnetischer Rührstab („Rührfisch") wird in die zu mischende Lösung gelegt und so die Lösung durch Rühren gemischt.

Schüttler gibt es in verschiedenen Varianten: Rotationsmischer rotieren um eine Achse, Wipptische schwenken um eine Achse, während Taumeltische, wie ihr Name sagt, in alle Richtungen taumeln. Taumeltische oder Wippen werden für Schalen genutzt, in denen Gele gefärbt (Kapitel 9.3) oder Immunfärbungen (Kapitel 10.6) durchgeführt werden.

Für die Anzucht von Bakterien werden Inkubationsschüttler genutzt, welche zusätzlich zum Schütteltisch eine Inkubationshaube besitzen oder in Wärmeschränken stehen, über die die Anzuchttemperatur eingestellt werden kann.

> **TIPP**
> Bevor man einen Inkubationsschüttler öffnet, sollte das Temperaturmodul ausgeschaltet werden. Gerade bei älteren Modellen heizt der Inkubationsschüttler wegen der eindringenden Raumluft, was nach dem Schließen des Deckels zu Überhitzung des Innenraums führt.

2.9 Konzentrieren

Meist werden Biomoleküle durch Ausfällen konzentriert (Kapitel 3.3 und 8.2.3). Wenn das Volumen schonend reduziert werden muss, erfolgt die Konzentrierung meist über eine poröse Membran, die Wasser und Salze durchlässt, von den Biomolekülen jedoch nicht passiert werden kann. Um die Flüssigkeit durch die Membran zu pressen, ist ein entsprechender Druck erforderlich. Dieser kann wie bei Ultrafiltrationszellen durch eine Druckgasflasche bewirkt werden (Abb. 8.3). Bei Ultrafiltrationsröhrchen wird die Flüssigkeit während der Zentrifugation durch die Membran gepresst.

Es gibt noch viele weitere Verfahren, doch diese beiden sind die verbreitetsten Verfahren der Ultrafiltration. Eine zentrale Eigenschaft dieser Verfahren liegt darin, dass zwar die Biomoleküle konzentriert werden, die Konzentration an

Abb. 2.12:
(**A**) Ultrafiltrationsröhrchen für die Zentrifugation bestehen aus zwei Teilen (A). In das innere Gefäß wird die Lösung mit den Biomolekülen gegeben und diese dann in das Sammelgefäß eingesetzt. Durch Zentrifugation werden Wasser und Salze durch die Membran gepresst, die großen Biomoleküle bleiben im Einsatzgefäß. (**B**) Die Speed-Vac ähnelt einer Zentrifuge. Die Reaktionsgefäße werden offen hineingestellt und rotiert. Nun wird ein Vakuum aufgebaut, sodass Flüssigkeit verdampft. Wichtig ist, dass am Ende erst das Gerät belüftet wird, bevor der Rotor abgestellt wird.

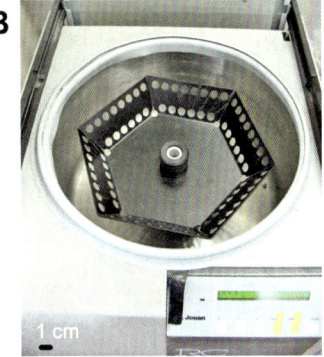

Salzen jedoch konstant bleibt. Nachteilig ist der recht hohe Verlust an Biomolekülen durch deren Bindung an Filter oder Gefäßwände.

Die zweite Gruppe der Konzentrierer sind Verdampfer, deren bekanntester Vertreter im Labor die Speed-Vac darstellt (Abb. 2.12). Dieses System besteht aus drei Teilen: einem Konzentrator, einer Kühlfalle und einer Vakuumpumpe. Im Konzentrator, der einer Zentrifuge ähnelt, rotieren die offenen Reaktionsgefäße. Dann wird ein Vakuum angelegt, was dazu führt, dass die Flüssigkeit in der Probe verdampft. Sie wird in einer Kühlfalle, die sich zwischen Konzentrator und Vakuumpumpe befindet, gesammelt. Bei diesem System verbleiben Salze in der Probe, folglich erhöht sich die Konzentration von Salzen und Biomolekülen. Dieses Verfahren wird vor allem zur Konzentrierung von DNA-Lösungen (Kapitel 3.3.2) verwendet.

2.10 Pufferwechsel

Alle Konzentratoren (Kapitel 2.9) können auch zum Umpuffern verwendet werden. Nachdem die Probe konzentriert wurde, wird sie mit neuem Puffer aufgefüllt. Allerdings verbleibt immer ein Rest des Ausgangspuffers in der Lösung.

Daher wird meist die Dialyse durchgeführt, bei der die Probe in einen Dialyseschlauch gefüllt wird. Dieser wird in ein Gefäß mit dem neuen Puffer über mehrere Stunden oder über Nacht gelegt. Der Puffer kann mehrmals gewechselt werden. Für Mengen im unteren μl-Bereich gibt es auch Dialysescheiben, die auf der Flüssigkeit mit dem neuen Puffer schwimmen. Weitere Informationen sind in den Kapiteln 3.3.7 und 8.3 zu finden.

2.11 Proben-Lagerung

Häufig müssen Proben für Tage, Wochen oder gar Jahre aufbewahrt werden. Je nach Art der Probe gibt es verschiedene Möglichkeiten.

Die Lagerung bei Raumtemperatur ist vor allem für konzentrierte Pufferlösungen angebracht, wie 50x TAE Puffer (Protokoll 7.1) oder 10x PBS (Protokoll 10.1), denn bei 4 °C fallen sie aus. Dies gilt auch für SDS, dessen 10%ige Stammlösung ebenfalls bei Raumtemperatur gelagert wird.

Im Kühlschrank werden einige Enzyme und Antikörper gelagert. Nukleinsäuren, z.B. Plasmide, können hier gut für einige Wochen aufbewahrt werden. Bakterien können ebenfalls über Wochen bei 4 °C gelagert werden. Allerdings muss bedacht werden, dass das Antibiotikum Ampicillin nicht sehr stabil ist (Kapitel 2.13.2). Wird eine Lagerung von Bakterienkulturen geplant, sollte daher besser das Analogon Carbenicillin verwendet werden.

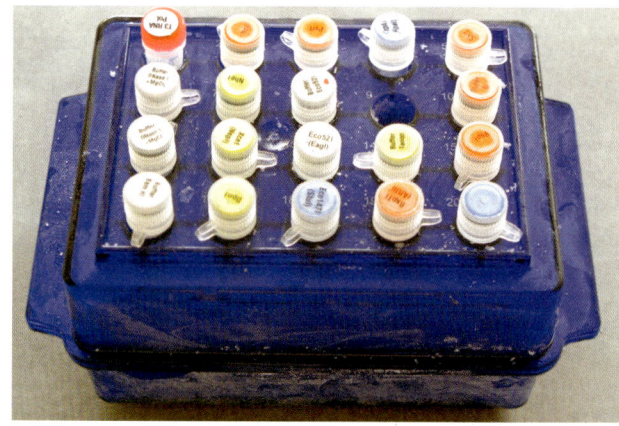

Abb. 2.13:
Eine -20 °C-Kühlbox für Enyme. Die Kühlbox hält die Temperatur für einige Stunden konstant. Die einzelnen Enzyme sollten immer in der Box verbleiben, die man komplett aus dem Tiefkühlschrank herausholt, dann sein Enzym entnimmt und wieder komplett in den Tiefkühlschrank zurückstellt.

Abb. 2.14:
Tischautoklav. Ein Tischautoklav, in welchem wenige 1000 ml Flaschen mit Medium autoklaviert werden können. Die meisten Autoklaven sind größer und erreichen die Größe einer Waschmaschine. Zu fast jedem Autoklav gehört ein Kompressor, der hier nicht abgebildet ist.

Temperaturen bei -20 °C und -80 °C erlauben eine langfristige Lagerung. Viele Enzyme und Antikörper werden bei -20 °C gelagert. Damit sie nicht bei -20 °C einfrieren, enthalten die Proteinlösungen Glycerin. Da diese Proteine sehr empfindlich gegenüber Temperaturschwankungen sind, werden sie oft in Kühlboxen aufbewahrt (Abb. 2.13).

> **TIPP**
> Enthält eine Enzym-Stammlösung Eisstückchen, ist es in der Regel nicht mehr aktiv und sollte nicht mehr verwendet werden.

2.12 Steriles Arbeiten

Unerwünschte Mikroorganismen können im Labor große Probleme verursachen. Werden Medien oder Lösungen bewachsen, ändert sich deren Zusammensetzung. In Kulturen können die Zellen, mit denen gearbeitet wird, schnell von Luftkeimen überwuchert werden. Daher werden fast ausschließlich sterile Lösungen und Gefäße im Labor verwendet.

Man unterscheidet zwischen physikalischen und chemischen Sterilisationsverfahren. Das Autoklavieren ist die bekannteste Methode aus der ersten Gruppe. Im Autoklav werden Lösungen und Medien für mindestens 20 min bei 121 °C und einem Druck von 2 bar einer Wasserdampfatmosphäre ausgesetzt (Abb. 2.14).

Mit dieser Methode können sehr viele Puffer und Medien sowie Glasgeräte und viele Plastikgefäße sterilisiert werden. Offene Gefäße werden mit Alufolie abgedeckt oder umwickelt. Die Öffnung eines Erlenmeyerkolbens wird mit einem Wattebausch verschlossen und mit Alufolie abgedeckt. Nach dem Autoklavieren sind die Gefäße sehr feucht und müssen anschließend in einem Trockenschrank getrocknet werden. Alle gentechnisch veränderten Organismen müssen, bevor sie entsorgt werden, ebenfalls autoklaviert werden.

> **TIPP**
> Eigentlich werden bei Glasflaschen die Deckel nur ganz leicht zugeschraubt oder auf die Flaschenöffnung gelegt. Moderne Autoklaven haben an einem Kabel einen Temperaturfühler, der in einen Erlenmeyerkolben mit Flüssigkeit gesteckt wird. So wird die Temperatur der Lösungen ständig durch den Autoklav kontrolliert und die Flaschen können ganz normal zugeschraubt werden. Dabei sollte die Referenzflasche genauso viel Flüssigkeit enthalten, wie das größte zu autoklavierende Gefäß.

Während die meisten anorganischen Substanzen problemlos autoklaviert werden können, verbietet sich das Autoklavieren bei organischen Lösungsmitteln und vielen organischen Substanzen wie Vitaminen, Hormonen, Aminosäuren, Antibiotika und Zuckern. Solche Substanzen sind nicht hitzestabil, weshalb zunächst der Puffer oder das Medium ohne die hitzelabile Substanz angesetzt und autoklaviert wird. Die hitzelabile Substanz wird über einen 0,22 µm Filter sterilfiltriert. Nach dem Abkühlen des Puffers kann die sterilfiltrierte Substanz unter einer Sterilbank zugefügt werden.

Plastikgefäße, welche das Autoklavieren nicht überstehen, können bereits sterilisiert gekauft werden (beispielsweise Pipettenspitzen mit Fil-

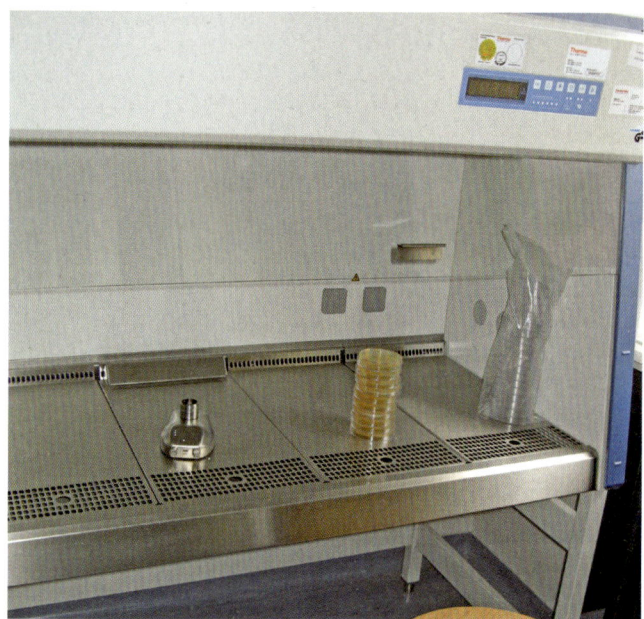

Abb. 2.15:
Sterilbank. Eine Sterilbank hält den Raum in ihrem Inneren frei von Luftkeimen. Mit dem Bunsenbrenner können Gerätschaften wie ein Drigalskispatel (Abb. 2.16 C) oder Flaschenöffnungen durch Abflammen sterilisiert werden.

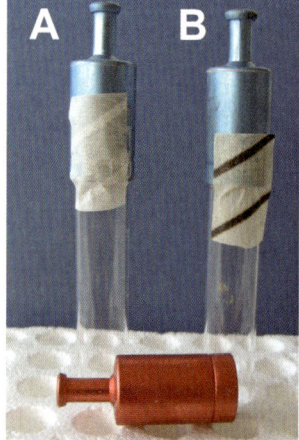 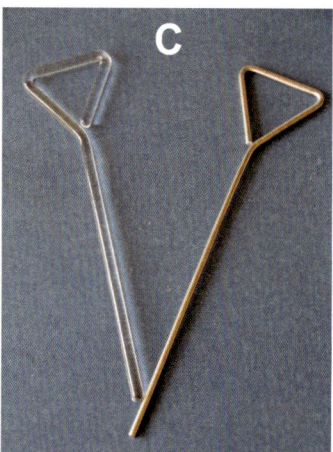

Abb. 2.16:
Kulturröhrchen. Kulturröhrchen für ca. 5 ml Bakterienkultur. Die Deckel gibt es in verschiedenen Farben und werden nur aufgesetzt. Dadurch erlauben sie den Gasaustausch, sodass Mikroorganismen unter aeroben Bedingungen angezogen werden können. Das linke Röhrchen ist noch nicht autoklaviert, wie am weißen Autoklavierband zu erkennen ist (**A**). Das rechte ist bereits autoklaviert, denn das Autoklavieren führt zu schwarzen Streifen auf dem Autoklavierband (**B**). Auf Agarplatten können Bakterien mit einem Drigalskispatel schnell und homogen ausgestrichen werden. Diese gibt es aus Glas oder Metall (**C**). Drigalskispatel werden auch beim Western Blot zum Wegstreichen von Luftblasen verwendet (Kapitel 9.5).

ter). Alternativ können viele Gefäße mit hohen Konzentrationen an Bleichmittel oder 70 %igem Ethanol behandelt werden. Ethanol tötet jedoch nur Organismen mit einer Plasmamembran ab. Viren und Phagen besitzen eine Proteinhülle und sind daher gegen Ethanol resistent. Hier werden Desinfektionsmittel, wie sie im Krankenhaus verwendet werden, benutzt. Diese stellen Mischungen verschiedener, hochreaktiver Wirkstoffe dar.

Soll eine pflanzliche Gewebekultur gestartet werden, muss die Oberfläche des Ausgangsmaterials sterilisiert werden (Oberflächensterilisation). Dies erfolgt meist durch Eintauchen in 6-12 % (v/v) Natriumhypochloritlösung (je nach Pflanzenmaterial) für eine kurze Zeit. Anschließend muss das Natriumhypochlorit gründlich mit sterilem Wasser entfernt werden. Die inneren Gewebe eines Organismus sind in der Regel steril.

Unerwünschte Mikroorganismen können auch über die Luft in eine Probe gelangen. Um dies zu verhindern, kann an einer Sterilbank gearbeitet werden (Abb. 2.15). Im Inneren einer Sterilbank wird über ein Filtersystem ein keimfreier Raum aufrecht erhalten. Dort können Medien gegossen werden, ohne dass diese schnell von Luftkeimen besiedelt werden. Für die pflanzliche und tierische Zellkultur ist das Arbeiten an einer Sterilbank zwingend erforderlich.

> **TIPP**
> Steht keine Sterilbank zur Verfügung, kann mit einem Bunsenbrenner ein Bereich mit geringem Kontaminationsrisiko geschaffen werden. Dazu wird die Laborbank mit 70 %igem Ethanol sterilisiert und in die Mitte ein Bunsenbrenner gestellt. In einem Kegel von ca. 20 cm ist ein halbwegs steriles Arbeiten, welches für die Anzucht von *E. coli* ausreicht, möglich.

Laborstämme von *E. coli* enthalten oft schon eine Resistenz gegen ein Antibiotikum (oft Chloramphenicol, Kapitel 2.13.2), sodass diese auch außerhalb einer Sterilbank im Brennkegel eines Bunsenbrenners angeimpft werden können.

> **TIPP**
> Tipps für steriles Arbeiten
> ▶ Sterile Gefäße nur unter der Sterilbank oder neben einem Bunsenbrenner öffnen.
> ▶ Die Öffnung des Gefäßes vor dem Ausschütten kurz abflammen.
> ▶ Nur Pipetten mit sterilen Spitzen verwenden.
> ▶ Pipettenspitzen, die etwas Unsteriles berührt haben, sind nicht mehr steril und müssen verworfen werden.
> ▶ Impfösen in Ethanol tauchen, in einer Flamme ausglühen und durch Drücken auf die Agarplatte abkühlen, bevor Bakterien ausgestrichen werden.
> ▶ Der Drigalskispatel (Abb. 2.16) wird analog benutzt, aber nur kurz in die Flamme gehalten.
> ▶ Es sollte peinlich vermieden werden, über offenen Zellkultur- und Mediumflaschen zu hantieren.
> ▶ Es sollten sich nur die unbedingt benötigten Dinge im Sterilbereich befinden.
> ▶ Fenster und Türen geschlossen halten.
> ▶ Vor und nach dem Arbeiten die Hände waschen.

2.13 Die kleinen Freunde – Pflege und Aufzucht von *Escherichia coli*

Nachdem wir die wichtigsten Geräte im Labor kennengelernt haben, wenden wir uns kurz dem wohl wichtigsten Laborhelfer des Molekularbiologen zu: dem Bakterium *Escherichia coli*. In diesem Kapitel konzentrieren wir uns auf die Anzucht dieses Organismus. Weitere Informationen, wie beispielsweise die gentechnische Veränderung dieser Bakterien, werden im Kapitel 5.4 behandelt.

Escherichia coli hat sich zu dem Labororganismus schlechthin entwickelt, da in diesen anspruchslosen Bakterien rekombinante DNA einfach vermehrt und Protein heterolog produziert werden kann.

GUT ZU WISSEN

E. coli ist ein gram negatives Bakterium, welches 1919 durch Theodor Escherich im Harz entdeckt wurde. Das Genom des fakultativ anaeroben Organismus umfasst 4×10^6 bp. Die Laborstämme sind in der Regel Sicherheitsstämme des Typs K12 und entsprechen der gentechnischen Sicherheitsstufe S1. Weiterführende Informationen sind im Anhang **A1** zu finden.

E. coli stammt aus dem Verdauungstrakt warmblütiger Tiere, weshalb 37 °C die optimale Wachstumstemperatur darstellt. Die Anzucht ist aber auch bei niedrigeren Temperaturen, z.B. bei 28 °C oder 30 °C möglich. *E. coli* kann an der Luft Verdoppelungszeiten von 20 min erreichen, weshalb flüssige Kulturen in einem Inkubationsschüttler hin und her bewegt werden. Für viele Arbeiten ist eine bestimmte Wachstumsphase der Bakterienkultur sehr wichtig. Daher wird häufig das Wachstum im Photometer (Kapitel 3.8) bei einer Wellenlänge von 600 nm überprüft. Die Wachstumskinetik von Bakterien kann in vier Phasen eingeteilt werden:

▶ **Lag-Phase**
Die Bakterien passen sich an das Medium und Umweltbedingungen an. Die Teilungrate ist recht niedrig.

▶ **Log-Phase**
In der logarithmischen Phase findet ein optimales Teilungswachstum statt, die Kultur vermehrt sich stark. Die OD_{600} steigt sehr schnell auf ungefähr 0,6 - 0,8 an. In dieser Phase liegt *E. coli* meist als Zellkette vor, da die Teilung der Tochterzellen beginnt, bevor die der Mutterzelle völlig abgeschlossen ist. Dies ist der Grund, warum man vor dem Aufschluss der Bakterien (Protokoll 2.4, Kapitel 3.2 und 8.6.1) die Kultur für 10 - 15 min bei 4 °C stellt. Die Zellteilungen werden auf diese Weise beendet und man erhält uniforme Einzelzellen.

▶ **Stationäre Phase**
Hier nimmt die Teilungsrate ab, sie steht mit der Abbaurate im Gleichgewicht.

▶ **Abbauphase**
Die Zahl lebender Bakterien nimmt wegen der Zunahme von Ausscheidungsprodukten ab.

Häufig wird zunächst eine Vorkultur von 1 - 5 ml mit einer Kolonie, die von einer Agarplatte stammt, angeimpft. Diese wächst über Nacht heran und kann am nächsten Morgen in die

---

Tab. 2.3:
Verschiedene Medien für die Anzucht von *E. coli*. Von Labor zu Labor gibt es leichte Variationen in pH oder der Zusammensetzung. Beachte, dass die Komponenten einiger Medien getrennt autoklaviert werden müssen. Wenn Agarplatten gegossen werden sollen, wird 1,5 % (w/v) Agar nach dem Einstellen des pH-Wertes aber vor dem Autoklavieren zugesetzt.

Nährstoffreiche Medien			Minimalmedium
LB Medium	**2xTY**	**Terrific Broth**	**M9 Minimal**
10 g/l Trypton[1] 5 g/l Hefeextrakt 10 g/l NaCl pH 7,0 mit NaOH	16 g/l Trypton 10 g/l Hefeextrakt 5 g/l NaCl pH 7,0 mit NaOH	10x TB-Salz: 23,1 g/l KH_2PO_4 125,4 g/l K_2HPO_4, autoklavieren. Medium: 12 g/l Trypton 24 g/l Hefeextrakt 4 ml Glycerin, lösen in 900 ml H_2O, autoklavieren und abkühlen lassen. Zugabe von 100 ml 10x TB-Salzen	Teil 1 (50x): 350 g/l K_2HPO_4 100 g/l KH_2PO_4 Teil 2 (50x): 29.4 g/l Na-Citrat 50 g/l $(NH_4)_2SO_4$ 5 g/l $MgSO_4$

[1] Trypton und Pepton sind durch Trypsin bzw. Pepsin verdaute Fleischextrakte.

Hauptkultur übertragen werden, die meist 100 ml bis 1 l Medium enthält. Darin erreicht die Kultur in einigen Stunden das Ende der Log-Phase und kann verarbeitet werden.

2.13.1 Nährmedien

Bakterien können in Flüssig- oder auf Festmedien angezogen werden. Diese werden in nährstoffreiche [*rich media*] und nährstoffarme Medien [*minimal media*] unterschieden (Tab. 2.3). Nährstoffreiche Medien bestehen aus proteolytisch verdautem Fleisch- oder Hefeextrakt. Weiterhin wird NaCl hinzugefügt und ein Puffer sorgt für die pH-Stabilität. LB- oder TY-Medien sind die bekanntesten Vertreter dieser Gruppe. Minimalmedien werden beispielsweise eingesetzt, um das Wachstum von Bakterien zu verlangsamen.

> **TIPP**
> Die Anzucht auf 1x oder 2x TY kann zu viermal höheren Bakterienzahlen führen als auf LB-Medium.

Sobald das Medium nach dem Autoklavieren auf unter 50 °C abgekühlt ist[2], werden die benötigten Antibiotika hinzugegeben. Diese sorgen dafür, dass nur Bakterien, welche eine entsprechende Resistenz tragen, auf diesem Medium wachsen und selektiert werden können.

> **GUT ZU WISSEN**
> Eine entscheidende Stellschraube stellt Glucose dar. Viele rekombinante Gene stehen direkt oder indirekt unter der Kontrolle des lacZ-Promoters (Kapitel 6.2.1). Dieser wird durch Glucose effizient gehemmt. Soll die Expression eines rekombinanten Proteins unterdrückt werden, wird dem Medium Glucose zugesetzt. Die Glucose darf nicht autoklaviert werden, vielmehr wird sie sterilfiltriert (Kapitel 2.12) und dem abgekühlten Medium zugesetzt.

Wahlweise können die Medien flüssig sein oder durch Zugabe von 1 - 1,5 % (w/v) Agar, einem Extrakt aus einer Braunalge, verfestigt werden. Agar-haltige Medien werden in Petrischalen gegossen, in denen sie beim Erkalten fest werden.

> **TIPP**
> Agarplatten werden grundsätzlich kopfüber gelagert. Dies gilt sowohl für die Lagerung, als auch bei der späteren Verwendung. Andernfalls sammelt sich Kondenswasser am Deckel, welches leicht zu Kontaminationen führt oder die Bakterienkolonien auf den Platten verwischt. Die Beschriftung sollte auf der unteren Schale erfolgen, also nicht den Deckel beschriften.

Neben Agarplatten gibt es auch Schrägagarröhrchen und Stabkulturen. Solche werden meist zur Lagerung von Bakterien verwendet (Kapitel 2.13.3).

> **TIPP**
> Agarplatten können einige Wochen bei 4 °C in einer Plastiktüte gelagert werden, die sie vor Austrocknen schützt. Auch Bakterien auf Agarplatten können für einige Wochen bei 4 °C aufbewahrt werden. Um das Austrocknen des Mediums zu verhindern, wird ein schmaler Streifen Parafilm um die Platte gewickelt und diese kopfüber gelagert.

2.13.2 Antibiotika

Die Bakterienmedien enthalten Antibiotika, welche der Selektion erfolgreich transformierter Organismen dienen. Nur Bakterien, die bei diesem Vorgang (Kapitel 5.4) Fremd-DNA aufgenommen haben, besitzen auch das Resistenzgen für ein Antibiotikum. So wird verhindert, dass die eingebrachte Fremd-DNA während der Kultur wieder verloren geht.
Gängige Antibiotika sind in Tab. 2.4 und Abb. 2.17 aufgelistet.
Antibiotika werden sterilfiltriert und erst nach dem Autoklavieren zum Medium gegeben. Dabei darf das Medium nicht mehr zu heiß sein (ca. 50 °C). Die angesetzten Antibiotikastammlösungen können aliquotiert und bei -20 °C gelagert werden. Nachfolgend betrachten wir kurz die Wirkungsweise einiger populärer Antibiotika.

---

2 Die Temperatur wird nicht gemessen, sondern abgeschätzt: bei ca. 50 °C sollte man das Gefäß anfassen können.

▶ **Ampicillin:**
Ampicillin (Abb. 2.17) blockiert die D-Alanin-Transpeptidase. Diese ist essenziell für die Zellwandbildung bei Bakterien, die sich in der Zellteilung befinden. Das Resistenzgen Amp^R (auch: bla) codiert für die ß-Lactamase, die im Periplasma den Lactamring des Ampicillins hydrolysiert. Wichtig ist, dass die Hydrolase außerhalb der Zelle aktiv ist. Die Aktivität der ß-Lactamase kann daher zu einer lokal erniedrigten Ampicillin-Konzentration um das Bakterium führen. Dort wachsen, vor allem bei einer Kulturdauer von mehreren Tagen, auch Zellen ohne Resistenzgen. Solche Bakterienkolonien, die kein Resistenzgen und demzufolge keine rekombinante DNA tragen, nennt man Satellitenkolonien.

Tab. 2.4:
Verschiedene Antibiotika und ihre Lösungsmittel. Die Antibiotika werden nach dem Lösen sterilfiltert und können in Aliquots bei -20 °C gelagert werden.

Antibiotikum	Lösungsmittel	Konzentration der Stammlösung	Arbeitskonzentration
Ampicillin	H_2O	100 mg/ml	100 µg/ml
Carbenicillin	H_2O	100 mg/ml	100 µg/ml
Tetracyclin	70 % (v/v) Ethanol	50 mg/ml	50 µg/ml
Chloramphenicol	96 % (v/v) Ethanol	34 mg/ml	34 µg/ml
Kanamycin und Neomycin	H_2O	50 mg/ml	50 µg/ml

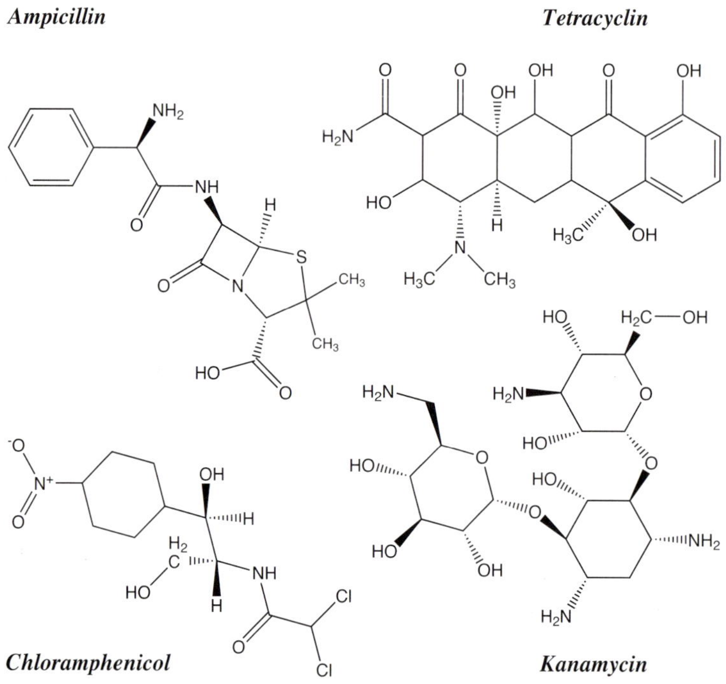

Abb. 2.17:
Strukturformeln gängiger Antibiotika.

Ampicillin

Tetracyclin

Chloramphenicol

Kanamycin

> **TIPP**
> Ampicillin ist lichtempfindlich und nur wenige Wochen stabil. Daher sollten Ampicillinplatten nur für Arbeiten verwendet werden, bei denen die Platten auch schnell verbraucht werden. Für Dauerkulturen sollte das teurere Carbenicillin genutzt werden, welches auf die gleiche Weise wirkt, aber stabiler ist.

▶ **Tetracyclin**
Tetracyclin (Abb. 2.17) inhibiert die Anlagerung von Aminoacyl-tRNA an die mRNA in der 30-S-Untereinheit des Ribosoms. Das tet^R-Resistenzgen codiert für ein 399 Aminosäuren langes, membranassoziiertes Protein, welches die Aufnahme von Tetracyclin in die Zelle unterbindet.

▶ **Chloramphenicol**
Chloramphenicol (Abb. 2.17) stellt ebenfalls einen Translationshemmer dar, es blockiert auf die Verknüpfung der Peptidbindung bei der Proteinsynthese. Das Resistenzgen cat^R wandelt Chloramphenicol zu einem Hydroxylacetoxyl-Derivat um. Es befindet sich oft episomal (Kapitel 6.1) auf kommerziell angebotenen E. coli Stämmen und erlaubt die Anzucht kompetenter Zellen (Kapitel 5.4) ohne dass ein steriler Arbeitsbereich benötigt wird.

▶ **Kanamycin, Neomycin, Streptomycin, Gentamycin**
Dies sind Vertreter aus der Gruppe der Aminoglycosid-Antibiotika, welche ebenfalls die bakterielle Proteinsynthese hemmen. Das Resistenzgen kan^R codiert für eine Aminoglycosid-Phosphotransferase, die außerhalb der Zelle das Antibiotikum durch Phosphorylierung inhibiert, weshalb es nicht mehr in die Zelle aufgenommen werden kann.

2.13.3 Lagerung von Bakterien

Auf Agarplatten sind Bakterien einige Wochen bei 4 °C lagerbar, für die langfristige Lagerung hat sich heute die Glycerinkultur bei -80 °C weitgehend durchgesetzt **(Protokoll 2.3)**. Die Herstellung einer Glycerinkultur ist im Protokoll 2.3 beschrieben. Der Zusatz von Glycerin oder DMSO verhindert die Bildung von Eiskristallen in den Bakterienzellen.

PROTOKOLL 2.3

Glycerin-Stammkultur von E. coli

Glycerin-Stammkulturen dienen der Langzeitlagerung vermehrungsfähiger Bakterien und sichern die langfristige Verfügbarkeit von klonierter DNA.

Material:
▶ Frische Übernachtkultur von E. coli mit einer OD$_{600}$ > 0,8
▶ flüssiger Stickstoff, Schutzbrille und Handschuhe
▶ 2 ml Reaktionsgefäße oder spezielle Kryoröhrchen mit Schraubverschluss (Abb. 2.8 G)
▶ 86 % (v/v) autoklaviertes Glycerin

Durchführung:
1. Zu 1340 µl einer frischen Übernachtkultur werden 260 µl autoklaviertes 86 % Glycerin (final 15 % Glycerin) gegeben und in einem 2 ml Kryogefäß durch kurzes „Vortexen" vermischt.
2. Das Kryogefäß wird verschlossen, gut beschriftet (!) und sofort in flüssigem Stickstoff schockgefroren.
3. Die Langzeitlagerung erfolgt bei -20 °C für Monate oder -80 °C für Jahre.

Anmerkung:
Alternativ zu Glycerin kann auch 7 % (v/v) DMSO (Dimethylsulfoxid) verwendet werden, welches sich leichter pipettieren lässt. In einigen Laboren werden die Proben nach dem Vortexen direkt in die -80 °C Truhe gestellt.

Um die Bakterien wieder zu reaktivieren, reicht es, mit dem Zahnstocher oder einer Impföse etwas Material abzukratzen und auf einer Agarplatte auszustreichen. Über Nacht wachsen die Bakterien bei 37 °C wieder an.

2.14 Der Aufschluss von Geweben

Das Homogenisieren ist oft der erste Schritt der Probenvorbereitung. Dabei wird das Probenmaterial zerkleinert sowie Gewebe und Zellstrukturen aufgebrochen. Die Wahl des Aufschlussverfahrens hängt ab von
▶ der Art des Probenmaterials:
Pflanzen besitzen beispielsweise eine stabile Zellwand, während Säugerzellen aus der Gewebekultur sehr einfach zum Zerplatzen gebracht werden können.
▶ der zu isolierenden Probenmenge:
Proben im Milligrammbereich werden anders aufgeschlossen als im Kilogrammbereich.
▶ der Probenzahl:
Einige Analysen erfordern den parallelen Aufschluss dutzender Proben.

Die meisten Gerätetypen können sowohl für die Aufreinigung von Proteinen als auch Nukleinsäuren verwendet werden.
Das Probenmaterial kann gemahlen oder durch Mixer, die rotierende Klingen besitzen, zerkleinert werden. Einige Organismen lassen sich durch Ultraschall oder einfache osmotische Verfahren aufschließen. Schließlich besteht die Möglichkeit, vor allem große Probenmengen, durch hohen Druck in der sogenannten *French Press* aufzuschließen.
Die Methode der Wahl für viele Laboranwendungen sind Mörser [*mortar*] und Pistill [*pestle*] (Abb. 2.18A). Es gibt diese in verschiedenen Materialien und Größen.
Zu der Probe im Mörser wird flüssiger Stickstoff zugegeben und zunächst das Material ohne Zugabe von Puffer pulverisiert. Die Pulverisierung kann durch zugegebenen Quarzsand erleichtert werden. Der Homogenisationspuffer wird nun zum Probenpulver gegeben und es wird erneut gemörsert. Die Homogenisation im Mörser ist sehr schonend und preiswert.

GUT ZU WISSEN
Die verkannte Gefahr! Flüssiger Stickstoff wird in Dewargefäßen gelagert, das sind doppelwandige Glasgefäße, die im Prinzip den Thermoskannen entsprechen. Der Raum zwischen den Glaswänden ist luftfrei, um den Wärme-

Abb. 2.18:
Mörser und Pistill gibt es in verschiedenen Größen (**A**). Wenn viele Proben parallel aufgeschlossen werden müssen, ist eine Kugelmühle mit mehreren Einsätzen sehr hilfreich (**B**).

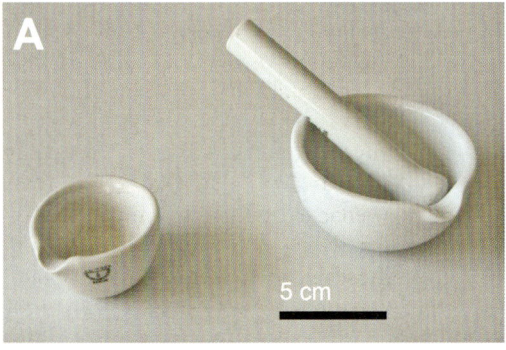
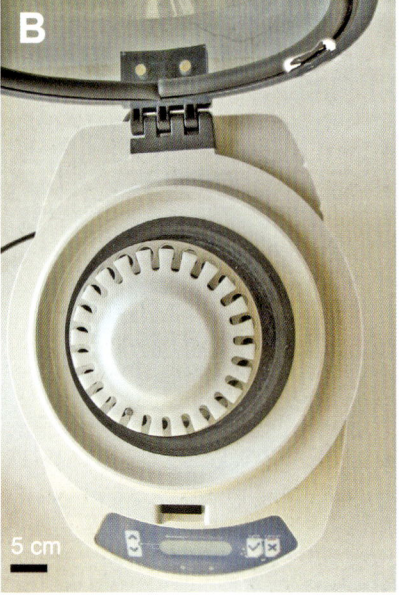

austausch zu minimieren. Wie Thermoskannen kann das Glasgefäß leicht zerbrechen. In einer Thermoskanne verbleiben die Splitter in einem solchen Fall am Gefäßboden. In einem mit flüssigem Stickstoff gefüllten Dewargefäß schießt der Stickstoff sofort als Gas aus dem Gefäß, wobei auch die Glassplitter aus dem Gefäß geschleudert werden. Daher müssen die Augen auf jeden Fall durch eine Schutzbrille geschützt sein!

Auch Trockeneis (festes CO_2) ist sehr gefährlich. Da es schwerer ist als Luft, kann abdampfendes Trockeneis zu Erstickung führen! Es sollte nicht in geschlossenen Räumen abgedampft werden. Niemals sollte Trockeneis im Spülbecken entsorgt werden, da dadurch neben der Erstickungsgefahr auch die Dichtungen im Abfluss porös werden.

Auch Kugelmühlen schließen durch den Mahlvorgang die Probe schonend auf, es gibt sie in vielen verschiedenen Größen und Varianten. Müssen viele Proben in kleinen Mengen aufgeschlossen werden, bieten sich Kugelmühlen an, die bis zu 48 Proben in 2 ml-Schraubdeckelgefäßen gleichzeitig aufnehmen können **(Abb 2.18B)**. In den Schraubgefäßen befinden sich Kügelchen aus Zirkonia (Zirconiumdioxid) oder Edelstahl. Nachdem der Homogenisationspuffer zur Probe gegeben wurde, werden diese ungefähr 30 s stark geschüttelt.

Mit diesen Geräten können Probenvolumina bis 2 ml aufgeschlossen werden. Inzwischen sind auch Geräte für größere Volumina auf dem Markt und sogar Geräte mit Kühlvorrichtungen, denn die Proben erwärmen sich beim Aufschluss

 PROTOKOLL 2.4

Zellaufschluss von *E. coli* mit Ultraschall

Sollen im Labormaßstab Proteine aus *E. coli* isoliert werden, kommt meist ein Ultraschall-Homogenisator zum Einsatz (bis 100 ml Kultur). Die genauen Geräteeinstellungen findet man in der Anleitung des Geräts, wenn diese nicht verfügbar ist, helfen die folgenden Einstellungen.

Material:
- Ultraschall-Homogenisator, Zentrifuge, Eisbad, Wasserbad bei 30 °C, Ohrenschützer
- Lysis Puffer:
  - 50 mM Tris-HCl pH 8,0
  - 100 mM NaCl
  - 100 µg/ml Lysozym (frisch zugegeben)
  - 10 µg/ml DNase I (frisch zugegeben)
  - Proteasehemmer (optional, Details in Kapitel 8.1.1)

Durchführung:
1. Die 1-100 ml *E. coli* Kultur wird nach der Anzucht bei 37 °C für 10 min bei 4 °C gestellt.
2. Bakterien werden bei 3300 xg und 4 °C für 10 min zentrifugiert.
3. Das Sediment wird in 1 ml Lysis Puffer resuspendiert.
4. Die Bakterien werden bei 30 °C für ca. 30 min inkubiert.
5. Nun erfolgt die Ultraschallbehandlung des Lysats auf Eis.
6. Die Stahlspitze des Homogenisators wird ungefähr 2 mm tief in das Lysat getaucht.
7. Die Geräteeinstellungen sind typenabhängig, meist sind unter ähnlichen Namen ungefähr folgende Parameter einzustellen: 36 % Leistung, Puls: 3 × 1 min mit jeweils 1 min Pause zwischen den Pulsen. Dabei darf die Lösung nicht schäumen.
8. Abschließend werden Zelltrümmer durch Zentrifugation sedimentiert, der Überstand enthält die Proteine.

Bemerkung:
- Dieses Protokoll ist für die Isolation von Proteinen gedacht, da dem Lysispuffer DNase zugesetzt wird.
- Die Ultraschallbehandlung kann auch ohne Lysozym durchgeführt werden.

stark. Dies kann zum Abbau von DNA oder Proteinen führen. Da starke Scherkräfte wirken, kann keine hochmolekulare DNA isoliert werden. RNA-Präparationen sind möglicherweise durch kurze Bruchstücke genomischer DNA kontaminiert.

Sehr weit verbreitet sind Homogenisatoren, die schnell rotierende Messer nutzen. Am bekanntesten ist der *Waring Blendor* und Küchenmixer aus dem lokalen Elektrohandel. Auch Stabhomogenisatoren benutzen das Prinzip der rotierenden Messer. Es gibt diese für Volumina von 1 ml bis über 100 l! All diese Verfahren weisen ein gravierendes Problem auf: Die rotierenden Messer verwirbeln viel Luft im Homogenat. Der eingebrachte Sauerstoff ist ziemlich reaktiv und kann sowohl Nukleinsäuren als auch Proteine inaktivieren (Kapitel 8.1.2). Für die Isolation großer DNA-Moleküle stellen die entstehenden Scherkräfte (Kapitel 3.1.2) ein großes Problem dar.

Der Ultraschall-Homogenisator wird für einige Milliliter Bakterienzellkultur benutzt. Der Aufschluß erfolgt auf Eis innerhalb von wenigen Minuten. Die Effizienz kann durch Zugabe von Lysozym 10 min vor der Homogenisation stark gesteigert werden. Meist wird der Ultraschall-Homogenisator für die Extraktion von Proteinen genutzt **(Protokoll 2.4)**, seltener für die Isolation von Nukleinsäuren.

Eine sehr einfache Methode *E. coli* Zellen aufzuschließen, besteht darin, nach Abzentrifugieren der Bakterienkultur diese wiederholt in flüssigem Stickstoff einzufrieren und wieder aufzutauen. Dies wird 3-5 Mal wiederholt. Dieses „Freeze-Thaw"-Verfahren ist besonders schonend und kann zur Isolation von Nukleinsäuren (Kapitel 3.2) und Proteinen (Kapitel 8.2) verwendet und mit den anderen oben beschriebenen Verfahren kombiniert werden.

3 Aufreinigung von Nukleinsäuren

3.1 Gegenspieler erfolgreicher DNA- und RNA-Isolationen

3.2 Extraktion von Nukleinsäuren

3.3 Die weitere Aufreinigung der DNA

3.4 Einige ausgewählte DNA-Aufreinigungsmethoden

3.5 Die Isolation von RNA

3.6 Übersicht über den Einsatz von Kits

3.7 Tipps zum Erzielen hoher Ausbeuten bei der Isolation von Nukleinsäuren

3.8 Quantifizierung von Nukleinsäuren

In diesem Kapitel beschäftigen wir uns mit der Aufreinigung und Quantifizierung von Nukleinsäuren (Map 3-1). Nachdem wir in Kapitel 2.14 bereits einige Geräte für den Aufschluss von Geweben kennengelernt haben, beschäftigen wir uns nun mit der Aufreinigung von Nukleinsäuren aus diesen Homogenaten. Dabei stehen drei Fragen im Vordergrund:

Map 3.1:
Die Aufreinigungsstrategien für Nukleinsäuren sind oft recht ähnlich. Nach der Herstellung eines Rohextraktes, welche stark abhängig vom Organismus ist, folgen verschiedene Aufreinigungsschritte, die entweder auf der Wirkung von Phenol/Chloroform, von chaotropen Salzen oder der Fällung der Nukleinsäuren beruhen.

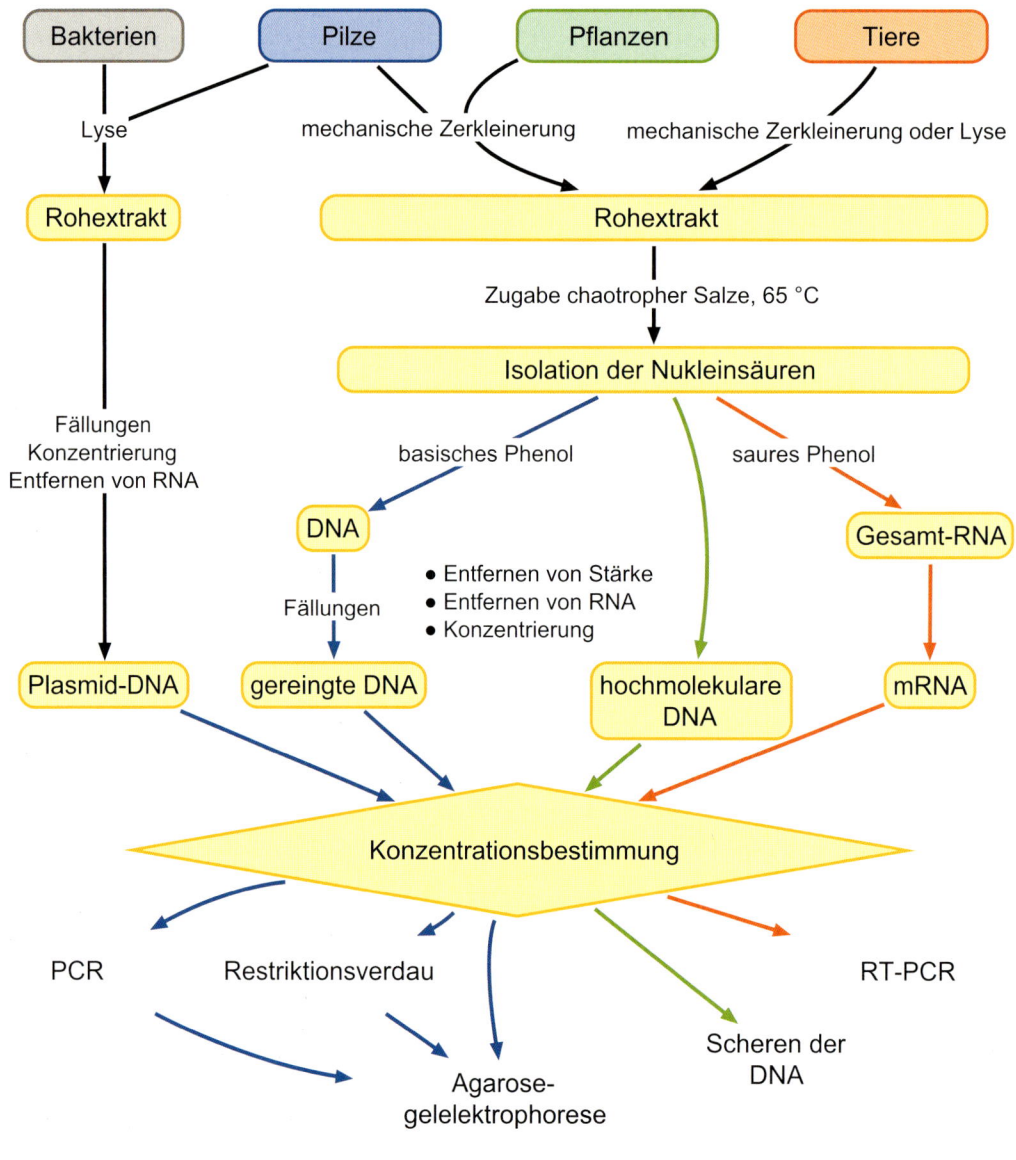

1. Wie werden Gewebe- und Zellstruktur aufgebrochen?
2. Wie kann die Aktivität von Nukleasen verhindert werden?
3. Wie kann die DNA oder RNA von anderen Bestandteilen der Zellen abgetrennt werden?

Vor allem bei der Homogenisation weichen die Protokolle oft voneinander ab, denn unterschiedliche Gewebe oder Organismen verlangen sehr verschiedene Verfahren (Kapitel 2.14). Chitinpanzer oder Zellulosezellwände können eine gewisse Herausforderung darstellen und einige Substanzen des Sekundärstoffwechsels können die Ausbeute an DNA oder RNA drastisch senken.

Die an die Homogenisation anschließenden Schritte sind dann jedoch recht einheitlich, da Nukleinsäuren (zumindest chemisch betrachtet) eine homogene Gruppe strukturähnlicher Moleküle darstellen.

Ein wesentliches Aufreinigungsprinzip stellen die verschiedenen Arten der Fällung dar, bei denen die Nukleinsäuren zunächst als unlösliches Sediment durch Zentrifugation abgetrennt und anschließend in einem neuen Puffer gelöst werden. Ganz nebenbei kann so eine DNA- oder RNA-Lösung konzentriert werden. Durch die Fällung können Substanzen leicht aus einem Reaktionsansatz entfernt werden, die sonst den nächsten Arbeitsschritt stören würden.

Abschließend beschäftigen wir uns mit der Bestimmung der Menge und Qualität der aufgereinigten Nukleinsäuren (Kapitel 3.8). Diese Informationen sind so wichtig für den Experimentator, dass sie zu jedem Zeitpunkt einer Aufreinigungsstrategie bestimmbar sein sollten.

3.1 Gegenspieler erfolgreicher DNA- und RNA-Isolationen

Bevor wir uns näher mit der Aufreinigung von DNA und RNA beschäftigen, werfen wir einen Blick auf die Widersacher einer erfolgreichen Isolation:

1. Nukleasen,
2. Scherkräfte,
3. Chemische Verunreinigungen

Eine zentrale Voraussetzung für die Aktivität aller DNA-modifizierender Enzyme ist das Vorhandensein zweiwertiger Ionen. Durch die Komplexierung zweiwertiger Ionen mittels EDTA (Ethylendiamintetraessigsäure) kann man die Aktivität von fast jedem DNA-modifizierenden Enzym inhibieren. Gleichzeitig ist die strukturelle Stabilität von DNA in Gegenwart von EDTA viel höher als bei Anwesenheit von zweiwertigen Ionen (Kapitel 7.1). Leider lassen sich die meisten RNasen nicht durch die Komplexierung zweiwertiger Ionen inhibieren, was bei der Isolation von RNA besondere Vorsichtsmaßnahmen erfordert.

3.1.1 Nukleasen

Enzyme, welche die Phosphodiesterbindungen in Nukleinsäuren spalten, werden Nukleasen genannt. Nukleasen sind ubiquitär verbreitet und oft sehr stabil.

Um eine Kontamination durch Gefäße und Puffer auszuschließen, werden grundsätzlich alle Materialien autoklaviert oder oberflächensterilisiert. Alternativ können sterile Einmalartikel verwendet werden.

In der Zelle liegen Nukleasen oft in anderen Zellkompartimenten vor als die Nukleinsäuren. Bei der Homogenisation werden die Zellstrukturen jedoch zerstört und so kommen die Nukleasen und ihre Substrate in einer Lösung zusammen. Das zentrale Ziel einer jeden Aufreinigungsstrategie muss daher in der sofortigen Inaktivierung und Entfernung solcher Nukleasen aus der DNA- beziehungsweise RNA-Lösung liegen. Die meisten Homogenisationspuffer enthalten daher proteindenaturierende und enzyminhibierende Komponenten.

DNasen spalten sequenzunspezifisch das DNA-Rückgrat zwischen der 5'-Phosphatgruppe und der 3'-Hydroxylgruppe. Einige DNasen schneiden von den Enden der DNA Stränge her – sie werden Exonukleasen genannt – während Endonukleasen innerhalb der DNA-Stränge schneiden. Eine Besonderheit stellen die Restriktionsendonukleasen dar, die nur an Stellen mit bestimmten Sequenzen schneiden und deshalb ein wichtiges Werkzeug des Molekularbiologen darstellen (Kapitel 5.1). Auch DNasen, die zwischen Einzelsträngen und Doppelsträngen unterscheiden, wie die S1-Nuklease (E-Doc 5-5), zählen eher zu den nützlichen Werkzeugen. Hier konzentrieren wir uns vor allem auf die Gruppe der unspezifisch schneidenden Endo- und Exonukleasen. DNasen sind meist einfacher zu inaktivieren als RNasen, da DNasen fast immer von der Anwesenheit zweiwertiger Kationen abhängig sind. Werden diese durch Zusatz von EDTA komplexiert, verlieren DNasen ihre Aktivität. Bei RNasen sieht das anders aus, denn es gibt einige RNasen deren Aktivität nicht durch Abwesenheit zweiwertiger Ionen reduziert wird. Sie überstehen sogar das Autoklavieren und renaturieren hinterher selbstständig! Deshalb werden viele Lösungen, die bei einer RNA-Aufreinigung eingesetzt werden, vor dem Autoklavieren mit DEPC (Diethylpyrocarbonat) behandelt (Kapitel 3.5). Um die sehr stabilen RNA-Nukleasen zu eliminieren, werden Glasgefäße zusätzlich zum Autoklavieren wenigstens 8 h oder über Nacht bei 180 °C „gebacken". Weiterhin sind diverse RNase-dekontaminierende Lösungen kommerziell erhältlich. Es ist sehr sinnvoll, in einer ruhigen Ecke des Labors einen exklusiven RNA-Arbeitsbereich einzurichten. Alle Gerätschaften und Puffer in diesem Bereich sollten niemals zuvor für Protein- oder DNA-Arbeiten verwendet worden sein.

3.1.2 Scherkräfte

Große DNA Moleküle (genomische DNA, BACs oder YACs, Kapitel 6.9) sind sehr empfindlich gegenüber Scherkräften und zerbrechen in klei-

Tab. 3.1:
Gängige Störstoffe, die nachfolgende Arbeitsschritte inhibieren können.

Substanz	Einsatz in	Störender Einfluss auf:
Guanidinthiocyanat	Lysis und Homogenisation (Kapitel 3.2.1)	Stört selbst in Spuren viele Enzyme. Kann durch Ethanolfällung entfernt werden.
Phenol	Phenol-Extraktion (Kapitel 3.3.1)	Oxidationsprodukte des Phenols zerstören DNA.
Chloroform	Erhöht bei PCI-Extraktion (Kapitel 3.3.1) drastisch die DNA-Ausbeute.	Wie Phenol, kann durch Trocknen entfernt werden. Hemmt viele Enzyme
Ethanol	Ethanolfällung (Kapitel 3.3.2)	Viele nachfolgende Enzymreaktionen werden inhibiert, kann durch Trocknen entfernt werden.
Ammoniumionen	Fällung von DNA (Tab. 3.3)	Inhibiert die T4 Polynukleotidkinase (E-Doc 5-5).
Phosphat	Phosphatpuffer	Inhibition von T4 Polynukleotidkinase (E-Doc 5-5), Taq-DNA-Polymerase, Alkalische Phosphatase (Kapitel 5.3) sowie der Polynukleotid Adenylyltransferase (E-Doc 5-5).
Chloridionen	Ethanolfällung (Kapitel 3.3.2)	Hemmt die *in vitro* Translation.
Heparin	Hemmt die Blutgewinnung	Inhibition der Taq-DNA-Polymerase (Kapitel 4.2.2).
EDTA	In vielen Puffern wie TAE oder TE (Protokolle 3.1 und 7.1)	Hemmung vieler DNA-modifizierender Enzyme (Kapitel 3.1.4).
TBE-Puffer	Elektrophorese (Kapitel 7.1)	Kann Enzyme inhibieren und senkt Transformationsrate (Kapitel 5.4).

nere Stücke. Scherkräfte entstehen beim Mischen („Vortexen", Kapitel 2.8) oder Rühren von Lösungen aber auch beim Auf- und Abpipettieren in einer Mikropipette und beim Zentrifugieren. Daher muss mechanischer Stress bei der Isolation von großen DNA Molekülen vermieden werden, was die Präparation sehr erschwert und spezielle Protokolle erfordert (Kapitel 3.4.4).
Bei den kleinen ringförmigen Plasmiden (Kapitel 6.1) spielen Scherkräfte eher eine untergeordnete Rolle.

3.1.3 Chemische Verunreinigungen

Es gibt unendlich viele Substanzen, die eine effiziente Aufreinigung von biologischen Molekülen stören können. Die homogenisierten Gewebe können eine Quelle für solche Stoffe darstellen.

Besonders Pflanzen oder Pilze sind für den Experimentator eine große Herausforderung. Dem Aufschluss steht nicht nur eine feste Zellwand entgegen, fast noch unangenehmer ist die Gegenwart von Polyphenoloxidasen und polyphenolischen Substanzen, die bei Kontakt mit Sauerstoff unspezifisch mit Nukleinsäuren reagieren und diese irreversibel zerstören (Kapitel 8.1.2). Eine weitere nicht zu unterschätzende Gefahr stellen Substanzen dar, die absichtlich zu einem bestimmten Zeitpunkt der Extraktion zugegeben werden, nachfolgende Reaktionen jedoch stören können. Einige gängige Störstoffe sind in **Tabelle 3.1** aufgeführt

> **GUT ZU WISSEN**
> Durch Trocknen der DNA in der Speed-Vac (Kapitel 2.9) können flüchtige Störstoffe wie Ethanol entfernt werden. Allerdings besteht die Gefahr, dass die DNA „übertrocknet" wird. Sie lässt sich dann nicht mehr lösen und die DNA-Stränge sind gebrochen.

3.1.4 EDTA und zweiwertige Ionen: das Yin und Yang der Molekularbiologie

Die vielleicht wichtigste Stellschraube in molekularbiologischen Experimenten stellt die Konzentration an zweiwertigen Kationen dar.

Praktisch alle DNA-modifizierenden Enzyme benötigen für ihre Aktivität zweiwertige Kationen. Das gilt sowohl für Nukleasen, die man durch Entzug zweiwertiger Ionen hemmen kann, als auch für Polymerasen, Restriktionsenzyme, Ligasen und viele mehr. Oft kann die Enzymreaktion durch die Wahl der Ionen sowie ihrer Konzentrationen stark beeinflusst werden. Meist ist Mg^{2+} der Cofaktor, aber einige Enzyme benötigen Mn^{2+} oder Ca^{2+}. Unter den RNasen gibt es so-

PROTOKOLL 3.1

TE-Puffer

Material:
- ▶ TE-Puffer (Tris-EDTA):
  - 10 mM Tris-HCl, pH 7,5 (pH mit HCl)
  - 0,1 mM EDTA (aus EDTA-Stammlösung)
- ▶ EDTA-Stammlösung:
  - 0,5 M EDTA, pH 8,0

EDTA löst sich nur im Basischen also erst, wenn der 0,5 M Stammlösung einige Natriumhydroxid-Plätzchen zugesetzt wurden. Die fertige, autoklavierte EDTA-Stammlösung kann bei Raumtemperatur gelagert werden.

Anmerkungen:
EDTA komplexiert zweiwertige Ionen und inhibiert die Aktivität fast sämtlicher DNA-modifizierender Enzyme. Das kann gut (Nukleasen) oder schlecht (Polymerasen) sein. EDTA kommt immer zum Einsatz, wenn DNA starken mechanischen Belastungen ausgesetzt ist, beispielsweise im TAE- oder TBE-Laufpuffer bei der Elektrophorese (Kapitel 7.1). Auch wenn DNA einige Tage gelagert werden soll, wird sie gern in TE Puffer gelöst. Es ist immer wichtig, die EDTA Konzentration zu beachten, da schon geringe Veränderungen in der Konzentration zweiwertiger Ionen große Änderungen in den Enzymaktivitäten nach sich ziehen. Muss EDTA aus einer DNA oder RNA Lösung entfernt werden, bietet sich die Fällung der Nukleinsäure an (Kapitel 3.3.2).

wohl solche, die auf zweiwertige Ionen angewiesen sind, und solche, die diese nicht benötigen. Die Präsenz zweiwertiger Ionen wird fast immer über den Komplexbildner EDTA (Ethylendiamintetraacetat) beeinflusst. Da ohne diese zweiwertigen Ionen kaum ein DNA-modifizierendes Enzym arbeiten kann, wird EDTA gern als Hemmstoff für Nukleasen eingesetzt. Es begegnet uns nicht nur in Homogenisationspuffern, sondern auch in nachfolgenden Schritten meist in Form von TE Puffer (**Protokoll 3.1**) oder die bei der Elektrophorese (Kapitel 7.1) verwendeten TBE oder TAE-Puffer (Protokoll 7.1).

> **TIPP**
> Neben EDTA gibt es eine Reihe weiterer Stoffe, die zweiwertige Ionen komplexieren können, wie Ethylenglykol-bis-(2-aminoethylethyl)-tetraessigsäure (EGTA), Hämoglobin oder Nitrilotriessigsäure (NTA).

3.2 Extraktion von Nukleinsäuren

3.2.1 Der Extraktionspuffer

Die Prinzipien der Nukleinsäure-Aufreinigung sind für die verschiedenen Organismen und Gewebe prinzipiell ähnlich und unterscheiden sich vor allem im Aufschlussverfahren. Generell folgt die Isolation diesem Schema:
1. Schockgefrieren in flüssigem Stickstoff und Pulverisieren (bei Gewebe)
2. Aufschluss der Zellen/Gewebe
3. Inaktivierung von Proteinen (häufig mit Schritt 2 kombiniert)
4. Abtrennung der Nukleinsäuren von anderen Zellbestandteilen
5. Trennung von RNA und DNA
6. Konzentrierung und Umpuffern

Generell gilt, dass man so schnell als möglich zu einer aufgereinigten DNA oder RNA gelangen sollte. Auch sollte die Zahl der Aufreinigungsschritte auf die Notwendigen begrenzt sein, da bei jedem Aufreinigungsschritt auch DNA bzw. RNA verloren geht.

Die Gerätschaften für die Homogenisation haben wir schon in Kapitel 2.14 kennengelernt. Wenn erforderlich, wird in einem ersten Schritt das Probenmaterial pulverisiert. Dies geschieht oft bei tiefen Temperaturen (in flüssigem Stickstoff) und klassischerweise im Mörser (Kapitel 2.14). Direkt daran schließt sich die eigentliche Extraktion der DNA oder RNA an. Sie wird in der Regel bei 60-65 °C durchgeführt, da bei diesen Temperaturen die meisten Proteine denaturieren.

In den meisten Extraktionspuffern sorgt SDS für die Zerstörung der Plasmamembran. EDTA verhindert die Aktivität von DNasen. Viele Extraktionspuffer enthalten Dithiothreitol (DTT) oder β-Mercaptoethanol. Diese Substanzen schaffen eine reduzierende Umgebung und beugen so einer oxidativen Schädigung der DNA während der Homogenisation vor.

Zudem ist in fast allen Extraktionspuffern Proteinase K vorhanden, welche sehr effizient Proteine abbaut. Die Proteinase K hat gegenüber anderen Proteasen den Vorteil, dass sie bei 65 °C noch aktiv ist. Für die Extraktion vieler tierischer Gewebe wie Blutzellen oder Zellkulturen reicht der Einsatz obiger Substanzen in der Regel aus, allerdings kann Hämoglobulin als Komplexbildner nachfolgende Enzymreaktionen stören (Kapitel 3.1.4).

Pflanzliche Gewebe, Pilze, Insekten und Spinnentiere erfordern zusätzlich zu oben genannten Substanzen weitere Chemikalien. **Tabelle 3.2** listet die wichtigsten aktiven Substanzen verschiedener Extraktionspuffer auf.

Soll DNA aus Pflanzen extrahiert werden, kommt sehr oft CTAB (Cetyltrimethylammoniumbromid) zum Einsatz, denn es sorgt für die Entfernung von Polysacchariden, welche in Pflanzen reichhaltig vorhanden sind. Weiterhin ist CTAB ein effizientes Mittel, um Proteine zu denaturieren.

Pflanzen enthalten oft beträchtliche Mengen an Polyphenolen und Phenoloxidasen (Kapitel 8.1.2). Daher wird gern 1% (w/v) Polyvinylpyrrolidon (PVP) zum Homogenisationspuffer gegeben, welches als Akzeptor für die reaktiven, oxidierten Polyphenole dient. In einem nachfolgenden Schritt wird das unlösliche PVP abzentrifugiert.

CTAB und PVP werden aus den gleichen Grün-

Tab. 3.2:
Übersicht gängiger Substanzen in Aufschlusspuffern und deren Einsatzbedingungen

Organismus	Aufschluss durch	Anschließende Behandlung / Zusatz	Bedingungen
Bakterien (*E. coli*), Plasmidpräparation	SDS (meistens) oder Lysozym (selten)	NaOH	4 °C
Hefe (*S. cerevisiae, S. plombe*)	Zymolase oder Lyticase	Proteinase K, EDTA, DTT oder β-Mercaptoethanol	37 °C
Pflanzen	SDS und CTAB		65 °C
Tierische Gewebe und Zellkultur	SDS und / oder Guanidinsalze		65 °C oder 37 °C

den gern bei der Extraktion von DNA aus Pilzen eingesetzt. Wegen der großen Diversität in dieser Organismengruppe gibt es aber auch viele weitere, oft speziell auf eine Gattung hin optimierte Methoden.

> **GUT ZU WISSEN**
> Cetyltrimethylammoniumbromid (CTAB) ist ein kationisches Detergens, welches bei niedriger Ionenstärke Nukleinsäuren und saure Polysaccharide fällt. Proteine und neutrale Polysaccharide bleiben dabei in Lösung. Liegt aber eine Lösung mit hoher Ionenstärke vor, bildet CTAB Komplexe mit Proteinen und den meisten sauren Polysacchariden, während Nukleinsäuren in Lösung bleiben. Daher ist CTAB die Methode der Wahl für die DNA- oder RNA-Extraktion aus Organismen mit hohem Gehalt an Polysacchariden wie Stärke (Pflanzen), Chitin (Pilze) oder in einigen gram-negativen Bakterien. Darüber hinaus kann CTAB die Renaturierung komplementärer DNA Stränge stark beschleunigen, weshalb es Bestandteil vieler Kits zur Aufreinigung von Phagen-, Plasmid- oder Phagemid-DNA ist. Scheitert ein Restriktionsverdau (Kapitel 5.1.2), können Polysaccharide in der DNA-Lösung die Ursache sein. Abhilfe schafft hier ebenfalls CTAB, welches die Polysaccharide fällt (Kapitel 3.3.5).
> CTAB fällt bei Kälte aus, deshalb muss die über ein Jahr haltbare Lösung bei Raumtemperatur gelagert werden. Die anderen Bestandteile des Aufschlusspuffers, wie SDS oder DTT werden erst unmittelbar vor Gebrauch zugegeben.

Besonders angenehm ist die Lyse bei Organismen durchzuführen, die enzymatisch lysiert werden können. Eine enzymatische Lyse ist vor allem bei *E. coli* (Lysozym) und Hefen (Zymolase) weit verbreitet. Diese führen zu einem sehr effizienten Zellaufschluss, haben aber den Nachteil, dass man die Lösung nicht auf 65 °C erwärmen kann, da dies die Enzyme inaktivieren würde.

Chaotrope Guanidinsalze kommen bei der Homogenisation von tierischen Zellen und Geweben zum Einsatz, wenn DNA oder RNA isoliert werden soll. Sie denaturieren Proteine, auch RNasen und DNasen, extrem effizient und lysieren gleichzeitig die Zellen. Bekannt ist vor allem das Guanidinthiocyanat (GTC), welches in vielen Kits (Kapitel 3.6) enthalten ist.

3.3 Die weitere Aufreinigung der DNA

Nach dem Aufschluss und der Inaktivierung der Nukleasen erfolgt meist eine Zentrifugation bei 4 °C (Kapitel 2.7), bei der die Nukleinsäuren im Überstand von Zelltrümmern und Fasern im Sediment abgetrennt werden.

Im nächsten Schritt erfolgt die Trennung der DNA von noch in der Lösung vorhandenen Proteinen und Polysacchariden. Dabei wird gleichzeitig das Volumen der DNA-Lösung verringert, also die DNA konzentriert. Die prinzipiellen Abläufe sind für RNA ähnlich – die Details werden in Kapitel 3.5 erläutert.

3.3.1 Phenolextraktion

Der nächste Schritt nach der Abtrennung von Zelltrümmern ist oft die Phenolextraktion der DNA bzw. RNA. Die Methode der Wahl ist die PCI-Methode, bei der die Probe mit einer Mischung aus 25 Teilen Phenol[1], 24 Teilen Chloroform und 1 Teil Isoamylalkohol versetzt wird. Diese PCI-Mischung wird der DNA-Lösung im Überschuss zugesetzt. DNA und RNA lösen sich in der oberen, wässrigen Phase. Proteine werden denaturiert und schwimmen als Sediment auf der unteren, organischen Phase. In dieser sind Lipide gelöst (Abb. 3-1).

---

[1] Hierbei handelt es sich um basisches Phenol, genauer um Tris-gesättigtes Phenol, pH 8,0.

GUT ZU WISSEN

Phenol und Wasser bilden zwei nicht vermischbare Phasen aus, wobei die organische Phenolphase sich unten befindet. Das Chloroform stabilisiert zusätzlich die Phasengrenze. Isoamylalkohol dient als Schaumhemmer.
Die Proteine werden durch organische Lösungsmittel (Phenol und/oder Chloroform) irreversibel denaturiert und fallen an der Phasengrenze aus.
Die DNA löst sich wegen ihres negativ geladenen Rückgrats nicht in der organischen Phase und verbleibt in der oberen, wässrigen Phase. Dies gilt auch für RNA.
Proteine lassen sich auch durch Phenol beziehungsweise Chloroform allein denaturieren, weshalb manchmal nur mit Phenol oder nur mit Chloroform bzw. CI verwendet wird. Manche Proteine werden in Phenol allein nicht inaktiviert, darunter einige RNasen.
Die effizienteste Variante stellt das PCI-Verfahren (25+24+1) dar.

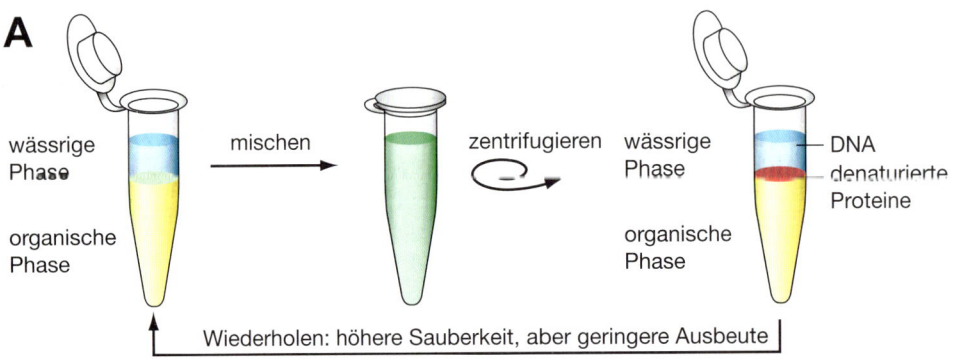

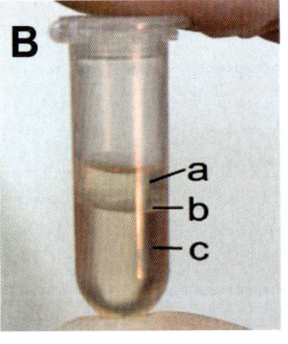

Abb. 3.1:
Schema der PCI-Extraktion (**A**). Zur DNA-Lösung wird mindestens das gleiche Volumen PCI gegeben, gemischt und kurz zentrifugiert. (**B**) zeigt das Ergebnis einer PCI-Extraktion. Die DNA befindet sich in der oberen wässrigen Phase (a). Die denaturierten Proteine (b) schwimmen auf der unteren organischen Phase (c).

Nachdem die PCI-Lösung mit der DNA gemischt wurde, erfolgt eine kurze Zentrifugation. Nun wird mit einer Pipette vorsichtig die obere flüssige Phase, welche die DNA enthält, abgenommen.

> **TIPP**
> Phenol und seine Derivate sind sehr giftig. Daher müssen bei Arbeiten mit Phenol, welche unter dem Abzug durchgeführt werden, immer Handschuhe und Schutzbrille getragen werden. Wenn Phenol mit der Haut in Kontakt kommt, sollte die Haut umgehend mit Polyethylenglykol 400 gespült werden.

Neben der Aufreinigung der DNA wird auf diese Weise eine Reduktion des Volumens, in dem die DNA gelöst ist, erzielt.

> **TIPP**
> Wie in Tab. 3.1. erwähnt, können Phenol und Chloroform einige nachgeschaltete Enzymreaktionen hemmen. Eine weitere Gefahr stellt altes PCI oder Phenol dar, welches oxidiert ist und dann die DNA schädigt. Altes Phenol ist an einer rötlichen Färbung zu erkennen. Dieses darf jedoch nicht mit dem sauren Phenol, welches für die RNA-Extraktion verwendet wird (Kapitel 3.5), verwechselt werden, welchem von Herstellerseite ein roter pH-Indikator zugesetzt wurde.

Neben der PCI Methode ist die CI-Methode weit verbreitet. Sie funktioniert genauso wie PCI – mit dem Unterschied, dass nur Chloroform und Isoamylalkohol verwendet werden.
Eine Abwandlung der Phenolmethode wird bei der DNA-Extraktion aus Agarosegelen verwendet (Protokoll 7.3).

> **GUT ZU WISSEN**
> Die CI-Methode ist das ältere Verfahren. Der Vorteil von PCI gegenüber CI ist, dass die Deproteinierung der Nukleinsäuren in zwei verschiedenen organischen Lösungsmitteln sehr viel effizienter ist. Außerdem werden RNasen effizienter inhibiert und polyA$^+$-RNA (Kapitel 3.5) ist in PCI besser löslich. Oft folgt der PCI Extraktion eine CI-Extraktion um das Phenol wieder gründlich zu entfernen, damit nachfolgende Enzymreaktionen nicht gestört werden. Dies kann aber auch ähnlich gut durch eine Ethanolfällung (Kapitel 3.3.2) erzielt werden.

3.3.2 Ethanolfällung

Während bei der Phenolextraktion die Nukleinsäure in Lösung verbleibt (Kapitel 3.3.1), wird bei den nachfolgenden Verfahren die DNA präzipitiert.
Die Fällung von Nukleinsäuren mit Ethanol stellt einen wichtigen Reinigungsschritt dar, denn gleich drei Effekte können mit ihr erzielt werden:
1. Unerwünschte Stoffe in der DNA / RNA Lösung werden entfernt.
2. Die DNA bzw. die RNA wird konzentriert.
3. Die gefällte Nukleinsäure kann auf diese Weise in einen neuen Puffer überführt werden.

Die Ethanolfällung ist die am häufigsten verwendete Fällungsmethode für Nukleinsäuren. Das Verfahren ist sehr einfach und schnell. Schon nanomolare Mengen an DNA oder RNA können effizient gefällt werden. Um eine Ethanolfällung (Protokoll 3.2) durchzuführen, wird die DNA oder RNA mit einer relativ hohen Konzentration an Salz sowie dem doppelten Volumen an Ethanol versetzt. Es folgt nach einem Inkubationsschritt die Zentrifugation – danach befindet sich die DNA im Sediment.

> **TIPP**
> Nukleinsäuren werden mit 70 % (v/v) Ethanol versetzt (1 vol DNA Lösung und 2 vol 96 % (v/v) Ethanol ergeben eine circa 70 %ige Ethanollösung. Höhere Ethanolkonzentrationen können die DNA irreversibel schädigen.

Ethanol entzieht der DNA die Hydrathülle und die nun exponierten negativ geladenen Phosphatgruppen bilden mit den Gegenionen wie Na$^+$ ein Salz (Map3.2).
Eine Ethanolfällung kann daher nur funktionieren, wenn genügend Kationen verfügbar sind, um an die negativen Ladungen aller Phosphatgruppen zu binden.

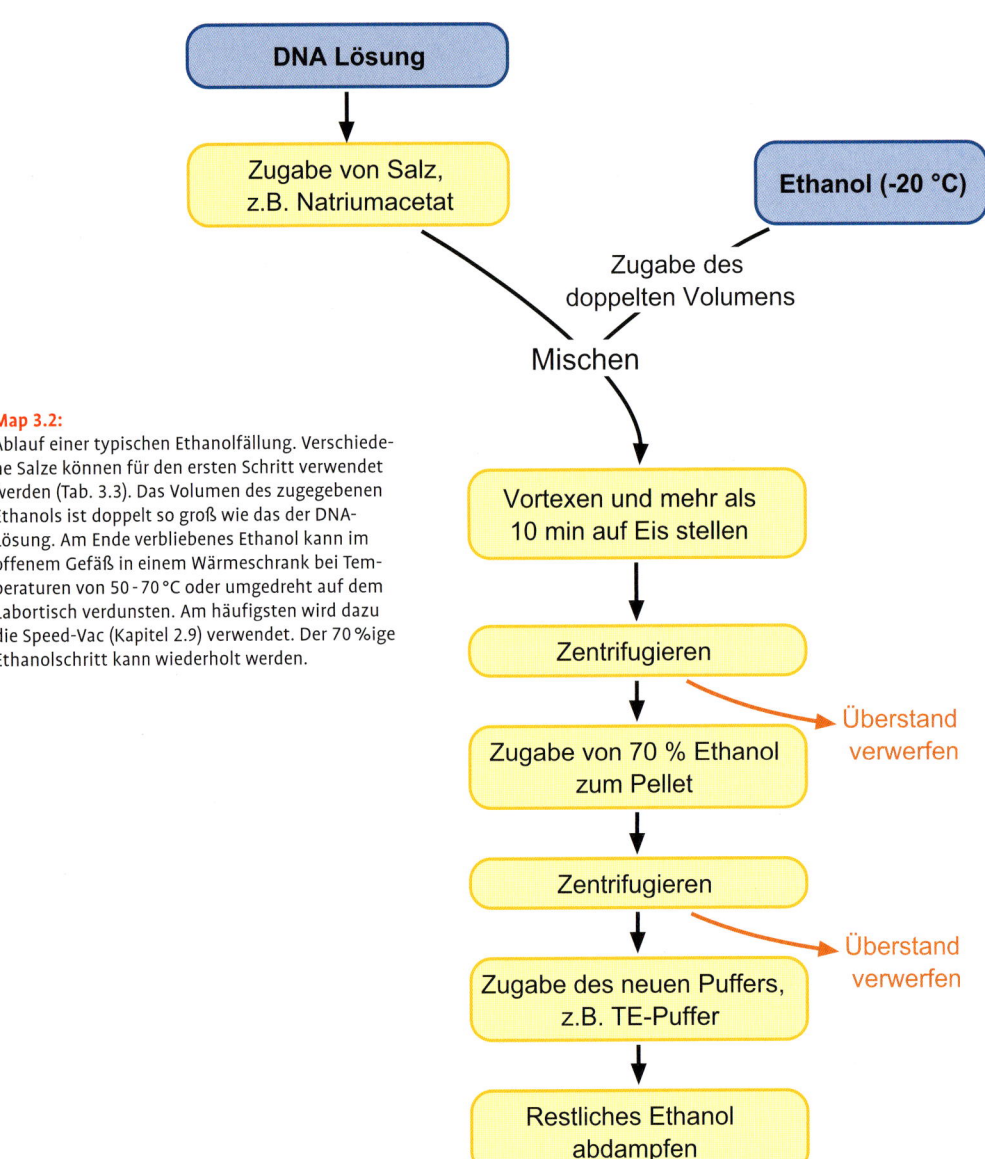

Map 3.2:
Ablauf einer typischen Ethanolfällung. Verschiedene Salze können für den ersten Schritt verwendet werden (Tab. 3.3). Das Volumen des zugegebenen Ethanols ist doppelt so groß wie das der DNA-Lösung. Am Ende verbliebenes Ethanol kann im offenem Gefäß in einem Wärmeschrank bei Temperaturen von 50-70 °C oder umgedreht auf dem Labortisch verdunsten. Am häufigsten wird dazu die Speed-Vac (Kapitel 2.9) verwendet. Der 70 %ige Ethanolschritt kann wiederholt werden.

Die Unterschiede bei den verschiedenen Ethanolfällungen ergeben sich aus der Wahl des Kations **(Tabelle 3.3)**.
Das Ethanol wird in den meisten Laboren „eiskalt", also mit einer Temperatur von -20 °C zugefügt, um der entstehenden Lösungswärme entgegenzuwirken, dies ist aber nicht unbedingt erforderlich. Allerdings gibt es Berichte, dass bei höheren Temperaturen mehr Salze copräzipitieren als bei -20 °C. Häufig wird nach der eigent-

Tab. 3.3:
Bei der Ethanolfällung verwendete Salze und ihre Eigenschaften.

Salz	Stamm-lösung [M]	Arbeits-lösung [M]	Bemerkung
Ammoniumacetat	10	2,0 - 2,5	Wird häufig verwendet, dNTPs und Oligonukleotide werden abgetrennt; Gut geeignet nach Agarase-Verdau (**E-Doc 5-5**) von Gelen; das Kation kann nachfolgend leicht entfernt werden; Sollte vermieden werden, wenn nachfolgend T4 Poly-Nukleotidkinase eingesetzt wird (**E-Doc 5-5**).
Lithiumchlorid	8	0,8	Für die Fällung von RNA. Kleine RNAs (<300nt) verbleiben im Überstand, dsDNA wird nicht gefällt.
Natriumchlorid	5	0,2	Wird verwendet, wenn die Probe SDS enthält, denn SDS verbleibt im Überstand.
Natriumacetat	3,0 (pH 5,2[1])	0,3	Sehr häufig für RNA und DNA verwendet und universell einsetzbar.

1 Die 3 M Natriumacetatlösungen variieren je nach Labor im pH-Wert von 4,6 - 5,4. Auch pH 7,0 wird manchmal verwendet, wie beispielsweise in Protokoll 3.3.

lichen Fällung das Präzipitat durch Zugabe von 70 %igem Ethanol „gewaschen": 1 ml 70 % (v/v) Ethanol wird zum Sediment gegeben, ohne es zu resuspendieren. Anschließend wird erneut 1 - 5 min zentrifugiert und der Überstand verworfen. Da sich durch diese Prozedur das Präzipitat lockern kann, sollte der Überstand nur abpipettiert werden.

Auch RNA kann effizient mit 2,5- bis 3-fachem Volumen an Ethanol gefällt werden. Als Gegenion wird hier häufig LiCl (0,8 M), Ammoniumacetat (5 M) oder Natriumacetat (0,3 M) verwendet. Die Prozedur entspricht der DNA-Fällung.

> **TIPP**
> Bei niedrigen DNA-Konzentrationen nimmt die Effizienz der Fällung ab, weshalb in solchen Situationen Glykogen als Fällungshilfe eingesetzt werden kann.

> **TIPP**
> Phosphat fällt in Ethanol aus, weshalb die in Phosphatpuffern befindliche DNA oder RNA (Protokoll 8.1) nicht mit Ethanol gefällt werden kann.

Abb. 3.2:
Saubere DNA-Sedimente sind nach Ethanolfällung fast unsichtbar. Das Pellet im Bild wurde der Sichtbarkeit wegen viel stärker kontrastiert, als in Realität, um es überhaupt sichtbar zu machen. Daher ist es üblich, die Reaktionsgefäße immer mit der gleichen Ausrichtung (z.B. Deckellasche immer nach innen) in der Zentrifuge zu platzieren, damit man immer weiß, wo das Präzipitat sein müsste. Dicke gelbliche Pellets weisen auf starke Verunreinigungen hin.

PROTOKOLL 3.2

Ethanolfällung mit Natriumacetat

Material:
- -20 °C Gefrierschrank, Zentrifuge
- 3 M Natriumacetat, pH 5,2
- Ethanol$_{abs}$

Durchführung:
1. Zur Probe wird 1/10 des Probenvolumens an Natriumacetat und ein 2 faches Volumen an Ethanol$_{abs}$ gegeben und gemischt.
2. Die Mischung wird entweder über Nacht bei -20 °C oder mindestens für 20 min bei -80 °C gestellt. Alternativ kann die Probe auch für 10 min in Trockeneis oder sogar in flüssigem Stickstoff eingefroren werden. Bei niedrigen DNA-Konzentrationen oder kleinen DNA-Molekülen sollte eine längere Gefrierdauer gewählt werden.
3. Zentrifugieren in einer Tischzentrifuge für 30 min bei 4 °C mit maximaler Geschwindigkeit. Dabei auf die Positionierung des Gefäßes achten, damit man später weiß, wo sich das Präzipitat befindet.
4. Abgießen – oder besser: Abpipettieren des Überstands (Abb. 3.2).
5. *Optional:* Waschen des Sediments mit 70 % (v/v) Ethanol, dieser Schritt kann wiederholt werden.
6. Das Präzipitat wird getrocknet, indem es für 15 min offen in einen Brutschrank bei 37 °C gestellt wird. Alternativ kann auch eine Speed-Vac (Abb. 2.12 B) benutzt werden.
7. Zugabe von H_2O oder TE Puffer im gewünschten Volumen, vortexen und kurz abzentrifugieren

Anmerkung:
Sehr saubere DNA ist schlecht löslich, das Resuspendieren des Sediments kann dann mehrere Stunden dauern. Das „Übertrocknen" der DNA führt zu Strangbrüchen und kann daher die DNA irreversibel schädigen.

3.3.3 Isopropanolfällung

Isopropanol stellt eine Alternative zur Ethanolfällung (Kapitel 3.3.2) dar und wird in einer finalen Konzentration von 40-50 % (v/v) zugesetzt. Häufig wird eiskaltes Isopropanol verwendet. Dies ist aber nicht unbedingt erforderlich. Das Fällungsprinzip ist das Gleiche wie bei der Ethanolfällung, weshalb auch hier Salze als Gegenionen erforderlich sind. Die Vorteile von Isopropanol gegenüber Ethanol sind das geringe benötigte Volumen. Allerdings werden Zucker und NaCl mitgefällt und das Verfahren ist nicht so effizient wie die Ethanolfällung. Nach Zugabe von 0,6-1,0 vol Isopropanol zur DNA-Lösung wird 30 min lang bei -20 °C gefällt und anschließend hoch zentrifugiert. Auch hier erfolgt ein Waschschritt mit 70 % (v/v) Ethanol.

3.3.4 PEG Fällung

Alternativ kann hochmolekulare DNA auch mit Polyethylenglykol (PEG) gefällt werden. Die Fällung mittels PEG ist auch das Standardverfahren, wenn Phagen- bzw. Virenpartikel aufgereinigt werden sollen.
Leider lässt sich das PEG in nachfolgenden Schritten nur schwer entfernen. Es stört viele Enzymreaktionen und die Sedimente lassen sich schwer trocknen, da PEG sehr hygroskopisch ist.

3.3.5 Entfernen von Polysacchariden mit CTAB

In Proben, die viele Polysaccharide enthalten, können diese mit CTAB (Cetyltrimethylammoniumbromid, Kapitel 3.2.1) entfernt werden **(Protokoll 3.3)**.

PROTOKOLL 3.3

Entfernung von Polysacchariden

Material:
- 3 M Natriumacetat, pH 7,0
- 1 % CTAB (Cetyltrimethylammoniumbromid), pH 7,0

Durchführung:
1. Zur in H_2O oder TE-Puffer (Protokoll 3.1) gelösten Nukleinsäure werden gegeben:
   - 1/14 vol 3 M Natriumacetat, pH 7,0
   - 1/7 vol 1 % (w/v) CTAB, pH 7,0
2. Die Mischung wird 1 h bei 4 °C inkubiert und anschließend 15 min bei 4 °C zentrifugiert.
3. Abschließend wird zweimal mit 70 % (v/v) Ethanol gewaschen.

3.3.6 Silikamatrices

In den letzten Jahren haben oben genannte Aufreinigungsverfahren durch kommerziell angebotene Silika-basierte Verfahren (Kapitel 3.6) starke Konkurrenz erhalten.

Diese Methoden beruhen auf der Bindung von Nukleinsäuren an Silika-Oberflächen, die entweder Suspensionen aus Silika-Partikeln („Glasmilch"), -säulchen, -membranen oder silikabeschichteten Magnetkügelchen [*magnetic beads*] (Kapitel 8.4.3) darstellen. Hohe Konzentrationen chaotroper Salze, wie Natriumjodid oder Guanidinsalzen, bewirken die Bindung der DNA an die Silika-Oberfläche.

Diese chaotropen Salze entfernen die Hydrathüllen von Biomolekülen. So können positiv geladene Ionen (hohe Salzkonzentration!) Salzbrücken zwischen der negativ geladenen DNA und der negativ geladenen Silikamatrix ausbilden (**Abb. 3.3**). Durch die anschließende Zugabe

Abb. 3.3:
Das Prinzip von Silika-basierten Aufreinigungsverfahren beruht auf der Bindung der DNA an eine Silikamatrix in Gegenwart von chaotropen Salzen (**A** und **A1**). Die Proteine und kleine Nukleinsäuren bis zu einer Länge von ca. 70 bp binden nicht und werden mit Ethanol und Salz ausgewaschen (**B**). H_2O oder TE-Puffer (**C**) stellen die Hydrathüllen der DNA wieder her, sie wird eluiert (**C1**).

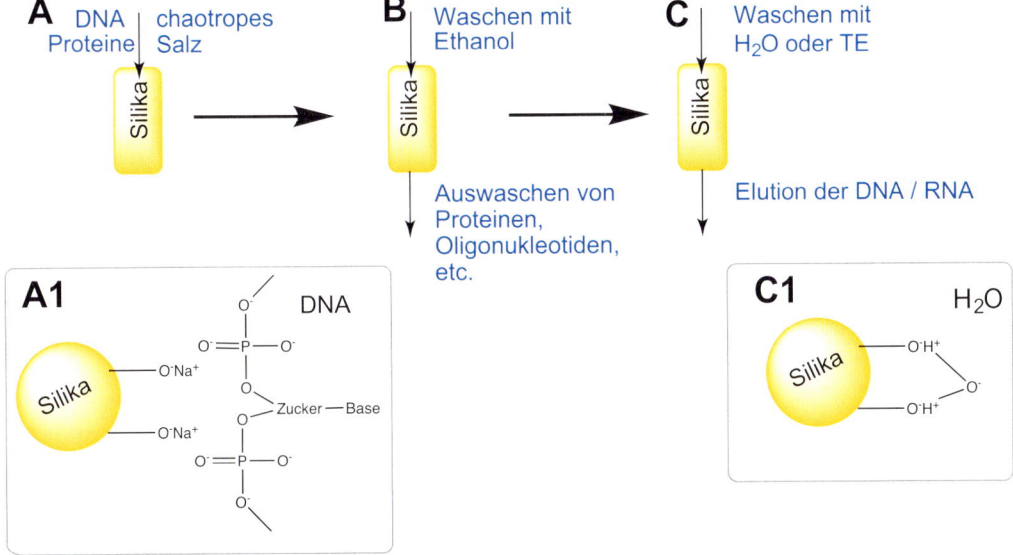

einer Ethanol-haltigen Lösung, welche ebenfalls eine hohe Salzkonzentration enthält, werden kleine Nukleinsäuren bis ca. 70 bp und Proteine ausgewaschen, da diese nur schwach mit der Matrix wechselwirken. Abschließend wird die DNA unter Niedrigsalz-Bedingungen, die zur Wiederherstellung der Hydrathülle führen, meist mit H_2O oder TE-Puffer eluiert. Weitere Informationen zur Wirkweise chaotroper Salze sind im E-Doc 8-2 zu finden.

Es gibt inzwischen Hunderte von Kits für alle möglichen Anwendungen, die alle auf diesem Prinzip beruhen. Die Unterschiede der verschiedenen Kits liegen vor allem in der Beschaffenheit der Silikamatrix, der Kapazität, der Adsorptionsstärke und den verwendeten chaotropen Ionen. Viele Silika-basierte Verfahren benutzen Guanidinsalze, da sie nicht nur ein starkes chaotropes Salz darstellen, sondern auch effizient Zellen lysieren können (Kapitel 3.2).

TIPP
Die Elution der DNA kann mit TE oder H_2O erfolgen. Da EDTA die nachfolgenden Reaktionen stören kann, wird häufig mit H_2O eluiert. Dabei ist zu beachten, dass H_2O aus Reinstwasseranlagen einen pH 5,8 - 6,5 aufweist[2], was zu einer sehr ineffizienten Elution führt. Daher sollte unbedingt ein Tropfen basische Tris-Lösung in das H_2O gegeben werden.

Silika-basierte Methoden besitzen viele Vorteile: Das Verfahren ist schnell, robust und einfach skalierbar. Sind die Puffer an die Aufgabe angepasst, werden recht hohe Ausbeuten erzielt.
Leider ist die Ausbeute nur gut, wenn relativ hohe DNA oder RNA Konzentrationen eingesetzt werden. Je niedriger die Ausgangskonzentration, desto schlechter die Ausbeute. Auch wenn die Kits inzwischen stark optimiert wurden, leidet die Qualität der DNA bei den Silika-basierten Verfahren. In manchen Kits finden sich produktionsbedingt Substanzen, welche nachfolgende Reaktionen stören können. In solchen Fällen können Anionenaustauschersäulen oder Hydroxyapatitsäulen eine Alternative darstellen, die ebenfalls von vielen Herstellern angeboten werden.

TIPP
Am Ende einer Aufreinigung wird die DNA oft getrocknet, um Ethanol oder Chloroform zu entfernen. Zu stark getrocknete DNA ist nicht mehr lösbar und oft geschädigt. Daher sollte der Trockenvorgang beendet werden, wenn noch ein wenig Flüssigkeit zu sehen ist.

3.3.7 Tropfendialyse

Durch die Tropfendialyse können niedermolekulare Kontaminationen, die einen Restriktionsverdau oder die DNA-Sequenzierung stören, entfernt werden. Dazu wird ein Tropfen (bis 50 µl) DNA-Lösung auf eine Dialysemembran (Porengröße: 0,025 µm) pipettiert, welche auf 10 ml sterilem H_2O in einer Petrischale schwimmt. Die DNA wird 10 min dialysiert (Kapitel 2.10 und 8.3). Diese Methode ist besonders schonend.

3.4 Einige ausgewählte DNA-Aufreinigungsmethoden

Manche Aufreinigungsmethoden kommen im Labor immer wieder vor, weshalb nachfolgend einige gängige Verfahren aufgeführt sind. Dazu gehört die Isolation von Plasmid-DNA aus Bakterien – die Isolation von DNA aus Pflanzen und aus Blut. Einen Spezialfall stellt die DNA-Extraktion aus Agarosegelen dar, die in Kapitel 7.3 detailliert behandelt wird.

3.4.1 Die Plasmidpräparation aus *E. coli*

Es gibt Dutzende von Protokollen für die Plasmidpräparation und hunderte verschiedener Kits. Glücklicherweise lassen sich praktisch alle auf wenige Grundprinzipien zurückführen. Zunächst werden Bakterien über Nacht bei 37 °C angezogen. Die OD_{600} (Kapitel 2.13) sollte über 0,8 liegen, wird aber selten bestimmt.

---

2 Das CO_2 aus der Luft löst sich schnell im Reinstwasser, was hauptsächlich für den niedrigen pH-Wert verantwortlich ist.

> **GUT ZU WISSEN**
> Über die OD$_{600}$ kann die Dichte einer Bakterienkultur ermittelt werden. Dabei wird ein Aliquot der Kultur im Photometer (Kapitel 3.8) bei einer Wellenlänge von 600 nm gemessen, wobei Medium allein als Nullkontrolle dient.

Bevor die Extraktion beginnt, wird die Kultur für wenigstens 10 min auf Eis gestellt, um die Zellteilung zu stoppen. Somit befinden sich alle Bakterienzellen in einem einheitlichen Stadium. Die Bakterien werden nun durch eine Zentrifugation pelletiert, das Medium wird abgenommen und autoklaviert.

> **TIPP**
> Eine häufige Ursache für schlechte Ausbeuten bei der Plasmidpräparation ist darin begründet, dass das Medium kein oder zu wenig Antibiotikum enthält, beispielsweise weil die Zugabe nach dem Autoklavieren vergessen wurde (Kapitel 2.13.2).

Für die Isolation der Plasmid-DNA (Protokoll 3.4) werden nacheinander drei oder vier Lösungen zugegeben, die meist Lösung I, II, III oder A, B, C heißen. Lösung I dient nur zum Lösen der Bakterien in einem TE Puffer. In manchen Protokollen wird ihr unmittelbar vor Gebrauch RNase zugesetzt, andere Protokolle sehen einen RNase Schritt im späteren Verlauf der Isolation vor[3].
Die eigentliche Lyse der Bakterien beginnt mit Zugabe der Lösung II. Diese enthält SDS, welches Bakterienmembranen solubilisiert und NaOH, welches Proteine und DNA denaturiert. Nach der Zugabe von Lösung II wird die Mischung nur gekippt, nicht geschüttelt. Weiterhin muss eine bestimmte Zeit für die Denaturierung eingehalten werden (Abb. 3.4).
Anschließend kommt mit Lösung III vor allem Ammonium-, Kalium- oder Natriumacetat hinzu – und zwar in recht großer Menge. Dadurch wird der pH-Wert neutralisiert und die DNA kann renaturieren (also wieder Doppelstränge bilden). Die Geschwindigkeit der Renaturierung der DNA ist vor allem von ihrer Länge bzw. ihrer Komplexität abhängig. Da Plasmide meist kleiner als 10 kbp sind, finden sich die passenden Basenpaarungen recht schnell. Die Renaturierung der chromosomalen DNA dauert viel länger. Proteine werden durch NaOH irreversibel denaturiert.

> **TIPP**
> Zwei wesentliche Punkte sind bei den ersten Schritten einer Plasmidpräparation zu beachten: die Inkubationszeiten müssen genau eingehalten werden und die Probe darf nicht zu stark geschüttelt werden.

Nun wird das Gefäß mehrmals gekippt und dann die Zelltrümmer und denaturierten Biomoleküle abzentrifugiert. Der Überstand mit den Plasmiden wird vorsichtig in ein neues Gefäß überführt.
Zu der Plasmid-Lösung wird das doppelte Volumen Ethanol gegeben. Dadurch wird das Etha-

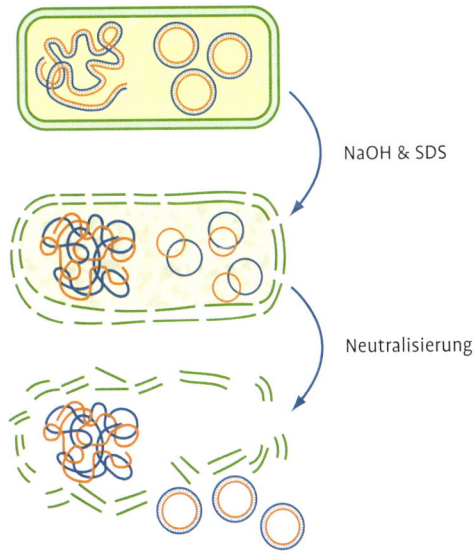

Abb. 3.4:
Mechanismen der initialen Schritte bei der Plasmidpräparation. Die unterschiedliche Renaturierungsgeschwindigkeit führt zur Trennung von Plasmid- und bakteriochromosomaler DNA.

---

3 Manchmal enthält die Lösung I auch Glucose als Osmotikum.

PROTOKOLL 3.4

Plasmidpräparation aus *E. coli*

Material:

- 2 - 5 ml Übernachtkultur (vor Beginn 10 min auf Eis stellen!)
- 2 ml Reaktionsgefäße (steril), Eisbad, Tischzentrifuge und Speed-Vac (optional)
- 3 M Natriumacetat, pH 5,2, Ethanol$_{abs}$ und 70%iges Ethanol
- TE Puffer oder H_2O
- Lösung I-III:

Tab. 3.4:
Typische Zusammensetzungen der Plasmid-Lösungen I, II, III

Lösung I
50 mM Tris-HCl pH 8,0 10 mM EDTA pH 8,0 100 µg/ml RNase A
Lösung bei 4 °C aufbewahren, RNase A am besten frisch zugeben

Lösung II	Lösung III
0,2N NaOH 1% (w/v) SDS	3M Kaliumacetat, pH 5,5
Frisch ansetzen!	pH mit Essigsäure einstellen

Durchführung:

1. 2 ml Übernachtkultur 1 min bei 14000 xg zentrifugieren.
2. Überstand verwerfen, bei größeren Kulturvolumina kann erneut Bakterienkultur zugegeben und der Schritt wiederholt werden.
3. Präzipitat in 100 µl Lösung I, der unmittelbar zuvor RNase zugegeben wurde, resuspendieren.
4. 1 min auf Eis stellen.
5. 200 µl Lösung II zugeben, vorsichtig durch Kippen mischen.
6. 1 min auf Eis stellen (die Lösung ist klar und viskos).
7. Zugabe von 150 µl Lösung III, 7 x kippen.
8. 1 min auf Eis stellen (Proteine fallen aus).
9. Zentrifugation bei 14 000 xg, 5 min bei 4 °C.
10. Der klare Überstand wird abgenommen und in ein neues Reaktionsgefäß überführt.
11. Der Zentrifugationsschritt wird wiederholt.
12. Zugabe von 1 ml Ethanol$_{abs}$, optional zusammen mit 10 µl 3 M Natriumacetat und gut mischen.
13. Erneut 10 min auf Eis stellen.
14. Zentrifugation bei 14 000 xg für 30 min bei Raumtemperatur.
15. Überstand verwerfen.
16. DNA-Präzipitat mit 1 ml 70 %igem Ethanol waschen (kurz zentrifugieren).
17. Überstand sorgfältig mit der Pipette abnehmen.
18. Präzipitat bei 37 °C für ca. 15 min trocknen oder in die Speed-Vac stellen.
19. DNA in 20 - 40 µl H_2O oder TE-Puffer aufnehmen.

---

nol auf ungefähr 70 % (v/v) Ethanol verdünnt. Es wird eine klassische Ethanolfällung (Kapitel 3.3.2) durchgeführt. Das entsprechende Salz stammt aus der Lösung III. Es folgt ein Waschen mit 70 % (v/v) Ethanol. Das Präzipitat wird getrocknet. Anschließend wird die DNA in H_2O oder TE Puffer aufgenommen. Die DNA kann nun in vielen weiterführenden Methoden wie PCR (Kapitel 4) oder Restriktionsverdau (Kapitel 5.1.2) eingesetzt werden. Alternativ können weitere Aufreinigungsschritte erfolgen, beispielsweise eine Fällung mit Isopropanol (Kapitel 3.3.3) oder PEG (Kapitel 3.3.4). Für nachfolgende Schritte ist es wichtig, dass der Alkohol gründlich entfernt wird, da er viele nachfolgende Enzymreaktionen stört.

TIPP

Selbst eine gut gewachsene Bakterienkolonie auf einer Agarplatte kann für die Plasmidpräparation genutzt werden und ist z.B. für eine PCR (Kapitel 4.4) völlig ausreichend. Dazu wird die Kolonie mit einer Pipettenspitze von der Platte gekratzt in ein 1,5 ml Reaktionsgefäß überführt und mit der Lösung I versetzt.

GUT ZU WISSEN

Auch Plasmid-Isolationskits nutzen meistens Puffer, die ungefähr den Lösungen I-III entsprechen. Anstelle der Ethanolfällung wird die Plasmidlösung auf die Silikamatrix gegeben (Kapitel 3.3.6).

3.4.2 Die Isolation von DNA aus Pflanzen mit CTAB

Dieses Protokoll ist auch für Pilze geeignet und beruht wegen der vielen Polysaccharide vor allem auf der Wirkung von CTAB (Cetyltrimethylammoniumbromid). Dessen Wirkungsweise wurde bereits in Kapitel 3.2.1 beschrieben. Daher sollen die einzelnen Schritte hier nur kurz zusammengefasst werden (Protokoll 3.5).

Zuerst müssen Zellwand und Zellmembranen aufgebrochen werden, um den Zelleninhalt zu solubilisieren. Die Zellwand wird durch Mörsern des Pflanzenmaterials im flüssigen Stickstoff aufgebrochen (Kapitel 3.2). Zum Pulver wird der vorgewärmte Homogenisationspuffer gegeben, in dem CTAB enthalten ist, welches die Membranen zerstört. Um die DNA gegen endo-

PROTOKOLL 3.5

DNA Isolation aus Pflanzen.

Dieses schnelle Protokoll ist für kleine Mengen Pflanzenmaterial geeignet. Ein allgemeines Protokoll, welches zu stärker aufgereinigter DNA führt, ist in **E-Doc 3-1** beschrieben.

Material und Puffer:
- ▶ vorgekühlter Mörser, Pistill, Spatel, Reaktionsgefäße, alles autoklaviert
- ▶ flüssiger Stickstoff, Quarzsand, Box mit Eis
- ▶ Wasserbad oder Thermoblock, vorgewärmt auf 60 °C
- ▶ RNase H, Ethanol$_{abs}$, 70 % (v/v) Ethanol
- ▶ CTAB-Puffer:
  - 100 mM Tris-HCl, pH 8,0
  - 1,4 M NaCl
  - 20 mM EDTA

  autoklavieren, Lösung kann bei Raumtemperatur gelagert werden.
  Erst unmittelbar vor Benutzung werden zugegeben:
  - 3 % (w/v) CTAB
  - 0,2 % (v/v) Dithiothreitol
- CI (Kapitel 3.3.1, alternativ kann auch PCI verwendet werden):
- 24 Teile Chloroform und 1 Teil Isoamylalkohol

Durchführung für max. 50 mg Pflanzenmaterial:

1. 500 µl CTAB-Puffer und 5 µl RNase H zum gemörserten Material pipettieren und gut vortexen.
2. 10 min bei 65 °C inkubieren, anschließend kurz auf Eis abkühlen.
3. 500 µl Chloroform/ Isoamylalkohol (24:1) zugeben, gut vortexen und 5 min bei ca. 14000 xg zentrifugieren.
4. Die Oberphase wird vorsichtig in ein neues Reaktionsgefäß pipettiert.
5. Zugabe von 500 µl Ethanol$_{abs}$ und erneute Zentrifugation für 5 min bei ca. 14000 xg.
6. Es sollte nun ein Präzipitat zu sehen sein, welches zweimal mit 70 % (v/v) Ethanol gewaschen wird (Kapitel 3.3.2).
7. Das Sediment wird gut getrocknet (Kapitel 3.3.2) und in 30 µl TE-Puffer oder H$_2$O gelöst.

gene Nukleasen zu schützen, werden EDTA und Dithiothreitol[4] (DTT) zum Puffer hinzugefügt. EDTA ist ein Chelator, der zweiwertige Ionen (z. B. Mg^{2+}, Kapitel 3.1.4) bindet, DTT spaltet im Warmen (die Extraktion erfolgt bei 60-65 °C) die Disulfidbrücken der Proteine.

Anschließend wird die Mischung mit Phenol / Chloroform / Isoamylalkohol (PCI, Kapitel 3.3.1) extrahiert.

Bei stark polyphenolhaltigen Pflanzen, wie Kaffee oder Tabak, sollte PVP (Polyvinylpyrrolidon, Kapitel 3.1.3) dem Homogenisationspuffer zugesetzt werden. Abschließend kann durch eine kurze Inkubation mit einer RNase die noch vorhandene RNA abgebaut werden.

Für die PCR-Analyse reichen meist 1-3 mg Pflanzenmaterial. Am besten geeignet sind junge Blätter oder im Dunkeln angezogene, etiolierte Keimlinge, da sie weniger Polyphenole und Fasern enthalten. Mit diesem Protokoll können auch gentechnisch veränderte Lebensmittel oder Tierfutter analysiert werden. Außerdem kann das Protokoll auch für größere Materialmengen verwendet werden.

3.4.3 Isolation von DNA aus Blut oder Zellkulturen

Die Protokolle für die meisten tierischen Zellen und Gewebe sind recht ähnlich. Oft ist der eigentlichen DNA-Extraktion noch eine Fraktionierung der verschiedenen Zelltypen vorgeschaltet, beispielsweise werden die verschiedenen Blutzellen getrennt. Die DNA wird in der Regel aus EDTA-Blut isoliert. Diesem Blut wurde direkt nach Blutabnahme EDTA zugesetzt, um die Koagglutination zu verhindern. Die Zellen werden in Puffer gewaschen und durch Zentrifugation pelletiert. Die Zellsedimente werden

---

[4] β-Mercaptoethanol erfüllt den gleichen Zweck, stinkt aber stärker.

PROTOKOLL 3.6

Sehr einfache DNA-Extraktion aus tierischen Zellen

Dieses Protokoll erlaubt die DNA-Extraktion ohne Einsatz von Phenol und sogar ohne Zentrifugationsschritt!

Material:
- Schüttler, Gefäße
- Lysispuffer:
  - 5 ml   100 mM Tris HCl, pH 8,5
  - 0,5 ml   0,5 M EDTA
  - 1 ml   10 % (w/v) SDS
  - 2 ml   5 M NaCl
  - 0,25 ml 20 mg/ml Proteinase K
  - H_2O ad 50 ml
- Isopropanol
- TE-Puffer (10mM Tris-HCl, pH 7,8; 0,1 mM EDTA)

Durchführung:
1. Lysispuffer (gewöhnlich 0,5 ml) wird zu den Zellen oder Gewebe gegeben. Bei einer Zellkultur können auch 5 ml direkt zu den Zellen in die Kulturflasche gegeben werden.
2. Der Aufschluss erfolgt durch eine Inkubation auf einem Schüttler für 2-3 h bei 37 °C (Zellkultur) oder 55 °C (Gewebe).
3. Nun wird 1 vol Isopropanol zum Lysat gegeben und für 10-20 min gemischt bis sich ein Niederschlag ausgebildet hat. Dadurch verliert die Lösung ihre Viskosität.
4. Das Präzipitat wird nun mit einer gelben Pipettenspitze aufgezogen. Überschüssige Flüssigkeit wird verworfen und die DNA in ein 1,5-ml-Reaktionsgefäß überführt, welches – abhängig von der Materialmenge – 20-500 μl TE-Puffer enthält.
5. Die DNA muss nun gegebenenfalls durch weiteres Schütteln über Nacht bei 37 °C oder 55 °C gelöst werden.

in einer Lösung von SDS und Proteinase K resuspendiert und bei 55 - 60 °C inkubiert (Kapitel 3.2). Es schließt sich eine PCI-Extraktion (Kapitel 3.3.1), gefolgt von einer Ethanol-Fällung (Kapitel 3.3.2) an. Es gibt Alternativprotokolle, welche den PCI-Schritt durch weniger giftige Verfahren ersetzen.

Das Standardprotokoll des FBI zur Isolation von DNA aus Blutproben findet sich im **E-Doc 3-2**. Ein weiteres schnelles und einfaches Verfahren, welches kein weiteres Equipment benötigt, ist im Protokoll 3.6 beschrieben. Es gibt viele weitere, auf Gewebetyp und Anwendung spezialisierte Protokolle und vor allem entsprechende Kits (Kapitel 3.6).

In der Praxis haben sich kommerzielle DNA-Extraktionskits auf Silikabasis (Kapitel 3.6) weitgehend durchgesetzt. Diese Kits funktionieren auf den hier beschriebenen Prinzipien, sind jedoch meist auf einen ganz bestimmten Zell- oder Gewebetyp sowie eine bestimmte DNA-Menge hin optimiert.

3.4.4 Isolation hochmolekularer DNA

Hochmolekulare DNA stellt den Experimentator vor besondere Herausforderungen. Einerseits ist sie sehr empfindlich gegenüber Scherkräften (Kapitel 3.1.2), andererseits ist sie sehr schlecht löslich.

Scherkräfte sind Kräfte, die aus unterschiedlicher Richtung auf einen Gegenstand, hier auf ein langkettiges DNA-Molekül, wirken. Sie entstehen beim Zentrifugieren, beim Mischen und Vortexen, aber auch beim wiederholten Auf- und Abpipettieren in einer Pipette.

Diese starke Sensibilität hochmolekularer DNA gegenüber Scherkräften schließt den Einsatz viele der zuvor beschriebenen Methoden aus. Um hochmolekulare DNA zu isolieren, beginnt man häufig mit einer CTAB-Extraktion (Kapitel 3.3.5) – natürlich ohne Schütteln. Die durch CTAB gefällte genomische DNA wird in H_2O aufgenommen. Nun wird Ethanol im Überschuss zugesetzt. Die DNA fällt an der Phasengrenze zwischen H_2O und Ethanol aus. Sie ist als Faden sichtbar, der auf ein steriles Glasstäbchen aufgerollt werden kann **(Abb. 3.5)**.

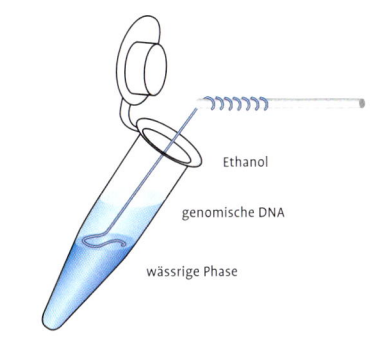

Abb. 3.5:
Hochmolekulare DNA wird ohne Zentrifugation oder Mischen gereinigt, indem man die wässrige Phase mit Ethanol versetzt. Die DNA fällt an der Grenzschicht zwischen Ethanol und Wasser aus und kann aufgewickelt werden.

Große DNA Moleküle sollten sehr vorsichtig getrocknet werden, sie zerbrechen sonst. Das Lösen der DNA in H_2O kann mehrere Tage bei 4 °C dauern.

3.5 Die Isolation von RNA

Es gibt drei wichtige Gründe für eine RNA-Präparation:
▶ Umschreiben in cDNA durch die RT-PCR (Kapitel 4.5.5), bzw. Erstellung einer cDNA-Bank **(E-Doc 11-4)**.
▶ 5' oder 3' RACE (Kapitel 11.4).
▶ Northern Analyse **(E-Doc 7-2)** oder Microarray-Analyse (Kapitel 11.7).

Diese Verfahren erklären wir im Detail in den entsprechenden Kapiteln. Hier konzentrieren wir uns auf die notwendigen Aufreinigungsschritte **(Map. 3.3)**.

Im Prinzip verläuft die Aufreinigung von RNA nach ähnlichen Prinzipien wie die Isolation von DNA. Nach der Homogenisation erfolgt schnellstmöglich die Inaktivierung der Proteine. Anschließend wird zunächst die Gesamt-RNA isoliert, aus der nachfolgend die polyA$^+$-RNA erhalten werden kann. Letztere wird aber nicht immer benötigt. Die RNA kann für verschiedene

Map 3.3:
Übersicht gängiger RNA-Arbeiten. PolyA⁺-RNA wird vor allem für die Erstellung von Banken benötigt. Viele andere Analysen können auch mit Gesamt-RNA durchgeführt werden.

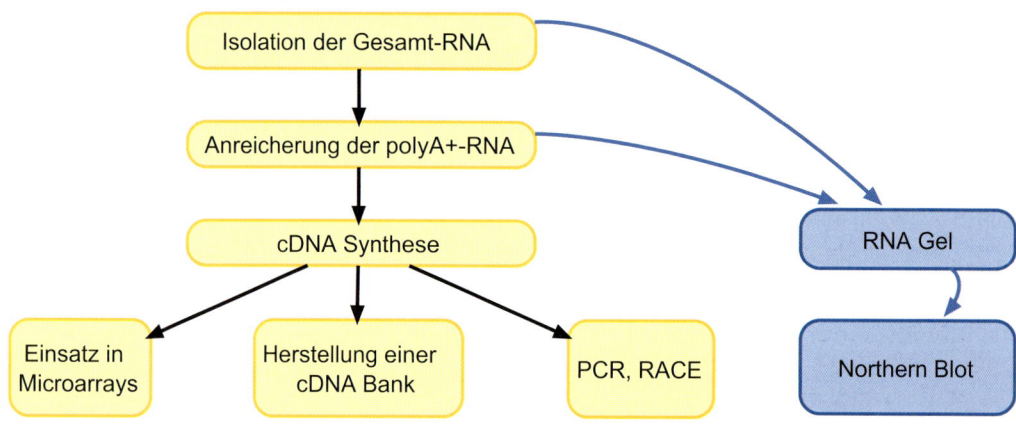

Analysen verwendet werden, wie Northern Blot **(E-Doc 7-2)** oder Reverse Transkription (Kapitel 4.5.5), die die RNA-Sequenz in eine cDNA umschreibt.

Ein wesentlicher Unterschied zur DNA liegt in der hohen Sensitivität der RNAs gegenüber RNasen. Im Gegensatz zu DNA-modifizierenden Enzymen benötigen viele RNasen keine zweiwertigen Ionen und sind sehr stabil. Somit sind einige Vorbereitungen vor der ersten Präparation notwendig.

Am besten wird in einer abgelegenen Ecke des Labors ein Bereich eingerichtet, welcher ausschließlich RNA-Arbeiten vorbehalten ist. Die hier verwendeten Pipetten, Verbrauchsmaterialien und Puffer sollten ausschließlich für RNA-Arbeiten verwendet werden und den Bereich nie verlassen. Handschuhe sind Pflicht.

Die zu verwendenden Gefäße werden häufig doppelt autoklaviert. Glasgefäße werden oft für mehr als 4 h bei 180 °C „gebacken". Die Chemikalien müssen frei von RNasen sein. Am besten werden für diesen Bereich eigens Chemikalien angeschafft.

Ein wichtiger Unterschied zu DNA-Arbeiten stellt die Verwendung von Diethylpyrocarbonat (DEPC, Protokoll 3.7) dar. Neben H_2O werden auch viele Puffer mit 1/2000 Volumen Diethylpyrocarbonat (DEPC) vor dem Autoklavieren versetzt und inkubiert um RNasen zu inaktivieren. Durch das Autoklavieren zerfällt DEPC in Ethanol und CO_2.

RNasen kommen aber nicht nur aus der Umgebung, sondern sind natürlich auch in der Probe vorhanden. Oft befinden sie sich in speziellen Organellen wie in der Vakuole oder außerhalb der Zelle. Durch die Homogenisation kommen sie dann in Kontakt mit den zu isolierenden RNAs. Die Methoden zur Inaktivierung gewebeeigener RNasen ähneln denen der DNA-Extraktion. Auch hier werden für den eigentlichen Aufschluss gern Guanidinsalze verwendet.

TIPP
DEPC gilt als krebserregend. Eine weniger giftige Alternative stellt Dimethylpropylcarbonat dar, welches wie DEPC benutzt wird.

Um 100 mg tierische Zellen zu homogenisieren, wird oft 1 ml einer Homogenisationslösung aus 4 M Guanidinthiocyanat, einem chaotropen Salz, 2-Mercaptoethanol und Natriumcitrat, pH 7 sowie 5 % (w/v) SDS verwendet. Die anschließende Phenolextraktion erfolgt im Unterschied zur DNA mit saurem Phenol, Chloroform und Isoamylalkohol. Saures Phenol wird unter ähnlich klingenden Markennamen wie Trizol® oder TriReagent® vertrieben und es enthält einen pH-Indikator, was zur typischen roten Färbung führt. So kann basisches Phenol nicht mit dem sauren Phenol verwechselt werden.

> **GUT ZU WISSEN**
> Während sich im basischem Phenol RNA und DNA gleich gut lösen, ist DNA im sauren Phenol schlecht löslich. Deshalb wird dieses für RNA-Extraktionen verwendet. Die DNA sammelt sich in der Interphase, während RNA und kleine DNA Moleküle sich im Überstand befinden.

Die RNA-Menge schwankt stark von Gewebe zu Gewebe. Beispielsweise kann aus Leberzellen dreimal mehr RNA isoliert werden als aus Nierenzellen. Auch das saure Phenol kann nicht verhindern, dass sich nach dem Phenolschritt noch DNA in der RNA-Lösung befindet. Ist DNA unerwünscht, sollte nach der Ethanolfällung die RNA mit RNase-freier DNase I versetzt werden (2,5 mg/ml). Ein Protokoll für die Isolation von RNA aus verschiedenen Geweben mittels Trizol ist online verfügbar: E-Doc 3-3.

Für die Fällung von RNA in nachfolgenden Schritten wird entweder eine Isopropanolfällung (E-Doc 3-3) oder eine Ethanolfällung mit LiCl (Kapitel 3.3.2) durchgeführt. Die Fällung mit LiCl benötigt mindestens 2 h bei 4 °C.

> **TIPP**
> Chloridionen, die zur Aufreinigung der RNA verwendet werden, müssen sorgfältig entfernt werden, wenn nachfolgend die RNA in cDNA umgeschrieben werden soll. RNA-abhängige DNA-Polymerasen werden sehr effizient durch Chloridionen gehemmt.

Im Laboralltag werden für die Isolation von RNA fast ausschließlich kommerzielle Kits eingesetzt, die für die Isolation aus den unterschiedlichen Geweben und für unterschiedliche Mengen optimiert sind. Die zugrundeliegenden Prinzipien kombinieren die hier vorgestellten mit der Aufreinigung über Silikamatrices (Kapitel 3.3.6). Bei Eukaryonten besteht die sogenannte Gesamt-RNA zu ungefähr 80 % aus ribosomaler RNA und zu über 15 % aus tRNA. Abhängig vom Gewebe liegt der Anteil an mRNA bei 1 - 5 %. Für eine RT-PCR (Kapitel 4.5.5), bei der in einem Reaktionsansatz zunächst die mRNA in cDNA umgeschrieben und anschließend die cDNA amplifiziert wird, ist Gesamt-RNA völlig ausreichend. Auch für Northern-Analysen wird häufig Gesamt-RNA eingesetzt. Dort dient die rRNA als Mengenmarker (Kapitel 7.4). Nur für die Herstellung einer cDNA-Bank (E-Doc 11-4) sollte die Gesamt-RNA weiter aufgereinigt wer-

PROTOKOLL 3.7

DEPC-Behandlung von H_2O und Puffern

Materialien:
- Autoklav, Rührer
- DEPC (Diethylpyrocarbonat, > 97 %ige Lösung)

Durchführung:
1. Zugabe von 0,1 ml DEPC zu 100 ml der zu behandelnden Lösung.
2. Rühren für mindestens 12 h.
3. Autoklavieren für 15 min

Hintergrundinformationen:
- DEPC bindet kovalent an primäre und sekundäre Amine (Alkylierung), somit an Histidin-Seitenketten in den aktiven Zentren vieler RNasen, welche dadurch irreversibel inhibiert werden. Nach der Behandlung wird die Lösung autoklaviert, wobei das DEPC in Ethanol und CO_2 zerfällt.
- Der Wirkmechanismus impliziert, dass DEPC nicht bei aminhaltigen Pufferlösungen wie Tris-Puffer eingesetzt werden kann. Wenn Tris-Puffer für RNA-Arbeiten benötigt werden, wird zunächst DEPC-Wasser wie oben beschrieben hergestellt und anschließend Tris eingewogen.
- DEPC ist giftig und karzinogen. Weiterhin ist es sehr instabil, vor allem wenn es feucht wird.

den. Die meisten eukaryontischen mRNAs sind polyadenyliert und können aufgrund dieser Eigenschaft leicht von den anderen RNA-Arten abgetrennt werden.

> **GUT ZU WISSEN**
> In vielen Eukaryonten sind die mRNAs der Histone oft nicht polyadenyliert. Der Grund ist nicht genau bekannt.

Dazu verwendet man Säulchen oder Magnetic Beads[5], an deren Oberfläche lange Oligo-dT-Stränge gebunden sind. Gibt man die Gesamt-RNA auf eine solche Säule, hybridisieren die PolyA$^+$-Schwänze mit der Oligo-dT-DNA, alle anderen RNAs werden ausgewaschen. Auch hier haben sich entsprechende kommerzielle Kits durchgesetzt. Im E-Doc 3-4 ist die Methode näher beschrieben.

3.6 Übersicht über den Einsatz von Kits

Für die Aufreinigung von DNA gibt es eine große Zahl an Kits verschiedener Hersteller. In einem Kit sind alle Komponenten, die man für eine Isolation benötigt, schon enthalten. Solche Kits werden von einer Vielzahl an Herstellern für die vielfältigsten Aufgaben angeboten:
- Aufreinigung von DNA aus Pflanzen (Kapitel 3.4.2), tierischen Zellen (Kapitel 3.4.3), Insekten und vielen weiteren Organismen.
- Aufreinigung von Plasmid-DNA aus Bakterien (Kapitel 3.4.1).
- Aufreinigung von RNA aus einer großen Zahl verschiedener Gewebe (Kapitel 3.5).
- Aufreinigung von Nukleinsäuren aus Agarosegelen (Kapitel 7.3).
- Abtrennung der DNA von anderen Stoffen oder kleinen DNA-Stücken unter 70 bp.

Dies ist nur eine kleine Auswahl, die dadurch noch erhöht wird, dass es diese Kits auch für verschieden große Probenmengen gibt. Man spricht von Mini-Kit, Midi-Kit und Maxi-Kit.

Die meisten Kits beruhen auf der Wirkung von Silikagel bzw. von Glasmilch und den oben beschriebenen Prinzipien (Kapitel 3.3.6). Sie unterscheiden sich vor allem im vom Hersteller angegebenen Ausgangsmaterial und im Prinzip wie die gebundene DNA vom Rest getrennt wird. Die Silikamatrix stellt entweder eine Suspension (Glasmilch) dar oder fungiert als Membran in einem speziellen Reaktionsgefäß, welches zentrifugiert wird. Natürlich gibt es auch Säulchen, die gerade bei größeren Maßstäben an entsprechende Chromatographiesysteme (Kapitel 8.4.1) angeschlossen werden können. Schließlich kann die Silikamatrix einen Eisenkern umschließen (Magnetic Beads, Kapitel 8.4.3). Sie werden mit einem Magneten aus der Lösung gezogen. Inzwischen gibt es sogar vollautomatische Roboter, welche die gesamte Aufreinigung von der Homogenisation bis zur reinen Nukleinsäure selbstständig erledigen.

3.7 Tipps zum Erzielen hoher Ausbeuten bei der Isolation von Nukleinsäuren

Nachfolgend sind einige Punkte aufgelistet, welche zur Optimierung der Quantität und Qualität der isolierten DNA oder RNA beitragen können:
- Möglichst frisch angezogene Kulturen bzw. frisch geerntetes Material statt einer eingefrorenen Probe für die DNA- oder RNA-Isolation verwenden. Bakterienkulturen sollten sich entweder in der Mitte der Log-Phase oder zwischen Log- und stationärer Phase befinden. Befürworter der Log-Phase verweisen auf das günstige Verhältnis von DNA zu Protein sowie auf die niedrige Zahl toter Bakterienzellen. Allerdings liegen viele DNA Stränge durch die Replikation mit Einzelstrangbrüchen vor. Daher verwenden viele Forscher Kulturen, die sich zu Beginn der stationären Phase befinden, wo aber mehr „supercoiled" DNA vor-

---

5 Magnetic Beads bestehen aus einem ummantelten Eisenkern. Dieser ermöglicht die Abtrennung der Beads mittels Magneten. Die Ummantelung kann aus verschiedenen Stoffen bestehen und trägt funktionelle Gruppen, wie in diesem Fall Oligo-dT-Stränge.

liegt. Die späte stationäre Phase ist wegen der hohen Zahl an toten Zellen und vieler Beiprodukte, wie Endotoxine, eher zu vermeiden.
▶ Die eigentliche Extraktion sollte so schnell wie möglich erfolgen und die Zahl der anschließenden Extraktionsschritte so gering wie möglich gehalten werden.
▶ Viele DNA-modifizierende Enzymaktivitäten werden durch hohe DNA Konzentrationen gehemmt.
▶ Eine häufige Frage im Labor betrifft die Lagerung der DNA. Grundsätzlich gilt, dass ssDNA nicht sehr stabil ist. DNA nach einem Restriktionsverdau sollte daher sofort weiter verarbeitet werden, da hier oft einzelsträngige DNA-Überhänge an den Enden zu finden sind (Kapitel 5.1.1). Die kurzzeitige Lagerung von aufgereinigter dsDNA für einige Tage erfolgt am besten bei 4 °C in H_2O oder TE-Puffer. Erst ab einer Woche Lagerzeit sollte dsDNA bei -20 °C eingefroren werden.

3.8 Quantifizierung von Nukleinsäuren

Zu jedem Zeitpunkt einer Aufreinigung ist es wichtig die Menge und Qualität einer DNA- oder RNA-Lösung zu bestimmen. Auch spätere Arbeitsschritte erfordern häufig eine Quantifizierung oder Qualitätsüberprüfung. Viele Enzymreaktionen wie Taq-Polymerasen oder Ligasen werden durch zu hohe DNA Konzentrationen gehemmt. Weiterhin kann die Reinheit der DNA oder RNA für ein bestimmtes Experiment wichtig sein. Sie kann ebenfalls photometrisch ermittelt werden.

Es gibt viele verschiedene Methoden, die Menge und Qualität einer Nukleinsäurelösung zu bestimmen. Diese unterscheiden sich vor allem im zeitlichen Aufwand, der Genauigkeit und in den Kosten. Die DNA- oder RNA-Menge kann auch im Agarosegel über den Vergleich der Bandenintensität der DNA mit der einer bekannten DNA-Menge abgeschätzt werden. Da die DNA-Mengen der DNA-Größenstandards bekannt sind, können sie als Referenz eingesetzt verwendet werden. Diese Messung ist immer relativ. Weitere Details dazu finden sich im Kapitel 7.2.

3.8.1 DNA-Bestimmung im Photometer

Viele biologische Moleküle enthalten Aromaten und können daher Licht bestimmter Wellenlängen absorbieren. Die Basen der Nukleinsäuren absorbieren in einem Wellenlängenbereich um 260 nm, einige Aminosäuren mit aromatischen Seitengruppen bei 280 nm.

Abb. 3.6:
Prinzip eines Einstrahlspektralphotometers. Das Licht wird durch ein Prisma zerlegt. Durch Blende 2 gelangt nur Licht der vorgegebenen Wellenlänge zur Probe, die sich als Flüssigkeit in einer Küvette befindet. Hinter einer weiteren Blende befindet sich ein Detektor. Aus der Differenz der Lichtintensität vor und hinter der Küvette kann ermittelt werden, wie viel Licht durch die Probe absorbiert wurde.

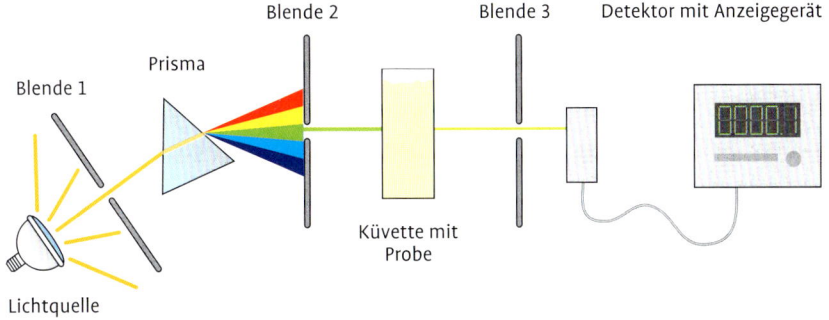

Abb. 3.7:
Photometer und Nanodrop. Die klassischen Spektralphotometer (**A**) decken das gesamte Spektrum ab. In der Abbildung ist links der geöffnete Probenraum zu sehen, in den die Küvette mit der Probe in den Strahlengang eingesetzt wird. Solche Geräte werden auch für Enzymtests und Proteinquantifizierung (Kapitel 8.5) genutzt. Allerdings werden sie zunehmend von spezialisierten Messgeräten, wie dem NanoDrop verdrängt (**B**). Diese Systeme benötigen nur noch kleinste Probenvolumina von 0,5 - 5 µl. Für die Kalibrierung des Gerätes wird eine Kalibrierungslösung benötigt, die vor dem Gerät zu sehen ist. Sowohl NanoDrop als auch moderne Photometer werden ausschließlich über einen PC gesteuert.

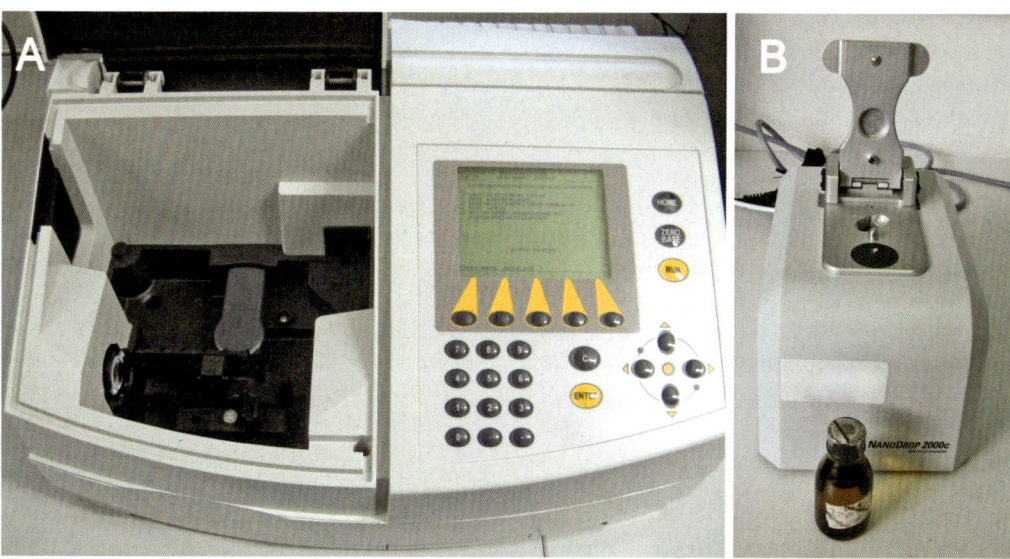

Solche Messungen werden in einem Photometer durchgeführt. Es gibt Spektralphotometer, welche die Lichtabsorption über einen weiten Wellenlängenbereich bestimmen können. Diese Geräte sind universell einsetzbar, beispielsweise auch für Enzymtests oder die Proteinquantifizierung (Kapitel 8.5). Weiterhin gibt es Geräte, die auf die Messung von DNA, RNA und Proteinen bei 260 nm bzw. 280 nm spezialisiert sind.

Die zugrundeliegenden physikalischen Prinzipien werden vor allem durch das Lambert-Beer'sche Gesetz repräsentiert. Dieses Gesetz erklärt die Abnahme monochromatischen Lichts, wenn es einen absorbierenden Stoff durchdringt. Diese Abnahme der Lichtintensität hängt von der Schichtdicke sowie der Konzentration des lichtabsorbierenden Stoffes und dem molaren Extinktionskoeffizienten ab. Der Extinktionskoeffizient ist eine stoffspezifische Eigenschaft, die Schichtdicke in den meisten Photometern beträgt 1 cm (**Abb. 3.6**).

Die für die Molekularbiologie relevanten Wellenlängen liegen im nicht-sichtbaren UV-Bereich, was eine recht teure UV-Lampe und spezielle Küvetten erfordert. Normales Glas filtert UV-Licht, daher kommen bei der Messung von Nukleinsäuren immer Quarzküvetten oder spezielle UV-durchlässige Plastikküvetten zum Einsatz.

Ein Nachteil der klassischen Geräte für die Messung von DNA und RNA liegt vor allem im recht großen Probenvolumen (**Abb. 3.7 A**). Für eine Messung werden oft zwischen 50 µl und 120 µl Volumen benötigt. Dies bedeutet, dass die DNA-Lösung verdünnt werden muss, denn nur selten arbeitet der Molekularbiologe mit solch großen Volumina.

Seit einigen Jahren sind deshalb sogenannte *NanoDrops* sehr populär geworden. Sie gibt es in zwei Ausführungen, entweder als eigenständiges Gerät (**Abb. 3.7 B**) oder als Küvetteneinsatz für ein Spektralphotometer. Auf die Messebene oder *NanoDrop*-Küvette wird 0,5 - 5 µl

DNA- oder RNA-Lösung pipettiert, durch Oberflächenspannung entsteht eine Flüssigkeitssäule zwischen den optischen Fasern des Gerätes. Durch diese erfolgt die Messung, deren eigentliches Prinzip dem eines klassischen Spektralphotometers entspricht. Der Probentropfen kann anschließend einfach abgewischt oder weiter verarbeitet werden.

Für die photometrische Quantifizierung von DNA muss beachtet werden, dass dsDNA Licht bei 260 nm schwächer absorbiert als ssDNA. Dieser Effekt wird hypochromer Effekt genannt.

> **GUT ZU WISSEN**
> Hintergrund für die Hypochromie ist, dass die Basen in einer dsDNA-Doppelhelix aufgestapelt sind, was die Lichtabsorption verringert. In ssDNA liegen die Basen nicht mehr gestapelt vor und können daher mehr Licht bei 260 nm absorbieren. Der Zuwachs der Absorption beträgt 38 %.

Trennt sich dsDNA bei zunehmender Temperatur in ihre Einzelstränge auf (Denaturierung der DNA), ändert sich demzufolge ihr Absorptionsverhalten. Diese Hitzedenaturierung wird auch „Schmelzen der DNA" genannt und die Temperatur, bei der 50 % der DNA einzelsträngig vorliegen, ist der Schmelzpunkt T_m dieser DNA. Da die Denaturierung der DNA vom Anteil der GC-Paarungen abhängt, welche Basenpaarungen mit drei statt zwei Wasserstoffbrücken ausbilden, korreliert der Schmelzpunkt einer DNA sowohl mit ihrer Länge als auch ihrem GC-Gehalt (Abb. 3.8).

> **TIPP**
> Die bei der PCR wichtige Annealing-Temperatur T_A entspricht nicht der Schmelztemperatur T_M, sondern liegt in der Regel 3 - 5 °C darunter (Gleichung 4.5).

3.8.2 Konzentrationsbestimmung mittels optischer Dichte

Die Mengenbestimmung von Nukleinsäuren über die Optische Dichte bei 260 nm (OD_{260}) ist schnell, einfach und sehr populär. Wie oben erwähnt, wird ein UV-Photometer und eine Quarzküvette benötigt. Die DNA- oder RNA-Menge kann dann über einige Gleichungen abgeschätzt werden, die sich aufgrund der Länge der DNA-Moleküle leicht unterscheiden.

Als Faustregeln gelten:

OD_{260} = 1,0 entspricht 50 µg/ml ds DNA
OD_{260} = 1,0 entspricht 40 µg/ml ss DNA
OD_{260} = 1,0 entspricht 40 µg/ml ss RNA
OD_{260} = 1,0 entspricht 20 µg/ml Oligonukleotide (Kapitel 4.2.4)

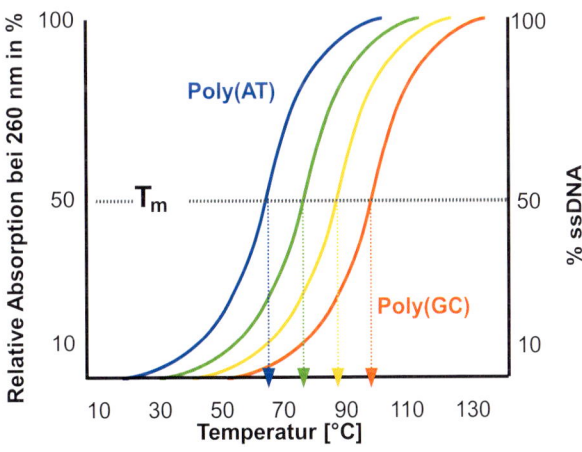

Abb. 3.8:
Der hypochrome Effekt kann in einem temperierbaren Photometer gut sichtbar gemacht werden. Da unterschiedliche DNA-Sequenzen verschiedene GC-Gehalte besitzen, entstehen Schmelzkurven mit verschiedenen Schmelzpunkten T_m. Die Werte für T_m erstrecken sich von 65 °C für die Poly(AT)-DNA bis zu 105 °C für Poly(GC)-DNA. Natürlich vorkommende DNAs (grüne und gelbe Linie) mit verschiedenen Anteilen aus GC- und AT-Paaren liegen dazwischen. Es ist zu beachten, dass der T_m nicht nur vom GC-Anteil sondern auch von der Länge der DNA abhängt.

Natürlich könnte auch eine genauere Messung erfolgen, indem vor der eigentlichen Messung mit definierten DNA oder RNA-Mengen kalibriert wird. Dies wird aber wegen des großen Zeitaufwands nur sehr selten durchgeführt.
Nebenbei kann auch die Optische Dichte bei 280 nm gemessen werden, einer Wellenlänge, bei der einige Aminosäuren absorbieren (Kapitel 8.5). Aus dem Verhältnis zwischen OD_{260} und OD_{280} kann auf die Reinheit der Probe zurückgeschlossen werden:

Verhältnis OD_{260}/OD_{280} um 1,8: reine DNA
Verhältnis OD_{260}/OD_{280} um 2,0: reine RNA

Niedrigere Verhältnisse deuten auf Verunreinigungen mit Proteinen hin, höhere Verhältnisse auf Verunreinigungen, wie EDTA oder andere Substanzen mit Carboxygruppen, die ebenfalls stark bei 260 nm absorbieren können.

Wegen der vielen Stoffe, die eine solche Messung beeinflussen können, kann eine OD-Messung nur einen Hinweis auf die tatsächliche Konzentration geben. Es ist nutzlos, eine photometrische Bestimmung in Nukleinsäure-Gemischen, beispielsweise in Homogenaten, die sowohl RNA als auch DNA enthalten, durchzuführen.

> **TIPP**
> Selbst wenn keine Störstoffe vorhanden sind, können die Werte beträchtlich variieren, denn auch die Salzkonzentration und der pH-Wert der DNA-Lösung können dazu führen, dass reine dsDNA „nur" auf ein Verhältnis von 1,5 kommt. Daher sollte eine solche Messung standardisiert bei 1 - 3 mM Na_2HPO_4, pH 8,5, durchgeführt werden.

Schließlich sollte der zuvor eingesetzte Verdünnungsfaktor bei der Berechnung der Menge nicht vergessen werden.
Eine Alternative zur Messung der optischen Dichte im Photometer stellt die fluorometrische Messung mit einem Fluorometer dar. Diese Methode ist im **E-Doc 3-5** beschrieben.
Im Laboralltag wird die Menge der DNA bzw. RNA oft im Agarosegel abgeschätzt, wobei sie mit den bekannten Mengen des eingesetzten Längenstandards verglichen wird. Auf dieses Verfahren wird im Kapitel 7.2 genauer eingegangen.

4. Polymerase Kettenreaktion

4.1 **Prinzip der Polymerase-Kettenreaktion**

4.2 **Die Komponenten der PCR**

4.3 **Geräte für die PCR**

4.4 **Die Standard-PCR**

4.5 **Ausgewählte PCR-Methoden**

4.6 **Anwendungen der PCR**

4.7 **Optimierung der PCR-Reaktion**

Durch die Polymerase-Kettenreaktion (PCR) kann ein DNA-Abschnitt *in vitro* sehr stark vervielfältigt werden. Die PCR zählt zu den wichtigsten Methoden der Molekularbiologie. Die Polymerase Kettenreaktion [*Polymerase Chain Reaction*] beruht auf einem einfachen Prinzip: eine beliebige Ausgangs-DNA [*Template-DNA*], ein Paar kurze DNA Stücke [*Primer*], die spezifisch an die Ausgangs-DNA binden, Desoxynukleotide und eine thermostabile DNA-Polymerase (Kapitel 4.2.2) werden zusammen gegeben. Die PCR besteht aus einer Abfolge von 20 - 40 Zyklen. Jeder Zyklus beginnt mit der Trennung der doppelsträngigen Ausgangs-DNA bei 94 - 95 °C (Denaturierung). Nun wird die Temperatur im Ansatz soweit gesenkt, dass die Primer an ihre komplementären Stellen der Ausgangs-DNA (Kapitel 4.2.1) binden können (Anlagerung). Im letzten Schritt des Zyklus wird die Temperatur auf 72-75 °C erhöht. So werden optimale Bedingungen für die thermostabile DNA-Polymerase erzielt, welche ausgehend von den gebundenen Primern (Kapitel 4.2.4), diese komplementär zur entsprechenden Sequenz verlängert (Elongation). Nur die beiden kurzen Sequenzbereiche, an welche die Primer binden, müssen bekannt sein, nicht jedoch der Bereich zwischen den beiden Primern. Dies ist – neben der enormen Vervielfältigungsrate für beliebige DNA-Moleküle – der wichtigste Grund für den überwältigenden Erfolg dieser Methode.

Die PCR-Technik hat die Arbeit im Labor so stark verändert, dass diese Technik allgegenwärtig ist **(Map 4.1)**. Typischerweise werden fast alle Komponenten kommerziell erworben: Die Hersteller der Polymerase liefern gleich den passenden Puffer mit, Nukleotide (dNTPs) und Primer werden meistens ebenfalls gekauft. Einzig die Ausgangs-DNA muss selbst isoliert oder hergestellt werden. Für die Durchführung der Zyklen mit den unterschiedlichen Temperaturen wird ein spezielles Gerät verwendet: ein sogenannter Thermocycler (Kapitel 4.3).

Mit Hilfe der PCR können aus einer geringen

Map 4.1:
Die PCR stellt eine zentrale Drehscheibe bei molekularbiologischen Arbeiten dar. Hier sind nur die wichtigsten Anwendungen aufgeführt, denn es gibt Hunderte weitere Verfahren, in denen die PCR eine zentrale Rolle spielt.

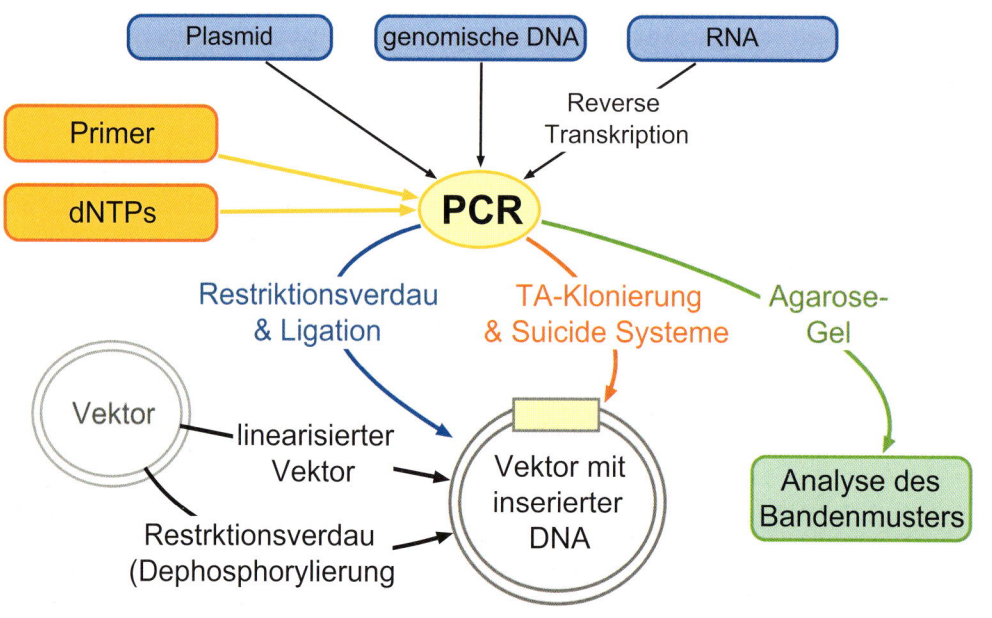

Menge DNA – im Idealfall aus einem DNA-Molekül – unvorstellbar viele identische Kopien hergestellt werden.

> **GUT ZU WISSEN**
> Ausgehend von einem DNA-Strang werden in 30 Durchläufen theoretisch $2^{30} = 1\,073\,741\,824$ exakte Kopien erstellt.

Dabei muss diese Ausgangs-DNA nicht einmal besonders gründlich aufgereinigt sein, allerdings ist die Effizienz und Spezifität der Methode mit aufgereinigter Ausgangs-DNA häufig besser. Das amplifizierte DNA-Stück kann anschließend im Agarosegel (Kapitel 7.1) auf seine korrekte Größe hin überprüft werden. Auch die Weiterverarbeitung, z.B. in einem Restriktionsverdau (Kapitel 5.1.2) oder die Ligation (Kapitel 5.2) in ein Plasmid (Kapitel 6.1), ist ohne weiteres möglich. Schließlich können auf diese Weise speziell markierte DNA-Moleküle, sogenannte Sonden, hergestellt werden. Diese Sonden können nachfolgend zur Identifizierung ihrer Gegenparts in Hybridisierungen genutzt werden (Kapitel 11.6.1). Diese sehr kleine Auswahl an Möglichkeiten dieser Methode belegt eindrucksvoll die zentrale Stellung der Methode.

4.1 Prinzip der Polymerase-Kettenreaktion

Abb. 4.1 stellt das allgemeine Prinzip des Verfahrens dar, welches aus 20-40 Zyklen aus den folgenden Schritten besteht:

▶ **Denaturierung**
   Trennen der doppelsträngigen Ausgangs-DNA
▶ **Anlagerung** [*Annealing*]
   Die beiden Primer [*Sense* und *Antisense-Primer*] lagern sich an ihre komplementären Sequenzen in der Ausgangs-DNA an.
▶ **Elongation** [*Extension*]
   Die thermostabile DNA-Polymerase nutzt die angelagerten Primer als Startpunkt und baut die vorhandenen dNTPs komplementär zur Ausgangs-DNA ein.

Die ersten beiden Zyklen der PCR weisen eine Besonderheit auf: Dort entstehen noch nicht die Produkte in der endgültigen Länge, sondern längere Fragmente, wie in Abb. 4.1 gut zu sehen ist.

Dies liegt daran, dass in den ersten Zyklen die Synthese des neuen Strangs über die Bindestelle des gegenläufigen Primers hinaus erfolgen kann. Erst ab dem dritten Zyklus entstehen die Amplifikate, welche genauso lang sind, wie der Abstand zwischen den beiden Primern. Es sollte bedacht werden, dass am Ende der PCR zwar überwiegend DNA-Amplifikate der finalen Länge vorhanden sind, aber in geringen Mengen die längeren Fragmente der ersten beiden Zyklen sowie die Ausgangs-DNA noch vorhanden sind. Insgesamt werden die DNA-Amplifikate mit der finalen Länge exponential vervielfältigt, die längeren Stücke (welche dem 1. und 2. Zyklus entsprechen) werden jeweils nur verdoppelt. Daher sind diese nur in geringen Mengen vorhanden.

4.2 Die Komponenten der PCR

Nachfolgend werden zunächst die Bestandteile einer typischen PCR vorgestellt, bevor wir zu einigen gängigen Verfahren und Anwendungen kommen.

Die PCR wird in einem speziellen Gerät, dem Thermocycler durchgeführt. Dieser regelt sehr genau die für den Prozess notwendigen Temperaturen in den einzelnen Schritten. Wir beschäftigen uns in Kapitel 4.3 näher mit diesen Geräten.

Zunächst wird eine thermostabile DNA-Polymerase samt ihrem Puffer benötigt. Für die Synthese des zur Ausgangs-DNA komplementären Stranges benötigt das Enzym zwei Substrate: die Ausgangs-DNA und Desoxynukleotide (dNTPs). Weiterhin benötigt die DNA-Polymerase ein 3'-OH-Ende, welches als Startpunkt für die Synthese des neuen Strangs dient. Dieses wird durch die beiden Primer bereitgestellt.

Die PCR wird in Volumina bis zu 100 µl durchgeführt. Volumina von 50 µl werden gern für präparative Ansätze verwendet, 25 µl sind in-

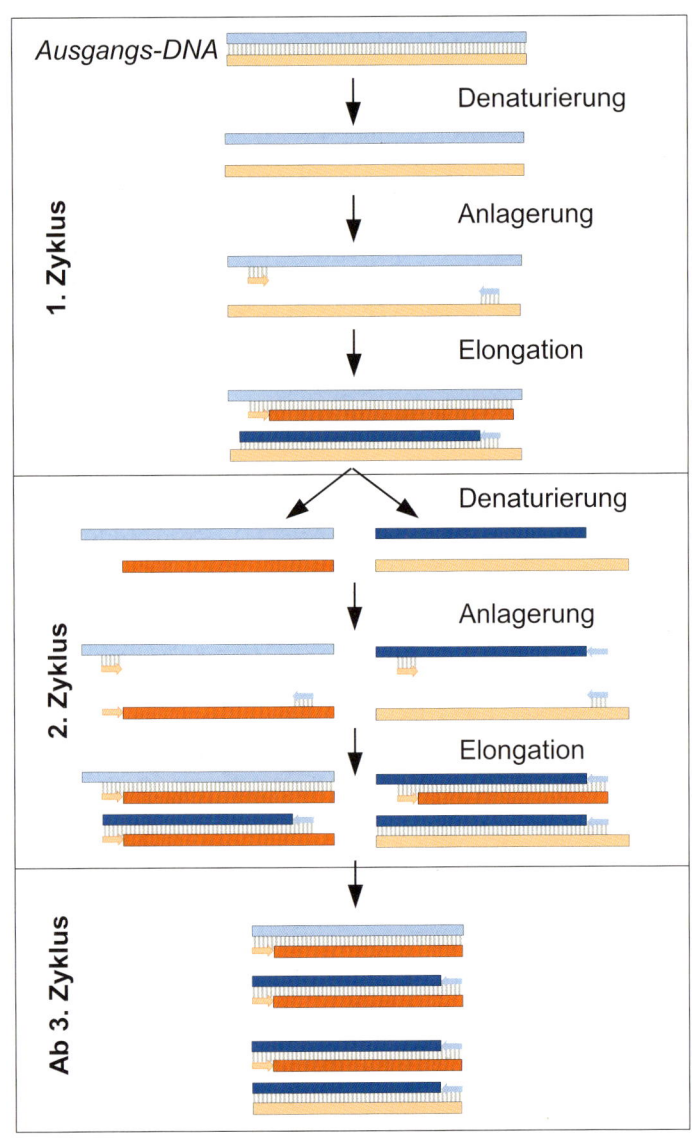

Abb. 4.1:
PCR-Zyklen. In den ersten beiden Zyklen entstehen längere Amplifikate als in allen späteren Zyklen. Ab dem dritten Zyklus entstehen exponential zunehmend mehr Amplifikate mit der finalen Länge, während sich die längeren Amplifikate des 1. und 2. Zyklus jeweils nur verdoppeln (im 3. Zyklus sind diese der Übersicht halber nicht mehr eingezeichnet).

zwischen der Standard, 10 µl eignen sich für analytische Zwecke. Volumina über 100 µl sind unüblich, da größere Volumina nicht schnell gekühlt oder geheizt werden können.

4.2.1 Die Ausgangs-DNA

Die Ausgangs-DNA oder Matrizen-DNA [Template-DNA] kann aus sehr unterschiedlichen Quellen stammen. Oft wird sie mit einem der im Kapitel 3.2. beschriebenen Aufreinigungsverfahren isoliert. Eine Aufreinigung ist jedoch nicht immer erforderlich. Bei einer Kolonie-PCR (Kapitel 4.5.6) werden ganze Bakterien verwendet, die vor der PCR aufgekocht werden. Die Qualität des Ergebnisses ist natürlich kaum mit dem einer PCR, welche mit sehr sauberer Ausgangs-DNA durchgeführt wurde, vergleichbar.

GUT ZU WISSEN

Die PCR weist nur das Vorhandensein bestimmter DNA-Bereiche nach. Man kann nicht zwischen DNA aus lebenden und toten Quellen unterscheiden. Daher kann eine PCR nicht verwendet werden, um beispielsweise Salmonellen in Lebensmitteln nachzuweisen, da nur von lebenden Salmonellen eine Vergiftungsgefahr ausgeht.

Wenig aufgereinigte DNA führt eher zu einer großen Zahl an (unspezifischen) Amplifikaten, als dass gar keine DNA vervielfältigt wird. In diesem Fall kann es helfen, die Primer zu verändern oder eine qualitativ hochwertigere Polymerase zu verwenden.

TIPP

Da bereits kleinste Mengen an Ausgangs-DNA amplifiziert werden, können Verunreinigungen sehr schnell zu falschpositiven Ergebnissen führen. Wurde beispielsweise der Primer zuvor mit Ausgangs-DNA verunreinigt, erhält man immer ein falschpositives Amplifikat (Kapitel 4.7.2). Daher sollte immer eine Wasserkontrolle angesetzt werden, in der statt der Ausgangs-DNA H_2O eingesetzt wird.

Auch besondere Eigenschaften der Sequenz der Ausgangs-DNA können die Amplifikation stark beeinflussen. Besonders tückisch sind DNA-Bereiche mit sich wiederholenden Sequenzabschnitten [*direct repeats* oder *inverted repeats*] und GC-reiche Bereiche. Bei repetitiven Sequenzen können die einzelnen Bereiche miteinander binden und die Bindung der Primer verhindern. GC-reiche Sequenzen können so stabil sein, sodass die Stränge nur schwer trennbar sind. Allerdings sind Störstoffe viel häufiger die Ursache für fehlgeschlagene PCRs als die Sequenzeigenschaften der Ausgangs-DNA.

4.2.2 Thermostabile DNA-Polymerasen

Eine PCR kann prinzipiell mit einer normalen DNA-Polymerase durchgeführt werden, wenn der Elongationsschritt der PCR bei 37 °C statt bei 72 °C durchgeführt und das Enzym in jedem Zyklus neu zugegeben wird. Dies ist die Prozedur, für die K. Mullis den Nobelpreis erhalten hat. Fünf Jahre nach der Veröffentlichung der Methode setzten Saiki und Mitarbeiter erstmals eine thermostabile DNA-Polymerase aus *Thermus aquaticus*[1] ein. Ein Jahr später wurde der erste Thermocycler zur Marktreife gebracht.

Für alle DNA-Polymerasen gilt, dass sie ein freies 3'-OH-Ende benötigen, von dem aus – entlang eines Ausgangs-DNA-Stranges – ein neuer, komplementärer Strang synthetisiert wird (Abb. 4.2).

Aus dem Ursprungsorganismus *Thermus aquaticus* leitet sich auch der Name „Taq-Polymerase" ab, der heute oft synonym für alle thermostabilen DNA-Polymerasen verwendet wird. Die meisten kommerziell angebotenen, thermostabilen DNA-Polymerasen werden rekombinant in *E. coli* hergestellt.

Die klassische Taq-Polymerase wird häufig eingesetzt, da sie recht preiswert ist. Sie eignet sich

---

[1] *T. aquaticus* ist ein thermophiles, grampositives Bakterium, welches in heißen Quellen und Geysiren lebt.

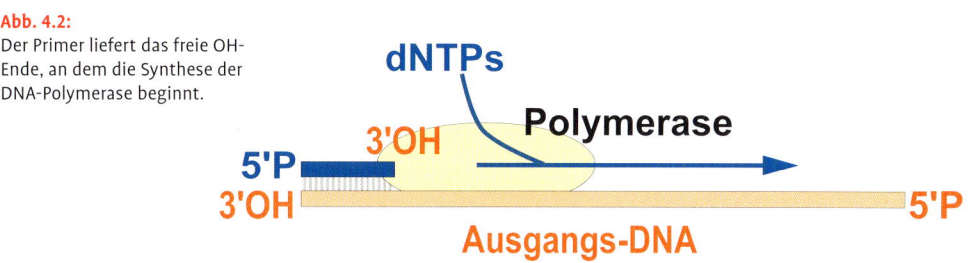

Abb. 4.2:
Der Primer liefert das freie OH-Ende, an dem die Synthese der DNA-Polymerase beginnt.

daher für die „schnelle PCR zwischendurch". Oft interessiert nur, ob eine bestimmte Sequenz in der Ausgangs-DNA vorhanden ist (z.B. bei einer Kolonie-PCR, Kapitel 4.5.6). Dafür wird eine PCR durchgeführt und anschließend die Größe des Amplifikats in einem Agarosegel (Kapitel 7.1) überprüft.

GUT ZU WISSEN
Kommerziell erhältlich ist die Taq-Polymerase auch unter Bezeichnungen wie „Red-Taq", „Green-Taq", „Go-Taq". Hier wurde die Taq-Polymerase schon mit Gelbeladepuffer versetzt.

Eine weitere Anwendung ergibt sich durch eine besondere Eigenschaft der Taq-Polymerase, welche als *A-Tailing* bezeichnet wird: Die Polymerase hängt an das 3'-Ende des Amplifikats ein zusätzliches Adenosin an, ohne dass dafür ein „T" in der Ausgangs-DNA vorhanden ist. Diese Eigenschaft wird bei der TA-Klonierung (Kapitel 5.6.2) ausgenutzt und dort näher besprochen.

Neben der klassischen Taq-Polymerase gibt es viele weitere thermostabile DNA-Polymerasen, die oft spezielle Eigenschaften aufweisen:
Einige thermostabile DNA-Polymerasen **(Tab. 4.1)** haben zusätzlich eine 3'→5'-Exonuklease-Aktivität (Abb. 4.3B). Daher sind sie in der Lage eine Korrektur durchzuführen, falls ein falsches Nukleotid eingebaut wurde. Daher kommt der Name „*Proofreading*" Polymerasen, welche unter diversen Markennamen angeboten werden, wie „*Long Distance*" oder „*High-Fidelity*" Polymerase. Auch die pfu, pwo und viele mehr gehören in diese Gruppe (Tab. 4.1). Diese Polymerasen stammen aus verschiedenen Organismen oder wurden gentechnisch optimiert (z.B. die Phusion™). Außerdem ist allen thermostabilen „*Proofreading*"-Polymerasen gemeinsam, dass sie kein A-Tailing durchführen.

Eine Besonderheit stellt die Phusion™ DNA-Polymerase dar. Diese pfu-ähnliche „Proofreading" Polymerase wurde mit einer dsDNA-Bindedomäne fusioniert, wodurch sie neben einer hohen Synthesegeschwindigkeit und Genauigkeit auch sehr lange Amplifikate (bis 20 kbp) produzieren kann. Die PCR-Bedingungen weichen ein wenig von den normalen Enzymen ab, weshalb das Datenblatt des Herstellers beachtet werden sollte. Dies gilt auch für die speziell optimierten Polymerase-Kits anderer Hersteller. Überhaupt werden immer häufiger die DNA-Polymerasen als fertige Mischung („PCR-Mix") verkauft, die schon alle Komponenten außer Primer und Ausgangs-DNA enthält. Diese sind schon auf spezielle Anwendungen hin optimiert.

Tab. 4.1:
Auswahl einiger thermostabiler DNA-Polymerasen.

Name/Herkunft	optimale Temperatur [°C]	Syntheserate [kbp/min]	Exonuclease-Aktivität 5'-3'/3'-5'	A-Tailing
Taq / T. aquaticus	72-75°C	2-4,5	Ja/Nein	3' A
Deep Vent / Pyrococcus Spezies	75 °C	1,4	Nein/Ja	zu 95 % Nein
KOD1 / T. kodacaraensis	75 °C	6,0-7,8	Nein/Ja	Nein
Pfu / P. furiosus	72-80 °C	0,5-1,5	Ja/Ja	Nein
Pwo / P. woesei	72°C	?	Nein/Ja	Nein
Tth / T. thermophilus	70-74°C	2	Ja/Nein	3' A
Phusion™ / Pyrococcus-ähnlich[1]	72 °C	> 4	Ja/Ja	Nein

1 Die Phusion™ ist gentechnisch optimiert. Die Annealing-Temperatur für den Primer sollte 3-4 °C höher (!) als die errechnete Temperatur liegen. Es darf nicht zuviel Enzym eingesetzt werden.

Einige DNA-Polymerasen besitzen eine 5'→3'-Exonuklease-Aktivität (Tab. 4.1), welche einen bereits gepaarten DNA- oder RNA-Strang abbaut, während der neue Strang gebildet wird (Abb. 4.3 D). So wird praktisch der alte Strang gegen einen neuen ausgetauscht (Abb. 4.3).

GUT ZU WISSEN

Bei der Methode der „nick translation" wird die 5' → 3'-Exonuklease-Aktivität einiger DNA-Polymerasen ausgenutzt. Gibt man markierte Nukleotide hinzu, werden die unmarkierten „Originalnukleotide" der DNA gegen die markierten ausgetauscht. So können markierte Sonden erstellt werden. Weiterhin werden DNA-Polymerasen mit 5' → 3' Exonuclease Aktivität auch bei quantitativen (Realtime) PCRs eingesetzt, wenn sogenannte TaqMan® Sonden verwendet werden (E-Doc 4-3).

Die wichtigsten Entscheidungskriterien bei der Auswahl einer thermostabilen Polymerase sind ihre Widerstandsfähigkeit gegenüber ungünstigen Bedingungen sowie ihre Fehlerrate. Die Fehlerrate ist schwer bestimmbar, da sie von vielen Faktoren abhängt. Preiswerte thermostabile Polymerasen bauen ca. alle 10^5 Basen ein falsches Nukleotid ein. Das mag für die Amplifikation eines 1000 bp Fragmentes zunächst vernachlässigbar erscheinen. Allerdings muss die enorme Syntheserate berücksichtigt werden, wie sie sich aus Tab. 4.2 ergibt.
Bei einer angenommenen Fehlerrate von 10^{-5} wären laut Tab. 4.2 am Ende des 6. Zyklus fast zwei Nukleotide fehlerhaft eingebaut. Die entscheidende Frage ist nun, wann wurden die falschen Nukleotide eingesetzt? Wurde ein Nukleotid gleich im ersten Zyklus falsch eingebaut, betrifft der Fehler 50% der resultierenden Fragmente, da er sich mit den weiteren Zyklen fortsetzt. Selbst wenn der erste Fehler im 4. Zyklus auftritt, sind am Ende der PCR 6% aller resultierenden Fragmente betroffen.
Bei der großen Zahl angebotener thermostabiler Polymerasen fällt es schwer, die richtige auszuwählen. Allerdings gibt es ein paar Kriterien, die die Entscheidung erleichtern.

▶ **Preiswerte Amplifikation**
Taq-Polymerase, ggf. schon inklusive Beladepuffer
▶ **Sequenzgenaue Amplifikate**
Proofreading Polymerase
▶ **Sehr schnelle PCR**
(Speedcycling) Phusion™
▶ **Amplifikate über 4000 bp**
Long Distance Polymerasen

Abb. 4.3:
Polymerasen mit und ohne Korrekturfunktion. Während die Taq-Polymerase falsch eingebaute Nukleotide (hier ein U statt T) nicht korrigieren kann (**A**), vermögen DNA-Polymerasen mit 3'-5'-Exonuklease-Aktivität diesen Fehleinbau zu korrigieren (**B**). Sobald die Taq-Polymerase auf dsDNA trifft, stoppt sie die Synthese (**C**), während Polymerasen mit 5'-3'-Exonuklease-Aktivität den vorhandenen dsDNA Bereich durch den eigens synthetisierten Strang ersetzen können (**D**).

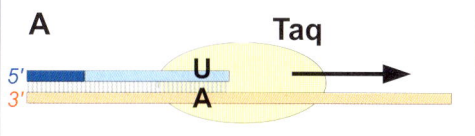

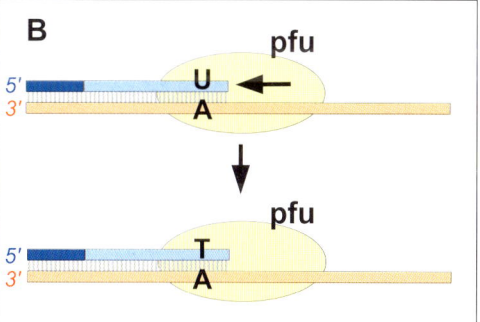

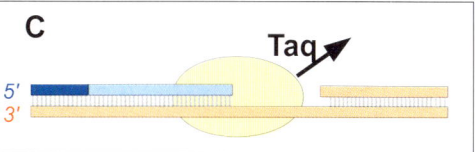

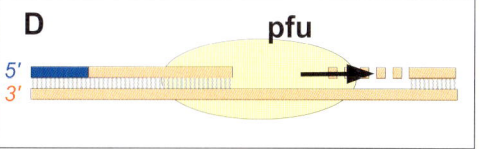

Tab. 4.2:
Die Verdoppelung der Molekülzahl pro Zyklus führt schon bei wenigen Zyklen zu sehr großen Mengen amplifizierter DNA, wenn ein 1000 Basen langes DNA-Stück vervielfältigt wird.

Zyklus Nummer	Zahl der zu verdoppelnden Stränge	Dabei eingebaute Nukleotide	Gesamtzahl eingebauter Nukleotide
1	2	2000	2000
2	4	4000 (+ 2000 aus Zyklus 1)	6000
3	8	8000 (+ 6000 aus Zyklus 1 - 2)	14000
4	16	16000 (+ 14000)	30000
5	32	32000 (+30000)	62000
6	64	64000 (+62000)	186000 = 1,86 x 10^5

> **TIPP**
> Auch verschiedene Inhaltsstoffe beeinflussen die Genauigkeit der Amplifikation. Enthält die Ausgangs-DNA viele Störstoffe, kann diese zu einem Anstieg der Fehlerrate führen (Kapitel 3.1.3). Es werden thermostabile DNA-Polymerasen angeboten, die selbst unter widrigen Umständen noch Amplifikate liefern. Dies ist beispielsweise der Fall, wenn Proben wie Blut oder Pflanzenstücke ohne vorherige Isolation der DNA direkt in den PCR-Ansatz gegeben werden.

4.2.3 Puffer, Magnesium und dNTPs

Der geeignete Puffer (Kapitel 2.3) für die jeweilige thermostabile Polymerase wird vom Hersteller mitgeliefert. Häufig liegen zwei verschiedene Puffer bei, von denen einer alle notwendigen Bestandteile enthält und beim zweiten das Mg^{2+} fehlt.
Wie in Kapitel 3.1.4 erwähnt, ist die Konzentration an zweiwertigen Ionen für alle DNA-modifizierenden Enzyme sehr wichtig. Die Aktivität der DNA-Polymerasen lässt sich besonders gut über die Mg^{2+}- Konzentration steuern. Je höher die Mg^{2+}- Konzentration, desto mehr Amplifikat wird gebildet, aber auch umso unspezifischer wird die Amplifikation. Antagonistisch wirkt EDTA aus dem TE-Puffer, in dem möglicherweise die Ausgangs-DNA gelöst ist. Für solche Fälle gibt es den zweiten Mg^{2+}-freien Puffer, dem dann genau die gewünschte Mg^{2+}-Menge zugegeben werden kann, um den Einfluss von EDTA zu neutralisieren. Alternativ kann in TE-Puffer gelöste DNA vor der PCR mit Natriumacetat und Ethanol gefällt werden (Kapitel 3.3.2).

> **TIPP**
> Auch die Sequenz der Ausgangs-DNA kann die Ausbeute beeinflussen, beispielsweise wenn diese GC-reich ist (Kapitel 4.2.1). In solchen Fällen kann die Zugabe von 1 mM Dimethylsulfoxid (DMSO) die Ausbeute an Amplifikat stark erhöhen. Allerdings ist auch die Entstehung unspezifischer Amplifikate wahrscheinlicher.

PROTOKOLL 4.1

Standard-PCR-Puffer

	1x	10x konzentriert
Tris-HCl, pH 8.3:	10 mM	100 mM
KCl	50 mM	500 mM
$MgCl_2$	1,5 mM	15 mM

Die dNTPs werden in der Regel schon als fertige Mischung gekauft und nach Herstellerangaben eingesetzt. Typischerweise erhält man dNTP-Mixe in Konzentrationen von 2 mM, 10 mM und 25 mM, wobei sich diese Konzentrationen auf jedes der enthaltenen dNTPs beziehen. Im 2 mM dNTP-Mix sind 2 mM dATP, 2 mM dCTP, 2 mM dGTP und 2 mM dTTP enthalten.

Eine finale Konzentration von 200 µM ist völlig ausreichend. Höhere Konzentrationen an dNTPs können sogar die Spezifität der Polymerase erniedrigen oder Mg^{2+}-Ionen komplexieren.

4.2.4 Primerdesign

Alle DNA-Polymerasen benötigen für den Start ihrer Synthese ein freies 3'-OH-Ende. In der Natur fungiert meist RNA als Primer, im Labor hingegen haben sich – wegen der höheren Stabilität – DNA Primer durchgesetzt.

Das 3'-OH-Ende hat demzufolge eine wichtige Bedeutung: Die ungefähr letzten fünf bis acht Basen des Primers müssen genau komplementär sein **(Abb. 4.4 A)**, da ansonsten die Polymerase nicht die Synthese beginnen kann **(Abb. 4.4 B)**. Auf der anderen Seite des Primers, also dem 5'-Phosphatende ist eine genaue Basenpaarung nicht so wichtig **(Abb. 4.4 C)**.

Primer werden chemisch synthetisiert, es gibt eine Vielzahl von Firmen, die sich auf solche Synthesen spezialisiert haben. Typische Primer sind zwischen 15 und 30 Basen lang, können aber auch bis zu einer Länge von mehr als 150 Basen chemisch synthetisiert werden.

> **GUT ZU WISSEN**
>
> Werden Primer bei einem Hersteller bestellt, können an einer Position verschiedene Basen gewünscht sein. Man spricht von degenerierten Primern. Dann werden spezielle Notationen verwendet:
> S für G oder C (das S steht wegen der drei Wasserstoffbrücken für *strong H-Bond*), W steht entsprechend für *weak*, also A oder T. Das K steht für G oder T und M für A oder C, Purine werden mit R und Pyrimidine mit Y bezeichnet.
> Sind drei verschiedene Basen möglich, ergibt sich der Buchstabe aus der fehlenden Base: es wird der nachfolgende Buchstabe dieser fehlenden Base verwendet. So ergibt sich: B (C, G, T) für „Nicht-A", D (A, G, T) für „Nicht-C" und H (A, C, T) für „Nicht-G". Für „Nicht-T" war das „U" schon anderweitig belegt, sodass „V" für A, C oder G verwendet wird.
> Der Buchstabe N wird verwendet, wenn alle Basen an einer Position auftreten können.

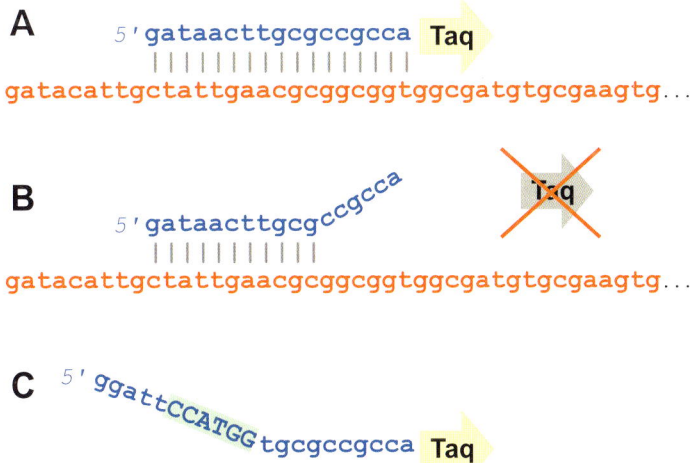

Abb. 4.4:
Hybridisieren des Primers. Typischerweise hybridisiert der komplette Primer an die Ausgangs-DNA **(A)**, wobei ohne korrekte Paarung am 3'-OH-Ende keine DNA-Synthese stattfindet **(B)**. Am 5'-Ende des Primers können dagegen neue Sequenzen angehängt werden, die nicht zur Sequenz der Ausgangs-DNA komplementär sind, z.B. eine Restriktionsschnittstelle **(C)**.

Die Primer werden im Überschuss zum PCR-Ansatz gegeben und verhindern durch ihre Anlagerung an den komplementären Bereich auf der Ausgangs-DNA die Renaturierung der beiden Stränge der Ausgangs-DNA. Die Anlagerung erfolgt bei einer bestimmten Temperatur, der sogenannten Annealing-Temperatur T_A. Diese liegt ungefähr 3-5 °C unterhalb der Schmelztemperatur T_m und ergibt sich aus der Basensequenz und der Länge des Primers. Bei der typischen PCR werden zwei verschiedene Primer eingesetzt (je einer für jede Richtung, Abb. 4.1), deren Annealing-Temperaturen und molare Mengen ungefähr gleich sein sollten. Es ist also notwendig, die geeignete Annealing-Temperatur aus der Primersequenz abzuleiten. Für Primer bis 15 Basen gibt es eine sehr einfache Faustformel (Gleichung 4.1):

$$T_m = (N_G + N_C) \times 4\,°C + (N_A + N_T) \times 2\,°C$$

wobei N die Anzahl an A, C, G und T in der Primersequenz angibt.

Etwas genauer ist diese Formel für Oligos von 15 bis 40 Basen (Gleichung 4.2):

$$T_m = 69{,}9 \; \frac{41 \times N_{G+C}}{L} - \frac{650}{L}$$

wobei L die Länge des Primers und N_{G+C} die Anzahl an G und C repräsentiert.

Für die 15 Basen lange Sequenz TACGACTCACTATAG mit 6 C oder G ergibt sich nach der 4+2-Regel (Gleichung 4.3):

$$T_m = (5 + 4) \times 2\,°C + (2 + 4) \times 4\,°C = 42\,°C$$

und nach der zweiten Formel[2] (Gleichung 4.4):

$$T_m = 69{,}9 \; \frac{41 \times 6}{15} - \frac{650}{15} = 69{,}9 + 16{,}4 - 43{,}3 = 43\,°C$$

Es gibt mehrere Varianten der Formel 4.4. Wichtig ist, dass wegen der Vergleichbarkeit in einem Labor möglichst nach der gleichen Formel gerechnet werden sollte.

Aus der Schmelztemperatur T_m kann die Annealing-Temperatur T_A für die PCR nach (Gleichung 4.5):

$$T_A = \frac{(T_m Primer1 + T_m Primer2)}{2} - 3\,°C$$

berechnet werden[3] also dem Mittelwert der T_m der beiden Primer abzüglich 3 °C.

Die Annealing-Temperatur liegt typischerweise circa 4 - 6 °C unter der Schmelztemperatur T_m und sollte in einem Labor ebenfalls einheitlich geregelt sein[4].

Am besten benutzt man Programme oder Webangebote, welche die nötige Annealing-Temperatur ermitteln.

GUT ZU WISSEN
Auf dem Datenblatt, das dem chemisch synthetisiertem Primer beiliegt, ist eine geeignete Schmelztemperaturen T_m bereits angegeben.

GUT ZU WISSEN
Das Freeware-Programm Perlprimer (http://perlprimer.sourceforge.net) ist ein leicht zu bedienendes und gutes Programm. Natürlich können auch kommerzielle Sequenz-Programme wie VectorNTI (Invitrogen) oder Clone Manager (Sci-Ed) Primer berechnen. Es gibt auch eine Reihe von Webseiten, die sich diesem Thema angenommen haben. Eine Übersicht liefert http://www.science.co.il/Biomedical/Primer-Tools.asp.

Solche Programme haben gegenüber den Formeln einen weiteren Vorteil. Sie berücksichtigen einige weitere Problemfälle, die sich bei der Erstellung von Primern ergeben können, nämlich Primerdimere, *Hairpins* und *Self-Priming* (Abb. 4.5).

Beim *Hairpin* entsteht innerhalb eines Primermoleküls ein doppelsträngiger Bereich, da zueinander komplementäre Sequenzabschnitte

---

2 Die Zahlen in der Formel ergeben sich aus verschiedenen Parametern, u.a. Enthalpie- und Entropie-Berechnungen.

3 Soll eine Sequenzierung durchgeführt werden (Kapitel 11.1.1), wird T_A berechnet nach: $T_A = T_m + 3\,°C$

4 Allerdings sollte immer das Datenblatt der DNA-Polymerase beachtet werden. Für die Phusion™ DNA-Polymerase müssen beispielsweise 3 °C zugerechnet werden, da sie eine zusätzliche DNA-Bindedomäne besitzt.

Abb. 4.5:
Unerwünschte Primereffekte. Verschiedene unerwünschte Situationen, die bei schlecht konstruierten Primern auftreten können: Hairpins, Selbst-Dimerisierung und Dimere zwischen Vorwärtsprimer [*Forward*] und Rückwärtsprimer [*Reverse p*].

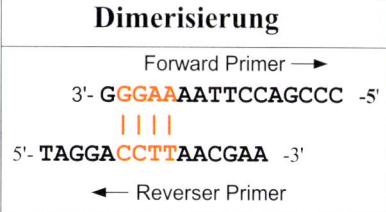

hybridisieren. Eine ähnliche Situation liegt vor, wenn diese komplementären Bereiche auf zwei verschiedenen Molekülen des gleichen Primers liegen, wodurch diese aneinander binden [*Self-Priming*]. Haben die beiden verschiedenen in der PCR eingesetzten Primer einander komplementäre Bereiche, entstehen Primer-Dimere. Das Ergebnis ist bei allen drei Situationen das Gleiche: Die Ausbeute der PCR ist sehr gering oder bei Null.

Der letzte wichtige Aspekt der Primererstellung betrifft den GC-Gehalt. Insgesamt sollte darauf geachtet werden, dass im Primer ein ausgewogenes Verhältnis und eine homogene Verteilung von GC-Paaren zu AT-Paaren vorliegen. Der GC-Gehalt sollte bei ungefähr 60 % liegen.

In der Regel kommen die Primer lyophilisiert im Labor an. In vielen Laboren werden die Primer durch Zugabe von H_2O auf eine Konzentration von 50 pmol/µl oder 100 pmol/µl gebracht. Es ist sinnvoll, dass alle Primer in einem Labor die gleiche Konzentration aufweisen, weil die beiden Primer in äquimolaren Mengen in der PCR eingesetzt werden.

GUT ZU WISSEN
Es gibt auch modifizierte Primer, also Oligonukleotide, die eine zusätzliche chemische Gruppe tragen. Dies kann ein Fluoreszenzmolekül (**E-Doc 10-3**) sein oder eine radioaktive Markierung. Die Hersteller solcher Primer haben eine große Zahl entsprechender Modifikationen im Angebot.

TIPP
Die Primer sollten so konstruiert werden, dass sie eine Annealing-Temperatur zwischen 50 °C und 65 °C aufweisen. Wie hoch die tolerierbare Differenz zwischen der T_A des Vorwärts- und Rückwärtsprimers ist, hängt von der Ausgangs-DNA ab. Je homogener die Ausgangs-DNA, desto höher der tolerierbare T_A-Unterschied, der bei einem aufgereinigten Plasmid bis 4 °C betragen kann. Für die Amplifikation eines 4 kbp langen Plasmid können die Bedingungen sehr viel variabler gewählt werden als für die Amplifikation eines DNA-Bereiches aus genomischer DNA mit 10^9 bp.

Die Annealing-Temperatur ist neben der Konzentration an Mg^{2+}-Ionen (Kapitel 4.2.3) die wichtigste Stellschraube für die PCR-Amplifikation. Je höher diese Temperatur eingestellt ist, desto weniger Amplifikat ist zu erwarten. Umgekehrt steigt bei niedrigeren Temperaturen die Menge an Amplifikat, aber auch die Gefahr unspezifischer Amplifikate.

GUT ZU WISSEN
Eine besondere Herausforderung stellen degenerierte Primer dar, bei denen nur ein Teil ihrer Sequenz bekannt ist. Die Sequenz 5'-GA**V**AC**N**TTVGG-3' wäre beispielsweise ein solcher degenerierter Primer, bei dem V für A, C oder G und N für irgendeine Base steht. Sie werden eingesetzt, wenn die Primersequenz aus einer Aminosäuresequenz abgeleitet wurde

(Kapitel 11.3) oder bei Mutagenesen (Kapitel 11.8). Wegen des Wobbels (Kapitel 1.1) ist oft die 3. Base eines Codons variabel. Die Beispielsequenz stellt somit ein Gemisch aus mehreren Sequenzen dar: N steht für 4 verschiedene Nukleotide, V für drei unterschiedliche. In der Praxis wird ein Primergemisch synthetisiert, welches unter anderem die Einzelsequenzen 5'-GA**T**ACNTTVGG-3' oder 5'-GA**G**ACNTTVGG-3 usw. enthält. In unserem Beispiel ergeben sich 4 x 3 x 3 = 36 Varianten, von denen nur eine perfekt an die Ausgangssequenz bindet. Daher sollte in solchen Fällen eine etwas erhöhte Primermenge in die PCR eingesetzt werden. Die Annealing-Temperatur lässt sich in einem solchen Fall nicht mehr genau ermitteln und muss abgeschätzt werden. Oft wird mit degenerierten Primern eine Gradienten-PCR oder inkrementelle PCR (Kapitel 4.5.1) durchgeführt.

Neben den klassischen Geräten gibt es sogenannte Gradientencycler, die über die gesamte Fläche einen Temperaturgradienten von bis zu 10 °C einstellen. Mit diesen können auch PCRs durchgeführt werden, bei denen die genaue Anlagerungstemperatur [*Annealing-Temperatur*] nicht bekannt ist.

Sogenannte *Speedcycler* heizen und kühlen mit Raten von 10 °C / s [*Ramping*] und mehr, während die Standardgeräte meist nur auf *Ramping*-Raten von 2 °C/s kommen.

Wenn zusätzlich eine entsprechend angepasste DNA-Polymerase eingesetzt wird (Kapitel 4.2.2), kann in solchen *Speedcyclern* der Zeitbedarf der PCR auf 15 - 20 min gesenkt werden.

Abb. 4.6:
Thermocycler. Dieser Thermocycler besitzt drei unabhängig regelbare Heiz-/Kühlblöcke, sodass in einem Gerät drei verschiedene PCR-Programme gleichzeitig durchgeführt werden können.

4.3 Geräte für die PCR

Die Geräte, in denen die PCR durchgeführt wird, sogenannte „Thermocycler", unterscheiden sich vor allem in ihrer Bedienung und einigen Zusatzoptionen. Das Prinzip ist bei allen das Gleiche, sie stellen zyklisch arbeitende Thermoelemente dar. Manchmal sind die Thermoblöcke austauschbar, um beispielsweise Reaktionsgefäße unterschiedlicher Größe zu nutzen. Die meisten Maschinen haben einen beheizten Deckel, dessen Temperatur bei ungefähr 105 °C eingestellt ist. Dadurch wird verhindert, dass die Probe während der Zyklen verdampft (**Abb. 4.6**). Bei Geräten ohne Heizdeckel muss die Probe mit Mineralöl überschichtet werden.

> **TIPP**
> Die meisten Thermocycler erlauben es, PCR-Programme zu speichern, sodass diese nicht für jede PCR neu eingetippt werden müssen. Hier ist es sinnvoll, den Programmen aussagekräftige Namen zu geben und diese vor der PCR zu kontrollieren. Nie sollte das Programm eines Kollegen ohne dessen Wissen modifiziert werden.

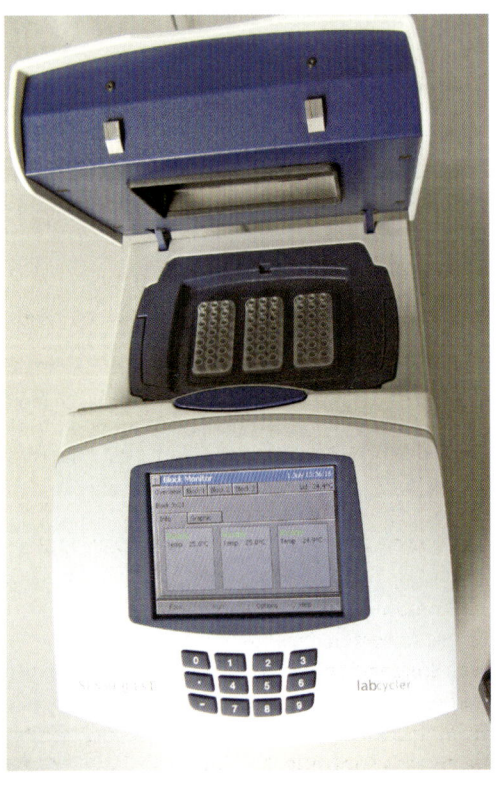

4.4 Die Standard-PCR

Nachdem alle Einzelkomponenten vorgestellt wurden, ist es an der Zeit, eine typische PCR zu beschreiben (Protokoll 4.2). Die Ausgangs-DNA wurde aufgereinigt (Kapitel 3.2) und liegt in H_2O oder TE-Puffer vor. Je nach Anwendung muss zunächst entschieden werden, welches Volumen für die PCR-Ansätze benötigt wird. Für eine analytische Überprüfung im Agarosegel (Kapitel 7.1) reichen 10 µl, für die meisten anderen Anwendungen 25 µl. Nun werden die benötigten Reagenzien pipettiert, wobei als Letztes die thermostabile DNA-Polymerase zugegeben werden sollte. Oft ist es möglich, einen sogenannten *Mastermix* zu erstellen, also einen Ansatz für beispielsweise zehn PCR-Reaktionen, der anschließend auf die einzelnen Proben aufgeteilt wird. Dies kann den Arbeits- und Zeitaufwand bei der Herstellung der PCR-Ansätze verringern.

Eine Probe muss statt der Ausgangs-DNA H_2O enthalten. Diese Negativkontrolle zeigt, ob die verwendeten Reagenzien nicht mit Fremd-DNA kontaminiert sind. Bevor die Proben in den Thermocycler gesetzt werden, sollten sie gut gemischt und in einer Minizentrifuge (Abb. 2.9 B) kurz abzentrifugiert werden.

4.5 Ausgewählte PCR-Methoden

Selbst die Darstellung der gängigsten PCR-Methoden würde den Umfang dieses Buches sprengen. Hier werden daher einige wenige Methoden kurz vorgestellt, die sehr weit verbreitet sind.

 PROTOKOLL 4.2

Standard-PCR

Material:
▶ Thermocycler und Reaktionsgefäße
Ansetzen der PCR-Reaktion:

	Ansatz		
	10 µl	25 µl	50 µl
10 x PCR-Puffer mit Mg^{2+}	1 µl	2,5 l	5 µl
2 mM dNTP-Mix	0,4 µl	1 µl	2 µl
10 pmol Vorwärts-Primer	0,4 µl	1 µl	2 µl
10 pmol Rückwärts-Primer	0,4 µl	1 µl	2 µl
DNA-Polymerase (1u/µl)	0,2 µl	0,5 µl	1 µl

Um Kontaminationen zu vermeiden, sollten für das Ansetzen der PCR-Reaktionen gefilterte Spitzen (Abb. 2.6C) verwendet werden. Am besten beginnt man mit H_2O und Puffer, als letztes wird die DNA-Polymerase zugesetzt. Die Negativkontrolle, bei der die DNA durch H_2O ersetzt wird, hilft, unspezifische Amplifikate zu identifizieren. Die Positivkontrolle zeigt, ob die Ausgangs-DNA bei der Aufreinigung verloren gegangen ist, geschädigt wurde oder ein Störstoff vorhanden ist.

Durchführung:
Das PCR Programm ist abhängig von der zu amplifizierenden DNA und den Primern. Die Annealing Temperatur T_A kann nach den Formeln 4.1 - 4.5 oder mit einer entsprechenden Software (Kapitel 4.2.4) berechnet werden.
1. Die PCR beginnt mit einem 1 - 5 minütigen Denaturierungsschritt bei 95 °C.
2. Es folgen 20 - 30 Zyklen:
    - 1 min bei 95 °C
    - 1 min bei T_A
    - 1 min bei 72 °C
3. Abschließend: 10 min bei 72 °C.

Die Amplifikate werden entweder in einem Agarosegel aufgetrennt (Kapitel 7.1) oder über Silika-Säulchen aufgereinigt (Kapitel 3.3.6).

4.5.1 Gradienten-PCR und inkrementelle PCR

Nicht immer kann die Annealing-Temperatur für die Primer genau ermittelt werden. Beispielsweise gibt es degenerierte Primer (Kapitel 4.2.4), welche aus Proteinsequenzen abgeleitet wurden und an manchen Stellen unterschiedliche Basen aufweisen können (Abb. 11.3).

Manchmal ist der Primer wenig spezifisch oder muss in großen Genomen miteinander sehr ähnlichen Sequenzen eingesetzt werden. Hier soll nur der exakt passende Bereich amplifiziert werden. Um die optimale Annealing-Temperatur zu ermitteln, kann ein Gradienten-Thermocycler verwendet werden. In ein solches Gerät werden mehrere gleiche PCR-Ansätze gestellt. Über den Thermoblock hinweg wird während der Anlagerungsphase ein Temperaturgradient aufbaut, sodass die Annealing-Temperatur für jede Probe im Thermoblock von den benachbarten Proben abweicht (Abb. 4.7). Der Unterschied zwischen den beiden äußeren Proben beträgt in der Regel 10 °C. Wurde einmal die optimale Annealing-Temperatur ermittelt, können nachfolgende PCRs unter genau diesen Bedingungen durchgeführt werden. Die Gradienten-PCR eignet sich daher besonders gut, wenn die optimalen Bedingungen für eine spätere, routinemäßig durchzuführende PCR ermittelt werden sollen (Abb. 4.8).

Eine Alternative zur Gradienten-PCR ist die inkrementelle PCR (Abb. 4.9), die eigentlich nur ein spezielles PCR-Programm darstellt und daher keinen Gradientencycler erfordert. In diesem Programm ist die Annealing-Temperatur nicht konstant, sondern wird in den ersten Zyklen während der Annealingphase kontinuierlich abgesenkt. Auf diese Weise werden die Primer, die bei der höchsten Temperatur binden können, bevorteilt. Anders als in der Gradienten-PCR wird hier nur ein PCR-Ansatz benötigt. Allerdings kann die optimale Annealing-Temperatur nicht exakt ermittelt werden und die Reproduzierbarkeit ist nicht so gut wie bei der Gradienten-PCR. Daher eignet sich die inkrementelle PCR weniger für Routinearbeiten.

> **GUT ZU WISSEN**
> Es gibt weiterhin die Variante, dass die Annealing-Temperatur T_A von Zyklus zu Zyklus jeweils abgesenkt wird. Beispielsweise beträgt T_A im ersten Zyklus 55 °C, im zweiten 54 °C, im dritten 53 °C bis zum zehnten Zyklus, der bei 45 °C liegt. Dieses Verfahren wird Touch-Down PCR genannt und ebenfalls genutzt um unspezifische Amplifikationen zu minimieren.

4.5.2 Nested PCR

Soll ein bestimmter DNA-Bereich aus einem komplexen Genom oder einer umfangreichen Genbank amplifiziert werden, können unspezifische Amplifikate auftreten, die auch durch eine inkrementelle PCR nicht verhindert werden können. Auch kann die Effizienz der Amplifikation niedrig sein. Dies tritt vor allem bei degenerierten Primern auf.

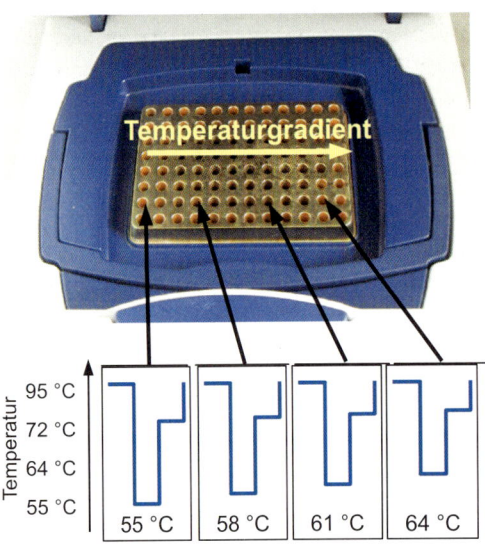

Abb. 4.7:
Gradientencycler. Über den Thermoblock eines Gradientencyclers wird bei der Gradienten-PCR während der Anlagerungsphase ein Temperaturgradient aufgebaut, typischerweise besteht zwischen linker und rechter Seite eine Differenz von 10 °C. In der unteren Bildhälfte sind die Temperaturprofile jeweils eines Zyklus von 4 beispielhaften Positionen im Block abgebildet.

Abb. 4.8:
Das Agarosegel (Kapitel 7.1) zeigt das Ergebnis einer Gradienten-PCR. M bezeichnet die Größenstandards, 0 die Wasserkontrolle. In der Gradienten-PCR wurde ein Temperaturbereich von 45 °C (Probe 1) bis 55 °C (Probe 12) gewählt. Deutlich ist die Abnahme unspezifischer Amplifikate bei höheren Temperaturen zu sehen.

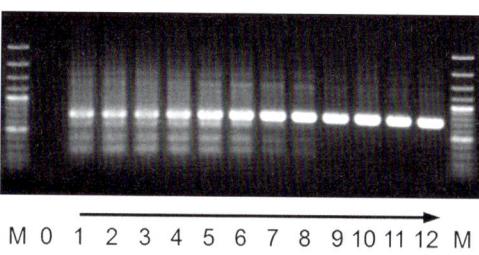

Abb. 4.9:
Temperaturprofil einer Inkrementellen PCR. Die Annealing-Temperatur fällt in den ersten 2 - 5 Zyklen konstant über einen gesamten Unterschied von 5 - 10 °C (blau) um anschließend bei einer konstanten Annealing-Temperatur abzulaufen (grün).

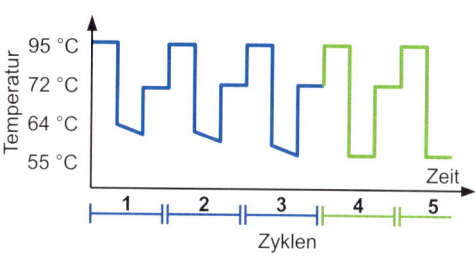

Um dennoch zu einem brauchbaren Amplifikat zu kommen, bietet sich das Verfahren der „Nested PCR" an **(Abb. 4.10)**. Die erste PCR wird wie eine Standard-PCR (Kapitel 4.4) durchgeführt und resultiert in mehreren amplifizierten Banden. Nun wird 1/10 bis 1/100 Volumen des ersten PCR-Ansatzes als Ausgangs-DNA für die zweite PCR-Reaktion verwendet. Das hierbei eingesetzte zweite Primerpaar bindet an Sequenzbereiche, die innerhalb des zuvor amplifizierten DNA-Bereiches binden (*nested primer*) und so ein kürzeres DNA-Fragment amplifizieren. Nur das gesuchte Fragment enthält diese zweite, innere Sequenz, während alle anderen, in der ersten PCR-Reaktion unspezifisch amplifizierte Fragmente keine Bindestellen für die Nested Primer enthalten und demzufolge keine Amplifikate liefern. Die Nested PCR kann nicht nur zu spezifischeren Amplifikaten führen sondern erhöht auch die Sensitivität der PCR um das 10- bis 100-fache.

4.5.3 Multiplex PCR

In der Multiplex-PCR **(Abb. 4.11)** werden verschiedene Bereiche der Ausgangs-DNA durch unterschiedliche Primerpaare amplifiziert. Dabei ist es wichtig, dass alle Primer die gleiche Annealing-Temperatur aufweisen. Um nachfolgend die unterschiedlichen Amplifikate im Aga-

Abb. 4.10:
Nested PCR. Bei der Nested PCR wird zunächst ein großes Fragment durch die äußeren, dunkel dargestellten Primer (**A**) amplifiziert. Anschließend wird eine kleine Menge des ersten PCR-Ansatzes als Ausgangs-DNA in einer zweiten PCR mit den innen liegenden helleren Primern (**B**) verwendet. Da alle anderen Amplifikate der ersten Reaktion keine Bindestellen für die inneren, Nested Primer haben, werden sie nicht amplifiziert.

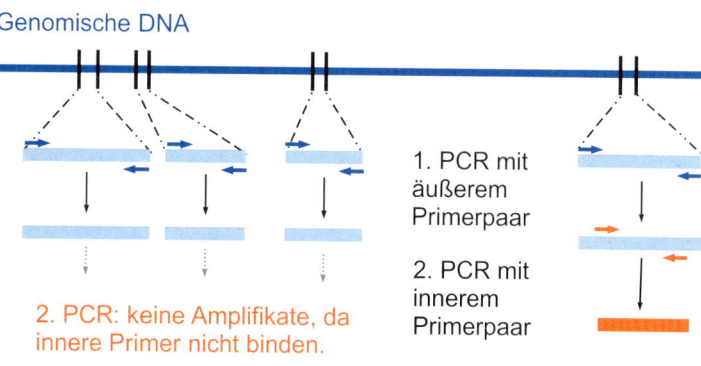

Abb. 4.11:
Multiplex-PCR. In der Multiplex-PCR werden verschiedene DNA Bereiche gleichzeitig amplifiziert (**A**). Dabei müssen die Bedingungen aller Primer aufeinander angepasst werden und unterschiedlich große Amplifikate (I, II und III) erstellt werden. In (**B**) ist das Ergebnis einer Multiplex dargestellt. Verschiedene transgene Tabakpflanzen (92-96) wurden in einer Multiplex PCR getestet. Das 840 bp Fragment amplifiziert ein in Tabak vorhandenes Gen (TEF-1). Ihr Vorkommen zeigt, dass sowohl die DNA-Extraktion als auch die PCR funktioniert haben. Das Auftauchen einer 550 bp Bande deutet darauf hin, dass in den Pflanzen noch Agrobakterien vorhanden sind, die zur Transformation verwendet wurden (Kapitel 6.11). Bei diesen Pflanzen kann es sein, dass vermeintlich positive Ergebnisse aus einer Kontamination mit Agrobakterien resultieren, Pflanze 94 wird daher verworfen. Die 372 bp Bande weist auf das eingebrachte Gen hin. M ist ein Größenstandard und 0 die Wasserkontrolle, in der unten noch die Primer zu sehen sind. Foto: Derboven, IPG, LUH.

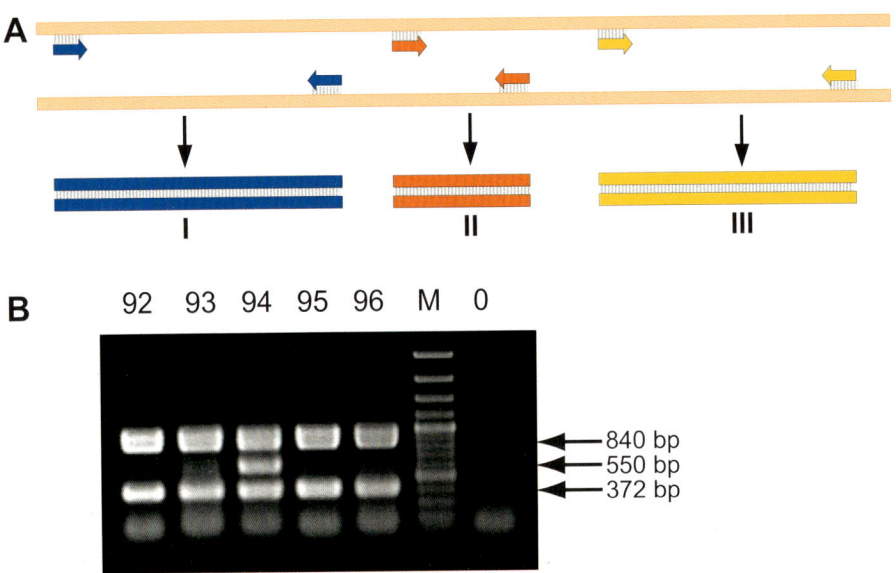

rosegel (Kapitel 7.1) zu unterscheiden, müssen die Primerbindestellen so gewählt werden, dass verschieden große Amplifikate entstehen.

Auf diese Weise kann das Vorkommen verschiedener DNA-Bereiche in der Ausgangs-DNA parallel analysiert werden. Das erste Primerpaar amplifiziert das Zielgen (z.B. das Gen, welches in eine transgene Pflanze (Kapitel 6.11) eingebracht wurde). Das zweite Amplifikat stellt eine Positivkontrolle dar, also ein Gen, welches auf jeden Fall vorhanden ist. Tritt die Bande auf, zeigt dies, dass die DNA-Extraktion und die PCR funktioniert haben. In Abb. 4.11 wurde noch ein drittes Primerpaar eingesetzt, welches auf eine mögliche Kontamination der Pflanzen durch spezielle zuvor verwendete Bakterien-DNA hinweist. Pflanzen, die ein solches Amplifikat bewirken (Bahn 94 in Abb. 4.11B) werden verworfen.

Für das Beispiel in Abb. 4.11 ergeben sich daher folgende Möglichkeiten:
▶ Es entstehen die Amplifikate I und II: die Pflanze ist transgen und sowohl DNA-Aufreinigung und PCR haben funktioniert (Abb. 4.11B die Bahnen 92, 93, 95 und 96).
▶ Es entsteht kein einziges Amplifikat: die Aufreinigung oder PCR haben nicht funktioniert. Über die Pflanze kann keine Aussage gemacht werden.
▶ Es entstehen alle drei Amplifikate: in der Pflanze befindet sich noch *Agrobacterium*, weshalb keine Aussage über die Transgenität der Pflanze getroffen werden kann (Abb. 4.11B, Bahn 94). Alternativ könnte auch eine der PCR-Substanzen mit der Ausgangs-DNA kontaminiert sein. Dann jedoch würden die Amplifikate auch in der Wasserkontrolle auftauchen (0).

4.5.4 Einführen von Restriktionsschnittstellen

Eine wesentliche Anwendung der PCR-Methode liegt darin, aus geringsten DNA-Mengen spezifisch ein Fragment zu vervielfältigen, welches anschließend über einen Restriktionsverdau[5] (Kapitel 5) in einen Vektor (Kapitel 6) eingebracht werden. Dazu muss dieses Fragment jedoch zuvor mit den entsprechenden Restriktionsschnittstellen ausgestattet werden. Diese Sequenzen werden an die 5'-Phosphat-Enden der Primer angehängt. Die entstehenden PCR-Amplifikate **(Abb. 4.12)** enthalten an ihren Enden genau die Sequenzen, die die Restriktionsenzyme benötigen. Die gleichen Erkennungssequenzen befinden sich auch im Zielvektor. Sowohl Amplifikat als auch Zielvektor werden mit den Restriktionsenzymen geschnitten. Beide Moleküle können anschließend in einem weiteren Reaktionsschritt durch eine Ligase (Kapitel 5.2) zusammengeklebt (ligiert) werden.

Eine elegante Alternative stellt die Sticky-End PCR dar, welche in **E-Doc 4-1** näher beschrieben ist.

> **TIPP**
> PCRs, die zu der Klonierung des Amplifikats dienen, sollten immer mit einer DNA-Polymerase mit Korrekturfunktion durchgeführt werden. Wenn sich am Ende der Prozedur zeigt, dass ein Basenaustausch bei der PCR aufgetreten ist, hat man sehr viel Zeit verloren.

Bei der Konstruktion der Primer muss darauf geachtet werden, dass die Restriktionsstelle nicht am Ende des Primers liegt, da Restriktionsenzyme Endonukleasen sind (Kapitel 5.6.1). Meist reichen 4-5 zusätzliche Basen am 5'-Ende des

---

[5] Restriktionsenzyme sind DNA-Nukleasen, welche an definierten Sequenzen doppelsträngige DNA schneiden. Sie stellen ein wichtiges Werkzeug des Molekularbiologen dar und werden in Kapitel 5.1 detailliert besprochen.

Abb. 4.12:
PCR mit endständigen Restriktionsschnittstellen. Um ein DNA-Fragment aus einer PCR in einen Vektor über Restriktionsverdau (Kapitel 5.7) einzuführen, werden Primer verwendet, die an ihren Enden die benötigten Restriktionsschnittstellen, welche auch im Zielvektor vorkommen, enthalten. Sowohl Amplifikat als auch Zielvektor werden mit den gleichen Restriktionsenzymen geschnitten und miteinander ligiert (Kapitel 5.2). Diese verbreitete Strategie wird detailliert in Kapitel 5.7 beschrieben.

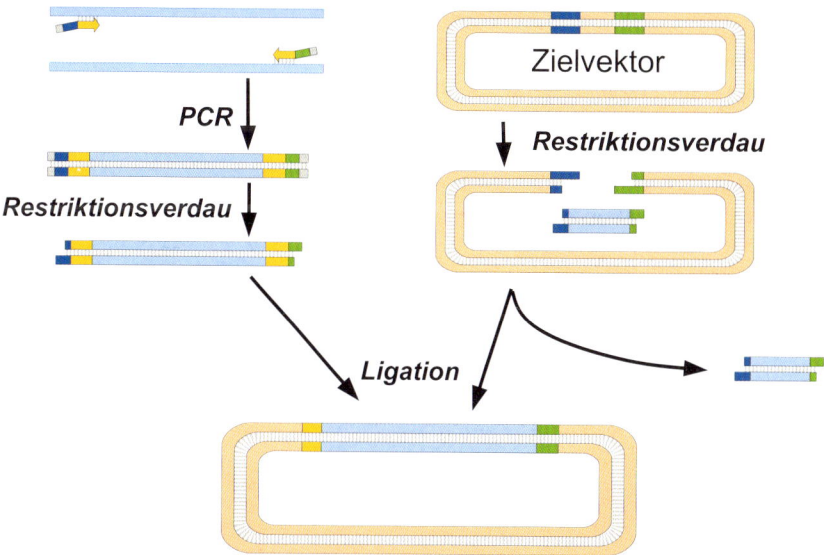

Primers aus. Diese können mehr oder weniger willkürlich gewählt werden, sollten aber nicht zu Primerdimeren (Abb. 4.5) führen.

> **GUT ZU WISSEN**
> Wird nach einer PCR mit einer qualitativ hochwertigen, thermostabilen Polymerase ein Restriktionsverdau durchgeführt, muss zuvor die amplifizierte DNA gefällt werden, um die Polymerase zu entfernen. Sonst füllt die Polymerase die durch die Restriktionsenzyme erstellten Überhänge gleich wieder auf.

4.5.5 Reverse Transkriptions-PCR (RT-PCR)

Die RT-PCR ist keine PCR im engeren Sinne sondern eine Kombination von zwei verschiedenen Reaktionen, die nacheinander im gleichen Reaktionsgefäß durchgeführt werden.

Das zentrale Enzym für den ersten Teil der Reaktion ist die Reverse Transkriptase, welche die einzelsträngige RNA in cDNA [*complementary DNA*[6]] umschreibt. Die cDNA wird im zweiten Teil der Methode mittels PCR amplifiziert.

> **TIPP**
> Die Reverse Transkriptase hat im Vergleich zu der nachfolgend eingesetzten DNA-Polymerase eine relativ hohe Fehlerrate. Sequenzfehler, die nach Reverser Transkription und Klonierung auftreten, haben oft hier ihren Ursprung.

Die Reverse Transkriptase wurde Anfang der 70er Jahre in Retroviren entdeckt. Heute werden im Labor vor allem die M-MLV Reverse Transkriptase aus dem Moloney Murine Leukemia Virus und die AMV Reverse Transkriptase

---

6 Selten wird cDNA auch als Copy-DNA bezeichnet.

Abb. 4.13:
Reverse Transkription. Über die Reverse Transkription wird mRNA zunächst in cDNA umgeschrieben. Früher wurde die mRNA nach der Bildung des cDNA-Erststrangs durch eine RNase H abgebaut. Dies ist bei der Kombination von RT und PCR nicht mehr notwendig. Das N steht für eine beliebige Base, V symbolisiert eine der Basen dA, dC oder dG (also „Nicht-dT").
Nun wird ein Aliquot des RT-Ansatzes in eine PCR eingesetzt, für die noch ein zweiter Primer (blau) und eine thermostabile DNA-Polymerase zugegeben werden müssen. Die Kombination von Reverser Transkription und PCR wird RT-PCR genannt. Die restliche cDNA kann bei -80 °C gelagert werden.

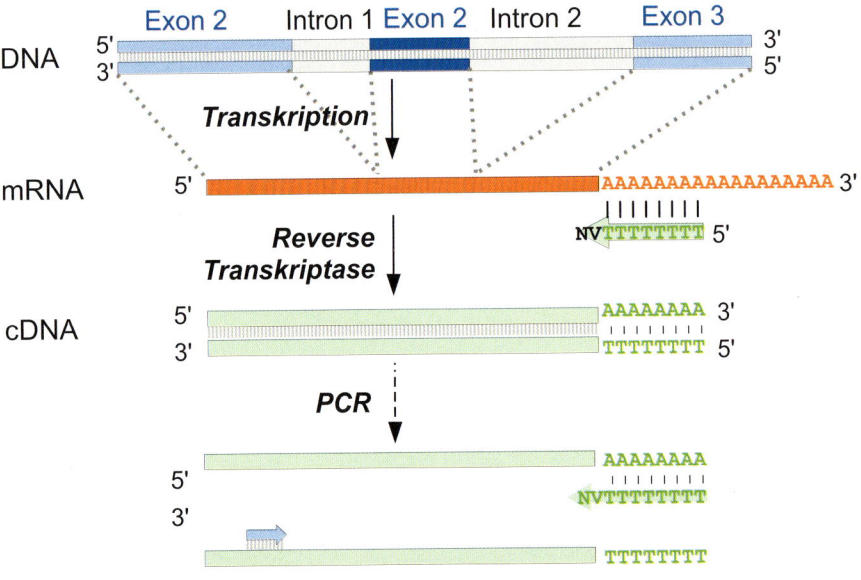

Abb. 4.14:
Primer für die Reverse Transkription. Als RNA-abhängige DNA-Polymerase benötigt die Reverse Transkriptase einen Primer, der entweder zu Beginn des PolyA⁺-Schwanzes ansetzt (**A**) oder an eine spezifische Sequenz im Gen bindet (**B**). Mit einem spezifisch bindenden Primer kann natürlich auch nicht-polyadenylierte RNA revers transkribiert werden (**C**). Steht kein spezifisch bindender Primer zur Verfügung, werden meistens zufällig bindende Hexamer-Primer eingesetzt (**D**), die an verschiedenen Stellen der RNA binden. Oft (**B**-**D**) kann die RNA nur teilweise in cDNA umgeschrieben werden. Die fehlenden Bereiche werden nachfolgend über eine RACE (Kapitel 11.4) ermittelt.

aus dem Avian Myeloblastosis Virus eingesetzt. Auch einige DNA-Polymerasen haben eine RNA-abhängige Aktivität, wie z.B. die Tth-Polymerase (Tab. 4.1).

Die Bedeutung der RT-PCR liegt darin, dass so die mRNA-Sequenzen in korrespondierende cDNAs umgeschrieben werden können. Diese können anschließend in verschiedene Vektoren (Kapitel 6) kloniert werden. Die Anwendungsmöglichkeiten sind vielfältig. Wird ein bestimmtes Gen umgeschrieben, amplifiziert und kloniert, kann es in einen neuen Organismus eingebracht werden und dort exprimiert werden. Nur durch die Reverse Transkription ist es überhaupt möglich, eukaryotische Proteine heterolog in Prokaryonten zu exprimieren. Die Exon-Intron-Struktur eukaryotischer Gene kann von Prokaryoten nicht in eine funktionstüchtige RNA bzw. Protein übersetzt werden (Abb. 4.13), da diese die Intronbereiche nicht aus der RNA entfernen können.

Es kann auch der gesamte Pool an polyA⁺-RNAs eines Organismus oder eines Gewebes umgeschrieben und kloniert werden. Man erhält so ein Abbild aller mRNAs, die zum Zeitpunkt der Isolation in dem Gewebe vorhanden war.

> **GUT ZU WISSEN**
> Viele Viren nutzen RNA als Träger der genetischen Information. Daher werden auch virale RNA-Genome zunächst in cDNA umgeschrieben, damit diese Sequenzen näher untersucht werden können.

So können cDNA-Banken konstruiert werden (**E-Doc 11-4**) oder – durch Verknüpfung mit bestimmten physiologischen Zuständen EST-Banken erstellt werden, die eine wichtige Rolle

PROTOKOLL 4.3

RT-PCR mit Oligo-dT$_{18-22}$VN-Primer

Material:
- mindestens 1μg PolyA$^+$-RNA oder 20 μg Gesamt-RNA in H$_2$O
- Oligo-dT-Primer (T$_{18-22}$VN), zuvor mit 0,1% (v/v) DEPC behandelt (Kapitel 3.5) um RNasen zu inaktivieren
- 2 mM dNTP-Mix (jeweils 2 mM dATP, dCTP, dGTP, dTTP)
- Reverse Transkriptase, z.B. M-MLV-Reverse Transkriptase
- Erststrangpuffer (i.d.R. mitgeliefert): 250 mM Tris-HCl (pH 8.3), 375 mM KCl, 15 mM MgCl$_2$, 50 mM DTT

Durchführung:
1. Reaktionsansatz:
    - 1,0 μg PolyA$^+$-RNA oder 20 μg Gesamt-RNA
    - 2 μl Oligo-dT (T$_{18-22}$VN)
2. Denaturieren des Ansatzes für 10 min bei 65 °C um Sekundärstrukturen der RNA aufzulösen.
3. Sofort auf Eis überführen.
4. Zugabe von:
    - 2,0 μl dNTP-Mix
    - 5,0 μl Erststrang-Puffer
    - 1 μl RNase Block (*optional:* zur Inhibition von RNasen)
    - 1 μl M-MLV Reverse Transkriptase
    - DEPC-H$_2$O ad 25 μl
5. Vorsichtig durch Antippen des Gefäßes mischen.
6. Für 1 h bei 42 °C inkubieren.
7. *Optional*: erneut 1μl M-MLV-Reverse Transkriptase zugeben und wie oben inkubieren.
8. Ein Aliquot kann nun gleich in die PCR eingesetzt werden oder die cDNA bei -80 °C gelagert werden.

Für die anschließende PCR werden 1 μl des RT-Ansatzes, erneut 1 μl Oligo-dT$_{18-22}$VN und ein spezifischer Primer (beide 10 μM) sowie 2,5 μl PCR Puffer, 0,5 μl dNTP-Mix (2 mM) und eine thermostabile DNA-Polymerase mit Korrekturfunktion verwendet.

---

bei Genomprojekten (EST=*Expressed Sequence Tags*) spielen.

Die Reverse Transkriptase stellt eine RNA-abhängige DNA-Polymerase dar und benötigt wie alle anderen DNA-Polymerasen ein freies 3'-OH-Ende in Form eines Primers.

Dieser Primer ergibt sich oft von selbst, da meist PolyA$^+$-RNAs revers transkribiert werden. Daher werden für die RT von eukaryontischen mRNAs meist sogenannte Oligo-dT-Primer eingesetzt, die trotz ihres Namens nicht nur aus „dT's" bestehen, denn am 3'-OH-Ende enthalten sie ein oder zwei zusätzliche Basen: $^{5'\text{-}P}$dT$_{18-22}$VN$^{3'\text{-}OH}$. Auf diese Weise wird verhindert, dass ein reiner Oligo-dT-Primer an verschiedenen Stellen im circa 200 Basen langen PolyA$^+$-Schwanz bindet, denn durch das „V" an seinem 3'-OH-Ende kann der Primer nur zu Beginn des PolyA$^+$-Stranges binden (Protokoll 4.3).

 TIPP

Oft besitzt der $^{5'\text{-}P}$dT$_{18-20}$VN$^{3'\text{-}OH}$ Primer an seinem 5'Ende angehängte Sequenzen, sogenannte Anker-Sequenzen [Anchored Primer]. Diese werden in Kapitel 11.4 behandelt.

Früher wurde nach der Erststrangsynthese durch die Reverse Transkriptase oft die Ausgangs-RNA durch eine RNase H abgebaut, die spezifisch die RNA aus einem RNA-DNA-Hybrid abbaut. Dieser Schritt wird heute oft weggelassen, denn die gebildete Erststrang-cDNA wird direkt durch eine PCR amplifiziert. Dazu wird ein Aliquot des RT-Ansatzes mit einem zusätzlichen Vorwärts-Primer in einer PCR eingesetzt. Da die Reverse Transkriptase den hohen Temperaturen bei der PCR nicht standhält, wird sie schon im ersten PCR-Zyklus deaktiviert. Die DNA-Polymerase kann die RNA nicht als Matrize nutzen. Die nicht für die PCR genutzte cDNA wird bei -20 °C oder besser bei -80 °C gelagert.

Ist kein PolyA⁺-Strang vorhanden, wie bei bakterieller mRNA oder einigen Histon-mRNAs, werden Hexamerprimer (also Zufallsprimer aus 6 Basen) eingesetzt.

Ist die Sequenz (zumindest teilweise) bekannt, kann auch ein spezifischer Primer verwendet werden (Abb. 4.14).

> **GUT ZU WISSEN**
> Die Analyse des Transkriptoms mittels DNA-Chips oder Microarrays enthält als zentralen Schritt ebenfalls eine RT-Reaktion.

4.5.6 Kolonie-PCR

Die Kolonie-PCR kommt zum Einsatz, wenn die nach einer Transformation entstandenen Bakterienkolonien (Kapitel 5.4) nach Inserts mit korrekter Länge durchsucht werden müssen (Abb. 4.15).

Eigentlich handelt es sich nicht um eine eigenständige PCR-Methode. Ziel ist es vielmehr, die PCR mit Hilfe von Mastermixen für das schnelle Screening einer hohen Zahl an Proben oder Klonen zu optimieren.

Die Klone werden nach einer Transformation (Kapitel 5.4) von der Agarplatte gepickt (Abb. 4.15 D). Zuerst werden sie auf eine neue Platte übertragen, deren Unterseite mit nummerierten Feldern beschriftet ist. Dies erleichtert später die Zuordnung von PCR-Ansätzen und Kolonien. Anschließend werden die restlichen Bakterien, die an der Pipettenspitze oder Impföse hängen, jeweils in einem mit dem PCR-Mastermix I befüllten Reaktionsgefäß gelöst. So wird auch mit den weiteren Kolonien verfahren, wobei die PCR-Gefäße natürlich die gleiche Nummer tragen wie das korrespondierende Feld auf der Agarplatte. Nun werden die PCRs durchgeführt. Die Klone mit dem gesuchten Amplifikat können von der Platte aus in Kultur genommen werden.

Oft werden zwei Mastermixe verwendet. Der Mastermix I enthält nur H_2O und den PCR-Puffer, der Mastermix II alle restlichen Bestandteile. Das hat den Vorteil, dass die Bakterien zunächst 5 min aufgekocht werden können, bevor die DNA-Polymerase mit dem Mastermix II zugegeben wird. Ein Protokoll für die Kolonie-PCR ist im E-Doc 4-2 zu finden. Es soll an dieser Stelle

Abb. 4.15:
Kolonie-PCR Nach der Transformation entstandene Kolonien werden mit einer Impföse gepickt (A) und auf eine Masterplatte (B) übertragen. Die Impföse wird anschließend in PCR-Mastermix I gegeben (C). Oft werden für die Prozedur statt einer Impföse sterile Pipettenspitzen oder autoklavierte Zahnstocher benutzt. Die anschließende PCR zeigt, ob das gewünschte Gen in dieser Bakterienkolonie vorhanden ist. Wichtig ist die richtige Zuordnung der Proben auf der Masterplatte, die mit entsprechenden Feldern von der Unterseite her beschriftet ist (D). Foto: Haacks, CAU Kiel.

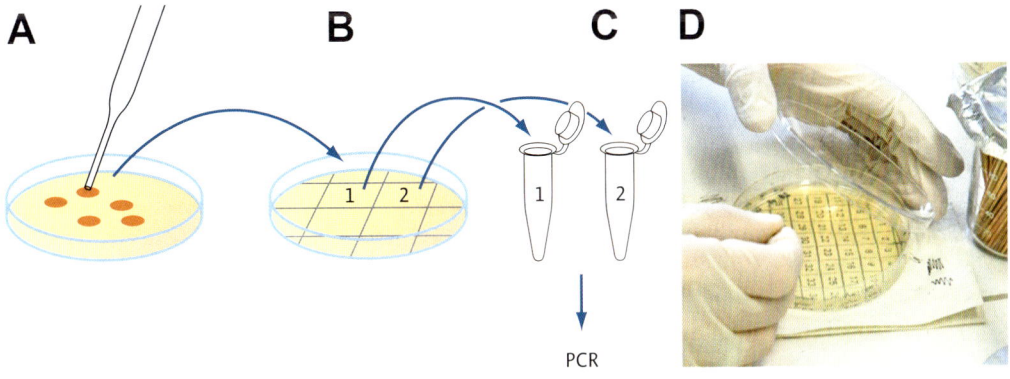

erwähnt werden, dass aus Gründen der Zeitersparnis in manchen Laboren nur ein Mastermix verwendet wird.

> **TIPP**
> Am schnellsten gelingt die Zugabe des Mastermix II, indem man erst alle Deckel der Reaktionsgefäße öffnet und den Mastermix II ohne Spitzenwechsel in die Deckel pipettiert. Anschließend werden die PCR-Gefäße geschlossen, kurz zentrifugiert und zurück in den Thermocycler gestellt.

4.5.7 Quantitative PCR

Die Quantitative PCR[7] (qPCR) erfordert spezielle Geräte, die eine Kombination aus Thermocycler (Kapitel 4.3) und Fluoreszenzphotometer (Kapitel 3.8.1) darstellen. Mit dieser Methode wird die Menge der gebildeten DNA während der Amplifikation gemessen. Während die gebildete DNA-Menge bei einer Standard-PCR erst nach Beendigung der Methode ermittelt werden kann (Endpunktmessung), erfolgt die Messung der gebildeten DNA in der qPCR in Echtzeit. Die Quantifizierung erfolgt jeweils am Ende eines Zyklus. Vor allem kann diese Technik verwendet werden, um die anteilige Menge einer bestimmten Ausgangs-DNA-Sequenz in einer Probe zu ermitteln (**E-Doc 4-3**). So kann beispielsweise zwischen Heterozygotie und Homozygotie in Bezug auf ein bestimmtes Gen unterschieden werden, denn im homozygoten Zustand liegt das Allel doppel so häufig vor wie im heterozygoten Zustand. Kombiniert man die qPCR mit der Reversen Transkription, kann über die Menge der entstandenen und amplifizierten cDNA auf die Menge der korrespondierenden mRNA in der Ausgangsprobe zurückgeschlossen werden.
Die einfachste Variante verwendet den Fluoreszenzfarbstoff SYBR Green®, welcher an dsDNA bindet und dabei eine starke Fluoreszenz verursacht, die im Photometer der Maschine gemessen wird. Die Intensität des Signals ist proportional zur Menge der gebildeten dsDNA. SYBR Green® wird am häufigsten verwendet, da es sehr sensitiv detektierbar und nicht allzu teuer ist. Allerdings wird jede gebildete DNA nachgewiesen, weshalb es wichtig ist, dass die Primer sehr spezifisch binden und nur ein Amplifikat produzieren. Dies wird in Vorversuchen ebenso wie die Effizienz der qPCR getestet (**E-Doc 4-3**). Die Amplifikate einer qPCR sind mit weniger als 150 bp auch sehr kurz. So wird gewährleistet, dass die DNA-Polymerase den gesamten zu amplifizierenden Bereich auch synthetisiert.

> **GUT ZU WISSEN**
> Es gibt viele Varianten der qPCR, die vor allem ein zusätzliches Oligonukleotid im PCR-Ansatz haben, eine sogenannte Sonde. Diese bindet spezifisch an das zu amplifizierende Gen und ist obendrein gleich mit mehreren Fluorophoren markiert. Wenn die DNA-Polymerase bei ihrer Synthese auf diese Sonde trifft, wird sie durch die 5'-3'-Exonuklease-Aktivität abgebaut. Die dabei freiwerdenden Fluorophoren werden detektiert. Dieses TaqMan® genannte Verfahren ist viel spezifischer als eine qPCR mit SYBR Green® aber auch teuer.

4.6 Anwendungen der PCR

Die PCR hat sich als Standardmethode nicht nur im Labor durchgesetzt, wo sie neben der Analyse und Klonierung von DNA Fragmenten auch für Mutagenese-Verfahren und die Markierung von DNA Molekülen eingesetzt wird.
In der molekularen Diagnostik hat sie ebenfalls ein riesiges Anwendungsspektrum eröffnet:
▶ Identifizierung von Bakterien, Parasiten, Viren – selbst wenn diese nicht in Kultur gehalten werden können,
▶ Präimplantationsdiagnostik,
▶ Erkennen von Mutationen/Gendiagnostik,
▶ Forensische Medizin/Gerichtsmedizin,
▶ Lebensmittel-Analytik von Rohstoffen und Endprodukten,

---

[7] Der ebenfalls gebräuchliche Begriff „*Real Time PCR*" sollte wegen möglicher Verwechslungen der Abkürzung RT-PCR mit der Reversen Transkriptions-PCR nicht verwendet werden.

- Nachweis von gentechnisch veränderten Organismen in Lebensmitteln,
- Menschlicher Identitätsnachweis („genetischer Fingerabdruck"),
- Vaterschaftstests.

Dies ist nur eine kleine Auswahl an Anwendungen.
Auch in der Evolutionsforschung und der Archäologie erweist sich die Diagnostik als wichtiges Hilfsmittel, wie beispielsweise die Entschlüsselung des Genoms des Neandertalers zeigt.
Der entscheidende Vorteil der PCR gegenüber anderen Methoden liegt darin, dass die PCR meistens schneller und sensitiver ist. Weiterhin ist sie einfach automatisierbar, was einen hohen Probendurchsatz erlaubt. Schließlich liefert sie hoch spezifische Ergebnisse, wobei nur sehr wenig Ausgangsmaterial benötigt wird.
Nachteilig ist jedoch, dass die hohe Sensitivität leicht zu falschpositiven Ergebnissen führen kann und dass mit dieser Methode nicht zwischen „lebenden" und „toten" Zellen unterschieden werden kann. Beispielsweise sind für die Bestimmung infektiöser Keime nur die lebenden Organismen wichtig, aber nicht die abgestorbenen.
Ein weiterer Nachteil der normalen PCR liegt darin, dass mit dieser Methode nicht die Menge an Ausgangs-DNA quantifiziert werden kann. Dies ist aber für viele Fragestellungen sehr wichtig, kann aber nur mit der quantitativen PCR bearbeitet werden.
Zum Ende dieses Kapitels kommen wir auf den wichtigsten Punkt für die Durchführung einer PCR. Da schon ein einzelnes DNA-Molekül für die Amplifikation ausreicht, muss immer eine Nullkontrolle oder Wasserkontrolle angesetzt werden. Bei dieser Nullkontrolle wird anstelle der Ausgangs-DNA H_2O eingesetzt. In dieser Probe entstehende Banden weisen auf eine DNA-Kontamination in einem der Reagenzien hin. Häufig ist einer der Primer schon mit der DNA kontaminiert, die in zuvor durchgeführten Versuchen durch Unachtsamkeit eingetragen wurde. In einem solchen Fall wird der betroffene Primer entsorgt.

4.7 Optimierung der PCR-Reaktion

Obwohl es sich bei der PCR um *die* Standardmethode in der Molekularbiologie handelt, treten häufig Probleme auf. Entweder wird überhaupt kein Amplifikat gebildet oder es tritt eine Vielzahl von Amplifikaten auf. Oft ist die Amplifikation auch sehr ineffizient. Besonders unangenehm ist es, wenn ein falscher Sequenzabschnitt vervielfältigt wurde, weil die Primer nicht an der gewünschten Stelle gebunden haben. Im Folgenden werden einige mögliche Lösungsansätze vorgestellt.

4.7.1 Optimierung der PCR-Effizienz

Wir beginnen mit einer PCR-Reaktion, bei der keine Amplifikate entstehen – eine Situation, für die sich folgende mögliche Ursachen verantwortlich zeigen können:
- Die Polymerase wird durch Störstoffe gehemmt. Ethanol, Phenol und EDTA sind deshalb so häufig die Verursacher, weil sie in vorherigen Aufreinigungsschritten verwendet wurden. EDTA gelangt meist in Form von TE-Puffer (Tris-EDTA) in die Reaktion. Da EDTA Mg^{2+} komplexiert, wird die Polymerase-Aktivität inhibiert. In einem solchen Fall kann entweder zusätzlich Mg^{2+} zugesetzt werden, wobei es allerdings zu unspezifischer Amplifikation kommen kann, oder – besser – die DNA wird vor der PCR mit Natriumacetat und Ethanol (Protokoll 3.2) gefällt. Die Reste an Ethanol werden am besten in einer Speed-Vac (Abb. 2.12B) entfernt. Weitere mögliche Störstoffe für die PCR sind eine hohe Salzkonzentration, Harnstoff oder SDS.
- Eine weitere gängige Ursache für eine fehlende Amplifikation liegt in einer zu hohen Menge der Ausgangs-DNA. Die Polymerase-Reaktion wird durch zu viel Ausgangs-DNA gehemmt. Dies passiert besonders häufig, wenn die Ausgangs-DNA ein aus *E. coli* isoliertes Plasmid darstellt, welches in zu großer Menge zugesetzt wurde. Es ist daher oft sinnvoll, die DNA-Lösung vor der PCR zu ver-

dünnen, was den positiven Nebeneffekt hat, dass eventuell vorhandene Störstoffe ebenfalls verdünnt werden.

> **TIPP**
> Führt der Auftrag von 3 - 5 µl des Plasmids, das als Ausgangs-DNA dient, auf ein Agarosegel (Kapitel 7.1) zu einer gut sichtbaren Bande, sollte 1 µl der 1:10 verdünnten DNA in die PCR eingesetzt werden.

▶ Können diese beiden Ursachen ausgeschlossen werden, sollten die Primersequenzen erneut überprüft werden. Ist die Sequenz der Primer korrekt? Vor allem das 3'-OH-Ende muss perfekt binden. Entstehen vielleicht Primerdimere? Passen die Annealing-Temperaturen?
▶ Die Stabilität der DNA wird ebenfalls oft überschätzt. Zu starkes Trocknen oder zu hohe NaOH-Konzentrationen bei den ersten Schritten der Plasmidpräparation können die Plasmid-DNA irreversibel schädigen. Dies kann im Gel überprüft werden. Solchermaßen geschädigte DNA bleibt in der Geltasche liegen.

Selbst wenn obige Fehlerquellen ausgeschlossen wurden, kann die Effizienz der PCR suboptimal bleiben. Dann können folgende Punkte helfen, die Effizienz der PCR zu steigern:
▶ Erhöhung der Konzentration an dNTPs oder DNA-Polymerase.
▶ Zugabe folgender Substanzen: 2-Pyrrolidon, N,N-Dimethylformamid (DMF), Formamid oder Acetamid in Konzentrationen bis 0,8 M. Diese niedermolekularen Amide interagieren mit der DNA-Doppelhelix und destabilisieren die Ausgangs-DNA.
▶ Dimethylsulfoxid (DMSO) oder Glycerin in Konzentrationen von 5-10 % (v/v) erleichtern das Aufbrechen von Sekundärstrukturen innerhalb der Ausgangs-DNA.
▶ Deacetyliertes Rinderserumalbumin (0,8 µg / µl) kann ebenfalls die Effizienz erhöhen, vor allem, wenn die Probe mit der Ausgangs-DNA Polyphenole enthält (Kapitel 8.1.2).
▶ Optimierung der Primer auf ausbalancierte GC-Gehalte.
▶ Durchführen der Nested PCR-Strategie (Kapitel 4.5.2).

4.7.2 Optimierung der Genauigkeit und Spezifität der PCR

Entstehen bei der PCR mehr Banden als erwartet oder weisen sie nicht die erwartete Größe auf, ist dies ein Hinweis auf nicht optimale PCR Bedingungen oder eine unbekannte Eigenschaft der Ausgangs-DNA. Eine hohe Bandenzahl kann durch höhere Annealing-Temperaturen, eine inkrementelle PCR oder veränderte PCR-Bedingungen reduziert werden. Wenn die Spezifität einer PCR-Reaktion erhöht werden soll, bieten sich folgende Vorgehensweisen an:
▶ Verwenden einer thermostabilen DNA-Polymerase mit Korrekturfunktion.
▶ Das Auftreten von Nebenbanden bei der Amplifikation genomischer DNA kann durch sequenzähnliche Pseudogene bewirkt werden. Hier kann es helfen, das 3'-OH-Ende des Primers so zu ändern, dass nur noch das gesuchte Gen amplifiziert wird.
▶ Längere Primer führen in der Regel zu spezifischeren Amplifikaten, können aber eine Primer-Dimerisierung bewirken.
▶ Überprüfen der Primereigenschaften.
▶ Erhöhen der Annealing-Temperatur.
▶ Durch Verkürzen der Dauer des Annealings werden kurze Amplifikate bevorzugt.
▶ Erniedrigen der Mg^{2+} Konzentration oder der Primerkonzentration.
▶ Möglicherweise enthält die Ausgangs-DNA noch Verunreinigungen. Diese können wahrscheinlich durch eine Natriumacetat-basierte Ethanolfällung (Kapitel 3.3.2) entfernt werden.
▶ Verwenden von sauberen Materialien, Pipettenspitzen mit Filter sowie einer Wasserkontrolle.

5 Klonieren für Einsteiger

5.1 Restriktionsenzyme

5.2 Ligation

5.3 Dephosphorylierung

5.4 Die Transformation von E. coli

5.5 Der Weg zum klonierten Gen

5.6 Der ungerichtete Einbau einer amplifizierten DNA in einen Vektor

5.7 Der gerichtete Einbau von DNA in einen Vektor

5.8 Ligase-unabhängige Klonierungssysteme

5.9 Wenn es mal nicht klappt…

Nachdem ein DNA-Fragment isoliert (Kapitel 3.2) und mittels PCR (Kapitel 4.4) vervielfältigt wurde, folgt oft eine Abfolge von enzymatischen Reaktionen, die im Labor als Klonierung bezeichnet wird. Durch diese Arbeiten wird das interessierende DNA-Molekül in eine Art Transport-Molekül, den Vektor (Kapitel 6), beispielsweise ein Plasmid, eingesetzt.

GUT ZU WISSEN

Wir besprechen Vektoren erst in Kapitel 6. Hier reicht es, folgende Dinge zu diesem Thema zu wissen: Um eine DNA (z.B. ein PCR-Fragment) in einen Organismus einzubringen und dort zu vermehren, benötigt man einen Vektor, der gewissermaßen das Transportvehikel für dieses DNA-Fragment darstellt. Wie das DNA-Fragment

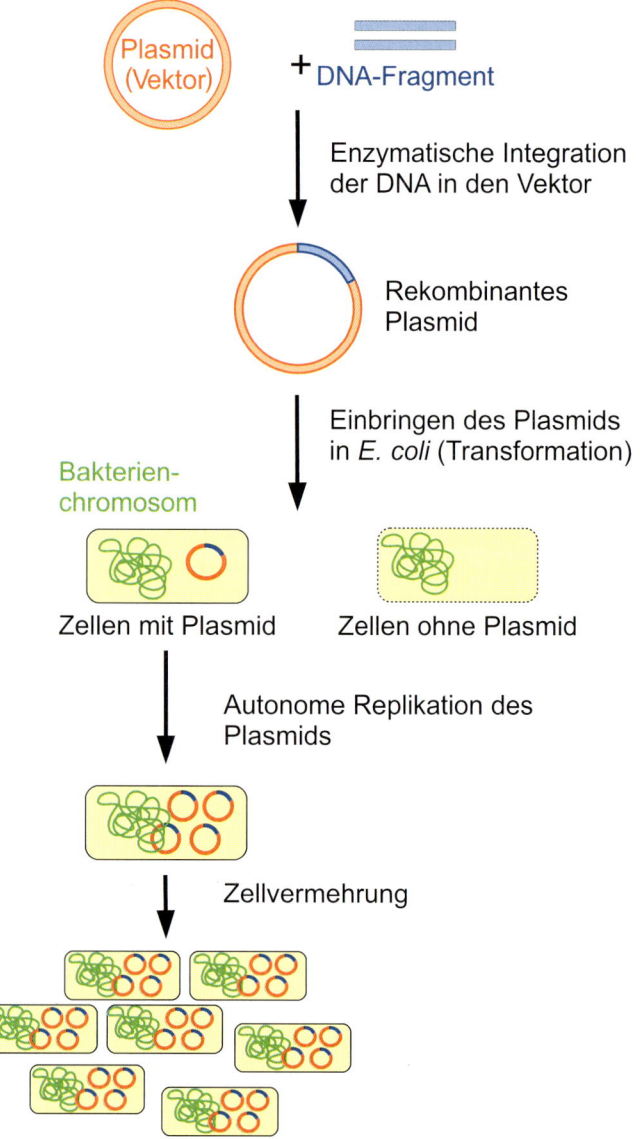

Abb. 5.1:
Kurze Übersicht einer typischen Klonierungsstrategie. In diesem Kapitel wird vor allem die enzymatische Integration der DNA in den Zielvektor behandelt.

in einen entsprechend vorbereiteten Vektor eingesetzt werden kann, wird in diesem Kapitel behandelt. Die rekombinante DNA aus Vektor und DNA-Fragment wird in eine Zelle, z.B. *E. coli*, eingebracht um es dort zu vermehren. Der Vektor muss einerseits Sequenzbereiche enthalten, die es ihm ermöglichen von der Wirtszelle autonom repliziert zu werden, also auf die Tochterzellen weitergegeben zu werden. Weiterhin muss er einen selektierbaren Marker besitzen, damit rekombinante Zellen von vektorfreien Zellen unterschieden werden können. Als Vektoren kommen neben Plasmiden auch weitere DNA-Moleküle infrage (Kapitel 6). In diesem Kapitel gehen wir zunächst immer von einem Plasmid als Zielvektor aus, da für die anderen Vektortypen die erforderlichen Klonierungsarbeiten sehr ähnlich sind.

Das Konstrukt aus DNA und Vektor wird anschließend in ein Bakterium (Kapitel 5.4) oder einen anderen Organismus (Kapitel 6.11 und 6.12) eingebracht. So kann das DNA-Molekül einfach und preiswert vervielfältigt werden oder über verschiedene nachgeschaltete Verfahren weiter analysiert und bearbeitet werden. Ein weiteres Ziel kann die Produktion des von der DNA codierten Proteins sein (Kapitel 6.4).

Hier beschäftigen wir uns zunächst mit den Arbeiten, die zwischen der Isolation der interessierenden DNA bzw. der Herstellung des PCR-Amplifikats und dessen Integration in einen Vektor liegen **(Abb. 5.1)**.

Zuerst klären wir die Abfolge der Reaktionen, die zur Klonierung eines PCR-Amplifikats in ein Plasmid führt.

Nachdem die einzusetzende DNA amplifiziert (Kapitel 4.4) und die Plasmid-DNA (Kapitel 3.4.1) isoliert wurden, bestehen wenigstens zwei alternative Strategien:

▶ Das Plasmid und die zu integrierende DNA werden mit sogenannten Restriktionsenzymen (Kapitel 5.1.2) an definierten Sequenzen geschnitten, wobei überhängende Enden entstehen, welche leicht durch eine Ligase (Kapitel 5.2) zusammengefügt werden können.
▶ Die Restriktion entfällt und die DNA wird über stumpfe Enden in den linearisierten Vektor eingesetzt (Kapitel 5.6).

Das entstandene Konstrukt wird dann in Bakterien eingebracht (Transformation, Kapitel 5.4), in denen es leicht vermehrt werden kann. Anhand dieses Ablaufes werden wir zunächst die beteiligten Enzyme näher betrachten und verschiedene Klonierungsstrategien vorzustellen.

5.1 Restriktionsenzyme

Restriktionsendonukleasen – meist Restriktionsenzyme genannt – stellen Nukleasen dar, welche – im Gegensatz zu den in Kapitel 3.1.1 besprochenen DNasen und RNasen – zunächst eine bestimmte Sequenz auf der Ziel-DNA erkennen, bevor die Hydrolyse des DNA-Rückgrades erfolgt.

In Prokaryonten sind sie weit verbreitet, in Eukaryonten wurden sie bisher nicht nachgewiesen. Die verschiedenen Enzyme sind äußerst vielfältig und weisen Größen zwischen 18 kDa (PvuII) und 146 kDa (CjeI) auf.

Restriktionsenzyme dienen den Bakterien als Schutzsystem, welches das Eindringen fremder DNA unterbinden soll. Sie bilden zusammen mit ein oder zwei Modifikationsenzymen eine funktionale Einheit. Während das Restriktionsenzym eine bestimmte DNA-Sequenz erkennt und diese DNA schneidet, methyliert das Modifikationsenzym, eine Methylase, genau diese Erkennungssequenz. Diese Methylierung schützt die eigene Bakterien-DNA vor dem Abbau durch das zugehörige Restriktionsenzym **(Abb. 5.2)**.

Dringt eine Fremd-DNA, z.B. ein Phage, in die Bakterienzelle ein, wird dessen DNA durch das Restriktionsenzym geschnitten, da die Erkennungsstellen nicht methyliert sind. Im Bakterium wird der neu synthetisierte DNA-Strang direkt nach der Replikation an den entsprechenden Stellen methyliert, sodass die eigene DNA vor dem Abbau geschützt ist. Wenn die Phagen-DNA jedoch während der Replikationsphase in das Bakterium eindringt, kann auch sie entsprechend methyliert werden und wäre vor dem Abbau geschützt.

Die beiden Enzyme Methylase und Restriktionsendonuklease bilden eine Restriktions-Modifikationseinheit, man spricht auch vom R-M-System.

Diese R-M-Systeme können entweder ein gemeinsames multimeres Protein bilden oder sie sind auf zwei oder mehr unabhängige Proteine aufteilt.

> **GUT ZU WISSEN**
> Seltener tritt der Fall ein, dass nur die an einer Erkennungssequenz methylierte DNA abgebaut, die unmethylierte DNA jedoch geschont wird.

Früher wurden drei Gruppen an R-M-Systemen unterschieden, Typ I, II und III. Die große Vielfalt der Reaktionsmechanismen führte zur Neueinteilung der R-M-Systeme, welche zusätzlich die Typ II Enzyme in mehrere Subtypen unterteilt. Einige Autoren betrachten den ebenfalls neu hinzugekommenen Typ IV als Subtyp von II, bei anderen steht der Typ IV gleichberechtigt mit den Typen I-III auf einer Stufe **(Tab. 5.1)**.

> **GUT ZU WISSEN**
> Die Typ IV Enzyme sind biochemisch sehr interessant, weil ihre Schnittart abhängig von der Erkennungssequenz ist. Normalerweise

Abb. 5.2:
R-M-System. Das System aus Restriktionsenzym und Methylase (R-M-System) schützt das Bakterium vor dem Eindringen von fremd-DNA, beispielsweise eines Phagen. Normalerweise wird die nicht-methylierte Phagen-DNA durch die bakteriellen Restriktionsenzyme abgebaut. Nur während der Replikation, wenn die Methylase des Bakteriums aktiv ist, kann die Phagen-DNA ebenfalls methyliert werden.

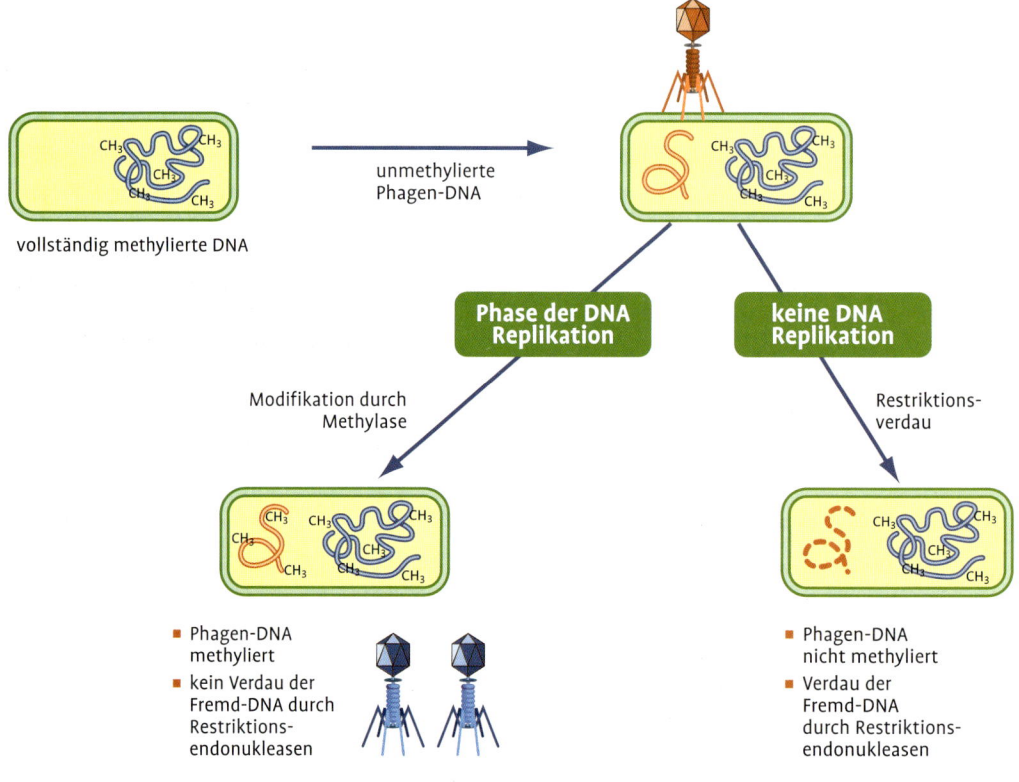

Tab. 5.1:
Die vier Hauptgruppen an Restriktionsenzymen, von denen vor allem die Typ II Enzyme kommerziell relevant sind. Wir betrachten hier die Typ IV Enzyme als eigenständige Gruppe, wie es die Restriktionsenzym-Datenbank REBASE (http://rebase.neb.com) vorschlägt. Alle Enzyme benötigen zweiwertige Ionen, meist Mg^{2+} seltener Mn^{2+}.

Typ	ATP-Bedarf	Beschreibung
Typ I	ja	Multimere Enzyme aus Methylase und Nukleaseuntereinheiten, welche im variablen Abstand von ihrer Erkennungssequenz zufällig schneiden. Obwohl diese Enzyme in der Natur weit verbreitet sind, spielen sie im Labor keine Rolle.
Typ II	nein	Methylierungs- und Restriktionsfunktion stellen zwei getrennte Proteine dar. Die zugehörigen Methylasen sind kommerziell weniger relevant. Die Restriktionsenzyme benötigen fast immer Mg^{2+} aber kein ATP. Sie produzieren 5'-Phosphat und 3'-OH-Enden, oft findet die Hydrolyse innerhalb oder im definierten Abstand zur Erkennungsstelle statt.
Typ III	(ja)[1]	Multimere Proteine, die außerhalb ihrer Erkennungssequenz die Spaltung durchführen. Die Erkennungssequenz ist nicht symmetrisch und die Spaltung selten vollständig, weshalb sie für die Laborarbeit kaum von Bedeutung sind.
Typ IV	nein	Die Hydrolyse erfolgt abhängig vom Aufbau der Erkennungssequenz (siehe GUT ZU WISSEN-Box).

1 ATP wird zwar benötigt, aber nicht hydrolysiert.

schneiden die Enzyme auf einer Seite der Erkennungssequenz. Ist die Erkennungssequenz jedoch unterbrochen, dann wird auf beiden Seiten der Erkennungssequenz geschnitten. So entsteht zwischen den beiden Schnittstellen ein zusätzliches, kleines Fragment. Die Schnitte erfolgen wie bei Typ I und III in einem größeren Abstand, weshalb die Typ IV ebenfalls kaum Relevanz für den Laboreinsatz haben.

5.1.1 Restriktionsenzyme des Typs II

Im Labor trifft man fast ausschließlich auf Enzyme des Typs II. Viele Typ II-Enzyme zeichnen sich dadurch aus, dass die beiden Funktionen, Endonuklease und Methylase, auf verschiedenen Enzymen liegen und dass sie Mg^{2+} aber kein ATP benötigen. Darüber hinaus schneiden diese Enzyme entweder innerhalb ihrer Erkennungssequenz oder in einem definierten Abstand. Oft – aber nicht immer – sind die Erkennungssequenzen für diese Enzyme symmetrisch aufgebaut und meist zwischen vier und acht Basen lang.

Die Hydrolyse der beiden DNA-Stränge erfolgt immer so, dass ein 5'-Phosphatende und ein 3'-OH-Ende entsteht[1].

Weit über 3000 verschiedene Typ II-Enzyme sind beschrieben, weshalb die Typ II-Enzyme in Subtypen unterteilt wurden, von denen in **Tab. 5.2** nur die Wichtigsten aufgeführt sind.

Der Subtyp M erkennt nur methylierte Sequenzen und wird im Labor vor allem durch das Enzym DpnI repräsentiert (Kapitel 11.8). Enzyme der Untergruppe Typ II S schneiden in einem genau definierten Abstand zur Erkennungssequenz. Sie werden zunehmend wichtiger.

Die meisten Enzyme im Labor stammen jedoch aus dem Subtyp P der Gruppe II. Diese Gruppe erkennt eine symmetrische Sequenz, bei der die Sequenz auf dem oberen Strang gelesen, genau der Sequenz rückwärts gelesen auf dem komplementären Strang entspricht. Dies nennt man Palindrom.

---

1 In einigen Lehrbüchern werden weitere gemeinsame Eigenschaften angegeben, die aber überholt sind.

Tab. 5.2:
Typ II Subtypen. Die blauen Buchstaben stellen die notwendige Erkennungssequenz dar, der Pfeil die Schnittposition. Oft liegen viele Nukleotide variabler Sequenz (N) zwischen diesen beiden Stellen. W, R und Y stellen alternative Basen dar (Kapitel 4.2.4). Nicht aufgeführt sind die Typen C, F, G, H[1]. Manche Enzyme sind mehreren Subtypen zugeordnet, z.B. gehört FokI zu den Subtypen P und S. Die Einteilung sowohl der Hauptgruppen als auch der Subtypen ist leider nicht ganz konsistent. Wir halten uns an die Einteilung der Restriktionsenzymdatenbank Rebase (http://rebase.neb.com).

Subtyp	Besondere Merkmale	Beispielenzym: Name	Erkennungssequenz
A	Asymmetrische Erkennungsstelle, spaltet innerhalb oder außerhalb	FokI	$GGATGN_9\blacktriangledown$ $CCTACN_9NNNN\blacktriangle$
B	Spalten auf beiden Seiten	BcgI	$\blacktriangledown N_{10}CGAN_6TGCN_{10}NN\blacktriangledown$ $\blacktriangle NNN_{10}GCTN_6ACGN_{10}\blacktriangle$
E	Interagieren mit zwei Kopien der Erkennungssequenz	EcoRII	$\blacktriangledown CCWGG$ $GGWCC\blacktriangle$
M	Gehören zu Subtyp IIA oder IIP, benötigen aber methylierte Erkennungssequenz	DpnI	$G^{m6}A\blacktriangledown\ TC$ $C\ T\blacktriangle^{m6}AG$
P	Symmetrische Erkennungs- und Spaltungsstellen	EcoRI	$G\blacktriangledown AATT\ C$ $C\ TTAA\blacktriangle G$
S	Aymmetrische Erkennungs- und Spaltungsstellen	MmeI	$TCCRACN_{18\text{-}19}NN\blacktriangledown$ $AGGYTGN_{18\text{-}19}\blacktriangle$

1 Eine komplette Liste findet sich hier: Nucleic Acids Research, 2003, Vol. 31,7 1805-1812.

GUT ZU WISSEN

Im Zusammenhang mit Restriktionsenzymen findet man oft den Begriff „Palindrom". Dies sind Wörter, die sowohl von links nach rechts als auch umgekehrt gelesen werden können, wie „OTTO". Zwischen der sprachlichen Bedeutung des Begriffs Palindrom und der biologischen gibt es jedoch einen wichtigen Unterschied: bei der DNA ist nicht die Sequenz auf einem Strang von vorn und hinten gleich zu lesen (beispielsweise: CCGGCC), sondern das Zurücklesen erfolgt auf dem Gegenstrang:

+ DNA-Strang: →CCATGG→
− DNA-Strang: ←GGTACC←

Daher sollte für solche Sequenzen besser der Begriff „symmetrisch" verwendet werden.

Die Namen der Enzyme folgen einer Konvention: Der erste Buchstabe (z.B. „E": *Escherichia*) gibt die Gattung an, zu welcher der Ursprungsorganismus gehört, die nächsten beiden Buchstaben („co": *coli*) seine Art. Manchmal folgt eine Stamm-Bezeichnung (z.B. „R": *E. coli* Stamm R). Die römische Zahl am Ende wird nach der Reihenfolge der Entdeckung vergeben (EcoRV ist also das 5. Restriktionsenzym, das aus dem *E. coli* Stamm R isoliert wurde).

Die meisten Enzyme des Typ II produzieren überhängende Einzelstränge (z.B. BamHI, HpaI oder NdeI). Man spricht von kohäsiven Enden[2] [*sticky ends* oder *cohesive ends*]. Die meisten Enzyme produzieren dabei einen 5'-Überhang (Abb. 5.3), selten entstehen 3'-Überhänge.

Weiterhin gibt es auch Enzyme, die stumpfe Enden [*blunt ends*] erzeugen, weil sie beide Stränge an der gleichen Stelle schneiden.

In **Abb. 5.3** sind sogenannte 6er-Cutter aufgelis-

2 Der Ausdruck „klebrige Enden" wird ebenfalls verwendet.

Abb. 5.3:
Restriktionsenzyme produzieren 5' (**A**) oder 3' Überhänge (**B**). Auch stumpfe Enden (**C**) können entstehen.

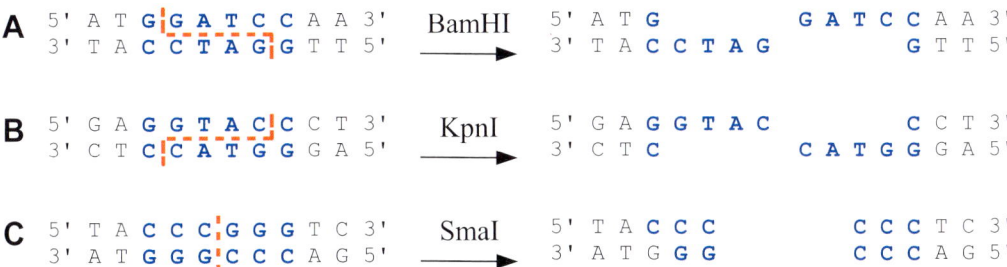

Tab. 5.3:
Beispiele für verschiedene Erkennungssequenzen von Typ II Restriktionsenzymen. In blau sind die Besonderheiten der Erkennungssequenzen hervorgehoben. EcoRII: Das W steht für ein A oder ein T an dieser Stelle. In BglI sind sogar vier Nukleotide undefiniert (N), weshalb dieses Typ II-S Enzym eine asymmetrische Erkennungsstelle aufweisen kann. LweI und SfaNI sind Isoschizomere, die in einem definierten Abstand zur Erkennungsstelle schneiden und ebenfalls zu den Typ II-S Enzymen gehören. Die Bedeutung von NcoI und XbaI für die Klonierung wird in der Tipp-Box näher erläutert.

Enzym	Herkunft	Erkennungs- / Spaltsequenz
HpaII	*Haemophilus parainfluenzae*	...5' C▼CGG 3'... ...3' GGC▲C 5'...
MboI	*Moraxella bovis*	...5' ▼GATC 3'... ...3' CTAG▲ 5'...
NdeII	*Neisseria denitrificans*	...5' CA▼TATG 3'... ...3' CTAT▲AC 5'...
EcoRI	*Escherichia coli* RY13	...5' G▼AATTC 3'... ...3' CTTAA▲G 5'...
EcoRII	*Escherichia coli* R245	...5' ▼CCWGG 3'... ...3' GGWCC▲ 5'...
EcoRV	*Escherichia coli* J62 pLG74	...5' GAT▼ATC 3'... ...3' CTA▲ATG 5'...
BamHI	*Bacillus amyloliquefaciens* H	...5' G▼GATCC 3'... ...3' CCTAG▲G 5'...
NcoI	*Nocardia corallina*	...5' C▼CATGG 3'... ...3' GGTAC▲C 5'...
XbaI	*Xanthomonas badrii*	...5' T▼CTAGA 3'... ...3' AGATC▲T 5'...
BglI	*Bacillus globigii*	...5' GCCNNNN▼NGGC 3'... ...3' CGGN▲NNNNCCG 5'...
DraII	*Deinococcus radiophilus*	...5' TTT▼AAA 3'... ...3' AAA▲TTT 5'...
LweI	*Listeria welshimeri* RFL 131	...5' GCATCNNNNN▼NNNN 3'... ...3' CGTAGNNNNNNNNN▲ 5'...
SfaNI	*Streptococcus faecalis* ND547	...5' GCATCNNNNN▼NNNN 3'... ...3' CGTAGNNNNNNNNN▲ 5'...

tet, deren Erkennungssequenz sechs Basen lang ist. Es gibt auch kürzere (4er-Cutter, z.B. HpaI) und längere Erkennungssequenzen (8er Cutter, z.B. SrfI). Je kürzer die Erkennungssequenz, desto häufiger findet sich statistisch gesehen die Zielsequenz auf einem DNA-Molekül. Die kleine Auswahl an Typ II-Enzymen mit ihren Schnittstellen in Tab. 5.3 spiegelt die Vielfalt dieser Enzymklasse wider.

> **TIPP**
> Die Enzyme NcoI und XbaI werden gerne zur Klonierung von Genen in Expressionsvektoren (Kapitel 6.4) verwendet, weil sie ein Startcodon (ATG) bzw. ein Stoppcodon (TAG) in ihrer Schnittstelle enthalten (Tab. 5.3).

Bei der großen Zahl der Enzyme ist es kaum verwunderlich, dass Enzyme mit gleichen Erkennungssequenzen aus verschiedenen Quellen isoliert wurden. Haben Enzyme aus verschiedenen Quellen sowohl die gleiche Erkennungssequenz als auch ein identisches Spaltverhalten, spricht man von Isoschizomeren (siehe LweI und SfaI in Tab. 5.3). Erkennen die Enzyme gleiche Sequenzen, spalten aber unterschiedlich, werden sie als Neoschizomere bezeichnet (PasI: CC▼CWGGG und AjnI: ▼CCCWGGG).

> **GUT ZU WISSEN**
> Isoschizomere dienen den Herstellern als Alternative zu bereits patentierten Enzymen. Auch für den Forscher können sie sich als nützlich herausstellen, wenn sie den Restriktionsverdau bei unterschiedlichen Bedingungen ermöglichen.

Kompatible Restriktionsenzyme produzieren einander komplementäre Überhänge. Nachdem diese verknüpft sind, kann dieser Bereich durch keines der beiden Enzyme mehr geschnitten werden (Abb. 5.4).

> **GUT ZU WISSEN**
> Restriktionsendonukleasen schneiden beide Stränge einer dsDNA. Neuerdings werden auch Enzyme kommerziell angeboten, die nur einen Strang einer dsDNA schneiden oder DNA-RNA Hybride. Solche Enzyme, welche als „Nicking Enzymes" bezeichnet werden, kommen natürlicherweise nicht vor, sondern sind gentechnisch verändert worden.

5.1.2 Restriktionsenzyme im Labor

In den meisten Laboren stammen die Restriktionsenzyme alle vom gleichen Hersteller. Dies liegt vor allem daran, dass die Anbieter eigene Puffersysteme entwickelt haben, die es erlauben, möglichst viele Reaktionen im gleichen Puffer durchzuführen. Dies ist vor allem interessant, wenn mit zwei oder mehr Restriktionsenzymen gleichzeitig gearbeitet werden soll. Entsprechende Tabellen der Hersteller helfen dabei, die optimalen Bedingungen zu finden (Abb. 5.5).

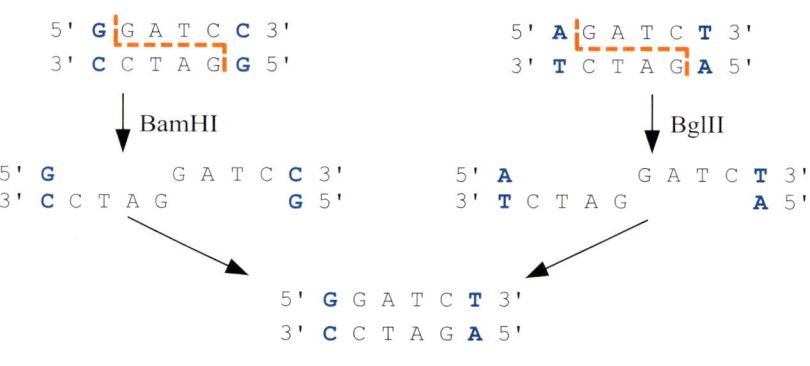

Abb. 5.4: Kompatible Restriktionsenzyme. BamHI und BglII sind kompatible Restriktionsenzyme, denn sie produzieren komplementäre Überhänge. Werden diese später ligiert, können diese durch keines der beiden Enzyme mehr geschnitten werden, da die Symmetrie der Erkennungsstelle verloren geht.

Abb. 5.5:
Puffertabelle für Restriktionsenzyme. Ausschnitt einer typischen Restriktionsenzym-Tabelle. Es gibt verschiedene Puffer. Die Zahlen geben an, wie hoch die Aktivität des Enzyms im jeweiligen Puffer ist. Die empfohlenen Puffer sind jeweils farbig unterlegt. Alle Hersteller bieten universelle Puffer an, hier der Tango™, in dem (fast) alle Enzyme des Herstellers aktiv sind. In wenigen Fällen müssen zusätzliche Substanzen wie SAM (S-adenosylmethionin) zugegeben werden, die jeweils mitgeliefert werden. Die Zahl der Enzyme, die einen speziellen Puffer benötigen (grau) wird zunehmend kleiner. Die Symbole in der rechten Spalte weisen auf besondere Eigenschaften hin, beispielsweise eine vorhandene Staraktivität oder *dam*-Sensitivität. Diese Begriffe werden im Text näher erläutert.

Enzyme	Specificity 5′ 3′	Recommended buffer for 100% activity	Enzyme activity in buffers, %				TangoTM (yellow)		Tango™ buffer for double digestion	Enzyme properties
			B (blue) 1X	G (green) 1X	O (orange) 1X	R (red) 1X	1X	2X		
AanI (PsiI)	TTA↓TAA	Tango™	50-100	50-100	0-20	0-20	100	20-50	1X OR 2X	
AasI (DrdI)	GACNNNN↓NNGTC	B	100	20-50	0-20	0-20	50-100*	0-20	1X*	★
AatII	GACGT↓C	Tango™	50-100	20-50	0-20	0-20	100	20-50	1X OR 2X	CG
Acc65I (Asp718I)	G↓GTACC	O	0-20	20-50	100	20-50	20-50	50-100	1X OR 2X	Dcm CG
AdeI (DraIII)	CACNNN↓GTG	G	0-20	100	20-50	100	100*	20-50	1X OR 2X	★ CG
AjiI (BmgBI)	CAC↓GTC	Unique	NR	NR	20-50*	NR	NR	20-50*	2X	CG
AjuI	↓(7/12)GAA(N)₇TTGG(11/6)↓	R (+ SAM)	0-20 (+ SAM)	50-100 (+ SAM)	20-50 (+ SAM)	100 (+ SAM)	50-100 (+ SAM)	50-100 (+ SAM)	1X OR 2X (+ SAM)	

> **TIPP**
> Noch einfacher sind die optimalen Pufferbedingungen für einen „Doppelverdau" auf den Webseiten vieler Hersteller unter dem Stichwort „Double Digest" zu finden. Nähere Details zu diesem Thema finden sich in Kapitel 5.7.

Die Zahlen in den Tabellen geben an, wie hoch die Aktivität eines Enzyms im jeweiligen Puffer ist. Dies bedeutet, dass beispielsweise von einem Enzym, welches in einem Puffer nur eine 50%ige Aktivität besitzt, die doppelte Menge eingesetzt werden sollte.

> **GUT ZU WISSEN**
> 1 Unit ist definiert als die Enzymmenge, die unter optimalen Bedingungen alle Erkennungssequenzen in 1 µg DNA in 60 min vollständig spaltet.

In solchen Tabellen finden sich noch weitere relevante Informationen. Zunächst die Temperatur, bei der die Enzyme inaktiviert werden und die Reaktion gestoppt wird. Meist beträgt sie 65 °C. Ein weiteres sehr wichtiges Zeichen ist das Sternsymbol, welches auf eine *Star*-Aktivität hinweist. Enzyme mit Star-Aktivität schneiden die DNA unspezifisch, wenn die Bedingungen nicht optimal oder wenn sie in zu großen Men-

> **PROTOKOLL 5.1**

Universal-Puffer für Restriktionsenzyme

Manchmal lässt es sich nicht umgehen, Enzyme verschiedener Hersteller gleichzeitig einzusetzen. Dann kann folgender 10 x Universal-Puffer helfen.

Material:
- 100 mM Tris-HCl, pH 7,5
- 100 mM $MgCl_2$
- 1 M NaCl
- 1 mg / ml Rinderserumalbumin (BSA)
- 0,5 mM DTT

gen im Reaktionsansatz verwendet werden. Ein bekannter Vertreter dieser Gruppe ist *EcoRI*. Am besten sollten Enzyme mit Star-Aktivität vermieden werden. Manchmal lässt sich ein Isoschizomer bei einem anderen Hersteller finden oder es kann ein anderer Puffer verwendet werden. Eine Liste von Enzymen mit bekannter Star-Aktivität findet sich auf http://rebase.neb.com.

> **GUT ZU WISSEN**
> Relativ neu auf dem Markt sind optimierte Enzyme, die sich alle in einem Puffer des Herstellers schneiden lassen und eine hohe Aktivität und Stabilität aufweisen. Sie werden unter Markennamen wie Fast-Enzyme (Fermentas) oder High Fidelity Enzyme (NEB) vertrieben.

PROTOKOLL 5.2

Restriktionsverdau

Material:
- DNA
- Thermoblock oder Wasserbad bei 37 °C
- Der 10 x Puffer wird zusammen mit dem Restriktionsenzym vom Hersteller geliefert.

Ansatz:
- 1 µl 10 x Puffer
- 6,5 µl H_2O
- 2 µl DNA, ungefähr 1/20 bis 1/10 Menge einer typischen Plasmidpräparation (Kapitel 3.4.1)
- 0,5 µl Enzym (bei Doppelverdau: 0,5 µl des zweiten Enzyms, dann nur 6 µl H_2O)
- Gesamtvolumen: 10 µl

Durchführung:
1. Alle Substanzen werden in ein Reaktionsgefäß pipettiert.
2. Für 1h bei 37 °C im Wasserbad oder Thermoblock inkubieren.
3. Abschließend wird die Reaktion meist durch Erhöhung der Temperatur auf 65 °C gestoppt.

Einige wenige Enzyme benötigen spezielle Bedingungen, beispielsweise andere Reaktionstemperaturen oder den Zusatz von Rinderserumalbumin (BSA). Entsprechende Angaben finden sich bei den Herstellern.

Der Zusatz von Rinderserumalbumin (BSA) kann die Effizienz vieler weiterer Restriktionsenzyme erhöhen. Wenn im Puffer des Herstellers kein BSA enthalten ist, kann dieses zugesetzt werden. Dafür muss jedoch spezielles, deacetyliertes BSA verwendet werden, welches garantiert nukleasefrei ist.

Weitere Spalten sind mit „dam" oder „dcm" bezeichnet. Diese Begriffe werden in Kapitel 5.1.3 behandelt.

Ein typischer Restriktionsverdau ist im Protokoll 5.2 aufgeführt. In der Praxis wird in einen Ansatz 0,5 µl oder 1 µl Enzym eingesetzt, oft unabhängig von der enthaltenen Aktivitätsmenge, die meist bei 10 U/µl liegt.

> **TIPP**
> Das Enzym sollte maximal 10 % des Volumens ausmachen, denn die Enzymlösung enthält Glycerin, welches die Reaktion hemmen kann. Das Glycerin verhindert in der Vorratslösung das Einfrieren des Enzyms bei -20 °C.

5.1.3 Methylasen

Wie in Kapitel 5.1 erwähnt, gehört zu jeder Restriktionsendonuklease auch eine Methylase, die bei vielen Typ II-Enzymen ein eigenständiges Protein darstellt. Die Methylasen haben den gleichen Namen wie ihre zugehörige Endonuklease, allerdings mit einem „M." vor dem Namen: M.EcoRI oder M.NcoI. Im Labor spielen diese Enzyme nur eine untergeordnete Rolle. Allerdings besitzen viele Laborstämme von *E. coli* ein R-M-System – oft mit den Methylasen *dam* oder *dcm*. Diese Enzyme methylieren die Sequenz $G^{m6}ATC$ (*dam*) bzw. $C^{m5}CWGG$ (*dcm*).

Durch diese methylierten Sequenzen werden einige Restriktionsenzyme, deren Erkennungssequenz damit überlappt, gehemmt. Dies kann besonders bei *dam* geschehen, wenn „$G^{m6}A$" Teil einer längeren Erkennungssequenz ist, wie bei BclI in dessen Erkennungssequenz TGATCA die *dam*-Sequenz enthalten ist. Aber nicht alle Enzyme sind methylierungssensitiv: BamHI (GGATCC) wird beispielsweise nicht von einer Methylierung beeinflusst. In den Restriktionstabellen der Hersteller (Abb. 5.5) und Datenblättern der Enzyme kann durch die Begriffe „*dcm*" und „*dam*" ermittelt werden, ob das Enzym methylierungssensitiv ist oder nicht.

Die Methylierung der bakteriellen DNA eröffnet auch weitere Möglichkeiten, da durch sie nach einer PCR zwischen der methylierten Ausgangs-DNA und der unmethylierten, amplifizierten DNA unterschieden werden kann. Wie aus Abb. 4.1 ersichtlich, bleibt die Ausgangs-DNA bei der PCR Reaktion erhalten. Dies kann für manche Verfahren, wie beispielsweise Site-directed Mutagenesen (Kapitel 11.8), sehr störend sein. Durch den Einsatz des Restriktionsenzyms DpnI kann die Ausgangs-DNA komplett zerstört werden, während unmethylierte PCR-generierte DNA unbehelligt bleibt, denn DpnI schneidet nur $G^{m6}ATC$ nicht jedoch GATC.

Kommerziell werden auch *dam*⁻- beziehungsweise *dcm*⁻- Stämme angeboten, welche in ihrem Genotyp die entsprechenden Bezeichnungen aufweisen (**E-Doc 2-4**). Diesen fehlen die entsprechenden Methylasen.

Neben der Klonierung (Map 5.1) spielen Restriktionsenzyme eine zentrale Rolle bei vielen weiteren Verfahren. Sie werden beispielsweise zu Beginn einer Southern Blot Analyse (**E-Doc 7-1**) eingesetzt. Früher waren auch die Restriktionsfragment-Analysen sowie Restriktionsfragment-Längenpolymorphismen (RFLP) weit verbreitet. Da diese Verfahren an Bedeutung verloren haben, werden sie hier nicht näher behandelt.

5.2 Ligation

Die Ligase katalysiert die Bildung von Phosphodiesterbindungen zwischen einem 5'-Phosphatende und einer benachbarten 3'-Hydroxylgruppe einer dsDNA oder dsRNA **(Abb. 5.6)**. Dabei ist es bei dsDNA unerheblich, ob diese Enden Teil eines stumpfen oder überhängenden DNA-Endes sind. Darüber hinaus ist das Enzym in der Lage, Einzelstrangbrüche zu reparieren.

Abb. 5.6:
Schema verschiedener Ligase-Reaktionen. Die benachbarten 3'-OH- und 5'-P-Enden zweier dsDNA-Stränge werden unter ATP-Verbrauch verbunden. Dabei können die Enden entweder kohäsive mit 5' (**A**) bzw. 3' Überhang sein oder stumpfe Enden (**B**) darstellen. Auch Einzelstrangbrüche (**C**) können durch die Ligase geschlossen werden. Fehlen infolge einer Dephosphorylierung (Kapitel 5.4) die endständigen Phosphate, kann keine Ligase-Reaktion stattfinden (**D**).

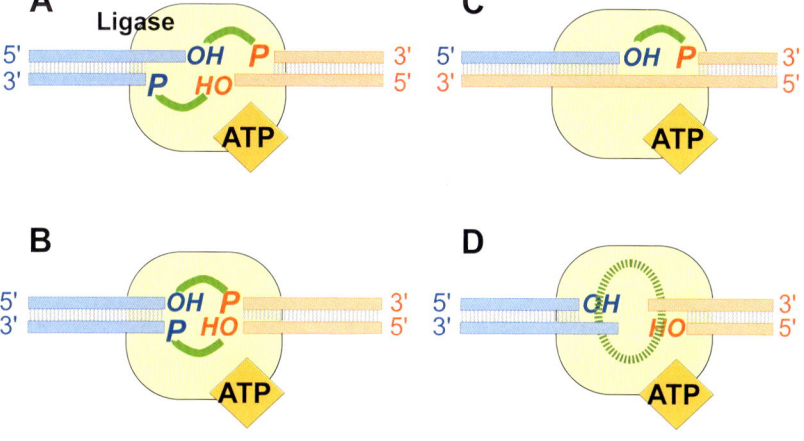

Im Labor wird fast immer die T4-Ligase aus dem Bakteriophagen T4 verwendet, welche neben Mg^{2+}-Ionen auch ATP (nicht dATP!) benötigt.

> **TIPP**
> DNA-Fragmente, bei denen sich die Phosphat-Gruppe am 5'-Überhang befindet, lassen sich sehr viel einfacher verknüpfen als solche mit stumpfen Enden oder einer 3'-OH-Gruppe am Überhang. Bei Letzteren sollte daher mehr Ligase eingesetzt werden und die Reaktionsdauer erhöht werden.

Die Ligation kann entweder bei 11-16 °C über Nacht oder bei 22 °C für 1-2 h durchgeführt werden. Es gibt auch schnelle Protokolle, die die Ligation innerhalb von Minuten versprechen. Die Reaktion kann am nächsten Morgen durch Zugabe frischer Ligase und ATP „nachgestartet" werden.

> **GUT ZU WISSEN**
> Die Aktivität einer Ligase wird in Weiss-Units angegeben: 1 Weiss Unit ist die Menge an Enzym, die benötigt wird, um 1 nmol radioaktiv ^{32}P-markiertes Pyrophosphat in 20 min bei 37 °C in ATP einzubauen. Für die Molekularbiologie ist folgende Ableitung nützlicher: 1 Unit Enzym wird benötigt, um 50 % eines HindIII Restriktionsverdau der DNA des Phagen λ in 30 min bei 16 °C und 20 µl Reaktionsvolumen zu ligieren. Allerdings weichen die Definitionen der Hersteller voneinander ab. Am besten setzt man einfach 0,5 µl oder 1 µl des Enzyms ein.

Der wesentliche Parameter für die Ligase-Reaktion ist die vorhandene Menge an freien Phosphat- und Hydroxyl-Enden. Unangenehmerweise ist meist nur die Menge in ng/µl bekannt, was eine Umrechnung in die Zahl der Moleküle, beziehungsweise der zu ligierenden Enden erfordert. Die zugehörigen Formeln gehen von einem ungefähren Molekulargewicht von 660 Da pro Basenpaar aus (Protokoll 5.3).

PROTOKOLL 5.3

Berechnen von Picomol DNA oder DNA Enden sowie der molaren Verhältnisse

Folgende Formeln helfen bei der Berechnung der DNA-Menge in pmol:

$$x\ pmol = \frac{\mu g\ dsDNA \times 10^6}{Zahl\ der\ Basenpaare \times 660}$$

Für ssDNA gilt entsprechend:

$$x\ pmol = \frac{\mu g\ ssDNA \times 10^6}{Nukleotidzahl \times 330}$$

Die Zahlen ergeben sich daraus, dass ein Nukleotidpaar ein Molekulargewicht von ca. 660 Da besitzt. Wenn – wie für Ligationen üblich – pmol an „DNA Enden" berechnet werden sollen, muss der pmol-Wert für die dsDNA mal 2 genommen werden.
Um die molaren Verhältnisse zu berechnen, wird folgende Formel verwendet:

$$\frac{ng\ Insert\ /\ Insertlänge\ [bp]}{ng\ Vektor\ /\ Länge\ des\ Vektors\ [bp]}$$

$$= Verhältnis\ Insert\ /\ Vektor$$

> **TIPP**
> Der Ligase-Puffer enthält ATP, welches sehr empfindlich gegenüber wiederholtem Auftauen und Einfrieren ist. Am besten wird der Puffer aliquotiert eingefroren. Weiterhin sollte der Puffer langsam auf Eis aufgetaut werden.

Für eine erfolgreiche Ligation ist das Verhältnis von Insert zu Vektor sehr wichtig. In der Literatur findet sich meist ein Wert von 3 Teilen Insert auf 1 Teil Vektor – immer bezogen auf die Zahl der Enden.

> **TIPP**
> Das Verhältnis 5:1 für Insert:Vektor gilt als effizienter als das klassische 3:1 Verhältnis.

Ohne endständige Phosphatgruppe kann die Ligase keine Verknüpfung herstellen (Abb. 5.6D). Dieses Verhalten wird ausgenutzt, wenn man die Ligation der beiden Enden des gleichen Mole-

PROTOKOLL 5.4

Ligation

Material:
- Reaktionsgefäße
- Thermoblock oder Thermocycler
- T4-Ligase
- 10 x Ligationspuffer:
  - 400 mM Tris-HCl,
  - 100 mM MgCl$_2$,
  - 100 mM DTT,
  - 5 mM ATP, pH 7,8
- DNA

Durchführung:
1. Ligationsansatz :
   - x µl Vektor-DNA
   - y µl Fragment-DNA 3 - 10 fache Menge des Vektors (bezogen auf die Enden).
   - 4 µl 10 x Ligationspuffer (obigen oder vom Hersteller mitgelieferter Puffer) langsam auf Eis auftauen
   - 1 µl (10 U/µl) T4-DNA-Ligase
   - H$_2$O ad 20 µl
2. Für 2 h bei 22 °C inkubieren oder laut Herstellerangaben.

Es gibt verschiedene Bedingungen für die Ligation. Im Zweifelsfall sollten die vom Hersteller empfohlenen Bedingungen angewendet werden.

---

küls (die sogenannte Selbstligation oder Selbstzirkulation, Abb. 5.7 B) verhindern möchte. Umgekehrt müssen einige DNA-Moleküle zunächst phosphoryliert werden (**E-Doc 5-1**), bevor sie überhaupt ligiert werden können. Dazu gehören synthetische Oligonukleotide, welche ohne endständige Phosphorylierung geliefert werden.

Die Ligase wird bei vielen weiteren Methoden eingesetzt:
- Verknüpfung von doppelsträngiger DNA oder RNA mit überhängenden oder stumpfen Enden, beispielsweise die Ligation eines PCR-Amplifikats in einen Vektor oder die Selbstzirkularisierung eines linearen DNA-Moleküls.
- Verknüpfung von Oligo-Adaptern oder Linkern an DNA-Moleküle mit stumpfen Enden (**E-Doc 5-1**).
- Reparatur von Einzelstrangbrüchen in dsDNA, dsRNA oder DNA-RNA-Hybriden.

> **TIPP**
> Die T4-Ligase wird stark durch NaCl oder KCl inhibiert, wenn diese in Konzentrationen über 200 mM vorliegen.

5.3 Dephosphorylierung

Liegen Vektor und einzusetzende DNA mit stumpfen Enden vor, können bei der Ligation sowohl Insert und Vektorenden verknüpft werden als auch die Vektorenden untereinander, ohne dass es zur Integration des Inserts kommt (**Abb. 5.7**). Tatsächlich würden in einem solchen Ansatz fast ausschließlich mit sich selbst religierte Vektormoleküle entstehen, denn die Religation ist gegenüber der Integration eines DNA-Fragmentes stark bevorzugt.

Um diese Selbstligation (Abb. 5.7 A) zu unterbinden, wird der Vektor vor der Ligation dephosphoryliert. Die 5'-Enden verlieren ihr endständiges Phosphat, sodass die Ligase diese beiden Vektor-Enden nicht verknüpfen kann (Abb. 5.7 B). Die einzige Möglichkeit, wieder ein ringförmiges Molekül zu bilden ist die Integration des DNA-Fragments mit seinen phosphorylierten Enden (Abb. 5.7 C). So kann die Ligase auf jeder Seite zumindest einen der beiden Doppelstränge verknüpfen. Der dabei verbleibende Einzelstrangbruch [*nick*] in der ligierten DNA wird nachfolgend im Bakterium repariert.

Die gleiche Situation tritt auf, wenn sowohl Vektor als auch Insert mit dem gleichen Restriktionsenzym geschnitten werden. Die dabei entstehenden kompatiblen Enden (Abb. 5.4) von Insert und Vektor verhalten sich, wie oben für stumpfe Enden beschrieben. Auch hier können die beiden Enden des Vektors religieren. Werden

Abb. 5.7:
Vektor und Fragment werden mit einem Restriktionsenzym geschnitten. In **A** würden die beiden Enden des Vektors miteinander ligiert und kein Fragment eingebaut werden. Dies kann durch die Dephosphorylierung der Enden des Vektors verhindert werden (**B**). Nur noch durch die Integration des Inserts mit 5'-P-Enden kann der Vektor geschlossen werden (**C**). Die verbleibenden Einzelstrangbrüche werden nach der Transformation im Bakterium repariert. Durch die Dephosphorylierung wird also die Selbstligation des Vektors unterbunden.

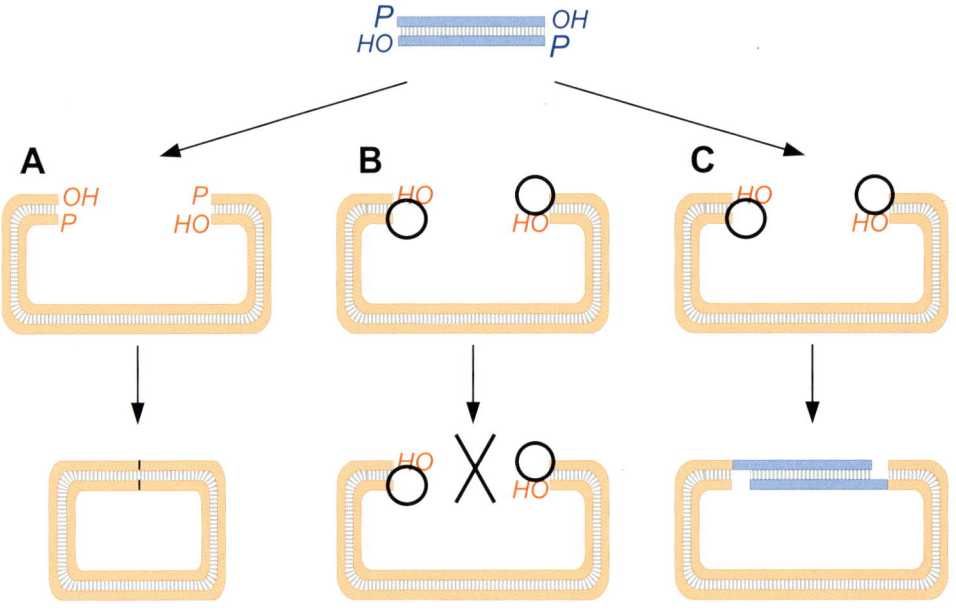

zwei verschiedene Restriktionsenzyme genutzt, ist darauf zu achten, dass sie keine kompatiblen Enden (Abb. 5.4) produzieren. In all diesen Fällen kann der geöffnete Vektor dephosphoryliert werden, um eine Religation mit sich selbst zu verhindern.

> **TIPP**
> Oft schneidet man die beiden Enden des Inserts und die des Vektors mit verschiedenen Restriktionsenzymen. Auf diese Weise kann das Insert gerichtet eingebaut werden und der leere Vektor kann nicht religieren. Diese Strategie wird in Kapitel 5.7 näher erläutert.

Die Dephosphorylierung der 5'-Enden des Vektors (Abb. 5.7) wird oft mit einer Alkalischen Phosphatase durchgeführt. Die Reaktion erfolgt mit einem entsprechenden Enzym für 1 h bei 37 °C.

Die CIAP [*Calf Intestine Alkaline Phosphatase*] ist ein sehr stabiles und zuverlässiges Enzym und kann lange bei 4 °C gelagert werden. Allerdings ist es schwierig, das Enzym zu deaktivieren. Es würde eine nachfolgende Ligase-Reaktion natürlich sehr stören. Daher muss nach einer Dephosphorylierung mit CIAP die DNA entweder gefällt oder über ein Silikagel (Kapitel 3.6) aufgereinigt werden.

Dies ist der Grund, warum inzwischen häufiger die SAP [*Shrimp Alkaline Phosphatase*] verwendet wird, die leicht bei 65 °C inaktiviert werden kann. Ein Protokoll findet sich im **E-Doc 5-2**. Dort wird auch auf eine weitere Anwendung der SAP eingegangen, dem ExoSAP-IT®-Verfahren.

5.4 Die Transformation von *E. coli*

An die Ligation (Kapitel 5.2) schließt sich die Transformation von kompetenten *E. coli* Zellen an.
Grundsätzlich werden zwei verschiedene Transformationsmethoden bei *E. coli* verwendet:
▶ die chemische oder Hitzeschock-Transformation mit Ca^{2+};
▶ die Elektroporation.

Beide Verfahren benötigen Bakterienzellen, die zuvor für die Transformation vorbereitet wurden. Zellen, die in der Lage sind DNA aufzunehmen und zu integrieren, nennt man kompetente Zellen. Diese Kompetenz wird bei *E. coli* durch entsprechende Bedingungen erworben: Wenn *E. coli* Zellen einer relativ hohen Ca^{2+}-Konzentration ausgesetzt werden, können diese vorübergehend eine solche Kompetenz ausbilden. Die Effizienz der DNA-Aufnahme wird durch die gleichzeitige Temperaturerhöhung auf exakt 42 °C stark erhöht. Dieser Temperaturschock darf jedoch nicht zu lange dauern (unter 60 s), da sonst die Bakterien absterben.

GUT ZU WISSEN
Es wird angenommen, dass Ca^{2+} Ionen im Eiskalten die Bindung der negativ geladenen DNA an die ebenfalls überwiegend negativ geladene Zelloberfläche erleichtern und gleichzeitig deren Permeabilität erhöhen.

Die kompetenten Zellen können entweder bei verschiedenen Herstellern gekauft oder selbst hergestellt werden (E-Doc 5-3). Dabei werden die Zellen bis zu einer OD_{600} von ungefähr 0,6 in 2xTY oder ähnlichen Medien angezogen. Nun werden sie durch wiederholtes Zentrifugieren schrittweise in eine $CaCl_2$-Lösung überführt. Dazu werden die pelletierten Zellen in der $CaCl_2$-Lösung resupendiert und erneut zentrifugiert.

TIPP
Die folgenden Parameter sollten bei der Ca^{2+}-basierten Transformation unbedingt genau eingehalten werden:

▶ Vor der Hitzeschockbehandlung müssen die Bakterien auf Eis aufgetaut, sie sollten nicht geschüttelt oder gar gevortext werden.
▶ Beim Hitzeschock muss die Temperatur genau 42 °C betragen. Wird ein Wasserbad benutzt, muss die Temperatur mit einem Thermometer überprüft werden. Der Hitzeschock sollte keinesfalls länger als 60 s dauern, 30 - 40 s gelten als optimal.
▶ Es sollte beachtet werden, dass zu große Mengen an DNA die Transformationseffizienz drastisch senken können. Meist werden 1 - 2 μl Ligationsansatz verwendet.

Elektrokompetente Zellen werden ähnlich wie die Ca^{2+}-kompetenten Zellen hergestellt. Nach Anzucht bis zu einer OD_{600} von 0,4 - 0,6 werden die Zellen zentrifugiert, in destilliertem Wasser aufgenommen und erneut zentrifugiert. Diese Prozedur wird dreimal durchgeführt, am Ende werden die Zellen in 2-5 ml 10 %iger kalter Glycerinlösung aufgenommen und in 100 μl Aliquots aufgeteilt. Sie können direkt verwendet oder bei -80 °C eingefroren werden.

TIPP
Elektrokompetente Zellen können mehrere Jahre bei -80 °C gelagert werden, Ca^{2+}-kompetente Zellen nur ungefähr 6 Monate.

Für die Elektroporation wird ein spezielles Gerät, der Elektroporator (Abb. 5.8), benötigt. Die elektrokompetenten Bakterien werden zusammen mit der DNA in eine spezielle Küvette gegeben. Die Küvette wird in den Halter am Gerät gestellt. Die Geräteeinstellung von 2,5 kV, 25 μF und 200-400 Ω kann schon zu brauchbaren Ergebnissen führen. Hier hilft ein Blick auf den Beipackzettel vom Lieferanten der Bakterien. Nun gibt man den Strompuls, welcher zur Ausbildung von Löchern in der Bakterienzelle führt, durch welche die DNA in die Zelle gelangt. Die Pulsdauer wird vom Gerät anschließend angezeigt und sollte über einer Dauer von 2,5 ms liegen. Ist die angezeigte Zeit niedriger, hat die Transformation wahrscheinlich nicht funktioniert.

TIPP

Nachfolgend sind einige Tipps für die Elektrotransformation aufgelistet:

- Für die Elektrotransformation darf der Salzgehalt von DNA oder Zellen nicht zu hoch sein, da dies zu einem Kurzschluss führt. Sollte dies auftreten, könnte es sich lohnen, den Ansatz mit Reinstwasser zu verdünnen. Sonst kann der letzte Waschschritt für die Bakterien wiederholt werden.
- Die elektrokompetenten Zellen müssen auf Eis auftauen und dürfen nicht gevortext werden.
- Die DNA kann vor der Elektroporation mit Ethanol gefällt werden, um Salze zu entfernen.
- Elektroporationsküvette, Schlitten und Medium können vorgekühlt werden.
- Die Elektroporationsküvette darf keine Luftbläschen enthalten.
- Die Bakterien müssen nach der Elektroporation so schnell wie nur möglich mit Medium versorgt werden.
- Die Küvetten können mehrfach mit H_2O gespült und trocken gelagert werden um sie wiederzuverwenden. Nach einem Kurzschluss sollten die Küvetten entsorgt werden.

Die Hersteller von kompetenten Zellen (z.B. Stratagene oder Novagen) geben die zu erzielende Transfomationsraten in Kolonien / µg DNA an. Diese Werte sind stark von dem Bakterienstamm und dem verwendeten Plasmid abhängig und liegen laut Herstellern zwischen 10^6 und 10^{10} Kolonien pro µg DNA. Mit selbst hergestellten kompetenten Zellen sind solche Raten kaum zu erreichen.

Bei einer typischen Transformation mit 1 µl Ligationsansatz und 50 µl kompetenten Zellen kann mit 10 bis 500 Kolonien bei der Ca^{2+}-Methode gerechnet werden. Bei der Elektroporation liegt diese Zahl mindestens um den Faktor 10 - 100 höher.

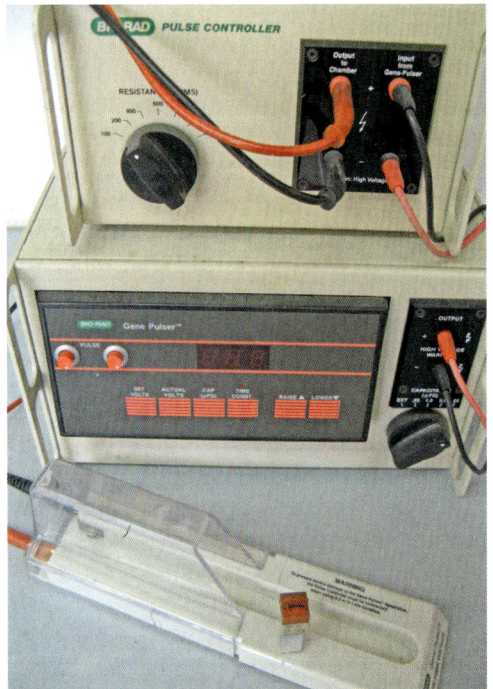

Abb. 5.8:
Elektroporator. Der Elektroporator besteht aus verschiedenen Steuereinheiten, die für den genau dosierten Stromschlag sorgen. Die eigentliche Elektroporationsküvette ist rechts vergrößert dargestellt. Sie zeichnet sich durch die seitlichen Metallflächen aus. Sie wird bei der Elektroporation in die weiße Schiene zwischen die beiden Elektroden gestellt. Der Plastikschieber ist ein Schutz, der vor Stromschlägen schützt.

> **TIPP**
> Auf der Webseite der Firma Stratagene (Agilent) findet sich ein Übersichtsposter zum Download, welches die unterschiedlichen Anwendungen der angebotenen Bakterienstämme zusammenfasst: http://www.stratagene.com/lit_items/Comp_Cell_Poster_Rev_05-05.pdf

Nach beiden Transformationsarten werden die Bakterien zunächst kurz auf Eis gestellt und es wird ein besonders nahrhaftes Medium (SOC, E-Doc 5-4) zugegeben. Die Bakterien werden nun 30 - 120 min ohne Antibiotika bei 37 °C auf dem Schüttler angezogen, bevor sie mit einem Drigalskispatel (Abb. 2.16 C) auf Antibiotika-haltigen Agarplatten ausplattiert werden. Am nächsten Morgen können die erhaltenen Kolonien in einer Kolonie-PCR (Kapitel 4.5.6) analysiert werden.

Welche der beiden Verfahren für die Transformation genutzt wird, hängt von verschiedenen Faktoren ab. Wenn ein Plasmid in *E. coli* eingebracht werden soll, reicht eine Hitzeschock-Transformation meistens aus. Kommt es jedoch auf hohe Transformationsraten an, wie bei der Erstellung von Genbanken (E-Doc 11-4) bietet sich die Elektroporation an.

5.5 Der Weg zum klonierten Gen

Nachdem wir die Palette an Werkzeugen für die Klonierung kennengelernt haben, sollen nachfolgend einige gängige Klonierungsverfahren vorgestellt werden.

Die Intention molekularbiologischer Arbeiten besteht oft darin, ein bestimmtes DNA-Fragment in einen Vektor (Kapitel 6) zu bringen. Ausgangspunkt ist entweder eine aufgereinigte DNA (Kapitel 3) oder die in der PCR amplifizierte DNA. Neben DNA kann auch PolyA$^+$-RNA das Ausgangsmaterial für eine Klonierung darstellen. In diesem Fall wird diese zunächst mittels Reverser Transkriptase (Kapitel 4.5.5) in cDNA umgeschrieben werden. Der Vektor stellt im einfachsten Fall ein Plasmid (Kapitel 6.1) dar, welches die DNA aufnimmt und dafür sorgt, dass diese in einem Bakterium vermehrt wird. Auch hier scheint es auf den ersten Blick sehr viele Verfahren zu geben, die sich jedoch auf eine relativ kleine Zahl ähnlicher Prinzipien reduzieren lässt (Map 5.1).

5.6 Der ungerichtete Einbau einer amplifizierten DNA in einen Vektor

Die DNA wird, wie in Kapitel 3 beschrieben, isoliert. Die verwendete Methode hängt vor allem von dem Organismus ab, aus dem die DNA stammt. Oft wird PolyA$^+$-RNA isoliert (Kapitel 3.5) und mittels Reverser Transkription in cDNA umgeschrieben (Kapitel 4.5.5). Je nach Ausgangsmaterial erfolgt nun die PCR mit cDNA oder genomischer DNA, was hier keinen Unterschied macht. Wir besprechen hier vier Varianten, um die amplifizierte DNA in einen Vektor (Kapitel 6) zu klonieren.

5.6.1 Die Klonierung über eine Restriktionsstelle

Sowohl Amplifikat als auch Vektor können mit dem gleichen Restriktionsenzym geschnitten werden, sodass komplementäre Überhänge (kohäsive Enden) entstehen. Eine solche Ligation ist viel effizienter als die Ligation über stumpfe Enden. Allerdings müssen dafür sowohl das Amplifikat als auch der Vektor die gleiche Erkennungsstelle enthalten. Diese darf nur an den Enden des Amplifikats sowie nur einmal im Vektor vorkommen, da sonst mehrere Bruchstücke entstehen. In der Regel muss die benötigte Restriktionsschnittstelle an den Enden des Amplifikat über die Primer bei der PCR eingeführt werden (Kapitel 4.5.4). Dies kann zu Schwierigkeiten führen, wenn beispielsweise schon die Amplifikation degenerierte Primer erfordert (Kapitel 4.2.4).

Die zusätzlichen Basen für die Restriktionsschnittstelle am 5'-Ende der Primer könnten die PCR-Ausbeute noch weiter erniedrigen oder zu mehr unspezifischen Amplifikaten führen. Um die Religation des geschnittenen Vektors zu ver-

Map 5.1:
Klonierungsstrategien. Ausgehend von isolierter DNA oder cDNA wird oft eine PCR durchgeführt. Manchmal wird auch die DNA direkt kloniert. Es folgt entweder der ungerichtete Einbau in einen Vektor (blaue Linien) oder ein gerichteter Einbau (orange Linie), der den Einsatz von zwei unterschiedlichen Restriktionsenzymen erfordert. Die nachfolgenden Schritte sind wieder gleich, abgesehen von der Wahlmöglichkeit der Transformationsmethode. Die einzelnen Schritte werden in den nachfolgenden Kapiteln behandelt. Eine alternative Strategie stellen die Ligase-unabhängigen Klonierungsverfahren (LIC, Kapitel 5.8) sowie Rekombinase-basierte Verfahren (Kapitel 6.3) dar.

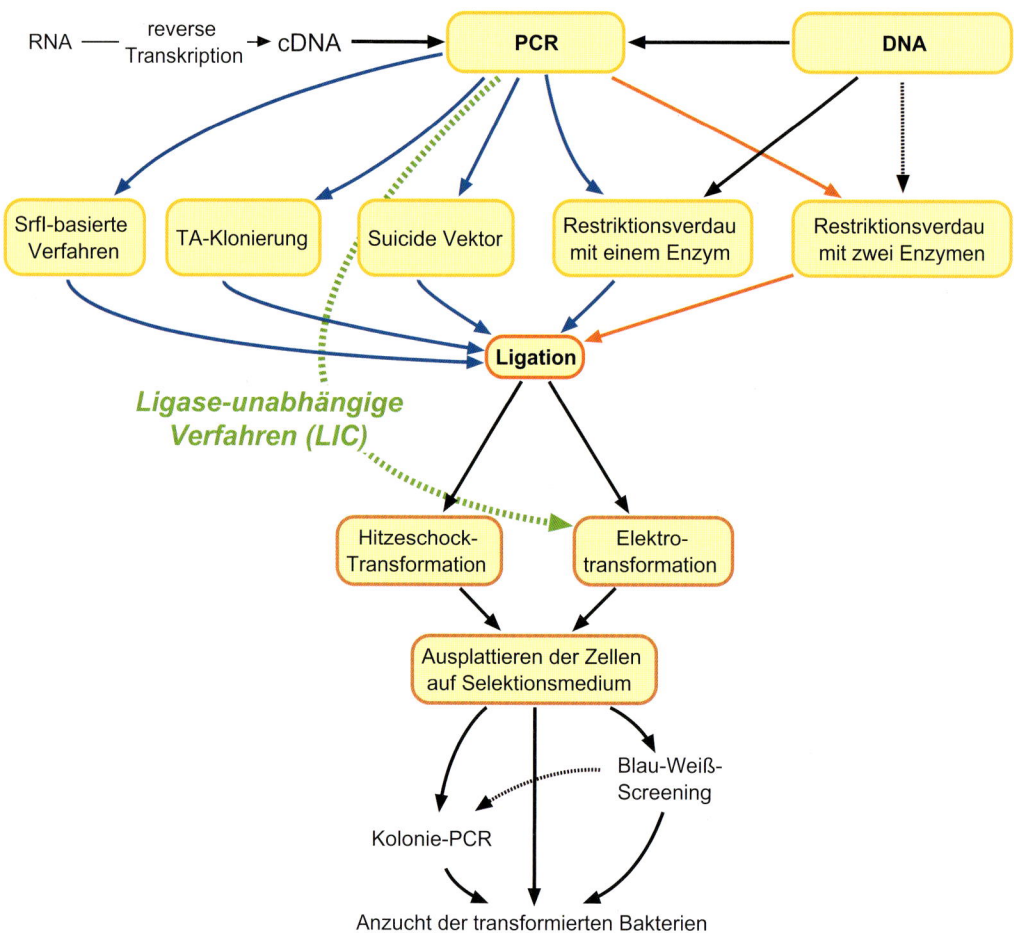

hindern (Abb. 5.7), wird dieser vor der Ligation dephosphoryliert (Kapitel 5.3).

5.6.2 TA-Klonierung

Bei der TA-Klonierung kann auf das Anhängen von Restriktionsstellen an die Primerenden verzichtet werden. Das PCR-Amplifikat kann direkt in das gekaufte linearisierte Plasmid eingesetzt werden (Abb. 5.9).

Zunächst wird die PCR mit einer Polymerase ohne Proofreading-Aktivität durchgeführt. Dadurch wird am Ende des Amplifikats ein Desoxyadenosin angehängt.

GUT ZU WISSEN

Viele DNA-Polymerasen hängen unspezifisch, d. h. unabhängig von der Ausgangs-DNA, am 3'-Ende des neusynthetisierten Stranges ein Desoxyadenosin an. In den nacheinander abfolgenden Zyklen wird die amplifizierte DNA trotzdem nicht in jedem Schritt verlängert, da der im nächsten Zyklus bindende Primer vor dem angehängten „A" bindet (Abb. 5.9). Diese Eigenschaft wird bei der sog. TA-Klonierung ausgenutzt.

Der verwendete T-Vektor besitzt ebenfalls ein überhängendes Nukleotid – und zwar ein Desoxythymidin. Die anschließende Ligation erfolgt ungerichtet über die endständigen, überhängenden „A" des Amplifikats und den „T"- Überhängen des Vektors (Abb. 5.9). Der Nachteil dieser Methode liegt darin, dass im Prinzip keine „Proofreading" Polymerase für die PCR verwendet werden kann (Ausnahme siehe Tipp-Box). So können schon im initialen Schritt Fehler in die Sequenz gelangen, die später sehr schwer detektierbar sind. Der Vorteil liegt aber in der recht hohen Einbaurate des Amplifikats. Weiterhin werden keine Restriktionsschnittstellen in den Primern benötigt.

TIPP

Um dennoch eine Proofreading-Polymerase für die Amplifikation verwenden zu können, wird das Amplifikat über eine Silika-Säule (Kapitel 3.6) aufgereinigt und vor der Ligation mit einer einfachen Taq-Polymerase und nur dATP inkubiert. Diese führt keine Amplifikation mehr durch, hängt aber das „A" an.

5.6.3 Klonieren eines PCR-Amplifikats in den Vektor pCRScript

Hier sollte die PCR mit einer „Proofreading" DNA-Polymerase durchgeführt werden (Kapitel 4.2.2). Das PCR-Amplifikat wird zusammen mit einer T4-Ligase (Kapitel 5.2) und dem Restriktionsenzym SrfI zum Vektor pCRScript® gegeben. Die Reaktionsbedingungen von Ligase und Restriktionsenzym sind identisch. Beide Enzyme sind daher im Reaktionsansatz aktiv. Der Vektor

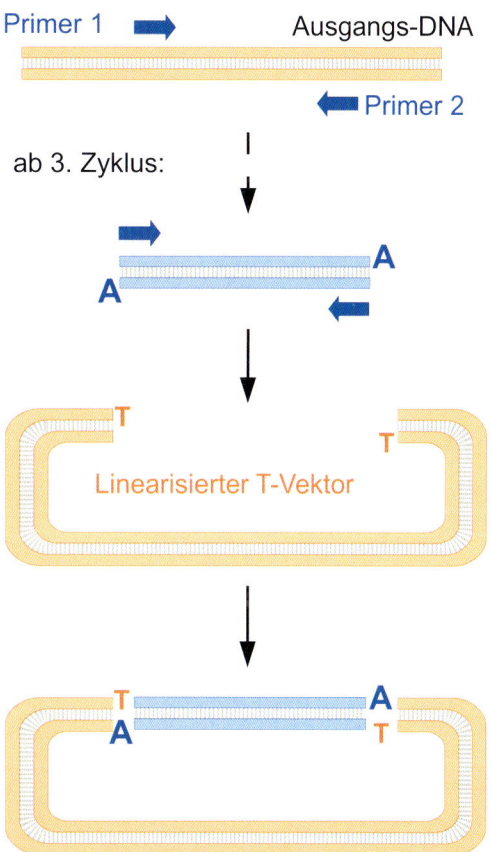

Abb. 5.9:
TA-Klonierung. Bei der TA-Klonierung wird die Eigenschaft mancher thermostabiler DNA-Polymerasen ausgenutzt, am Ende des Amplifikats ein A anzuhängen [A-Tailing]. Beachten Sie, dass während der PCR-Zyklen das angehängte A nie mitamplifiziert wird, da die Primer im nachfolgenden Zyklus vor dem A ansetzen. Der T-Vektor kann käuflich erworben werden und wird linearisiert geliefert.

enthält eine Schnittstelle für das Restriktionsenzym SrfI über welche er auch linearisiert wurde. Die Schnittstelle des Restriktionsenzyms ist 8 bp lang und wird stumpf geschnitten.
Der Trick dieses Verfahrens (Abb. 5.10) besteht nun darin, dass entweder der Vektor religiert oder das PCR-Amplifikat in den linearisierten Vektor eingebaut wird. Immer wenn der Vektor religiert, entsteht dabei die Erkennungssequenz des Enzyms SrfI, wodurch der Vektor wieder ge-

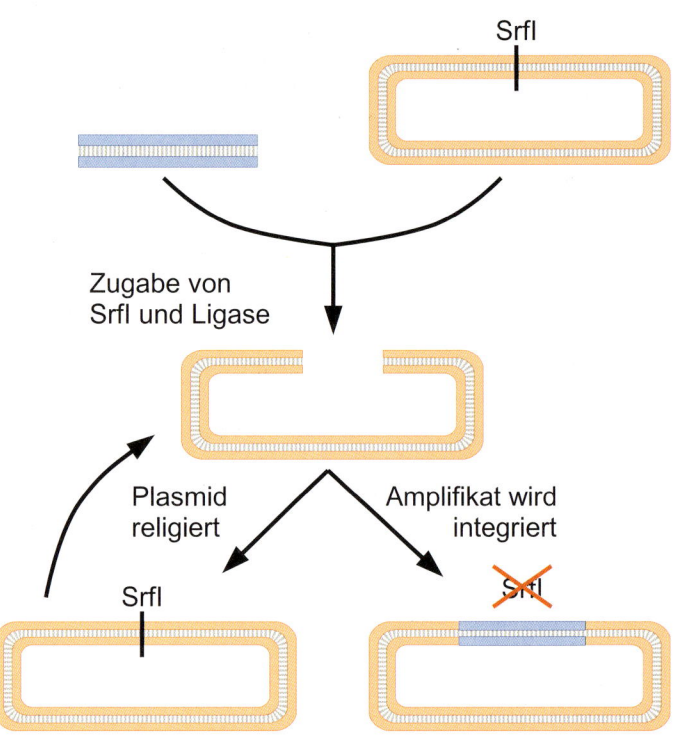

Abb. 5.10:
SrfI basierte Klonierung. Klonierung von PCR-Amplifikaten mittels SrfI und Ligase. Nach Zugabe aller Substanzen wird der linearisierte Vektor pCRScript® entweder religiert oder das Amplifikat eingesetzt. Durch Religation des Vektors entsteht wieder eine SrfI-Stelle und der Vektor wird erneut linearisiert. Durch Einsetzten des Amplifikats wird die SrfI Stelle zerstört. So reichert sich im Verlauf der Reaktion immer mehr Vektor mit Insert an. Der Einbau des Inserts ist ungerichtet.

schnitten, also linearisiert wird. Nur wenn das PCR-Amplifikat eingesetzt wird, geht die Erkennungsstelle für SrfI verloren. Das Konstrukt wird nicht mehr geschnitten. Auf diese Weise reichert sich mit der Zeit das Konstrukt aus Amplifikat und pCRScript® an.

5.6.4 Klonieren eines PCR-Amplifikats in einen Suicide-Vektor

Suicide-Vektoren (Kapitel 6.2.2) arbeiten ähnlich wie das pCRScript System. Sie enthalten ein Gen mit einem toxischen Produkt, welches durch die Integration des Amplifikats zerstört wird. Ein Beispiel stellt der Vektor pJet™ der Firma Fermentas dar. Das PCR-Amplifikat wird in das Gen Eco47IR eingesetzt, einem Restriktionsenzym, welches die Wirtsbakterien-DNA zerstört. Nur wenn es durch die Insertion des Amplifikats zerstört wurde, können transformierte Bakterienzellen entstehen. Durch den Einsatz eines speziellen „Blunting Enzyms" können auch DNA-Fragmente mit überhängenden Einzelsträngen kloniert werden.

5.7 Der gerichtete Einbau von DNA in einen Vektor

Der gerichtete Einbau ähnelt dem Verfahren, wie es für die Klonierung mit einem Restriktionsenzym beschrieben wurde (Kapitel 5.6). Der Unterschied liegt darin, dass zwei verschiedene Restriktionsenzyme verwendet werden. Auf diese Weise ist ein gerichteter Einbau möglich. Dazu wird die einzubringende DNA in der PCR amplifiziert, wobei sich an den 5'-Enden der Primer die Erkennungsstellen für die Restriktionsenzyme befinden (Abb. 4.12). Natürlich kann auch DNA ohne vorherige Amplifikation eingesetzt werden, wenn diese die passenden Restriktionsschnittstellen an den Enden enthält.

Die beiden Restriktionsenzyme sollten im gleichen Puffersystem schneiden. Welcher Puffer geeignet ist, kann auf den Webseiten des Herstellers ermittelt werden. Dort gibt es meist einen Punkt „Double Digest" (Kapitel 5.1.2). Wurden zwei passende Enzyme gefunden, die nicht kompatibel zueinander sind und in beiden DNA-Molekülen jeweils nur einmal schneiden, kann der Restriktionsverdau für Amplifikat und Vektor getrennt durchgeführt werden.

> **TIPP**
> Gleich welche Strategie gewählt wird, es ist immer darauf zu achten, dass sowohl Vektor als auch Amplifikat nur jeweils einmal die gewählte Restriktionsschnittstelle enthalten. Andernfalls wird das entsprechende DNA-Molekül in viele Teile zerstückelt.

Die Schnittstellen werden über die Primer in das Amplifikat eingebracht (Kapitel 4.5.4). Dabei muss darauf geachtet werden, dass die Restriktionsschnittstellen an den Primern nicht endständig sind, sondern sich wenigsten fünf Basen zwischen Schnittstelle und 5'-Ende des Primers befinden, da Restriktionsenzyme als Endonukleasen nicht endständig schneiden können. Welche Basen angehängt werden, ist egal, aber sie sollten keine Primerdimere oder Hairpins bilden (Kapitel 4.2.4). Die Verwendung einer thermostabilen DNA-Polymerase mit „Proofreading"-Aktivität ist sehr zu empfehlen.

> **TIPP**
> Die Proofreading-Polymerase sollte vor dem Restriktionsverdau aus dem Ansatz über ein Silika-Säulchen (Kapitel 3.3.6) oder durch Natriumacetat-Fällung (Kapitel 3.3.2) entfernt werden. Sonst füllt die sehr stabile Polymerase die einzelsträngigen Überhänge, die durch den Restriktionsverdau entstehen, sofort wieder auf. Nebenbei werden so auch dNTPs entfernt, welche die Effizienz der Ligation beeinflussen.

Beim Restriktionsverdau des Vektors entstehen zwei Stücke, der Bereich zwischen den beiden Schnittstellen sowie der restliche Vektor. Der Zwischenbereich sollte vor der Ligation entfernt werden, da dieser Bereich mit dem einzuklonierenden Fragment konkurrieren würde. Für Fragmente bis ca. 70 bp erfolgt die Abtrennung am Leichtesten mittels Silika-Säulchen, bei größeren Fragmenten wird der verdaute Vektor im Agarosegel (Kapitel 7.1) aufgetrennt und die Vektor-DNA aus dem Gel isoliert (Kapitel 7.3).

> **TIPP**
> Der Bereich zwischen den beiden Restriktionsschnittstellen im Vektor sollte wenigstens vier Basen groß sein, da sonst durch den Schnitt des einen Enzyms eine endständige Restriktionsstelle für das andere Enzym entsteht. Bei so kurzen Bereichen im Vektor ist es auch schwer zu kontrollieren, ob der Restriktionsverdau vollständig durchgeführt wurde oder nur eins der beiden Enzyme aktiv war (was zu der Religation des Vektors führen würde).

5.7.1 Der weitere Ablauf der Klonierung

Für die anschließende Ligation wird die Zahl der jeweiligen DNA-Moleküle errechnet (Protokoll 5.3) und dann im Verhältnis 5:1 (Insert:Vektor) zusammengegeben. Die Transformation (Kapitel 5.4) sollte sehr zeitnah nach der Ligation (Kapitel 5.2) erfolgen. Ein weiterer Reinigungsschritt zwischen Ligation und Transformation ist meist nicht notwendig, kann aber die Effizienz der Transformation erhöhen. Nur selten wird die Ligation im Agarosegel überprüft.

Wichtiger ist es, dass nicht zu viel DNA in den Transformationsansatz eingesetzt wird – meistens werden 1-2 µl des Ligationsansatzes verwendet.

Nach der Transformation werden die Zellen auf Selektionsmedium ausplattiert. Die darauf wachsenden Kolonien sollten alle den Vektor mit dem Resistenzgen tragen. Allerdings ist zu diesem Zeitpunkt unklar, ob auch das Insert in den Vektor integriert wurde. Dies muss in nachfolgenden Analysen überprüft werden. Eine klassische Variante für diese Untersuchungen ist das Blau-Weiß-Screening, welches wir in Kapitel 6.2.1 näher betrachten. Oft wird auch eine Kolonie-PCR (Kapitel 4.5.6) durchgeführt.

5.8 Ligase-unabhängige Klonierungssysteme

Zu der Ligase-basierten Klonierung von DNA-Fragmenten in einen Vektor gibt es mehrere Alternativen, welche ohne Ligase-Reaktion auskommen und daher unter dem Begriff LIC [*ligation independent cloning*] zusammengefasst werden. Die bekanntesten Verfahren basieren entweder auf der Wirkung einer Topoisomerase (Kapitel 5.8.2), einer Rekombinase (Kapitel 6.3) oder der Exonuklease-Aktivität einer viralen DNA-Polymerase (Kapitel 5.8.1).

5.8.1 DNA-Polymerase-basierte Klonierungssysteme

Bei diesem LIC-System (InFusion System der Firma Clontech) wird der Vektor (Plasmid) zunächst durch eine Restriktionsendonuclease an der Stelle linearisiert, in die später die DNA eingesetzt werden soll. Hierbei ist es egal, ob bei der Linearisierung stumpfe oder überhängende Enden entstehen.

Die einzubringende DNA wird in einer PCR amplifiziert, wobei sie an ihre Enden 15 bp lange Sequenzen erhält, die zu denen an den Vektorenden komplementär sind **(Abb. 5.11)**.

Die entscheidende Reaktion wird durch eine spezielle DNA-Polymerase des Poxvirus *Vaccinia* durchgeführt, die eine 3'-5' Exonuclease Aktivität besitzt. Das Enzym baut sowohl bei der zu integrierenden DNA als auch am Vektor einen Strang ab. Die Einzelstränge lagern sich aneinander an. Die verbleibenden Einzelstrangbrüche werden nach der Transformation durch das Wirtsbakterium repariert. Bei diesen Verfahren kann das PCR-Fragment ohne weitere Modifikationen in einen beliebigen linearisierten Vektor gesetzt werden. Die gesamte Reaktion wird in einem Reaktionsgefäß durchgeführt, es können

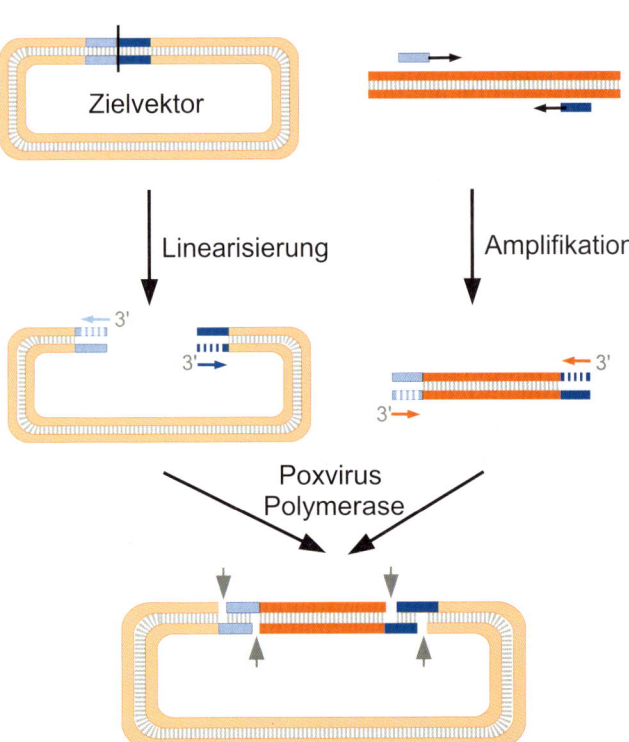

Abb. 5.11:
LIC-Klonierungssysteme. Bei dem hier vorgestellten Ligase-unabhängigen Klonierungssystem enthalten Zielvektor und Amplifikat ca. 15 bp lange komplementäre Sequenzen an ihren Enden. Die Poxvirus-Polymerase baut die dsDNA über ihre 3'-5'-Exonuclease ab, sodass sich die komplementären Überhänge aneinander lagern können. Diese werden direkt für die Transformation genutzt. Die noch vorhandenen Einzelstrangbrüche (graue Pfeile) werden durch das Wirtsbakterium repariert.

Abb. 5.12:
TOPO-Klonierung. Beim *TOPO-Cloning* verbindet eine an den Vektorenden gebundene Topoisomerase I die Enden mit einem PCR-Amplifikat. Dabei besitzt der Vektor eine T-Überhang und das PCR-Amplifikat ein A-Tailing.

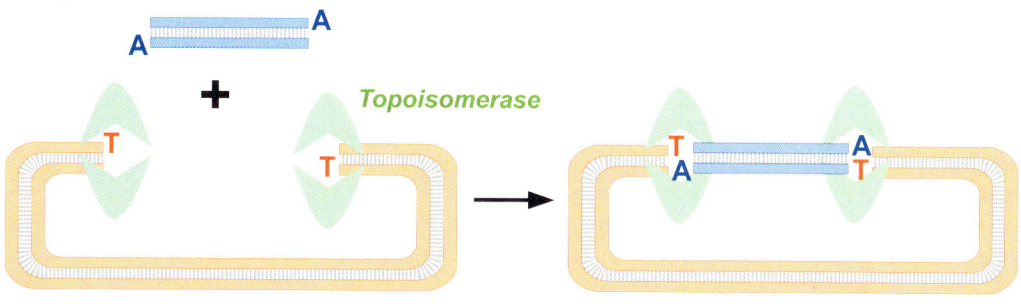

sogar mehrere Fragmente gleichzeitig in einen Vektor eingebracht werden. Auf Restriktionsschnittstellen an den Enden des Fragments kann verzichtet werden.

5.8.2 Topoisomerase-basierte Klonierung

Dieses Verfahren nutzt die Topoisomerase I (Abb. 6.1) des *Vaccina* Virus. Dieses Enzym spaltet *in vivo* einen Strang einer dsDNA an der Erkennungssequenz ...C↓TCCTT... und bindet kovalent an ein Ende des gespaltenen Moleküls. Nun entwindet die Topoisomerase I das Supercoiling der DNA und verbindet anschließend wieder den Strang. Kommerziell verfügbare Systeme werden als linearisierte Vektoren mit der bereits daran gebundenen Topoisomerase I geliefert (TOPO®-Cloning, Invitrogen). Die Topoisomerase bindet den Vektor schnell an ein vorhandenes PCR-Fragment. Wie beim TA-Klonierungssystem besitzt der TOPO®-Vektor einen T-Überhang um PCR Amplifikate mit A-Tailing (Kapitel 5.6.2) effizient zu integrieren (Abb. 5.12).

5.9 Wenn es mal nicht klappt…

Leider sind die oben genannten Arbeitsschritte so miteinander verzahnt, dass man erst am Ende feststellt, dass keine Kolonien gewachsen sind oder die erhaltenen Bakterien alle den Vektor ohne Insert tragen. Dann heißt es, den Fehler zu finden, und dieser kann auch ganz am Anfang der Prozedur liegen. Nachfolgend sind einige gängige Fehlerquellen aufgelistet.

Mangelhafte DNA-Präparation:
▶ Lässt sich eine DNA nicht schneiden, könnte es sein, dass sie in einem Schritt zuvor irreversibel geschädigt wurde. Dies wird häufig durch zu hohe Ethanolkonzentrationen beim Fällen (nahe 100%) oder zu hohe NaOH-Konzentration bei der Lyse der Bakterienzellen verursacht. Ein Hinweis auf eine Schädigung der DNA kann durch ein Agarosegel (Kapitel 7.1) festgestellt werden: Beschädigte DNA bleibt in der Probentasche des Gels liegen und wird nicht aufgetrennt (Kapitel 7.5).
▶ Viele chaotrope Salze stören selbst in niedrigen Konzentrationen viele Enzymreaktionen. Besonders CTAB, GTC und NH_4SO_4 sind sehr effiziente Störstoffe (Kapitel 3.1.3).

Durch die PCR verursachte Schwierigkeiten beim Restriktionsverdau:
▶ Im Ansatz befindet sich noch eine stabile Taq Polymerase, die die frisch geschnittenen Überhänge gleich wieder auffüllt.
▶ Restriktionsendonukleasen schneiden nur innerhalb der DNA, was besonders bei der Konstruktion von Primern, die eine Restriktionsstelle enthalten, beachtet werden muss.

Diese Schnittstelle darf sich nicht am Ende des Primers befinden, sondern es müssen am 3'-Ende noch einige Basen anhängt werden. Wie viele es sind, hängt vom Enzym ab – häufig reichen fünf Basen aus.

Probleme beim Restriktionsverdau:
- Das Enzym besitzt eine Star-Aktivität (Lösung: weniger Enzym, anderer Puffer, anderer Hersteller).
- Enthält die Restriktionsstelle vielleicht die Sequenz `GATC`? Das ist die Sequenz, die *dam*, eine Methylase in *E. coli* am „A" methyliert. Enzyme wie XbaI (`TCTAGAtc`) können DNA nicht schneiden, die aus Bakterien mit *dam*-Aktivität stammt. Ähnliches gilt für Enzyme, deren Erkennungssequenz die Methylierungsstelle von *dcm* (`CCWGG`, W=A oder T) enthalten.
- Bei einem Doppelverdau können die beiden Erkennungsstellen zu nah beieinanderliegen. Durch den Schnitt des ersten Restriktionsenzyms gelangt so die zweite Erkennungsstelle an das Ende des DNA-Moleküls.
- Restriktionsenzyme werden in Glycerin geliefert. Daher muss der Ansatz gut gemischt werden. Es sollte auch nicht zu viel Enzymlösung eingesetzt werden.
- In der Probe enthaltene Polysaccharide können Restriktionsenzyme inhibieren (Kapitel 3.2.1)

Fehler bei der Ligation:
- Häufig ist das ATP im Ligationspuffer die Ursache für eine misslungene Ligation. Der ATP-haltige Puffer ist sehr empfindlich gegenüber wiederholtem Auftauen und Einfrieren. Am besten wird er nach Lieferung der Ligase in Aliquots aufgeteilt und eingefroren.
- Zwischen Restriktionsverdau und Ligation sollte die DNA nicht eingefroren oder gelagert werden. Die einzelsträngigen Überhänge sind sehr empfindlich gegenüber Scherkräften, Nukleasen und wiederholtem Einfrieren und Auftauen.
- Die T4-Ligase wird durch hohe Salzkonzentrationen effizient gehemmt.

Probleme bei der Transformation:
- Entstehen nach einer Transformation gar keine Kolonien, sollten zunächst neue kompetente Zellen hergestellt werden.
- Frisch hergestellte Zellen liefern sehr viel höhere Transformationsraten als bei -80 °C eingefrorene kompetente Zellen. Auch käuflich erworbene kompetente Zellen führen in der Regel zu viel höheren Transformationsraten als selbsthergestellte.
- Während elektrokompetente Zellen lange bei -80 °C gelagert werden können, nimmt die Transformationseffizienz bei Ca^{2+}-kompetenten Zellen innerhalb weniger Monate stark ab.
- Die DNA sollte zwischen Ligation und Transformation nicht gelagert oder eingefroren werden. Dies führt zu niedrigen Transformationsraten.
- Die Temperatur bei Hitzeschocktransformation sollte unbedingt mit einem Thermometer kontrolliert werden.
- Zuviel DNA kann sowohl die Ligation als auch die Transformation hemmen.

Sonstige Fehlerquellen:
- Das Haltbarkeitsdatum eines verwendeten Enzyms ist überschritten.
- Befinden sich Eisstückchen in der Enzym-Stammlösung? Dann ist die Enzymlösung verunreinigt worden, was zur Bildung von Eiskristallen und in der Regel zur Inaktivierung des Enzyms führte. Das Enzym sollte nicht mehr verwendet werden.

> **TIPP**
> Um Fehler im Ablauf der Klonierung zu finden, kann oft ein Kontrollplasmid parallel bei vielen Schritten eingesetzt werden.

6 Vektoren

6.1 Plasmide

6.2 Klonierungsplasmide

6.3 Rekombinase-basierte Klonierung

6.4 Expressionsplasmide

6.5 Reportergene

6.6 Phagen

6.7 Phagemide

6.8 Shuttle-Vektoren

6.9 Künstliche Chromosomen: BACs, PACs und YACs

6.10 Hefen als Klonierungs- und Expressionssystem

6.11 Die Transformation von Pflanzen

6.12 Die Transformation von Säugetieren und tierischen Zellkulturen

Vektoren stellen ein Transportvehikel für das interessierende DNA Fragment dar. In diese eingebunden, kann die DNA in verschiedene Organismen eingebracht werden und dort entweder „gelagert", vermehrt oder analysiert werden. Das Gen oder DNA-Fragment wird entweder über eine Klonierung in den Vektor eingebracht (Kapitel 5) oder durch die Hilfe von Rekombinasen (Kapitel 6.3). Anschließend wird das Konstrukt aus interessierender DNA und Vektor in einen Zielorganismus eingebracht, in dem der Vektor für die autonome Replikation im Wirt und die Weitergabe auf die Tochterzellen sorgt. In einigen Fällen kann auch der Einbau des transportierten DNA-Fragments in das Wirtschromosom das Ziel der Arbeiten darstellen.

Alle Vektoren besitzen wenigstens einen Replikationsursprung, der ihre Vervielfältigung im Zielorganismus erlaubt. Dieser Replikationsursprung entscheidet, für welchen Zielorganismus der Vektor geeignet ist.

Weiterhin ist meistens ein Resistenzgen im Vektor enthalten, welches die Selektion von solchen

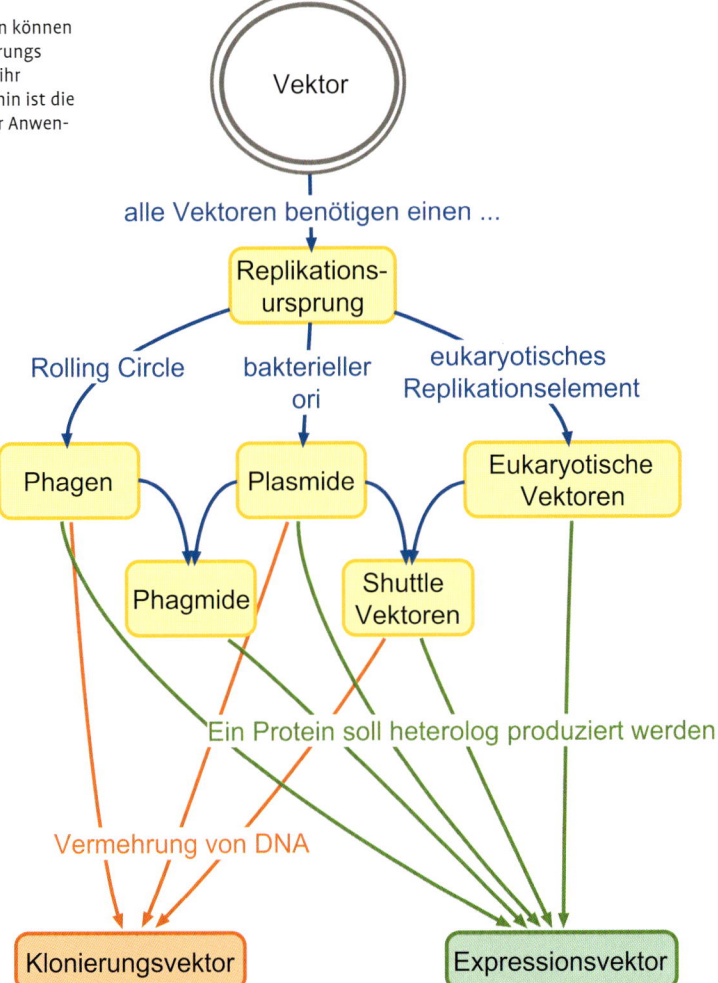

Map 6.1:
Einteilung der Vektoren. Vektoren können aufgrund ihres Replikationsursprungs eingeteilt werden, welcher auch ihr Wirtsspektrum definiert. Weiterhin ist die Einteilung auch durch die Art der Anwendung möglich.

Tab. 6.1: Verschiedene gängige Vektoren. Es gibt natürlich noch viele weitere Vektortypen, die hier jedoch nicht weiter berücksichtigt werden.

Vektor	Wirtszelle	Bemerkung
Plasmid	E. coli	Diese zirkuläre und intrazelluläre dsDNA ist der Standardvektor in allen Laboren.
M13-Phage	E. coli	ssDNA Phagen der Enterobakterien, die im Wirt als zirkuläre dsDNA vorliegen.
Phagemid	E. coli	Kombination aus Phage und Plasmid, wird bei Display Verfahren (E-Doc 11-5) verwendet.
λ-Phage	E. coli	Lineare dsDNA, die im Wirt zirkulär vorliegt. Wurde früher viel für cDNA Banken (E-Doc 11-4) eingesetzt, hat heute an Bedeutung verloren.
Cosmid	E. coli	Teile des λ-Phagen (kohäsive Enden), die zu einem Plasmid umgebaut sind. Wird heute kaum noch benutzt.
BAC	E. coli	F Plasmid / künstliches Bakterienchromosom ist das wichtigste Werkzeug für Genomprojekte.
PAC	E. coli	Weiterentwicklung des BAC, welches zusätzlich einige Sequenzen aus dem Phagen P1 enthält und gegenüber BAC ein paar Vorteile aufweist.
YAC	S. cerevisiae (Hefe) & E. coli	Künstliches Chromosom für Hefe, zu Beginn der Genomprojekte sehr wichtig, heute weniger oft verwendet.
Ti oder RI Plasmid	Agrobacterium	Der Standardvektor für die Transformation von Pflanzen. Meist als Shuttle-Vektor konstruiert (für E. coli und Agrobacterium).
Adenoviren	Säugerzellen und Zelllinien	Sehr hohe Transduktionseffizienz vieler tierischer Zelltypen, keine Insertion, daher nur kurze Expressionsdauer, zeitlich befristete Gentherapie.
Retroviren	Säugerzellen und Zelllinien	Stabile Integration in tierische Genome, tranduzieren nur teilende Zellen, für Gentherapie geeignet.

Zellen, die diesen Vektor aufgenommen haben, von vektorfreien Zellen erlaubt.

Vektoren können auch anhand ihrer Aufgaben eingeteilt werden (Map 6.1):
▶ Vektoren, die der Vervielfältigung von DNA dienen (Klonierungsvektoren).
▶ Vektoren, die das zum Gen gehörige Protein produzieren sollen (Expressionsvektoren).

Wir werden uns auf die weit verbreiteten prokaryotischen Vektoren konzentrieren. Eine Übersicht der wichtigsten Vektortypen ist in **Tab. 6.1** aufgeführt.

6.1 Plasmide

Plasmide sind extrachromosomale genetische Elemente in Prokaryonten[1], die den Replikationsapparat des Wirtsorganismus nutzen. Die Replikation dieser doppelsträngigen DNA-Moleküle erfolgt nicht völlig autonom, sondern sie korreliert mit der des Wirtschromosoms. So wird gewährleistet, dass nach einer Zellteilung beide Tochterzellen des Bakteriums ebenfalls dieses Plasmid tragen.

---

1 In Eukaryonten sind Plasmide nur selten zu finden.

> **GUT ZU WISSEN**
> Es gibt in manchen Bakterienarten und Eukaryonten auch lineare Plasmide, die aber für molekularbiologische Arbeiten wenig interessant sind.

Der Replikationsursprung (*Origin of replication* = *ori*) ist für die Zahl der Plasmide in einer Bakterienzelle verantwortlich. Bei Plasmiden mit relaxierten Replikon ist die Regulation der Kopienzahl recht variabel, was zu hohen Kopienzahlen in einer Bakterienzelle führt. Ab 20 Kopien eines Plasmids pro Zelle spricht man von *High-Copy*-Plasmiden. High-Copy-Plasmide dienen als Klonierungsvektoren (Kapitel 6.2) der Vervielfältigung der eingebrachten DNA.

> **GUT ZU WISSEN**
> Unter Replikon versteht man eine funktionale Einheit, die autonom repliziert. In Prokaryonten entspricht ein Replikon dem Wirtschromosom oder Plasmid. Eukaryontische Chromosomen besitzen meist mehrere Replikons.

Plasmide mit stringenter Regulation der Kopienzahl liegen in niedriger Anzahl vor und werden als *Low-Copy*-Plasmide bezeichnet. Low-Copy-Plasmide werden vor allem als Expressionsvektoren eingesetzt (Kapitel 6.4). Die Replikation verläuft wie die des Wirtsorganismus, also über eine Replikationsgabel, denn die benötigten Enzyme dafür stammen alle aus dem Wirtsorganismus. Dies ist einer der Hauptgründe für den Erfolg dieses Werkzeugs, denn bis auf den recht kleinen Bereich des *ori* können alle Bereiche des Plasmids durch Fremdgene ersetzt werden.

Der *ori* bestimmt auch das Wirtsspektrum des Plasmids. Der weit verbreitete *ori* ColE1 ist auf Enterobakterien wie *E. coli* oder *Samonella* beschränkt. Es gibt auch Plasmide mit mehreren *ori*'s (Kapitel 6.7 und 6.8), welche demzufolge in verschiedenen Organismengruppen vermehrt werden können.

Die Art des Replikationsursprungs hat auch Auswirkungen auf die sogenannten Inkompatibilitätsgruppen. Zwei verschiedene Plasmide, die den gleichen *ori* besitzen, können nicht stabil in dem gleichen Organismus gehalten werden. Bei der Zellteilung werden sie an die unterschiedlichen Tochterzellen weitergegeben. Solche Plasmide sind zueinander inkompatibel. Über 30 verschiedene Inkompatibilitätsgruppen sind bereits beschrieben. Plasmide, deren Replikation unterschiedlich reguliert wird, gehören zu verschiedenen Inkompatibilitätsgruppen und können daher in einer Zelle koexistieren und weitergegeben werden.

Es gibt Plasmide, die bei Kontakt mit anderen Bakterienzellen ihre Plasmid-DNA in die Rezipientenzelle übertragen. Dieser Vorgang wird Konjugation genannt Der bekannteste Vertreter bei *E. coli* ist das F Plasmid, welches in Kapitel 6.9 näher besprochen wird.

Andere Plasmide bringen Gene in ein Bakterium, welches dessen Überleben in widriger Umgebung sichert. Zu dieser Gruppe gehören Plasmide mit Resistenzgenen gegen Schwermetalle oder Antibiotika. Da die Replikation der zusätzlichen DNA das Bakterium Energie kostet, sind solche Plasmide für das Bakterium nur in entsprechenden Umweltsituationen nützlich. Ohne Selektionsdruck gehen diese Plasmide leicht verloren.

Das versuchen viele natürlich vorkommende Plasmide zu verhindern, indem sie sowohl ein langlebiges Toxin als auch ein kurzlebiges Gegengift (Antidot) produzieren. Sobald die Bakterienzelle ein solches Plasmid verliert, ist sie dem Tod geweiht. Dieses Prinzip wird beim Gateway®-System (Kapitel 6.3) ausgenutzt.

Es kann passieren, dass ein Plasmid durch Rekombination in das Wirtschromosom integriert wird, man spricht dann von einem Episom.

> **GUT ZU WISSEN**
> Der Begriff Episom wird auch für Bakteriophagen (Kapitel 6.6) verwendet, deren DNA in das Genom des Wirts integriert wurde. Überhaupt ist die Unterscheidung zwischen Plasmid und Phage nicht immer eindeutig zu treffen.

Plasmide sind die am häufigsten in der Molekularbiologie verwendeten Vektoren. Dies gilt vor allem für die Plasmide aus Enterobakterien, zu denen *E. coli* gehört. Diese Plasmide sind meist

Abb. 6.1:
Die verschiedenen Zustände der Plasmide können ineinander überführt werden.
Dabei entsteht aus entspannter [*relaxed*] DNA eine *supercoiled* DNA und umgekehrt.

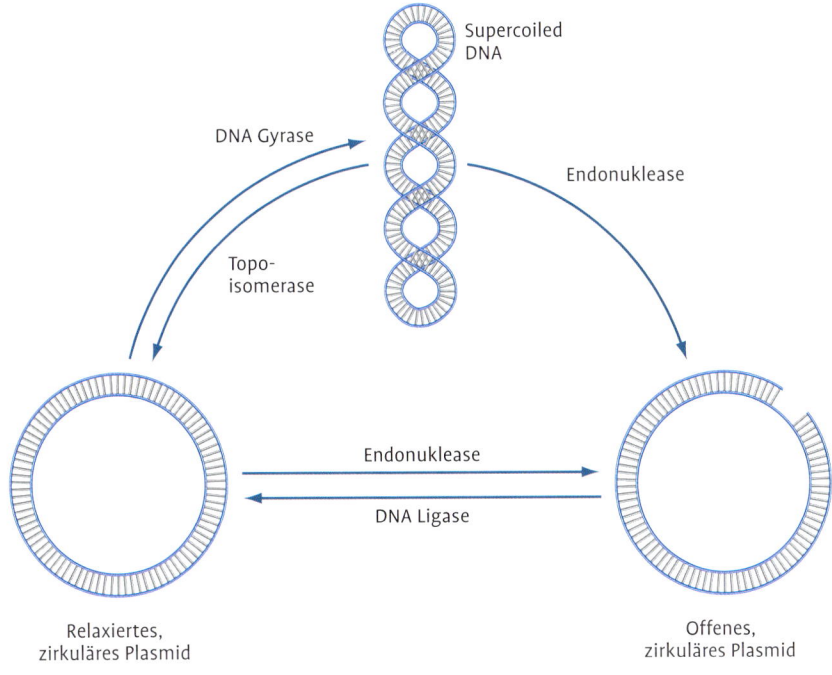

um die 4-6 kbp groß[2], ringförmig geschlossen und können bis ungefähr 10 kbp an Fremd-DNA aufnehmen.
Im Labor genutzte Plasmide sind aus verschiedensten Ursprungsplasmiden zusammengesetzt. Auch DNA anderer Quellen, wie Phagen-DNA, steckt in ihnen.

> **GUT ZU WISSEN**
> Der Name von Plasmiden beginnt meist mit „p", welches für Plasmid oder Phagemid (Kapitel 6.7) steht. Der Rest des Namens ergibt sich oft aus den Namen der Konstrukteure, z.B. bei pBR322 sind dies Bolivar und Rodriguez, pUC leitet sich von „University of California" ab.

Solche Plasmide weisen folgende Eigenschaften auf:
- Sie sind relativ klein, um den Einbau zusätzlicher DNA zu ermöglichen. Ausserdem sind sie so unempfindlicher gegenüber Scherkräften bei der Aufreinigung (Kapitel 3.1.2).
- Sie besitzen ein Gen, dessen Produkt eine Resistenz vermittelt, welche dem Wirtsbakterium unter entsprechenden Bedingungen einen Selektionsvorteil verschafft.

Viele weitere Eigenschaften von Plasmiden werden ebenfalls für die verschiedensten molekularbiologischen Anwendungen genutzt. Einige davon werden weiter unten besprochen.

> **TIPP**
> Die Sequenzen vieler Plasmide sind bei Vectordb aufgelistet: http://genome-www.stanford.edu/vectordb/

---

[2] Das F Plasmid ist mit ca. 100 kbp viel größer als die meisten anderen Plasmide aus Enterobakterien.

Meistens liegt die Plasmid-DNA nicht als entspanntes, ringförmiges Molekül vor [*relaxed*], sondern ist zusätzlich „verwirbelt" – man spricht von „supercoiled"[3].

Verschiedene Enzyme in den Bakterien erlauben die Überführung von einer Form in die andere (Abb. 6.1).

GUT ZU WISSEN

Die DNA kann verschiedene geometrische Anordnungen im Raum annehmen, am bekanntesten ist die *Supercoiled*-Struktur, bei der die Doppelhelix erneut gewunden wird (ähnlich einer alten Telefonschnur).

Topoisomerasen sind Enzyme, die diese geometrische Anordnung der DNA im Raum kontrollieren und von einer Variante in eine andere Topologie überführen können. Dazu müssen diese Enzyme kurzzeitig einen oder beide DNA-Stränge öffnen, die DNA (ent-)winden und dann die Stränge wieder verknüpfen. Die Topoisomerasen werden in zwei Gruppen eingeteilt: Typ I-Topoisomerasen produzieren vorübergehend einen Einzelstrangbruch, die Typ II-Enzyme einen Doppelstrangbruch.

Zu den Typ II-Enzyme gehört die Gyrase, sie sind in der Lage Superhelices zu bilden.

Diese Enzyme sind alle kommerziell erhältlich, sodass diese Reaktionen auch *in vitro* durchgeführt werden können. Es ist zu beachten, dass die Form des Plasmids Auswirkungen auf sein Laufverhalten in Agarosegelen hat (Kapitel 7.1).

GUT ZU WISSEN

Ethidiumbromid, welches in den DNA-Doppelstrang interkaliert, ist in der Lage, *supercoiled* DNA in relaxierte ringförmige DNA zu überführen und bei weiter steigenden Ethidiumbromid-Konzentrationen wieder in supercoiled DNA.

TIPP

Im englischsprachigen Bereich trifft man öfter auf die Bezeichnungen ccc-DNA und ocDNA. Existiert ein Plasmid als ringförmige dsDNA, spricht man von „*covalently closed circle*" (= ccc) DNA im Gegensatz zu solchen Molekülen, bei denen nur einer der beiden DNA-Stränge intakt ist: „*open circle*" (oc) DNA.

6.2 Klonierungsplasmide

Klonierungsplasmide (Abb. 6.2) dienen zunächst der Vervielfältigung und Aufbewahrung von DNA-Fragmenten, die in das Plasmid eingebracht wurden. Daher besitzen solche Plas-

---

3 Für den Begriff „Supercoiled" gibt es kein deutsches Wort.

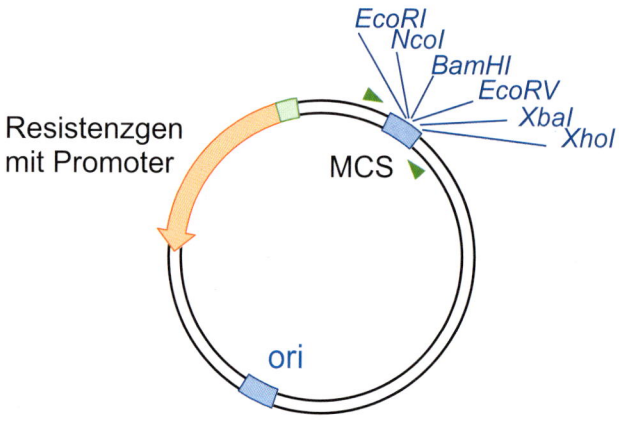

Abb. 6.2:
Klonierungsplasmide. Die wesentlichen Komponenten eines typischen Klonierungsplasmids sind der relaxierte Replikationsursprung ori, ein Resistenz-Gen mit seinem Promoter sowie eine multiple Klonierungsstelle, in der Erkennungsstellen für mehrere Restriktionsenzyme - sie schneiden jeweils nur einmal das Plasmid - zu finden sind. Die grünen Pfeile repräsentieren Bindestellen für Standardprimer. Diese sind in vielen Vektoren vorhanden. So kann das gleiche Primerpaar für verschiedene Vektoren und Inserts verwendet werden, um die eingesetzte DNA mittels PCR zu vervielfältigen. Die Bindungsstellen werden auch häufig für die Sequenzierung (Kapitel 11.1) verwendet.

mide einen Bereich, in dem sich verschiedene Restriktionsschnittstellen befinden und der MCS [*Multiple Cloning Site*] genannt wird. In diesen Bereich kann ein DNA-Fragment über verschiedene Restriktionsenzyme sowohl ungerichtet (Kapitel 5.6) als auch gerichtet (Kapitel 5.7) eingesetzt werden. Die Restriktionsschnittstellen in der MCS tauchen üblicherweise nur einmal im Plasmid auf, da sonst das Plasmid durch die Restriktionsenzyme in mehrere Einzelteile zerlegt werden würde.

Der Replikationsursprung ist bei Klonierungsplasmiden relaxiert. Somit gehören sie zu den High-Copy-Plasmiden, die in Kopienzahlen bis zu 200 Plasmiden pro Zelle vorliegen können.

> **TIPP**
> Durch die Zugabe des Antibiotikums Chloramphenicol (Tab. 2.4) zum Medium kann die Ausbeute an Klonierungsplasmid erhöht werden, denn Plasmide mit relaxiertem Replikon können auch dann noch repliziert werden, wenn die Proteinexpression gehemmt wird.

Fast alle Vektoren enthalten ein Resistenzgen, welches für die Selektion auf Medien mit Antibiotika verwendet wird. Die Wirkweise von Ampicillin und anderen Antibiotika ist in Kapitel 2.13.2. beschrieben.

Neben den drei wesentlichen Bereichen Replikationsursprung, Resistenzgen und der Multiplen Klonierungsstelle (MCS) weisen viele Klonierungsvektoren weitere Merkmale auf, von denen einige in den nachfolgenden Kapiteln behandelt werden.

6.2.1 Blau-Weiß-Screening

Bei vielen Klonierungsvektoren liegt die MCS in einer speziellen Region, welche dem sogenannten α-Komplement der β-Galaktosidase entspricht und für das Blau-Weiß-Screening verwendet wird. Dieses Verfahren dient dazu, auf einfache Weise transformierte Bakterien zu identifizieren, die das Plasmid mit dem einklonierten Gen aufgenommen haben und diese von solchen zu unterscheiden, die das Plasmid ohne Insert tragen (und ebenfalls resistent wären).

Beim Blau-Weiß-Screening entstehen nach der Transformation blaue und (hoffentlich) weiße Bakterienkolonien. Die blauen Kolonien enthalten religierten Vektor ohne Insert, während die weißen Klone das korrekt klonierte Plasmid besitzen **(Protokoll 6.1)**.

Für dieses System sind mehrere Komponenten erforderlich, die teilweise auf dem Klonierungsplasmid liegen, teilweise aber auf einem weiteren Plasmid, bzw. Episom, im gleichen Bakterium, dem F' Plasmid. Hier befindet sich eine mutierte β-Galaktosidase (ω-Akzeptor), der ein Teil des Gens am Aminoende fehlt und welche deshalb keine Tetramere mehr bilden kann.

Auf dem Klonierungsplasmid befindet sich das relativ kleine α-Komplement (=lacZ'-Gen), welches den fehlenden N-terminalen Bereich der β-Galaktosidase enthält[4].

Wird ein intaktes α-Komplement exprimiert, bindet es an die zweite Komponente des Systems, dem ω-Akzeptor. Diese verkürzte Version der Galaktosidase kann wegen der fehlenden Aminosäuren am N-terminalen Bereich keine Homotetramere bilden. Aber nur als Homotetramer kann das Enzym die Galaktose umsetzen. Durch das α-Komplement kann diese Fehlfunktion aufgehoben werden (komplementieren, daher der Name). Wenn also in einer Zelle ein funktionstüchtiges α-Komplement und der ω-Akzeptor gebildet werden, kann die Zelle ein Galaktose-Derivat, X-Gal (Bromo-chloro-indolyl-galactopyranosid), zu einem farbigen Indigo-Derivat umsetzen **(Abb. 6.3)**.

Für das Klonieren ist dieses System deshalb sehr wichtig, weil die MCS im α-Komplement eingebettet ist. Bei der erfolgreichen Integration von Fremd-DNA wird daher das α-Komplement zerstört, der ω-Akzeptor kann nicht komplementiert werden und solche Bakterien bleiben nach X-Gal-Zugabe weiß. Bakterien, die Plasmide ohne Insert aufgenommen haben, werden blau. Damit das System funktioniert, muss natürlich das α-Komplement auf dem Vektor exprimiert

---

[4] Der hintere Bereich des α-Komplements und der vordere Bereich des ω-Akzeptors haben weiterhin einige überlappende Bereiche, die für die Anlagerung der beiden Teile wichtig sind.

Abb. 6.3:
α-Komplementation. Nur wenn das α-Peptid produziert wird, kann eine enzymatisch aktive ß-Galaktosidase gebildet werden. Wurde das α-Komplement durch eine Insertion zerstört, bleiben die entstehenden Klone weiß. Die Zeichnung ist nicht maßstabgerecht.

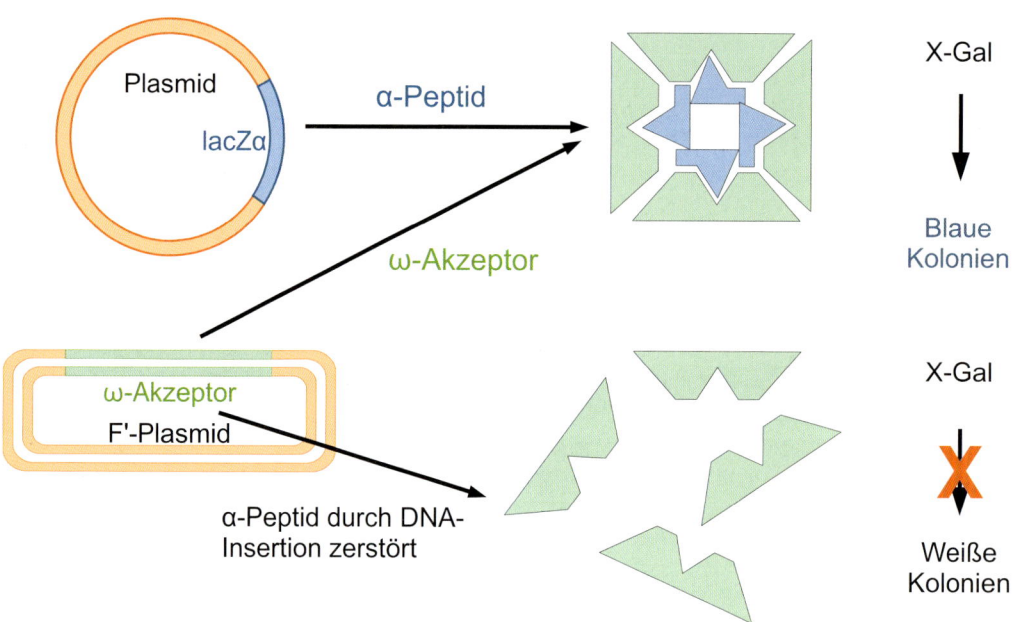

werden. Dies erfolgt durch den lacZ-Promoter. Der Promoter ist normalerweise abgeschaltet, denn auf dem Klonierungsplasmid oder dem F' Plasmid befindet sich das Gen für den lac-Repressor. Der bindet an den Promoter und unterbindet die Expression. Wird Galaktose zum glucosefreien Medium gegeben, bindet die Galaktose an das Repressormolekül, welches dann den Promoter verlässt. Das α-Komplement wird exprimiert. Leider wird Galaktose schnell vom Bakterium abgebaut, sodass die Aktivierung nicht lang anhalten würde. Daher verwendet man ein Galaktose-Derivat, welches nicht durch das Bakterium abgebaut werden kann, das Isopropyl-β-D-thiogalactopyranosid (IPTG)[5].

---

5 Die Galaktosidase kann das IPTG nicht umsetzen, daher nutzt man beim Blau-Weiß-Screening zwei Galaktose-Derivate: X-Gal als Substrat und IPTG zur Induktion des Promoters.

Fassen wir also zusammen: Das Blau-Weiß-Screening benötigt ein mutiertes Protein und ein Zweites, welches die Mutation komplementiert. Weiterhin sind zwei Galaktose-Derivate im Spiel: Das eine wirkt auf den Promoter, das andere dient der komplementierten Galaktosidase als Substrat, um ein farbiges Produkt zu bilden (Abb. 6.4).

GUT ZU WISSEN

Auf den ersten Blick erscheint das System sehr kompliziert. Da jedoch die Galaktosidase ein sehr großes Protein ist, kann sie nicht direkt in den Klonierungsvektor eingesetzt werden. Er könnte dann kaum noch Fremd-DNA aufnehmen. Das α-Komplement besteht jedoch nur aus 365 bp in die man an einer bestimmten Stelle sogar eine 100 bp lange MCS einsetzen kann, ohne dass die Funktion des α-Komplements beeinflusst wird.

TIPP

X-Gal wird in Dimethylformamid (DMF) gelöst, welches für die Bakterien toxisch ist. Nachdem X-Gal und IPTG auf die Platten gegeben wurde, sollten diese ein paar Minuten unter der Sterilbank geöffnet stehenbleiben, damit das DMF verdunsten kann.

Der Vorteil des Blau-Weiß-Screenings liegt darin, dass viele Vektoren und Bakterienstämme für seinen Einsatz geeignet sind. Es ist einfach und preiswert durchzuführen. Allerdings können leicht falsch negative Klone entstehen. Ist das Insert nicht besonders groß und im korrekten Leseraster, kann das α-Komplement trotz Insertion noch aktiv sein. Solche Klone würden sich trotz Insert blau färben und weggeworfen werden.

TIPP

Eine wesentliche Voraussetzung für das System ist, dass der zu transformierende Bakterienstamm keine funktionierende Wildtyp-Galaktosidase besitzt. Bakterienstämme mit einer mutierten Galaktosidase auf dem F' Plasmid erkennt man am Genotyp lacZΔM15.

Abb. 6.4:
Beispiel eines Klonierungsplasmids. (**A**) Der Vektor pCRScript (Stratagene) enthält neben dem Replikationsursprung (ori) ein Ampicillin-Resistenzgen (Amp^R). Die Multiple Klonierungsstelle (MCS) ist in das α-Komplement lacZ' eingebettet, dessen Expression unter der Kontrolle des LacZ-Promoters (P$_{lac}$) steht. (**B**) Die detaillierte Darstellung der MCS zeigt eine Auswahl der dort vorhandenen Restriktionsstellen. Über EcoRV kann der Vektor linearisiert werden, die Bedeutung der SrfI Stelle wurde in Kapitel 5.6.3 besprochen. Einige Bindestellen für Standardprimer (M13-20, T7, T3) sind durch die Pfeile angegeben. Sie finden sich in sehr vielen Vektoren und können beispielsweise für die Sequenzierung des Inserts (Kapitel 11.1) genutzt werden.

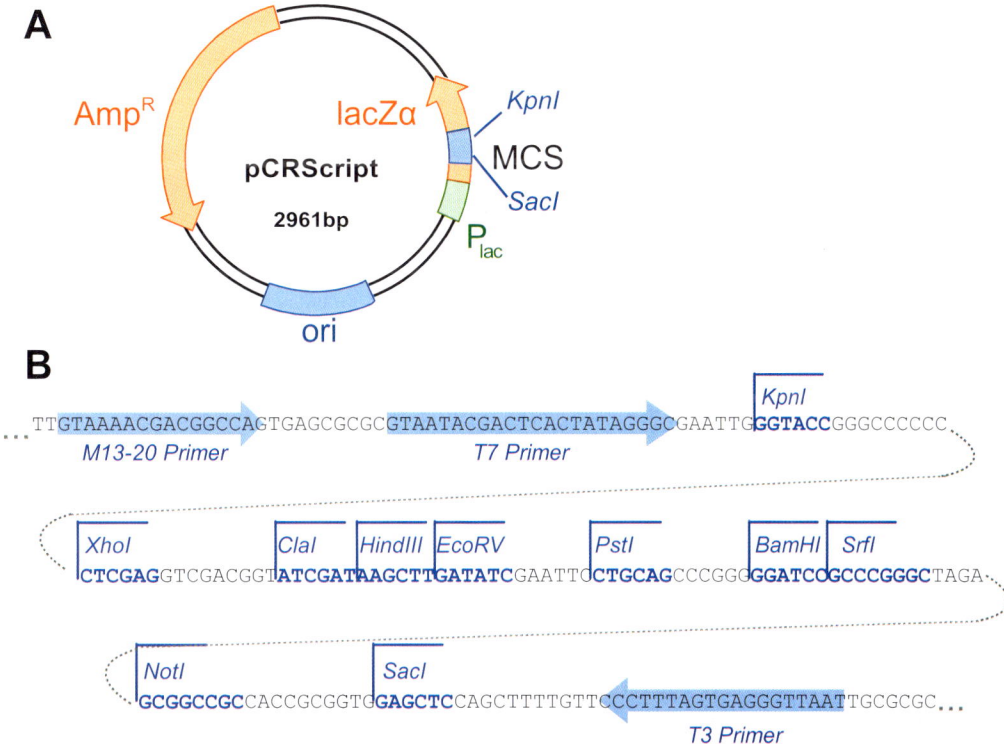

PROTOKOLL 6.1

Blau Weiß-Screening

Material:
- LB Platten mit entsprechendem Antibiotikum
- Induktorlösungen:

Arbeitslösung:	IPTG Stammlösung
4 µl IPTG-Stamm 40 µl X-Gal-Stamm 56 µl H$_2$O (steril)	2 g IPTG in 8 ml H$_2$O auf 10 ml einstellen; sterilfiltrieren und als 1 ml Aliquots bei -20 °C lagern
X-Gal Stammlösung	
20 mg X-Gal in 1 ml N,N-Dimethylformamid (DMF) lösen; in Alufolie eingewickelt bei 4 °C lagern	

Durchführung:
1. Die LB Platten werden auf Raumtemperatur erwärmt.
2. Pro Platte wird 100 µl Arbeitslösung gegeben und mit dem Drigalski-Spatel ausplattiert.
3. Die Platten bleiben für 30 min offen unter der Sterilbank stehen, damit sich das DMF verflüchtigt.
4. Die transformierten Bakterien werden ausplattiert und über Nacht bei 37 °C inkubiert.
5. Um die Blaufärbung richtig zu sehen, sollten die Platten am nächsten Morgen für 15-30 min bei 4 °C gestellt werden.

6.2.2 Suicide-Vektoren

Bei Suicide-Vektoren liegt die Klonierungsstelle innerhalb eines Gens, dessen Genprodukt für das Bakterium letal ist. Durch die Insertion wird das Gen inaktiviert. Ein Beispiel für einen solchen Suicide-Vektor ist pJET der Firma MBI Fermentas, bei dem eine stumpfe EcoRV Erkennungssequenz die beiden Hälften eines Restriktionsenzyms trennt, welches die Bakterien-DNA zerstören würde (Kapitel 5.6.4). In der Regel werden solche Vektoren als Kit mit allen benötigten Enzymen und Puffer sowie dem linearisierten Vektor geliefert. Es muss nur noch das PCR-Amplifikat zugegeben werden.

6.3 Rekombinase-basierte Klonierung

Rekombinasen sind Enzyme, die spezifische Sequenzen auf zwei DNA-Molekülen erkennen und diese miteinander verbinden. Dazu werden die Sequenzen zunächst geschnitten und anschließend wieder zusammengesetzt. Auf diese Weise werden die beiden DNA-Moleküle an den homologen Sequenzen rekombiniert.

Rekombinasen sind in der Natur weit verbreitet, beispielsweise integrieren λ-Phagen ihre DNA in das *E. coli*-Wirtsgenom mittels einer Rekombinase. Aber auch in Hefen oder bei dem Rearrangement der Immunglobulingensegmente von Säugetieren spielen Rekombinasen eine wichtige Rolle. Eine Rekombinase erkennt und bindet an beiden Erkennungssequenzen. Diese können entweder auf verschiedenen DNA-Molekülen liegen (Abb. 6.5 A) oder an verschiedenen Stellen der gleichen DNA (Abb. 6.5 B). Die homologen DNA-Sequenzen werden an einer definierten Stelle im homologen Bereich gespalten. Durch Bindung der Rekombinase an die Enden der DNA können diese Enden vertauscht werden. Abschließend werden die kombinierten Stränge verbunden. Dann wird der gesamte Prozess an einer zweiten Stelle innerhalb der Rekombinationsstellen wiederholt. Im Prinzip stellt die Rekombinase eine Kombination aus sequenzspezifischer Endonuklease und einer Ligase dar. Durch diese Eigenschaft haben sich Rekombinasen viele Anwendungsbereiche in der Molekularbiologie erschlossen.

Hier konzentrieren wir uns zunächst auf das Rekombinase-System des Phagen λ, welches spezifisch die Sequenz zwischen zwei attP-Sequenzen auf der Phagen-DNA zwischen zwei attB Sequenzen auf dem Wirtschromosom einfügt.

Diese Erkennungssequenzen sind – abhängig vom Rekombinase-System – zwischen 20 und 40 Basen lang.

Dieses System aus dem λ-Phagen wird unter dem Namen Gateway® von der Firma Invitrogen vertrieben. Das Verfahren beginnt damit, dass ein PCR-Fragment zunächst in den sogenannten „*Entry Vector*" zwischen zwei Rekombinationsstellen (attB) mittels Restriktionsenzymen kloniert wird. Alternativ kann das Amplifikat gleich mit att-Site-haltigen Primern amplifiziert werden, wie in der **Abb. 6.6 A** dargestellt. Auch über eine Topoisomerase-basierte Klonierung (Kapitel 5.8.2) ist die Erstellung des Entry-Vektors möglich.

Ist dieser Entry-Vektor erst einmal fertig, kann das Insert über ein Enzymgemisch (Clonase) einfach in einen beliebigen anderen Vektor mit den entsprechenden Rekombinase-Stellen überführt werden.

> **GUT ZU WISSEN**
> Die von Invitrogen benannte Clonase ist ein Enzymgemisch aus der Integrase des λ-Phagen, zweier Integrationsfaktoren IHF a und IHF b aus *E. coli* sowie der Exzisionase zum Ausschneiden des DNA-Fragmentes.

Das Besondere an diesem Klonierungssystem liegt darin, dass die Rekombinase vier verschiedene Erkennungssequenzen (attB, attP, attL, attR) unterscheidet, wobei DNA-Fragmente nur von attB nach attP sowie von attL nach attR übertragen werden können **(Abb. 6.6 B)**.

> **GUT ZU WISSEN**
> Das Gateway® System nutzt eine spezielle Nomenklatur. Alle Entry Klone haben attL Sequenzen auf beiden Seiten des Inserts. Diese Rekombinase-Sites produzieren sticky ends, die auf die attR Sites der Ziel-Vektoren passen. Dieser Prozess wird LR-Reaktion genannt und dabei

Abb. 6.5:
Rekombinasen. Rekombinasen können an homologen Erkennungssequenzen entweder zwischenliegende Bereiche austauschen (RCME [*recombinase-mediated cassette exchange*]) (**A**) oder diese Bereiche durch Exzision ausschneiden bzw. durch Integration wieder einsetzen (**B**). Prinzipiell laufen alle Richtungen gleich stark ab.

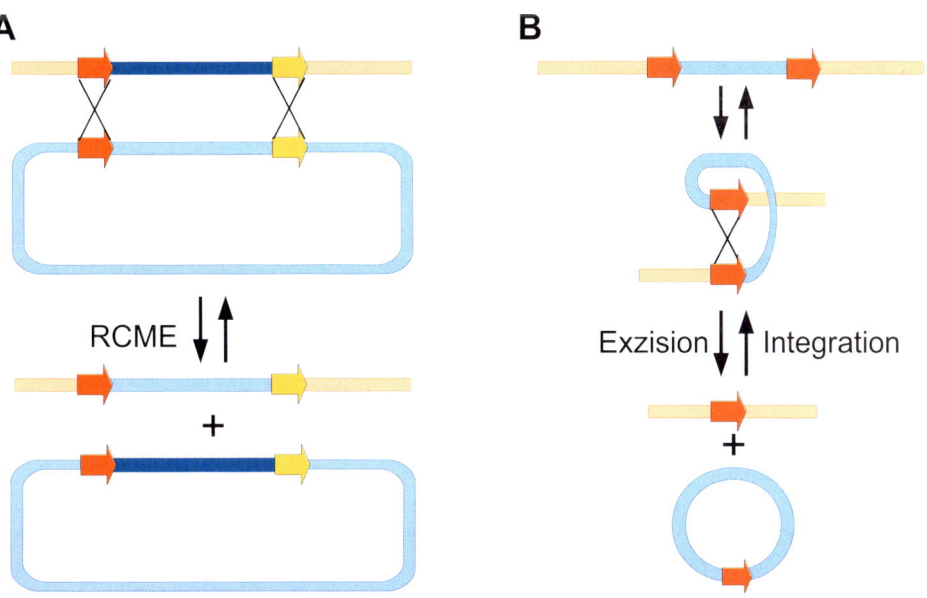

Abb. 6.6:
Rekombination beim Gateway® System. **(A)** Besitzt das PCR Amplifikat Rekombinase-Stellen (B1, B2) kann es durch Rekombination in den Entry-Vektor eingebracht werden. Der Entry-Vektor kann auf Kanamycin angezogen werden. **(B)** Nachdem der Entry-Vektor mit dem Gen erstellt wurde, kann das Gen durch Rekombination in einen beliebigen Gateway® Zielvektor gebracht werden. Letzterer trägt ein Ampicillin-Resistenzgen sowie das lethale ccdB-Gen. Durch den Austausch bei der Rekombination kann nur das Konstrukt aus Zielvektor und Gen überleben. Die verschiedenen Rekombinase-Sites erscheinen zunächst verwirrend, aber laut Nomenklatur passt attL immer auf attR, während attB und attP die resultierenden Sequenzen nach Rekombination darstellen. Der Übersicht halber wurden die verschiedenen att-Sites nur mit L, R, B oder P angegeben.

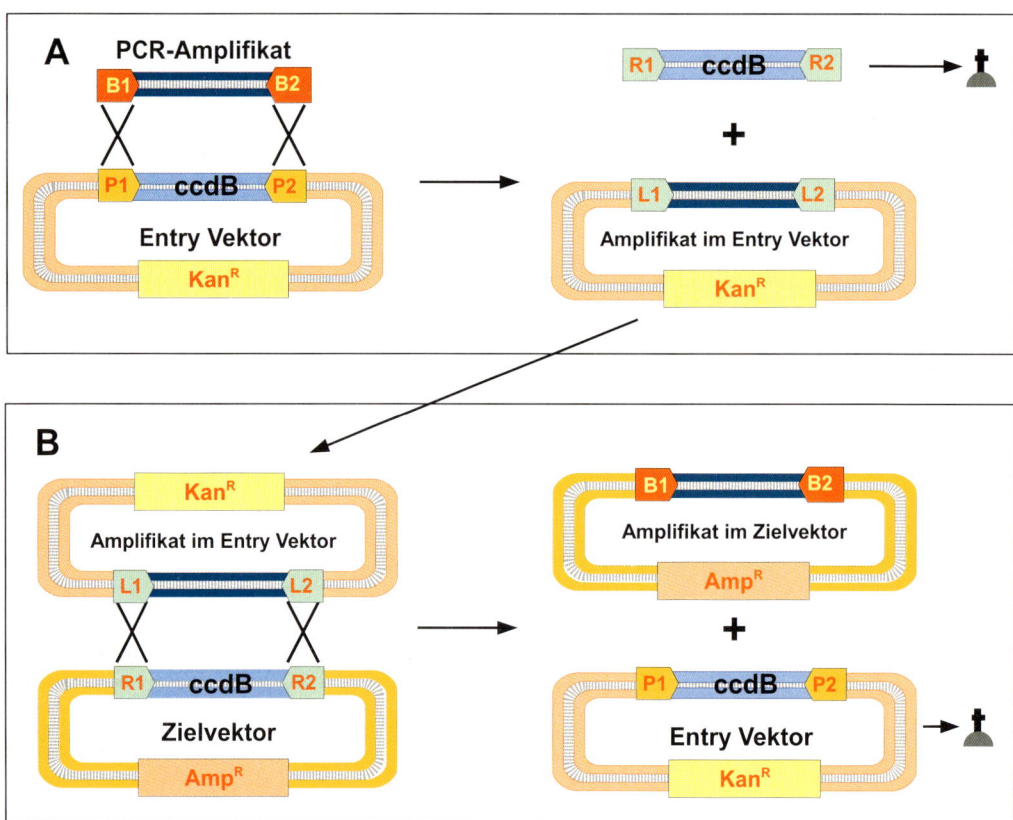

entsteht eine attB Site im Zielvektor und im zu verwerfenden Vektor eine attP-Site. Der Trick besteht darin, dass die Reaktion zu attP reversibel ist. Aus den bei der BP-Reaktion entstehenden attL und attR können wiederum attB bzw. attP entstehen.

Dazu wird eine sehr große Zahl verschiedenster Vektoren für die unterschiedlichen Wirtsorganismen und Anwendungsgebiet von Invitrogen angeboten. Das Gateway® System nutzt eine weitere Eigenschaft von bakteriellen Plasmiden, die wir in Kapitel 6.1 kurz vorgestellt haben: Viele Plasmide produzieren ein langlebiges Toxin und ein kurzlebiges Gegengift. Auf diese Weise ist das Bakterium gezwungen, das Plasmid an seine Tochterzellen weiterzugeben.

Das Produkt des Gens ccdB inhibiert die bakterielle Gyrase. Durch die Rekombination zwischen dem Entry-Vektor und dem Zielvektor gelangt das Gen in Zielvektor und das ccdB in den Entry-Vektor. Zusammen mit den verschiedenen

Resistenzgenen ist nur eines der entstehenden Konstrukte überlebensfähig.
Es gibt eine Reihe weiterer Rekombinase-basierter Systeme, die für die verschiedensten Anwendungen genutzt werden.

6.4 Expressionsplasmide

Expressionsplasmide werden verwendet, um entweder RNA-Sonden (Kapitel 11.6.1) zu erstellen oder große Mengen des einklonierten Genproduktes zu produzieren. Für die heterologe Expression von Proteinen (Kapitel 8.6) werden speziell angepasste *E. coli* Stämme verwendet (E-Doc 2-4), die beispielsweise arm an Proteasen sind. Da die Produktion von Protein im Vordergrund steht, werden in der Regel Low-Copy-Plasmide als Expressionsvektor eingesetzt. Schließlich soll das Wirtsbakterium seine Energie für die Produktion von heterologem Protein und nicht für die Replikation einer großen Zahl an Plasmiden verwenden (Abb. 6.7).

GUT ZU WISSEN
Man spricht von heterologer Expression, wenn das Produkt des eingebrachten Gens normalerweise nicht in diesem Zelltyp vorkommt. Bei der homologen Expression liegt ein solches Gen in der Zelle bereits vor.

Weiterhin ist ein für *E. coli* optimaler Promoter notwendig. Neben dem beim Blau-Weiß-Screening (Kapitel 6.2.1) behandelten lacZ-Promoter, wird gerne der T7-Promoter eingesetzt, der eine eigene Polymerase benötigt und in Kapitel 6.4.1 behandelt wird. Schließlich ist eine Shine-Dalgarno-Sequenz oder ribosomale Bindungsstelle (rbs) unbedingt erforderlich (Kapitel 1.3.1). Neben diesen unverzichtbaren Bestandteilen eines Expressionsplasmids gibt es weitere nütz-

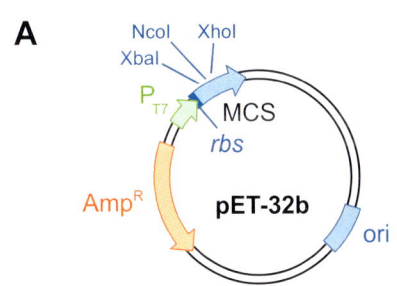

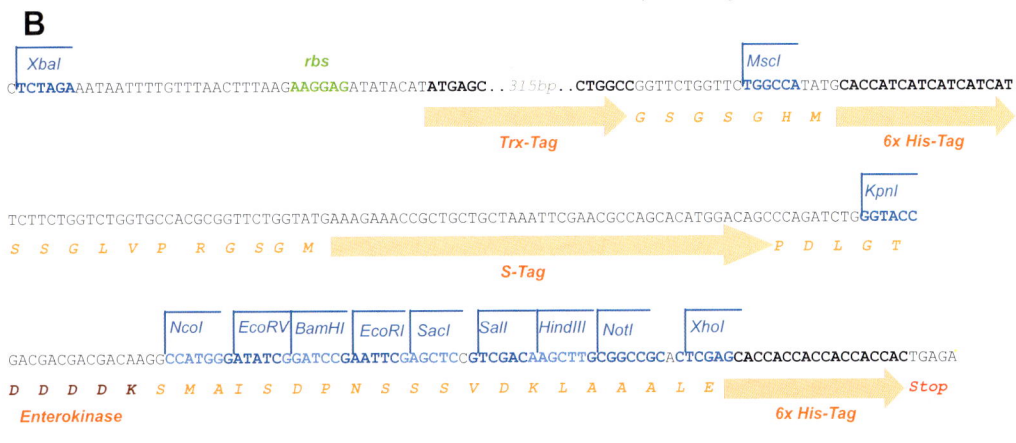

Abb. 6.7:
Expressionsplasmide. (**A**) Zusätzlich zu den Elementen eines Klonierungsplasmids enthält ein Expressionsvektor einen Promoter (hier ein T7-Promoter P_{T7}, Kapitel 6.4.1) und eine ribosomale Bindestelle (rbs, Kapitel 6.4.2). Die MCS kann auch nur sehr wenige Restriktionsschnittstellen enthalten. Der Replikationsursprung ist stringent, damit die Kopienzahl des Plasmids niedrig bleibt. (**B**) Detaillierte Ansicht des Bereiches nach dem T7-Promoter. Neben der rbs finden sich mehrere Tag-Sequenzen (Kapitel 6.4.5), die zur Aufreinigung des rekombinanten Proteins dienen. Die Enterokinase Erkennungsstelle kann benutzt werden, um die Tag-Sequenzen wieder abzuspalten. Vergleiche auch mit Abb. 1.8.

liche Sequenzbereiche, worunter die sogenannten Tag-Sequenzen fallen aber auch diverse Signalpeptide.

> **TIPP**
> Kommerziell erhältliche Vektoren gibt es oft in 3 Varianten, die mit A, B und C bezeichnet sind (beispielsweise pET-20a, pET-20b und pET-20c). Die Buchstaben stehen für die unterschiedlichen Leseraster der MCS. Da aber sowieso die Primer erst konstruiert werden, benötigt man in der Regel nur eine der Varianten und passt dann den Primer entsprechend an.

6.4.1 Promotoren für Expressionsvektoren

Ein geeigneter Promoter muss nicht nur eine hohe Syntheseleistung des nachfolgenden Inserts bewirken. Fast noch wichtiger ist seine Regulierbarkeit. Oft sind die Produkte der in *E. coli* eingebrachten Gene für das Bakterium toxisch. Daher ist es wünschenswert, dass deren Produktion nur nach Zugabe eines Expressionsinduktors erfolgt. In den meisten Expressionsvektoren für *E. coli* findet sich einer von folgenden drei Promotoren:

lacZ-Promoter:
Dieser Promoter ermöglicht eine recht hohe Expressionsrate und lässt sich durch die Zugabe von IPTG (Isopropyl-β-D-thiogalactopyranosid, Kapitel 6.2.1) induzieren. Das IPTG bindet an den lacI-Repressor des lacZ-Promoters und führt so zur Expression des durch lacZ kontrollierten Gens. Der lacI-Repressor befindet sich meist auf einem zweiten Plasmid in der Bakterienzelle, dem F' Plasmid.
Leider neigt der Promoter auch zur uninduzierten Expression, vor allem dann, wenn das Expressionsplasmid in hoher Kopienzahl vorkommt und das Gen für den lacI-Repressor auf dem F' Plasmid nicht mehr in ausreichender Menge gebildet wird. Daher wird eine sehr große Menge an lacI benötigt, um die uninduzierte Expression zu unterbinden. Eine Möglichkeit, uninduzierte Expression zu verhindern, besteht darin, dem Medium sterilfiltrierte Glucose zuzugeben (Kapitel 2.13.1).

> **TIPP**
> Der Promoter lacUV5, der in einigen Vektoren verwendet wird, ist eine Mutante von lacZ, dessen Mutation in der -10-Region zur Steigerung der Effizienz führt.

Lambda PL Promoter:
Der starke PL-Promoter aus dem Phagen λ wird sehr restriktiv durch das cI-Repressorprotein kontrolliert. In Expressionsvektoren erfolgt die Kontrolle des PL-Promoters durch ein mutiertes, temperatursensitives cI-Repressorprotein (cI 857). Unterhalb 30 °C reprimiert cI 857 den PL Promoter. Steigt jedoch die Temperatur, wird cI 857 inaktiviert und der Promoter aktiviert. Alternativ kann der Promoter auch durch Zugabe von Nalidixinsäure zum Medium aktiviert werden.

> **GUT ZU WISSEN**
> Nalidixinsäure ist ein Antibiotikum, welches die bakterielle Gyrase hemmt und zur Induktion des RecA Proteins von *E. coli* führt. RecA spaltet cI und aktiviert so den Promoter. Es gibt auch Verfahren, bei denen das cI Protein unter die Kontrolle eines anderen induzierbaren Promoters gesetzt wird.

T7 Promoter:
Da der T7-Promoter (Kapitel 6.6) nicht durch die bakterielle RNA-Polymerase erkannt wird, ist für die Aktivierung dieses Promoters eine zusätzliche RNA-Polymerase notwendig. Die T7-RNA-Polymerase ist eine sehr aktive Polymerase, die darüber hinaus auch sehr spezifisch für ihre Promotoren ist. Die T7-RNA-Polymerase befindet sich auf einem F'-Plasmid des Bakteriums und steht ihrerseits unter der Kontrolle des lacUV5-Promoters. Wird IPTG zu den Bakterien gegeben, aktiviert dieses den lacUV5 Promoter und die T7-RNA-Polymerase wird gebildet. Deren Aktivität führt zu einer sehr starken Expression des Gens, welches im Expressionsplasmid unter der Kontrolle des T7-Promoters steht. Weitere Details zu diesem Expressionssystem finden sich auch in Kapitel 8.6.1 (Abb. 8.8).

> **TIPP**
> Die Expression von *E. coli* eigenen Proteinen kann durch die Zugabe von Rifampicin reduziert werden. Dieses Antibiotikum hemmt die *E. coli* RNA-Polymerase, aber nicht die T7-Polymerase.

6.4.2 Weitere regulative Sequenzen

Wenn es darum geht, Protein zu produzieren, muss auch eine effiziente Translation gewährleistet sein. Die Bindung der mRNA an die kleine ribosomale Untereinheit erfolgt über die Basenpaarung einiger weniger Nukleotide in der mRNA, die in den Vektorkarten als rbs [*ribosome binding site*], Abb. 6.7 B) angegeben ist. Sie entspricht in etwa der Shine-Dalgarno-Sequenz (Kapitel 1.3.1). Diese Abfolge liegt kurz vor dem Startcodon für die Translation, welche beim ersten AUG nach der rbs beginnt.

Schließlich wird ein Stoppcodon benötigt, welches entweder vom eingebrachten Gen stammt oder – häufiger – im Vektor liegt. Die Ursache dafür liegt darin, dass N- und C-terminal oft weitere Sequenzen vorhanden sind, sogenannte Tags, die im nächsten Abschnitt behandelt werden. Erst hinter diesen folgt das Stoppcodon, entweder UAG (Amber), UGA (Opal) oder UAA (Ochre). Die Begriffe in Klammern geben die Namen der *E. coli* Suppressor-Mutante an, die anstelle des Stoppcodons eine Aminosäure einbauen. Verwendet man das Codon UAG in normalen *E. coli* Zellen, dann endet hier die Translation. In Amber-Suppressor-Mutanten jedoch wird eine Aminosäure eingebaut. Dieses Phänomen, welches auf Versuche von Harry Bernstein in den 60er Jahren zurückgeht (daher der Name: *amber* = Bernstein), wird z.B. beim Phage-Display (E-Doc 11-5) ausgenutzt.

6.4.3 Expression in das Periplasma

Manche Fremd-Proteine sind für die produzierenden Bakterien sehr toxisch. Es kann daher sinnvoll sein, das translatierte Protein möglichst schnell aus der Bakterienzelle herauszuschleusen.

Erfordern die Fremd-Proteine die Bildung einer Disulfidbrücke, kann dies in Bakterien ebenfalls nur außerhalb der Zelle im periplasmatischen Raum geschehen, da sich nur dort die benötigte Disulfid Isomerase befindet.

> **GUT ZU WISSEN**
> Das Periplasma ist in gram-negativen Bakterien, wie *E. coli*, der Bereich zwischen innerer, zytoplasmatischer und äußerer Lipopolysaccharid-Membran.

Um solche Proteine in das Periplasma zu dirigieren, findet sich in den dafür vorgesehenen Vektoren direkt nach dem Startcodon ATG die sogenannte pelB-Sequenz. Dies ist die N-terminale Signalsequenz der Pektatlyase B aus *Erwinia carotovora*, einem pflanzenpathogenen Enterobakterium, welche das Protein in den periplasmatischen Raum dirigiert.

> **GUT ZU WISSEN**
> Neben dieser Sequenz wird auch eine Signalsequenz für die Abspaltung des Signalpeptids benötigt. Dafür gibt es verschiedene Sequenzmotive, welche durch SecB erkannt werden, einem Enzym, welches für den Export in *E. coli* verantwortlich ist.
> Demzufolge besteht die pelB Sequenz eigentlich aus zwei Teilen: pelB und ompT, wobei ompT die Abspaltung vermittelt.

Die Verwendung des pelB Signalsequenz führt zu niedrigeren Expressionsraten. Für die Produktion von toxischen Proteinen kann ein solches System trotzdem sehr sinnvoll sein. Solchermaßen produzierte Proteine können durch eine Periplasmaextraktion extrahiert werden, bei der (fast) nur die Proteine aus dem Periplasma isoliert werden, nicht jedoch die große Masse der bakteriellen Proteine. Es gibt eine Reihe weiterer Signalsequenzen für die Periplasma-Lokalisation, jedoch ist pelB am häufigsten in Vektoren zu finden. Ein Protokoll für die Extraktion rekombinanter Proteine aus dem Periplasma findet sich im E-Doc 6-1.

6.4.4 Einschlusskörperchen [*Inclusion Bodies*]

Eine weitere Möglichkeit, schon im Bakterium das Fremd-Protein möglichst sauber zu erhalten, können Proteinkristalle, sogenannte Einschlusskörperchen [*Inclusion Bodies*] darstellen. Meistens sind diese jedoch eher unerwünscht. Bakterien legen fehlgefaltete Proteine gerne in unlöslichen Proteinkristallen im Zytoplasma ab, die man im Lichtmikroskop sehen kann. Solche Kristalle können auch entstehen, wenn ein Protein in einer extrem großen Menge produziert wird. Wenn solche Einschlusskörperchen vermieden werden sollen, kann die Konzentration des Induktors (meist IPTG) oder die Anzuchttemperatur der Bakterien gesenkt werden. Weitere Informationen zu diesem Thema finden sich in Kapitel 8.6.1.

6.4.5 Tag-Sequenzen

Im Gegensatz zu den Nukleinsäuren, die biochemisch betrachtet ziemlich einheitliche Moleküle darstellen, weisen unterschiedliche Proteine verschiedene Eigenschaften auf. Daher muss für jedes Protein ein angepasstes Aufreinigungsschema entwickelt werden (Kapitel 8.4). Diese Etablierung von Aufreinigungsverfahren kann sich als sehr zeit- und arbeitsaufwendig erweisen. Um diese Prozedur für rekombinant produzierte Proteine zu umgehen, enthalten Expressionsvektoren oft kurze Sequenzen für mehr oder weniger lange Peptide, die am N- oder C-Ende des rekombinanten Proteins angehängt werden. Sind diese Sequenzen kurz, spricht man von „Tag"-Sequenzen (tag = Markierung). Sie können aber auch eigenständige Proteine darstellen, wie das fluoreszierende Green Fluorescent Pro-

Tab. 6.2:
Auswahl einiger Tag-Sequenzen. Die Buchstaben in der Spalte „Typ" geben Verwendungsmöglichkeit an: A=Aufreinigung, D=Detektion, S=Stabilität.

Name	Größe / Proteinsequenz	Typ	Bemerkung
6xHis-Tag	HHHHHH	A, D	N- oder C-terminal zum Gen lokalisiert. Dient der Aufreinigung über Ni-NTA (Kapitel 8.6.2). Kann mittels Antikörper detektiert werden.
Strep-Tag	WSHPQFEK	A, D	Modifiziertes Streptavidin und bindet an Biotin, welches an eine Matrix gebunden wurde. Auch Antikörper sind verfügbar.
Flag-Tag	DYKDDDDK	D, A	Antikörper verfügbar, wird zum Nachweis oder zur Aufreinigung verwendet.
c-myc-Tag	EQKLISEEDL	D, A	Stammt aus dem c-myc Protein. Wie beim Flag-Tag erfolgen Detektion und Aufreinigung mittels Antikörper.
Trx-Tag	Thioredoxin 109 Aminosäuren	A, S	Erhöht die Löslichkeit und erlaubt Disulfid-Brückenbildung.
GST-Tag	220 Aminosäuren	A, D, S	Stammt aus der Glutathion-S-Transferase und bindet an Glutathion, welches wiederum an eine Säulenmatrix gebunden ist.
Phosphorylierungsstelle	DDDSDD		Erlaubt die Phosphorylierung *in vitro*.
Enterokinase-Site	DDDDK		Kein Tag im eigentlichen Sinne, aber oft zwischen eigentlichem Tag und dem Protein vorhanden. Diese Sequenz ermöglicht die spezifische proteolytische Abspaltung des Tags nach erfolgter Aufreinigung.

tein (GFP). Dann spricht man von Fusionsproteinen oder Reportergenen (Kapitel 6.5).

Solche Tag-Sequenzen ermöglichen nicht nur den Einsatz eines einheitlichen Aufreinigungsprotokolls für die unterschiedlichsten Proteine, viele Tags liefern auch einen Zusatznutzen. Einige Tags erhöhen die Stabilität des rekombinanten Proteins, seine Löslichkeit oder ermöglichen erst die korrekte Proteinfaltung. Gegen fast alle Tag-Sequenzen sind in den letzten Jahren Antikörper (Kapitel 10.1) entwickelt worden, sodass verschiedenste rekombinante Proteine mit dem gleichen Antikörper im ELISA (Kapitel 10.5) oder in der Immunfärbung (Kapitel 10.6) nachgewiesen werden können. Manchmal werden diese Antikörper an eine Matrix gekoppelt und ebenfalls für die Aufreinigung des Proteins verwendet. Diese Verfahren werden in Kapitel 10.7 eingehend behandelt. Viele der Tag-Sequenzen sind nicht auf *E. coli* beschränkt und können auch in anderen Organismen verwendet werden. **Tab. 6.2** listet einige weit verbreitete Tag-Sequenzen auf.

Der sicherlich bekannteste und verbreitetste Tag ist der 6xHis-Tag, dessen Anwendung in Kapitel 8.6.2 detailliert besprochen wird.

6.5 Reportergene

Während Tag-Sequenzen für ein einheitliches Nachweis- und Aufreinigungssystem für die unterschiedlichen Produkte der klonierten Gene sorgen, werden Reportergene für den Nachweis der Expression genutzt. Eigentlich stellen Reportergene eine ziemlich heterogene Gruppe dar, denn sobald ein Protein leicht detektierbar ist, kann es als Reportergen bezeichnet werden.

> **TIPP**
> Der Begriff Reportergen wird oft synonym sowohl für die DNA-Sequenz eines nachweisbaren Proteins als auch für das gebildete Protein benutzt.

Es gibt zwei wichtige Anwendungsgebiete für den Einsatz von Reportergenen und einige weitere, auf die hier nicht näher eingegangen werden kann:

▶ Um einem anderen Protein eine Markierung mitzugeben, sodass zu jedem Zeitpunkt verfolgt werden kann, wo sich das Protein in der Zelle, im Gewebe oder in dem Organismus befindet. Dafür wird das Reportergen an das zu markierende Gen oder Teile davon angehängt. Dies erfolgt meist über eine Klonierung (Kapitel 5.5) wodurch ein Fusionsprotein aus dem zu untersuchendem Gen und dem Reportergen entsteht.

▶ Um Regulatorsequenzen, wie Promotoren, zu analysieren. Eine typische Anwendung ist die Frage, ob eine bestimmte Substanz einen Promoter aktiviert oder nicht. Anschließend kann die Sequenz eines solchen Promoters verändert werden (Kapitel 11.8) und über das Reportergen festgestellt werden, ob sich dadurch das Expressionsverhalten verändert hat.

Die Anforderungen der genannten Einsatzgebiete unterscheiden sich: Während für die Anwendung als Fusionsprotein meist eine Ja-Nein-Antwort ausreicht, ist für die Promoteranalyse die genaue Quantifizierung des produzierten Reportergen-Proteins oft sehr wichtig.

Quantitative Analysen werden gerne mit Luciferase durchgeführt, einem Gen, das aus Glühwürmchen stammt. Die Analyse kann nur schlecht an lebenden Zellen durchgeführt werden, da die Zellen meist lysieren müssen, damit das Substrat in die Zelle gelangt. Mit dem Substrat Luciferin[6], Mg^{2+} und ATP produziert die Luciferase Licht, welches proportional zur vorhandenen Menge an Enzym ist. So kann die Menge an gebildeter Luciferase genau bestimmt werden. Allerdings wird ein recht teures Gerät für die Detektion benötigt, ein Luminometer, denn die Lichtreaktion entsteht sehr schnell und ist schon nach weniger als 1 s wieder verschwunden.

Auch die β-Galaktosidase, welche beim Blau-Weiß-Screening involviert ist (Kapitel 6.2.1), kann als quantitatives Reportergen genutzt wer-

---

6 Es gibt alternative Substrate, die aber weniger sensitiv sind.

Abb. 6.8:
Reportergene.
In dieser Tabakzelle wurde die Expression zweier Reportergene, die auf dem gleichen Vektor lokalisiert sind, nachgewiesen: GFP (**A**) und DsRed (**B**) werden beide im Zytosol der Zelle exprimiert. Foto: Wolff, IPG der LUH.

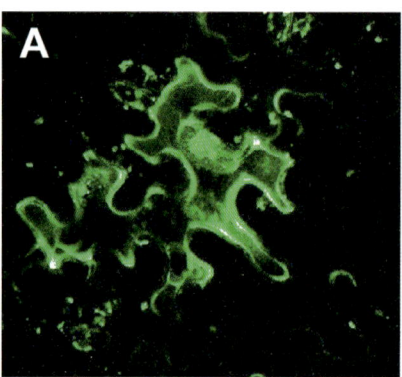
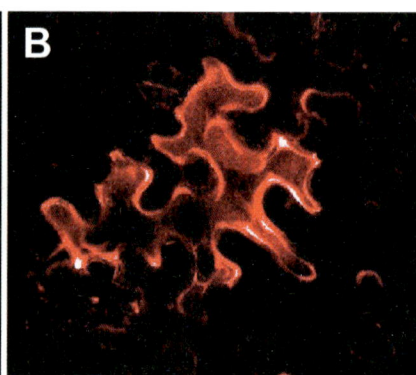

den. Auch hier werden Substrate verwendet, deren Umsetzung zur Lumineszenz führt.
Eine besonders populäre Gruppe an Reportergenen stellen die fluoreszierenden Proteine dar (Abb. 6.8), deren bekanntester Vertreter das Grün Fluoreszierende Protein (GFP, 28 kDa) aus der Qualle *Aequorea victoria* ist. Wird dieses Protein in einer Zelle oder einem Zellkompartiment produziert, leuchtet die Zelle oder das Organell nach Anregung mit UV-Licht grün, ohne dass ein Substrat benötigt wird. Die Wellenlänge die das Protein zum Leuchten angeregt, wird Exzitationswellenlänge genannt, abgestrahlt wird das Licht mit der Emissionswellenlänge. Da das GFP für die Zellen nicht toxisch ist, kann die Detektion auch in lebenden Zellen oder ganzen Geweben einfach erfolgen. Inzwischen gibt es eine Vielzahl verschiedener Fluoreszenzproteine, welche die unterschiedlichsten Anregungs- und Emissionswellenlängen haben (Tab. 6.3).

GUT ZU WISSEN

Das GFP wurde vielfältig gentechnisch modifiziert. Zunächst wurde eine Codon-Optimierung[7] durchgeführt. In Eukaryonten ist für eine effektive Expression ein Intron notwendig, weshalb es viele GFPs mit Intron gibt. So ist auch ausgeschlossen, dass die Fluoreszenz vielleicht durch den noch vorhandenen Prokaryont bewirkt wurde, der zur Transformation verwendet wurde (Kapitel 6.11). Weiterhin wurden durch Mutationen die Anregungs- und Emissionswellenlängen verändert. So entstand beispielsweise YFP (*Yellow Fluorescent Protein*, gelb leuchtend), CFP (blau leuchtend) und viele mehr. Einige der

---

7 Eine Aminosäure kann oft durch verschiedene Codons repräsentiert sein. Allerdings werden diese in verschiedenen Organismen unterschiedlich häufig verwendet. Um die Expressionsrate eines Proteins zu erhöhen, sollten die Codons auf den entsprechenden Organismus hin angepasst werden. Man spricht von Codon-Optimierung (Kapitel 1.2).

Tab. 6.3:
Eine kleine Auswahl gängiger Fluoreszenzproteine, die inzwischen einen weiten Bereich des Spektrums abdecken. Viele der Proteine wurden optimiert, sodass sie stärker leuchten [e = *enhanced*]. Manche Proteine können auch durch andere Wellenlängen angeregt werden, leuchten dann aber schwächer. Diese sind in Klammern angegeben. Um die Exzitations- und Emissionswellenlänge voneinander zu trennen, müssen im Mikroskop Filter verwendet werden, die nur sehr enge Wellenbereiche durchlassen. Diese sind ziemlich teuer und müssen für jedes zu verwendende Fluoreszenzprotein eigens angeschafft werden.

Reportergen	maximale Anregungs-/Emissionswellenlänge [nm]	Leuchtet
GFP	395 (475) / 508	Grün
eCFP	433 (453) / 475 (501)	Blau
eYFP	513 / 527	Gelb-grün
dsRED	558 / 618	Rot

fluoreszierenden Proteine stammen aus anderen Organismen, wie das rot leuchtende dsRED aus der Koralle *Discosoma*.

Stehen solche Gene unter der Kontrolle eines Promoters, kann über die Fluoreszenzstärke auf die Expressionsstärke des Promoters zurückgeschlossen werden. Auch können diese Proteine, ähnlich wie eine Tag-Sequenz (Kapitel 6.4.5), an ein anderes Gen angehängt werden. So kann die Lokalisation des Proteins in der Zelle leicht bestimmt werden. Schließlich können verschiedene fluoreszierende Proteine gleichzeitig verwendet werden.

> **TIPP**
> Die Fluoreszenzeigenschaften von GFP hängen direkt mit seiner Proteinstruktur zusammen. Wenn GFP nicht korrekt gefaltet wird, findet auch keine Fluoreszenz statt. In der Regel ist die richtige Faltung unproblematisch, aber es dauert mehrere Stunden, bis genügend richtig gefaltetes GFP vorliegt, um die Detektion zu ermöglichen. Inzwischen sind auch schnell faltende GFP kommerziell erhältlich.

Die verschiedenen Fluoreszenzproteine bzw. deren Gene werden kommerziell angeboten. Meist wird ein Vektor, der das Gen enthält, gekauft. Es sind auch Antikörper verfügbar, sodass sich die Proteine nicht nur über ihre Fluoreszenz sondern auch immunbiochemisch (Kapitel 10.4) nachweisen lassen.

> **GUT ZU WISSEN**
> Detaillierte Informationen zur Funktionsweise und zu Anwendungen von Fluoreszenzproteinen finden sich auf der Seite MicroscopyU: Introduction to Fluorescent Proteins (http://www.microscopyu.com/articles/livecellimaging/fpintro.html).

Neben den vielen Vorteilen, die den Erfolg dieser Reportergene begründet haben, gibt es auch ein paar Nachteile des Systems. Neben der langsamen Faltung der lichtaktiven Struktur erfordern die teilweise nah beieinanderliegenden Exzitations- und Emissionswellenlängen teure Filtersätze. Gerade bei Pflanzen können die Signale der Reportergene durch Eigenfluoreszenz pflanzlicher Zellwände und Chloroplasten überlagert werden.

Solche Autofluoreszenzen können die Messung mit fluoreszierenden Proteinen ziemlich stören. Oft ist es auch schwierig, die Signalstärken zu quantifizieren. Dann können Reportergene **(Tab. 6.4)**, wie die β-Glucuronidase (GUS), verwendet werden, ein Enzym, für welches es verschiedene

Tab. 6.4:
Alternative Reportergene, deren Funktion auf einer Enzymreaktion beruht.

Gen	Enzym	Substrate	Färbung
lacZ	β-Galactosidase (β-Gal), 6.2.1.	X-Gal	Blau
phoA	Alkalische Phosphatase (AP), **E-Doc 10-2**	NBT und BCIP	Blau bis violett
		Naphthol-AS-MX-Phosphat	Rot
uidA	β-Glucuronidase (GUS)	X-Gluc	Blau
		4-Methylumbelliferyl-β-D-glucuronid	Fluoreszenz, genaue Quantifizierung möglich
cat	Chloramphenicol Acetyltransferase (CAT)	AcetylCoA und Chloramphenicol	Radioaktiver Nachweis über ^{32}P, heute kaum noch genutzt.
	Luciferasen	Luciferin, Mg^{2+} und ATP	Lumineszenz

Substrate gibt, die entweder zu einem farbigen Produkt oder Fluoreszenz führen. Diese ist oft besser quantifizierbar, für die Analyse muss das Gewebe jedoch fixiert werden. Es kann daher keine Beobachtung aktuell ablaufender Prozesse in der Zelle durchgeführt werden und durch die Fixierung können Artefakte entstehen.

6.6 Phagen

Phagen – oder richtiger Bakteriophagen – sind Viren, die Bakterien infizieren und sich in diesen vermehren. Dafür benötigen sie im unterschiedlichen Ausmaß die Ressourcen der Wirtszelle. Nachdem sie sich in der Bakterienzelle vermehrt haben, verlassen sie diese als Phagenpartikel, welcher die virale DNA (oder RNA), die meist in eine Proteinhülle verpackt ist, enthält.

> **TIPP**
> Da Phagen eine Hülle aus Proteinen besitzen, können sie nicht durch 70 % (v/v) Ethanol inaktiviert werden. Hier helfen Sterilisationsflüssigkeiten, wie sie in Krankenhäusern verwendet werden.

Früher waren Phagen für viele Klonierungsarbeiten absolut essentiell. Vor allem zwei Typen waren weit verbreitet:

Der Phage λ:
Dieser Phage trägt in seiner freien Form ein lineares dsDNA Genom von 48,5 kbp in einer Proteinhülle. In dieses Genom können noch 12 kbp an Fremd-DNA eingesetzt werden, weshalb solche λ-Phagen Insertionsvektoren genannt werden. Beispiele für Insertionsvektoren sind λgt10, λgt11, λgt 20.

Eine Alternative stellen die Replacement-Vektoren dar, bei denen nicht-essentielle Bereiche des Phagengenoms entfernt wurden, sodass sogar noch bis zu 24 kbp Fremd-DNA Platz finden. Ein Nebeneffekt der Replacement-Vektoren liegt darin, dass die einzubringende Fremd-DNA eine Mindestgröße von ungefähr 9 kbp haben muss, da Phagengenome unterhalb einer bestimmten Mindestgröße nicht verpackt werden können.

Daher wird in den Ausgangsvektor sogenannte *Stuffer*-DNA eingesetzt, deren einzige Funktion darin liegt, dem Ausgangsvektor eine Mindestgröße zu verleihen. Die *Stuffer*-DNA wird dann meist durch das einzubringende Gen ersetzt oder in einem getrennten Arbeitsschritt entfernt. *Stuffer*-Elemente sind auch in Vektoren für die Klonierung großer Inserts oft zu finden (Kapitel 6.9). Beispiele für Replacement-Vektoren sind die verschiedenen Charon-Vektoren (Charon 4a, 21 oder 32) sowie λDASH, Embl 3 und 4.

Nach dem Einklonieren der DNA muss der λ-Vektor mit Insert *in vitro* verpackt werden, wofür es entsprechende, recht teure Kits gibt. Der so entstandene Phage kann dann für die Infektion der Bakterien genutzt werden. Auf diese Weise wurden viele cDNA Banken hergestellt (**E-Doc 11-4**). Allerdings ist die Herstellung solcher Banken recht schwierig und teuer und wird heutzutage nur noch selten durchgeführt.

Die Arbeit mit λ-Phagen ist nicht einfach, denn sie enthalten im Verhältnis zur eingebrachten DNA sehr viel Vektor-DNA und es ist kaum möglich, saubere DNA aus Phagen zu isolieren. Unangenehm ist auch, dass λ-Phagen sehr stabil sind und leicht andere Bakterienkulturen infizieren können. Auf diese Weise kann sich beim unvorsichtigen Arbeiten ein solcher λ-Phage im Labor mit verheerenden Folgen ausbreiten.

Der M13-Phage:
Der nicht-lytische M13-Phage liegt im Phagenpartikel als ssDNA vor, im Bakterium jedoch als dsDNA, weshalb er in den 80er Jahren für die Herstellung von Sonden sowie für Sequenzierungen verwendet wurde. Allerdings wird er heute für solche Arbeiten kaum mehr genutzt. Heute besitzt er eine zentrale Bedeutung bei den sogenannten Display-Verfahren (**E-Doc 11-5**), die bei der Herstellung rekombinanter Antikörperbanken und Peptid-Banken eingesetzt werden.

Weiterhin findet sich sein Replikationsursprung in den meisten Phagemiden (Kapitel 6.7).

> **TIPP**
> Wegen der Kontaminationsgefahr sollten spezielle Bereiche im Labor ausgewiesen werden, die nur für die Arbeiten mit Phagen dienen.

6.7 Phagemide

Phagemide besitzen sowohl einen *ori* eines Plasmids als auch einen für die Rolling Circle Replikation von Phagen. Normalerweise verhält sich das Phagemid wie ein Plasmid. Es nutzt wie ein Plasmid den Replikationsapparat des Wirtsbakteriums und besteht demzufolge aus dsDNA. Der zweite Replikationsursprung, welcher in der Regel aus dem Phagen f1, einem engen Verwandten von M13 (Kapitel 6.6) stammt, benötigt spezielle Enzyme, die nicht in *E. coli* vorhanden sind.

Diese Proteine kann ein Helferphage liefern, also ein zweiter filamentöser Phage, der im Gegensatz zum vorhandenen Phagemid seinen kompletten Replikationsapparat mitbringt. Dieser ist kompatibel mit dem Phagemid, welches in der nun folgenden Rolling Circle Replikation ssDNA produziert, die in Phagenpartikel (wenn die entsprechenden Hüllproteingene vorhanden sind) verpacken kann.

Eigentlich enthalten sehr viele Klonierungsplasmide einen solchen Replikationsursprung, doch wird er nur bei wenigen Verfahren genutzt. Phagemide, die beide Replikationsursprünge nutzen, werden beim Phage-Display eingesetzt (**E-Doc 11-5**).

> **GUT ZU WISSEN**
> Die Rolling Circle Replikation beginnt damit, dass eine Nuklease einen Einzelstrangbruch in das ringförmige dsDNA Molekül einführt. Nun werden am 3'-Ende des geschnittenen Strangs Desoxynukleotide durch eine DNA-Polymerase angehängt. Gleichzeitig wird das 5'-Ende vom DNA-Ring abgezogen und bildet einen Schwanz, dessen Länge immer weiter zunimmt, je weiter die Synthese des neuen Strangs fortschreitet. Dieser Vorrang läuft in mehreren Zyklen hintereinander ab, sodass ein langer ssDNA Faden entsteht, der vielfache Kopien der Ausgangs-DNA enthält. Diese kann durch die Wirkung eines ssDNA-Bindeproteins einzelsträngig gehalten und verpackt werden oder er wird verdoppelt. Weitere Informationen finden sich im **E-Doc 11-5**.

> **GUT ZU WISSEN**
> In der ursprünglichen Definition besitzt ein „Phagemid" einen Replikationsursprung aus der Gruppe der M13-Phagen. Vektoren mit einem Replikationsursprung aus *E. coli* und einem aus dem Phagen λ bezeichnet man als Phasmid. Heute hat sich der Begriff Phagemid durchgesetzt, weil Phasmide nur eine begrenzte Bedeutung haben.

6.8 Shuttle-Vektoren

Plasmide und Phagen haben meist ein recht enges Wirtsspektrum. Die meisten der oben beschriebenen Plasmide können nur in Enterobakterien, zu denen *E. coli* gehört, vermehrt werden. Um Gene auch in andere Organismen einzubringen, bieten sich Shuttle-Vektoren an, welche sich wie Phagemide[8] durch zwei verschiedene Replikationsursprünge auszeichnen. Der Vorteil von solchen Shuttle-Vektoren liegt darin, dass sämtliche Klonierungsarbeiten im Standardorganismus *E. coli* durchgeführt werden können und abschließend das Konstrukt ohne weitere Modifikationen in den eigentlichen Zielwirt durch Transformation (Kapitel 5.4) übertragen wird.

> **GUT ZU WISSEN**
> Es gibt auch Plasmide mit sehr weitem Wirtsspektrum, wie das Plasmid RSF1010, welches in gram-negativen und gram-positiven Bakterien stabil weitergegeben wird. Solche Vektoren werden „Broad Range Plasmide" genannt. Der Vektor pSoup (Abb. 6.11) stellt ein solches Plasmid dar.

Neben rein prokaryotischen Shuttle-Vektoren, die beispielsweise in *E. coli* und *Bacillus subtilis* oder in *E. coli* und *Streptomyceten* existieren können, gibt es auch Shuttle-Vektoren, die sowohl für Prokaryonten als auch Eukaryonten genutzt werden.

---

8 Phagemide werden nicht zu den Shuttle-Vektoren gezählt, denn sie werden nur in einem Organismus vermehrt, dem Bakterium.

> **TIPP**
> Manche Autoren begrenzen den Begriff „Shuttle-Vektor" auf solche Vektoren, die in Prokaryonten und Eukaryonten stabil weitergegeben werden.

Viele eukaryontische Vektoren stellen Shuttle-Vektoren dar, von denen einige, wie YACs, in den nachfolgenden Kapiteln besprochen werden.

6.9 Künstliche Chromosomen: BACs, PACs und YACs

Die meisten Plasmide nehmen Fremd-DNA bis ungefähr 10 kbp auf. In Zeiten von Genomprojekten sind solche Fragmente natürlich viel zu kurz. Früher stellten Vektoren, die auf dem Phagen λ beruhen, sogenannte Cosmide eine Alternative für größere, genomische DNA dar. Doch sind diese vollständig durch künstliche Chromosomen verdrängt worden. Diese Systeme werden vor allem für die Klonierung großer, genomischer Fragmente verwendet und unterscheiden sich primär durch ihren Wirt **(Tab. 6.5)**.

6.9.1 BACs – Bacterial Artificial Chromosome

Das BAC-System [*Bacterial Artificial Chromosome*] basiert auf dem F' Plasmid aus *E. coli*, welches nur einmal[9] pro Bakterienzelle vorkommt **(Abb. 6.9)**.

---

[9] Nur vor der Zellteilung wird natürlich auch das F Plasmid repliziert und liegt dann kurzzeitig in zwei Kopien vor.

> **GUT ZU WISSEN**
> Das F Plasmid ist für den Austausch von genetischem Material zwischen Bakterien verantwortlich. Dieser Vorgang wird Konjugation genannt. Bakterien, die dieses Plasmid besitzen, fungieren als Donor (männlich) und können die Erbinformation auf dem F Plasmid auf ein Empfängerbakterium (weiblich) übertragen. Die dazu notwendigen Enzyme liegen auf dem F Plasmid, ebenso eine eigene Replikase, denn für diesen Vorgang führt das F Plasmid eine Rolling Circle Replikation durch! Demgegenüber wird das F Plasmid bei Zellteilungen des Bakteriums über klassische Replikation verdoppelt. Stämme, die ein F Plasmid tragen, werden mit F^+ bezeichnet, die ohne als F^-. Durch die Übertragung eines F Plasmids wird der empfangende F^--Stamm zum F^+-Stamm. Das F Plasmid kann auch ins bakterielle Chromosom integriert werden. Solche Stämme übertragen demzufolge auch Wirts-DNA und werden *hfr*-Stämme genannt. Diese Integration ist reversibel und beim nachfolgenden Ausschneiden kann es passieren, dass Teile des Wirtsgenoms in das F Plasmid wandern. Solche Plasmide nennt man F' Plasmid. Beispielsweise trägt das F' lacZ-Plasmid das lacZ-Operon aus dem Wirtsgenom.

6.9.2 PAC-Vektoren

PAC-Vektoren [*P1 Artificial Chromosome*] beruhen auf dem Bakteriophagen P1, welcher ein Genom von 110-115 kbp linearer DNA in einer Proteinhülle trägt **(Abb. 6.10)**. In einer *E. coli* Zelle kann P1 einerseits lysogen vorlie-

---

Tab. 6.5:
Größe einzubringender DNA bei verschiedenen Klonierungsvektoren und ihre Wirtsorganismen. Einige Vektoren erfordern auch eine Mindestgröße. YAC ist ein klassischer Shuttle-Vektor.

Vektor	Wirt	Insertgröße
Plasmid	*E. coli*	5-8 kbp
Cosmide	*E. coli* (Phage λ)	35-45 kbp
BAC	*E. coli*	≤ 300 kbp
PAC	*E. coli* (Phage P1)	100–300 kbp
YAC	Hefe (*Saccharomyces cerevisiae*)	200–2000 kbp

Abb. 6.9:
BAC-Vektoren. Im weit verbreiteten BAC-Vektor pBeloBAC11 der Firma NEB gibt es nur wenige Restriktionsstellen im lacZ-Bereich (Blau-Weiß-Screening, Kapitel 6.2.1), von denen BamHI und HindIII eingezeichnet sind. Die Gene sopA und sopB limitieren die Kopienzahl auf 1 - 2 Kopien pro Bakterienzelle. Die sopC sorgt dafür, dass bei der Zellteilung beide Tochterzellen genau einen pBeloBAC11 erhalten. Der Initiationsfaktor repE vermittelt die Bildung des Replikationskomplexes am Replikationsursprung ori2. Weiterhin befindet sich ein Chloramphenicol-Resistenzgen (cam^R) im Vektor. Die cos-Site dient der Integration von Cosmiden (um eine Cosmid-Bank zu einer BAC-Bank umzuwandeln). LoxP kann für die spezifische Spaltung durch die cre-Rekombinase aus dem Phagen P1 verwendet werden (Kapitel 6.9.2).

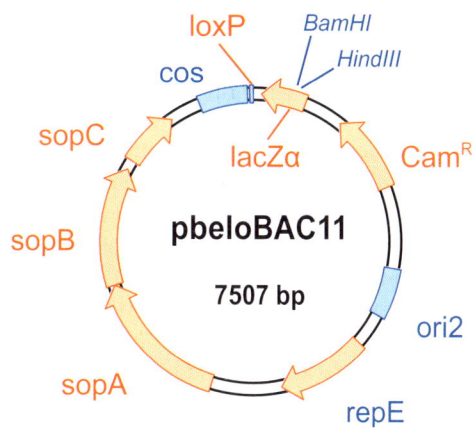

gen. Bei diesem Zustand ist sein Genom zirkulär geschlossen und er verhält sich wie ein Plasmid. Die Wirtszelle wird nicht abgetötet und es werden auch keine Phagenpartikel produziert. Andererseits kann aufgrund „schlechter" Umweltbedingungen eine lytische Phase eingeleitet werden, die letztendlich zum Absterben des Wirtsbakteriums führt. Dabei entstehen sehr viele neue Phagenpartikel. Im Unterschied zum Phagen λ wird das P1-Genom nie in das bakterielle Wirtschromom integriert.
Beim PAC werden diese Eigenschaften mit denen des F Plasmids kombiniert. Ein PAC verhält sich normalerweise ähnlich wie ein BAC, liegt also in einer Kopie vor. Durch ein zweites Replikon, welches bei der lytischen Phase des Phagen aktiv wird, kann die Kopienzahl drastisch erhöht werden. Auf diese Weise können PAC-Vektoren relativ leicht isoliert werden.

6.10 Hefen als Klonierungs- und Expressionssystem

Hefen wachsen bei 30 °C mit einer Verdoppelungszeit von 1,5 - 2 h, die meisten Stämme sind fakultativ anaerob. Obwohl Hefen fast so einfach zu kultivieren sind wie *E. coli*, sind viele eukaryotische Eigenschaften vorhanden, die entspre-

Abb. 6.10:
PAC-Vektoren. Zwischen den Bindestellen für die Primer T7 und SP6 befindet sich das Stuffer-Element PUC-Link, welches als Platzhalter dient und ein Ampicillin-Resistenz Gen trägt (nicht gezeigt). Dieser Platzhalter [*Stuffer*] wird durch die Insertion von DNA zwischen BamHI und NotI zerstört. Durch die Insertion kann auch der Selektionsmarker SacBII nicht mehr transkribiert werden. Dessen Genprodukt, die Levansucrase, wandelt in *E. coli* Zellen, die auf Saccharose angezogen werden, die Saccharose in ein toxisches Metabolit um, sodass nur Bakterien überleben können, bei denen durch die Integration die Levansucrase nicht mehr exprimiert werden kann. Kan^R (Kapitel 2.13.2) ist ein weiterer Selektionsmarker. Es gibt zwei Replikationsursprünge, den P1-Plasmid-Replikationsursprung und das P1 lytische Replikon, welches genutzt wird, um die Kopienzahl vor einer Extraktion drastisch zu erhöhen. LoxP ist eine Rekombinase-Site (Kapitel 6.3).

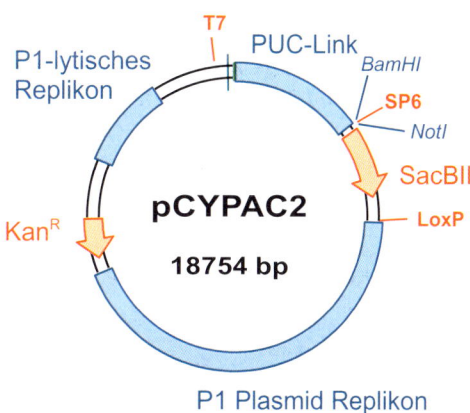

chend viele Analysen erlauben. Diese einzelligen Pilze zeichnen sich durch haploide und diploide Stadien aus, es sind Organellen vorhanden. Die synthetisierten Proteine können glykosyliert und über den sekretorischen Weg in das Medium abgesondert werden, um nur einige Eigenschaften zu nennen. Die Produktionsraten an rekombinantem Protein sind sehr hoch, Proteinfaltung und Glykosylierung erfolgen schon ähnlich der in höheren Säugern. Allerdings gibt es signifikante Unterschiede, sodass Proteine mit komplexeren Glykosylierungen oder Faltungsstrukturen eher in tierischen Zellkulturen produziert werden (Kapitel 6.12.2) – vor allem wenn es um pharmazeutische Anwendungen geht.

Es verwundert nicht, dass das erste komplett sequenzierte Genom eines Eukaryonten das der Hefe *Saccharomyces cerevisiae* war. Es sind viele mutierte Stämme für die verschiedensten Anwendungen verfügbar.

Hefen können auch relativ leicht transformiert werden. Dazu werden aus den Hefezellen durch enzymatischen Abbau der Zellwand sogenannte Spheroblasten hergestellt und in der Elektroporation (Kapitel 5.4) verwendet. Es werden je nach Anwendung drei verschiedene Arten an Vektoren in Hefen eingesetzt:

1. Integrative Plasmide [*Yeast Integrative plasmid*, YIp], um ein Gen in ein Hefechromosom zu integrieren.
2. Episomale Plasmide [*Yeast Episomal plasmid*, YEp], die 2 Micron genannt werden, da sie vom 2 μ Plasmid, welches in einigen Hefestämmen vorkommt, abstammen. Dies sind High-Copy-Plasmide mit 20-100 Kopien pro Zelle.
3. Centromer-haltige Plasmide [*Yeast Centromeric plasmid*, YCp], welche in niedriger Kopienzahl an die Tochterzellen weitergegeben werden (Tab. 6.6).

Integrative Plasmide wie YIp5 können nicht in Hefen als Plasmid überleben, da sie weder einen Hefe-spezifischen Replikationsursprung noch ein Centromer besitzen. Sie werden genutzt, um das Gen, welches sie tragen, homolog[10] in das Hefechromosom zu integrieren.

Episomale Plasmide wie YEp13 oder YEp24 werden für die Überexpression von Genprodukten in Hefe benutzt, dienen also der Produktion von rekombinanten Proteinen.

Neben episomalen Hefevektoren können auch Centromer-haltige Plasmide (YCp) verwendet werden, um rekombinante Proteine in Hefe zu produzieren. Beide Typen sind Hefe-Shuttle-Vektoren.

Neben der biotechnologischen Bedeutung von Hefen als Expressionssystem ist eine der bekanntesten molekularbiologischen Anwendungen von *S. cerevisiae* ihre Nutzung für Klonierungsarbeiten von großen DNA-Fragmenten in YACs. Ein solches künstliches Hefechromosom [*Yeast Artificial Chromosome*, YAC] enthält ein Centromer der Hefe, zwei Telomere aus *Tetrahymena*, ein autonom replizierendes Element (ARS) sowie zwei oder mehr Selektionsmarker. YAC Klone können bis zu 2000 kbp Fremd-DNA aufnehmen (Kapitel 6.9), allerdings ist die Arbeit mit so großen DNA-Fragmenten *in vitro* sehr schwierig. Außerdem neigt Hefe zu unerwünschten Rekombinationen, sodass YACs von den viel einfacher zu handhabenden BACs und PACs verdrängt wurden.

Eine weitere wesentliche Anwendung von Hefen sind die *Two Hybrid* Systeme, mit denen Protein-

---

10 Homologe Rekombination bedeutet, dass sich auf dem Plasmid und dem Zielchromoson homologe Sequenzabschnitte befinden. Diese und zwischenliegende Sequenzen werden ausgetauscht.

Tab. 6.6:
Eigenschaften verschiedener Plasmide für Hefen. ARS steht für „Autonom Replizierende Sequenz", 2μ ist der Replikationsursprung des 2 Micron und für eine hohe Kopienzahlen verantwortlich.

Plasmidtyp	Beispiel	ARS	2μ	Centromer
Integratives Plasmid	YIp	nein	nein	nein
Episomales Plasmid	YEp	nein	ja	nein
Centromer-haltiges Plasmid	YCp	ja	nein	ja

Protein-Interaktionen entdeckt und analysiert werden können. Nähere Informationen zu Hefe-Shuttle, der Transformation und Kultivierung von Hefe sind im **E-Doc 6-2** zusammengefasst.

6.11 Die Transformation von Pflanzen

Das weit verbreitete Bodenbakterium *Agrobacterium tumefaciens* hat eine sehr spezielle Form des Parasitismus entwickelt. Es trägt ein riesiges 100 - 240 kbp großes Ti (Tumor-induzierendes) Plasmid, welches alle Gene enthält, um einen bestimmten 15 - 30 kbp Abschnitt auf dem Plasmid (T-DNA) in eine Pflanzenzelle zu übertragen. Dort kann diese T-DNA sogar in das pflanzliche Genom eingebaut werden.

Für die Herstellung transgener Pflanzen stellt *Agrobacterium* das Werkzeug schlechthin dar. Allerdings wird heutzutage mit speziell umgebauten Plasmiden gearbeitet, die nur noch wenig mit dem Wildtyp gemein haben (**E-Doc 6-3**).

> **GUT ZU WISSEN**
> *Agrobacterium* ist ein pflanzenpathogenes, gram-negatives Bodenbakterium, welches über Verletzungen in die Pflanze eindringt und sich in den Interzellularen festsetzt. Nun überträgt der Prokaryont bestimmte Gene, welche sich im Bereich der T-DNA auf dem Ti-Plasmid befinden, in das Genom des Eukaryonten. Diese Gene greifen in den Hormonhaushalt der Pflanze ein, was zur Ausbildung von Wurzelhalsgallen (*A. tumefaciens*) oder Haarwurzeln (*A. rhizogenes*) führt. Weitere Gene auf der T-DNA veranlassen die Pflanze, niedermolekulare Moleküle, sogenannte Opine, zu produzieren, die den Agrobakterien als Kohlenstoff- und Stickstoffquelle dienen. Im Labor werden „entwaffnete" Agrobakterienstämme verwendet, die weder die Bildung von Tumoren noch die Opinsynthese induzieren.

Da aber selbst solche Plasmide noch recht groß sind, werden oft sogenannte binäre Vektorsysteme verwendet. Ein solches System besteht aus zwei Vektoren:

Der eine Vektor trägt die T-DNA, ein Resistenzgen sowie einen Replikationsursprung für *E. coli*, sodass alle Klonierungsarbeiten in *E. coli* durchgeführt werden können (z.B. pCIPG35SGFP in Abb. 6.11). Die benötigten Enzyme für den Transfer der DNA in den Zellkern der Pflanze liefert ein zweites Plasmid, das Helferplasmid, welches bereits im verwendeten Agrobakterienstamm vorhanden ist und ein Ti-Plasmid ohne T-DNA darstellt. Die Integration in das pflanzliche Genom erfolgt über illegitime Rekombination, die im Gegensatz zur homologen Rekombination keine homologen Sequenzabschnitte benötigt. Ein solches binäres Vektorsystem hat den großen Vorteil, dass das Klonierungsplasmid pCIPG35SGFP überschaubar klein bleibt, was die Klonierungsarbeiten erleichtert.

Moderne Vektorsysteme für die Transformation von Pflanzen nutzen sogar noch ein drittes Plasmid, welches sich ebenfalls in den Agrobakterien befindet. Dieses dritte Plasmid, pSoup, stellt ein Sicherheitssystem dar und ermöglicht es, den Klonierungsvektor noch weiter zu verkleinern. Dessen eigentlich recht großer Replikationsursprung (pSa-ori) ist nicht mehr in der Lage, sich selbstständig zu replizieren, da das dazu benötigte Replikase-Gen auf einen weiteren Helfervektor ausgelagert wurde. Neben der Verkleinerung des Klonierungsvektors dient dieses System der gentechnischen Sicherheit. Das Klonierungsplasmid kann nur in Laborstämmen von *Agrobacterium* weitergegeben werden, die zuvor mit pSoup transformiert wurden. In Wildstämmen des in der Natur weit verbreiteten Bodenbakteriums kann das Plasmid nicht existieren.

Der fertige Klonierungsvektor pCIPG35SGFP wird durch Elektroporation (Kapitel 5.4) in Agrobakterien eingebracht, die bereits die Helferplasmide pTiBo542 und pSoup enthalten. **Abb. 6.11** zeigt den Aufbau eines solchen binären Vektorsystems.

Die Agrobakterien, die sowohl eine Resistenz gegen Kanamycin (aus pCIPG35SGFP) als auch gegen Chloramphenicol (aus pSoup) aufweisen, werden für die Transformation von Pflanzen eingesetzt.

Bei der Transformation der Pflanzen wird der Bereich zwischen *Left Border* (LB) und *Right Bor-*

Abb. 6.11:
Vektoren für die Transformation von Pflanzen. Im Vektor pCIPG35SGFP dient GFP als Reportergen (Kapitel 6.5) und steht unter der Kontrolle des starken, eukaryontischen 2x35S-Promoters aus dem Blumenkohlmosaikvirus (CaMV). Das Intron im Gen erhöht die Expressionsrate und ist bei vielen eukaryontischen Vektoren vorhanden. Hinter dem Gen liegt eine Polyadenylierungsstelle. Der Bereich aus nos-Promoter, bar-Gen und nos-Terminator dient der Selektion der transgenen Pflanzen auf einem Herbizid-haltigen Medium. Der Bereich zwischen der LB [*Left Border*] und der RB [*Right Border*] wird in die Pflanze übertragen und stellt somit die T-DNA dar. Das Produkt des virG-Gens spielt eine Rolle beim Transfer der DNA in die Pflanze. Zusammen mit pTiBo542 stellt pCIPG35SGFP ein binäres Vektorsystem dar. Das fast 250 kbp große Ti-Plasmid-Derivat enthält alle für den Transfer der T-DNA benötigten Gene, aber keine T-DNA. Als zusätzliches Sicherheitssystem dient der Helfervektor pSoup. Dieser liefert eine Replikase (pSa-Rep) sowie das für die Initiation der Replikation von pSa-ori benötigte Genprodukt von trfA. Nur wenn diese in der Agrobakterienzelle vorhanden sind, kann der Vektor pCIPG35SGFP repliziert werden. Der Vektor pSoup wird durch oriV repliziert, einem Replikationsursprung, welcher pSoup zu einem *Broad Range* Plasmid (Kapitel 6.8) macht, welches in vielen verschiedenen Bakterien repliziert werden kann. Schließlich haben die Plasmide unterschiedliche Resistenzgene.

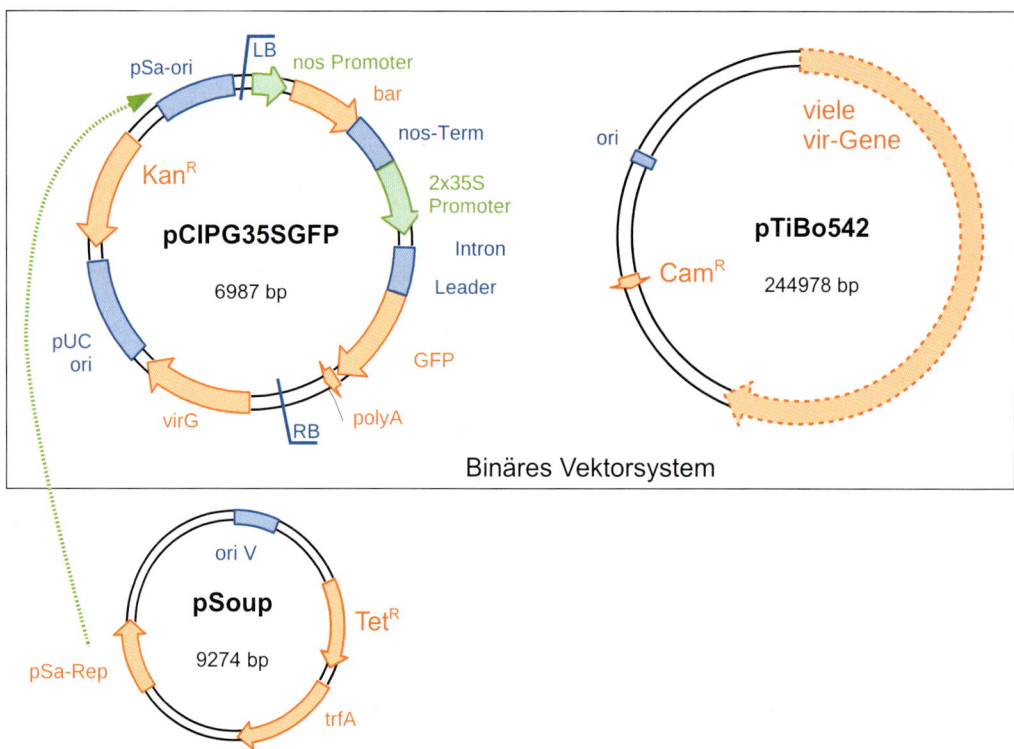

der (RB), die T-DNA, in die Pflanzenzelle übertragen. Wird dieser Abschnitt in das Pflanzengenom eingebaut, spricht man von einer stabilen Transformation.

Die Transformation der Pflanzen ist im Prinzip recht einfach: Das zu transformierende Pflanzengewebe, oft Blattstücke, wird oberflächensterilisiert (Kapitel 2.12) und einige Tage mit den Agrobakterien zusammen in einem Medium kultiviert. Anschließend werden die Bakterien abgewaschen und aus den Pflanzenstücken wieder ganze Pflanzen regeneriert. Um nur solche Pflanzen zu selektieren die die T-DNA aufgenommen haben, befinden sich im Bereich der T-DNA oft zwei verschiedene Genkonstrukte aus Promoter, Gen und Terminator. Neben dem eingebrachten Genbereich dient der andere Bereich der Selektion der transgenen Pflanze, indem er dieser eine Resistenz gegen ein Herbizid verleiht. Weit verbreitet sind die bakteriellen Gene *bar* oder *pat*. Beide codieren für eine Phosphinothricin-Acetyltransferase, die eine Resistenz gegen das Herbizid Phosphinothricin bewirken.

Die Effizienz dieses Regenerationsverfahrens ist stark speziesabhängig und bei vielen Arten nur sehr schwer zu bewerkstelligen. Dies ist der Grund, warum gerne Tabak und andere Nachtschattengewächse verwendet werden, denn diese lassen sich relativ unkompliziert regenerieren.

> **GUT ZU WISSEN**
> Es gibt eine Reihe weiterer Bakterien, die prokaryotische DNA stabil in Pflanzen einschleusen können. Sie werden unter dem Namen Transbacter zusammengefasst. Eine Liste findet sich bei http://www.cambia.org.

Neben der stabilen Transformation besteht die Möglichkeit der transienten Transformation. Gängig für diese Anwendung ist die Vakuuminfiltration, bei der die Blattunterseite mit einer Agrobakterien-Lösung benetzt wird. Anschließend wird in einer Kammer für kurze Zeit ein Vakuum hergestellt. Nach Wiedereinlass der Luft sind die Agrobakterien über die Spaltöffnungen an der Unterseite in die Pflanze eingedrungen. Nach drei Tagen können die Pflanzen auf Expression des eingebrachten Gens hin analysiert werden. Bei der transienten Transformation wird die T-DNA nicht in das pflanzliche Genom eingebaut.

6.12 Die Transformation von Säugetieren und tierischen Zellkulturen

Bevor wir uns den speziellen Eigenschaften der Vektoren für tierische Zellen[11] zuwenden, folgt zunächst ein kurzer Exkurs in die Welt der tierischen Modellorganismen und Zellkulturtechniken.

---

11 Hier beschränken wir uns auf Säugetierzellen. Daneben sind auch Insektenzellkukturen (*Baculovirus*) und Oocyten des Krallenfrosches *Xenopus* als heterologe Expressionssysteme recht weit verbreitet.

6.12.1 Säugetiere als Modellorganismen

Säugetiere sind für die Grundlagenforschung im Bereich der Human- und Veterinärmedizin sehr bedeutend. Weiterhin werden sie zur Herstellung von Impfstoffen, Antikörpern und Hormonen verwendet. Neue Medikamente werden erst im Tierversuch getestet.

Häufig werden Mäuse, Ratten oder Meerschweinchen verwendet, denn diese sind einfach zu halten und erzeugen viele Nachkommen bei kurzen Generationszeiten. Mäuse werfen im Alter von 2-3 Monaten bereits 5-10 Nachkommen.

Um Versuche möglichst definiert durchzuführen, werden nur speziell gezüchtete Inzuchtlinien eingesetzt. Beispielsweise wird die NOD-Maus [Non-Obese Diabetic Mouse] für Typ-1-Diabetes Untersuchungen verwendet. Es gibt sogar Mausstämme ohne Thymus, die daher keine zelluläre Immunabwehr besitzen. Solche Mäuse werden für die Krebsforschung und die experimentelle Transplantationsmedizin eingesetzt. Gerade für Mäuse sind viele solcher stabilen Inzuchtlinien erhältlich.

Die Maus nimmt auch deshalb eine Sonderstellung unter den Versuchstieren ein, weil über 90 % des Mausgenoms eine große Ähnlichkeit mit dem des Menschen aufweist. Es verwundert daher nicht, dass das Mausgenom komplett sequenziert vorliegt.

Ein Genomprojekt ist nicht mit der Veröffentlichung der Sequenz abgeschlossen. Vielmehr beginnt dann erst ein Großteil der Arbeit, denn den einzelnen Gensequenzen muss eine Funktion zugeordnet werden. Dabei hilft die Existenz von sogenannten Knockout-Mäusen, bei denen bestimmte Gene gezielt inaktiviert wurden. Wenn man die Knockout-Maus (E-Doc 6-4) mit dem Ausgangsstamm vergleicht, kann man auf die Funktion des Gens zurückschließen.

> **GUT ZU WISSEN**
> Der Begriff „Reverse Genetik" [*reverse genetics* oder *positional cloning*] beschreibt Analysen, bei denen die biologischen Konsequenzen der DNA-Änderung in einem Organismus analysiert werden. Die Veränderung der DNA kann entweder zufällig durch Mutationen induziert

werden oder durch Einführung von rekombinanter DNA oder der gezielten Änderung der DNA-Sequenzen.

Durch die Folgen dieser Gen-Inaktivierung können Krankheitsmodelle für bestimmte Krankheiten erstellt werden. An solchen „Krankheitsmodellen", also den veränderten Mäusen, werden neue Medikamente getestet.

Für die Herstellung von komplett transgenen Organismen gibt es drei wesentliche Methoden:
- ▶ die Behandlung des Embryos mit Retroviren *in vitro* und die anschließende Reimplantation in ein Ammentier,
- ▶ Isolation von Embryonen im Einzellstadium aus dem Eileiter des Muttertiers. Die DNA wird direkt in den Pronucleus injiziert. Auch hier entwickeln sich die Embryonen in einem Ammentier.
- ▶ Das dritte Verfahren verwendet embryonale Stammzellen aus einer entwickelnden Blastozyste. Diese Zellen können *in vitro* manipuliert werden und anschließend in das Ammentier eingepflanzt werden. Die Fremd-DNA wird über einen Mikromanipulator in den Kern der Stammzelle eingeführt, wo es relativ häufig zu einer homologen Rekombination kommt. Der bei dieser Methode entstehende Embryo ist immer eine Chimäre. Um die transgenen Tiere zu identifizieren, werden entsprechende genetische Marker verwendet.

6.12.2 Säuger-Zellkulturen

Im Vergleich zu transgenen Tieren sind gentechnisch veränderte Zellkulturen relativ leicht herzustellen. Ihre Limitierung erfahren Zellkulturen dann, wenn verschiedene Zellarten miteinander interagieren und daher gleichzeitig untersucht werden müssen. Dann gibt es zu Tierversuchen kaum Alternativen.

Im Labor trifft man auf eine riesige Zahl verschiedener Säuger-Zellkulturen, die bei 37 °C in einem CO_2-Brutschrank angezogen werden. Die Zellen sind immer entartete Zellen, also Krebszellen oder Fusionen zwischen einer normalen Zelle und einer passenden Krebszelle. Solche Zellen werden Hybridoma genannt. **Tab. 6.7** listet einige gängige Zellkulturtypen auf.

Für Säuger-Zellkulturen werden meist Fertigmedien eingesetzt, die für den jeweiligen Zelltyp angepasst sind. Tierische Zellkulturen werden wegen ihrer zum Menschen sehr ähnlichen Glykosylierung und Proteinfaltung gerne für die Herstellung pharmazeutisch genutzter Proteine verwendet.

Neben der Produktion rekombinanter Proteine sind tierische Zellkulturen natürlich für viele physiologische und funktionale Untersuchungen sehr gut geeignet. Dementsprechend sind die Anwendungsgebiete für solche Zellkulturen sehr vielfältig.

6.12.3 Vektoren für tierische Zellen

Um tierische Zellen zu transformieren, können entweder entsprechende Viren oder nackte DNA[12] verwendet werden. Als virale Vektoren kommen zum Einsatz: Retroviren, Adenoviren, Adeno-assoziiertes Virus, *Herpes simplex* Virus und Alphaviren. Manche dieser Viren können sich in das Genom der Wirtszelle integrieren, führen also zu einer stabilen Transformation. Sie sind als Kandidaten für gentherapeutische Verfahren sehr interessant. Für fast alle virale Vektoren gilt, dass sie zur Sicherheitsstufe S2 gehören, weshalb Studierende in der Regel nicht mit ihnen arbeiten.

Weitaus häufiger, da zur Sicherheitsstufe S1 gehörend, sind Vektoren, die zur Einbringung nackter DNA in tierische Zellen geeignet sind. Solche Shuttle-Vektoren können leicht in *E. coli* Zellen zusammengesetzt und anschließend in Säugerzellen eingebracht werden. Diese Vektoren werden für zwei wichtige Analysen genutzt:
- ▶ Untersuchung der Aktivität eines Promoters in der Zelle
- ▶ Funktionale Untersuchung oder Massenproduktion eines Proteins in einer Säuger-Zellkultur

---

[12] Im Gegensatz zu Viren besitzt nackte DNA keinen Proteinmantel. Sie kann sich daher nicht frei von Zelle zu Zelle bewegen oder sich in die Chromosomen integrieren.

Tab. 6.7:
Eine ganz kleine Auswahl tierischer Zellkulturen.

Zelltyp	Herkunft	Bemerkungen
Hybridoma	Fusionierte Milzzellen der Maus	Herstellung von monoklonalen Antikörpern (Kapitel 10.1).
CHO	Hamster Ovarien Zellen	Benötigen zum Überleben die Zugabe von Prolin. Sie werden für die industrielle Produktion vieler therapeutischer Antikörper wie Herceptin® oder Avastin® verwendet.
COS	Fibroblasten aus der Niere der grünen Meerkatze	Der Name spiegelt die wichtigste Eigenschaft wider: **C**V-1 in **O**rigin, and carrying the **S**V40 genetic material. Die Zelllinie CV-1 enthält ein SV40 Genom, welches sich nicht replizieren kann, aber das Large T-Antigen produziert. Vektoren mit SV40-ori können somit in diesen Zellen leicht repliziert werden, denn für die Replikation ist das Large T-Antigen notwendig.
HeLa	Menschliche Gebärmutterhals-Krebszellen von **He**nrietta **La**cks	Sind die ältesten menschlichen Zelllinien (1951 etabliert) und werden vor allem für die Krebsforschung eingesetzt.
293-T und HEK-293	Embryonale Epithelzellen menschlicher Nieren	Beide sind einfach in Kultur zu halten und aus der Transformation der menschlichen Zellen mit Adenoviren entstanden. Sie können gut in serumfreien Medien kultiviert werden und werden oft für die Herstellung viraler Impfstoffe genutzt.

Vektoren, die zur Expressionsanalyse eines Promoters benutzt werden, tragen ein Reportergen, wie das *Green Fluorescence Protein* (GFP, Kapitel 6.5), welches in der Zelle fluoresziert, wenn es exprimiert und durch UV angeregt wird. Einerseits kann der Promoter vor dem Gen ausgetauscht werden. So können die Eigenschaften eines Promoters analysiert werden. Andererseits kann vor das gfp-Gen das zu untersuchende Gen kloniert werden, sodass ein Fusionsprotein entsteht. Auf diese Weise kann, beispielsweise durch Mikroskopie, das Genprodukt in der Zelle verfolgt werden **(Abb. 6.12)**.

Vektoren, die zur Expression eines heterologen Proteins in tierischen Zellkulturen benutzt werden, besitzen einen starken eukaryontischen

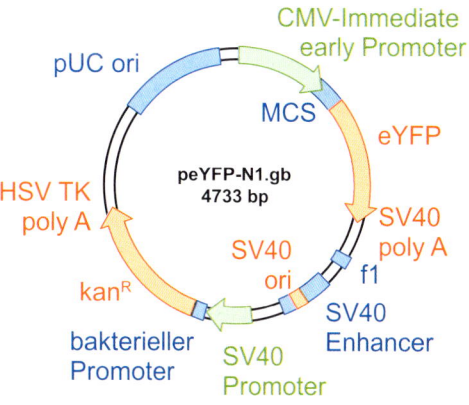

Abb. 6.12:
Vektoren für tierische Zellen. Der Shuttle-Vektor pEYFP-N1 der Firma Promega enthält gleich drei Replikationsursprünge: einen für Säugerzellen (SV-40 ori), einen für Phagen (f1, Kapitel 6.7) und einen für *E. coli* (pUC-ori, Kapitel 6.1). Selektiert wird auf Neomycin- bzw. Kanamycin- (Kan^R) haltigen Medien. Vor dem Resistenzgen befinden sich sowohl ein prokaryotischer Promoter (nicht eingezeichnet) als auch ein eukaryotischer Promoter (Early-SV40-Promoter). Für die Expression in tierischen Zellen ist weiterhin ein Polyadenylierungssignal (HSV TK PolyA) notwendig. Auch das Reportergen eYFP (*enhanced Yellow Fluorescent Protein*) besitzt solche regulativen Sequenzen: den CMV-IE-Promoter und das SV40-PolyA⁺-Signal. Die Expression wird durch den SV40 Enhancer, welcher unterbrochen zu beiden Seiten des SV40-ori liegt, stark gesteigert.

Promoter, oft ist dies der Early-SV40-Promoter. Hinter diesem liegt eine MCS oder eine Rekombinase-Site, in die das Gen des zu produzierenden Proteins eingesetzt wird.

Die Expression in tierischen Zellen erfordert noch zwei weitere Elemente. Zum einen wird hinter dem einzubringenden Gen ein Polyadenylierungssignal benötigt, welches für die Polyadenylierung der mRNA sorgt. Zum anderen ist oft ein Intron vorhanden, denn dieses kann die Expressionsrate beträchtlich steigern. Die Replikationsursprünge aus *E. coli* und dem SV40 (*Simian Virus* 40) machen den Vektor pEYFP-N1 (Abb. 6.4) zu einem Shuttle-Vektor. Ein in diesem Vektor exprimiertes Gen würde daher auch auf die Nachkommenschaft weiter gegeben werden, ohne sich jedoch in das Wirtschromosom zu integrieren. Allerdings ist für die Replikation das large T-Antigen notwendig, welches an den SV40 Replikationsursprung binden muss, um die Replikation zu initiieren. Dieses ist in einigen tierischen Zellkulturzellen bereits vorhanden (z.B. in COS-Zellen, Tab. 6.7).

Es gibt auch Vektoren ohne eukaryontischen Replikationsursprung, die für Kurzzeitanalysen verwendet werden, z.B. um die Aktivität von Promotoren zu analysieren. Insgesamt ist eine große Zahl verschiedener Vektoren kommerziell erhältlich. Prinzipiell sind solche Vektoren für alle Vertebratenzellen geeignet, werden aber häufig in Zellkulturzellen eingesetzt. Die Transfektion solcher Zellen wird im **E-Doc 6-5** beschrieben. Dort finden sich auch die Definitionen für die Begriffe Transduktion, Transformation und Transfektion.

7 Elektrophorese von Nukleinsäuren

7.1 Agarose-Gelelektrophorese von DNA

7.2 Die Detektion der DNA im Gel

7.3 Präparative Agarosegele

7.4 Auftrennen von RNA im Agarosegel

7.5 Fehlersuche bei Agarose-Gelelektrophorese

Elektrophorese von Nukleinsäuren

Das Grundprinzip der Gelelektrophorese ist recht einfach: In einer porösen Matrix, deren Poren durch eine Flüssigkeit ausgefüllt sind, wandern geladene, biologische Moleküle in einem elektrischen Feld und werden dabei voneinander getrennt. In diesem Kapitel konzentrieren wir uns auf die elektrophoretische Auftrennung von Nukleinsäuren in Agarosegelen. Die Gelelektrophorese von Proteinen in Polyacrylamidgelen wird in Kapitel 9.1. behandelt.

Da DNA und RNA negativ geladen sind und ihre Ladung proportional zu ihrer Größe ist, bewegen sie sich in Richtung Anode, werden dabei jedoch durch Reibungskräfte gebremst, die umso stärker wirken, je größer das Molekül ist. Das Trennverhalten kann durch die Konzentration des Gels, also der Porengröße beeinflusst werden.

Durch die Größenauftrennung im Agarosegel kann nach den meisten molekularbiologischen Arbeitsschritten überprüft werden, ob die entstandene DNA der erwarteten Größe entspricht. Weiterhin kann durch den Vergleich mit definierten Standards auch die vorhandene DNA-Menge abgeschätzt werden. Die Zahl der Banden gibt schließlich einen Hinweis auf die Reinheit der DNA.

Die Einsatzmöglichkeiten des Verfahrens (**Map 7.1**) gehen über analytische Techniken hinaus, denn aufgetrennte Banden können aus dem Gel ausgeschnitten und die Nukleinsäure daraus eluiert werden. So kann die Agarose-Gelelektrophorese auch als präparatives System dienen.

Ein weiteres wichtiges Anwendungsfeld für die Elektrophorese liegt im Nachweis von spezifischen DNA- oder RNA-Sequenzen. Die Gelelektrophorese ist ein zentraler Bestandteil aller Northern- und Southern-Transferverfahren, die zur sequenzspezifischen Identifizierung bestimmter RNA- oder DNA-Sequenzen durch Hybridisierung genutzt werden. Da diese Verfahren in den letzten Jahren stark an Bedeutung verloren haben, behandeln wir den Southern Blot im **E-Doc 7-1** und den Northern Blot im **E-Doc 7-2**.

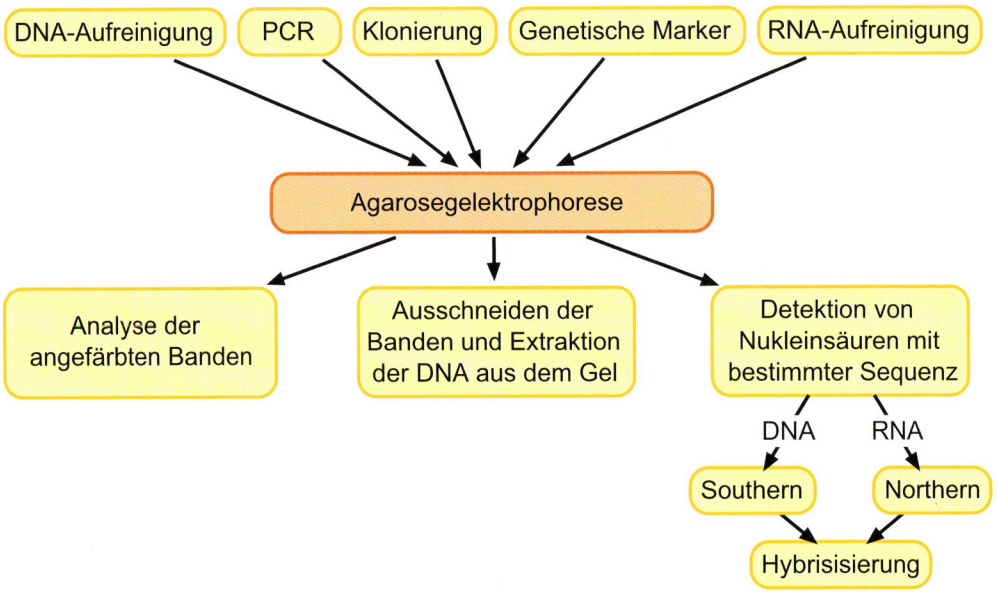

Map 7.1:
Agarosegelelektrophorese. Als analytisches Verfahren wird die Agarosegelelektrophorese im Anschluss an viele molekularbiologische Verfahren eingesetzt. Sie kann aber auch als präparativer Schritt bei der Aufreinigung einer Nukleinsäure dienen, wenn diese nach dem Gellauf ausgeschnitten und weiter verarbeitet wird.

7.1 Agarose-Gelelektrophorese von DNA

Die Agarose-Gelelektrophorese ist eine der am häufigsten angewandten Labormethoden. Die Methode kommt oft nach der Aufreinigung von DNA Molekülen zum Einsatz. Im Gel kann die Größe und Menge einer DNA leicht bestimmt werden. Der Erfolg einer PCR wird oft mit einer Elektrophorese überprüft. Die Zahl der entstandenen Banden gibt Auskunft über die Zahl der verschiedenen DNA-Moleküle in der Probe.
Der Ablauf des Verfahrens kann in folgende Einzelschritte unterteilt werden:
▶ Ansetzen der Gellösung, Aufkochen der Lösung und Gießen des Gels (Abb. 7.1).
▶ Auftragen der Probe, Gellauf oft bei 100 V.
▶ Sichtbarmachen der Banden im Gel.

Abb. 7.1:
Komponenten eines Agarosegel-Systems. Hier sind die Teile eines typischen Minigel-Systems abgebildet. Das Gel wird in einen Gelträger (**A**) gegossen, der zusammen mit dem Kamm (**B**) in eine Gießschale gesetzt wird (**C**). Sobald das Gel polymerisiert ist, wird es mit dem Gelträger in die Laufkammer (**D**) gesetzt und der Kamm entfernt. Die Kammer wird mit Laufpuffer gefüllt, die Probe (**E**) in die Ladetasche pipettiert und der Lauf durch Anlegen eines elektrischen Felds durch das Netzteil (**F**) gestartet. Gelanlagen gibt es in sehr unterschiedlichen Größen.

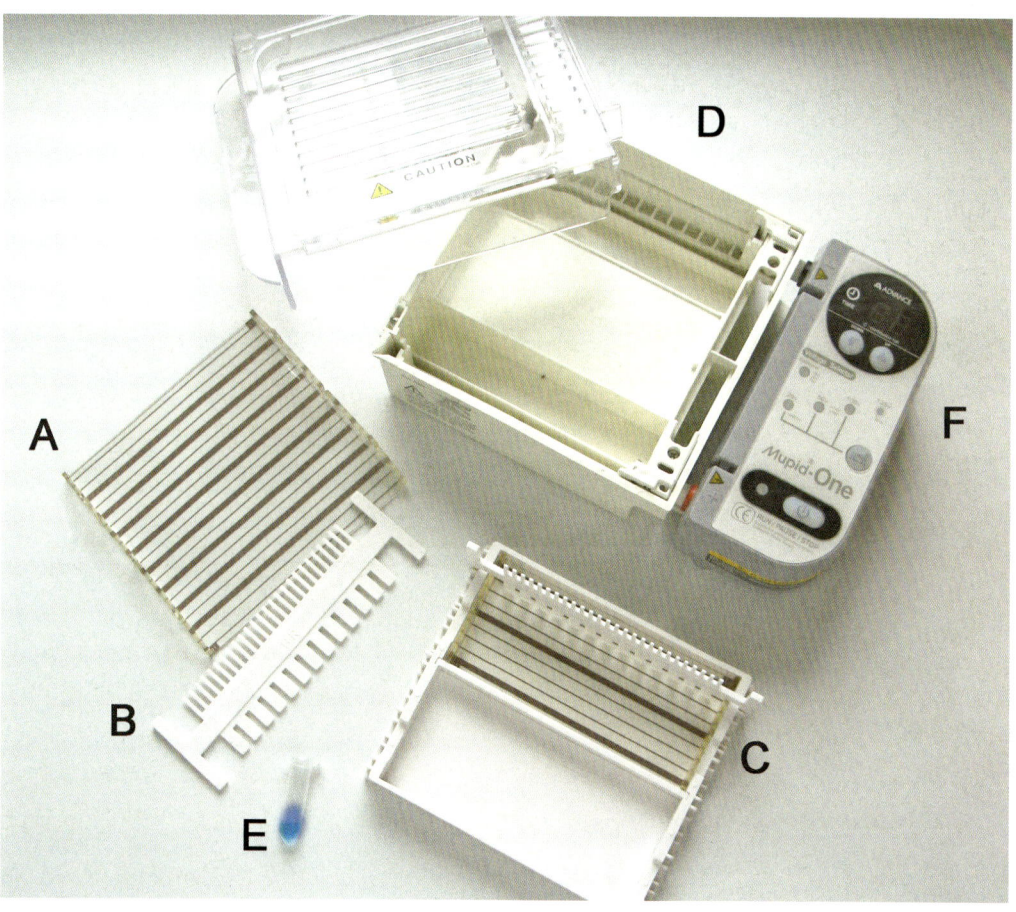

Die großporigen Agarosegele werden mit 0,8-1,5 % (w/v) Agarose in einem TAE-Puffer[1] angesetzt. Agarose ist ein Extrakt aus roten Meeresalgen und besteht aus den Polymeren 1,3-β-D-Galactopyranose und 1,4-3,6-anhydro-α-L-Galactopyranose. Der Schmelzpunkt der Agarose liegt bei 95 °C, die Geliertemperatur bei ungefähr 40 °C.

---

[1] Für große DNA Fragmente (5 - 10 kbp) können auch 0,7 %ige Gele eingesetzt werden. Dagegen wird ein 2 %iges Gel zu einer guten Auftrennung im Bereich von 0,2 - 0,6 kbp führen.

> **TIPP**
> Es gibt modifizierte Agarosen, die niedrigere Geliertemperaturen von ungefähr 30 °C haben, sogenannte *Low-Melting* Agarosen. Nach dem Gellauf kann das Gelstück mit der DNA direkt in einer Enzymreaktion eingesetzt werden, denn die meisten Enzyme besitzen ein Temperaturoptimum von 37 °C, eine Temperatur, bei der die *Low-Melting* Agarose nicht geliert. Allerdings sind solche Spezial-Agarosen teuer und führen zu leicht verändertem Laufverhalten: solche Gele müssen höher konzentriert werden.

Abb. 7.2:
Herstellung eines Agarosegels. Die Agarose wird abgewogen (**A**) und in ein Gefäß gefüllt (**B**). Es kommt eine entsprechende Menge Puffer dazu und die Suspension wird in der Mikrowelle aufgekocht (**C**) bis sich die Agarose gelöst hat. Nachdem die Lösung auf ungefähr 65 °C abgekühlt ist, wird sie in den Gelträger, der sich in der Gießschiene befindet, gefüllt (**D**) und der Kamm eingesetzt (nicht abgebildet).

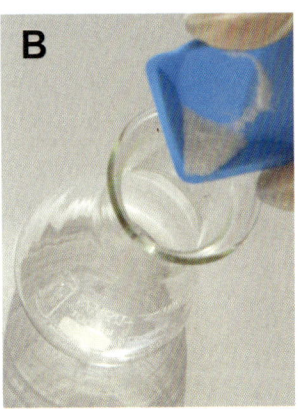
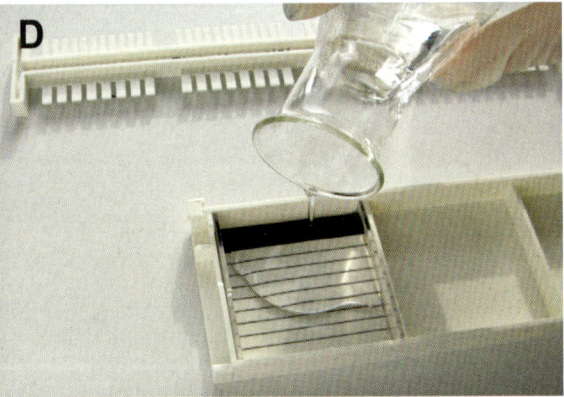

Abb. 7.3:
Beladen eines Agarosegels. Nachdem der Puffer in die Gelkammer eingefüllt wurde (**A**), wird das Gel eingesetzt und mit den Proben beladen. Wie in (**B**) gut sichtbar, werden die Proben unter den Puffer geschichtet.

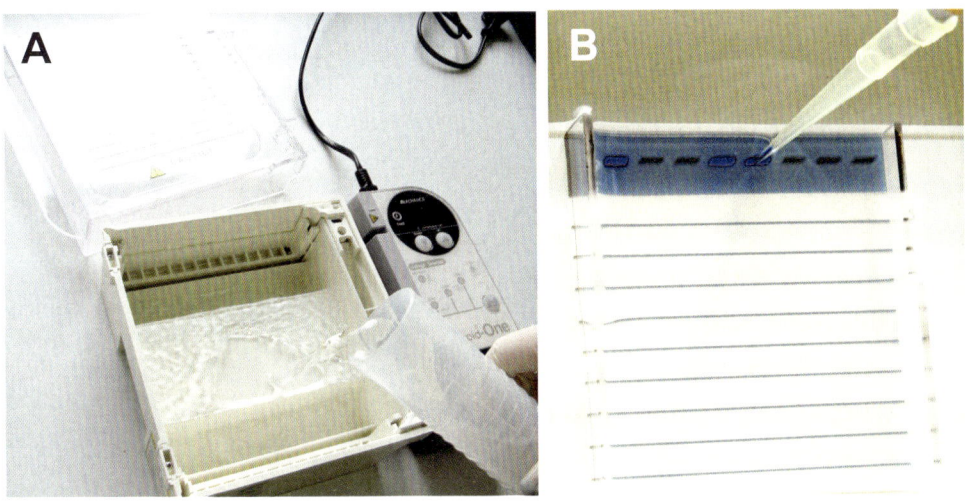

Die Agarose wird in TAE Puffer (Tris-Acetat-EDTA) oder 1x TBE-Puffer (Tris-Borat-EDTA) angesetzt. Diese Puffer werden später auch als Laufpuffer verwendet. Welchen Puffer man nimmt, ist ziemlich egal: TAE ist preiswerter, dafür laufen TBE Gele etwas schneller. TBE kann allerdings nachfolgende Enzymreaktionen stören (Tab. 3.1).

GUT ZU WISSEN
Die DNA wird während der Elektrophorese starken strukturellen Belastungen ausgesetzt, da sie sich gewissermaßen durch die engen Poren winden muss. Daher enthalten alle verwendeten Puffer EDTA, welches zweiwertige Ionen komplexiert (Kapitel 3.1.4).

TIPP
TAE wird als 50x Stammlösung angesetzt und bei Raumtemperatur gelagert. Beim Ansetzen dürfen die Chemikalien nur langsam zum Wasser zugegeben werden, da sich sonst ein unlösliches Salzpräzipitat bildet.

Die Suspension wird in der Mikrowelle ungefähr 1 min aufgekocht, bis das Pulver vollständig gelöst ist (**Abb. 7.2**). Dabei sollte darauf geachtet werden, dass die Lösung nicht überkocht. Auch nach dem Erhitzen kann es wegen der hohen Viskosität der Lösung zum Siedeverzug kommen.

TIPP
Niemals darf die heiße Agarose direkt nach dem Aufkochen in den Gelträger gegossen werden, da dieser sonst platzt. Am besten lässt man die Agarose-Lösung so weit abkühlen, dass sie um 65 °C temperiert ist.

Nach dem Gießen wird der Probenkamm in das noch flüssige Gel eingesetzt, der nach der Polymerisation herausgezogen wird, wodurch die Beladetaschen im Gel entstehen (**Abb. 7.3**).

TIPP
Das Agarosegel sollte überall gleich dick sein, weshalb bei den Gelkammern fast immer eine kleine Wasserwaage mitgeliefert wird. Die Geldicke ist von untergeordneter Rolle, sollte jedoch unter 1cm liegen.

Nach ungefähr 10 - 20 min ist das Gel fest geworden. Es kann jetzt mit dem Gelträger zusammen in den Tank der Elektrophoreseapparatur eingesetzt werden, in die zuvor 1x TAE-Puffer[2] gefüllt wurde. Das Gel kann nun mit den Proben beladen werden.

> **TIPP**
> Helle Pünktchen im Gel auf dem UV Tisch weisen auf Staub hin, der während der Polymerisation in die Gellösung gefallen ist. Dieses unschöne Bild kann man vermeiden, indem man während der Verfestigung ein Papier über den Gelträger mit dem Gel legt.

Die Proben werden beim Auftrag unter den Puffer geschichtet. Dies geht relativ einfach, denn die Proben enthalten Glycerin oder Saccharose (Protokoll 7.1), sodass die Proben automatisch in die Tasche sinken. Im Probenpuffer befinden sich auch zwei Laufmarker:
▶ Bromphenolblau läuft kurz hinter der Lauffront und stellt einen pH-Indikator dar. Wird das Bromphenolblau gelb, ist das Gel bzw. der Probenpuffer nicht mehr basisch und es sollte alles frisch angesetzt werden.
▶ Das grünliche Xylencyanol dient der Stabilisierung der DNA während des Gellaufs.

> **GUT ZU WISSEN**
> Das Bromphenolblau läuft bei ungefähr 200 bp, Xylencyanol bildet eine Bande bei 4 kbp. Wenn man Banden dieser Größen erwartet, sollte der entsprechende Farbstoff weggelassen werden, da er die Sichtbarkeit der Banden in diesem Bereich einschränkt.

Um die Größe der Banden abzuschätzen, trägt man zusätzlich zu seinen Proben einen Größenstandard auf. Heutzutage werden fast ausschließlich sogenannte DNA-Leitern verwendet, meist eine 100 bp Leiter oder eine 1 kbp Leiter (Abb. 7.4).

---

2 Manchmal wird auch 0,5 x TAE Puffer als Laufpuffer eingesetzt. Das ist von der verwendeten Gelanlage abhängig.

PROTOKOLL 7.1

Herstellung eines 1 % Agarosegels

Material:
▶ Elektrophorese-Kammer und Netzteil
▶ Agarose und Größenstandard
▶ 50x TAE-Puffer
  • 48.4 g Tris Base
  • 11.42 ml Eisessig
  • 20 ml 0.5 M EDTA
  • 28,58 ml H_2O
  • der pH von 8,0 ergibt sich von selbst
  • autoklavieren und bei Raumtemperatur lagern
▶ 6x Probenpuffer
  • 15 % (w/v) Ficoll 400 oder: 40 % (w/v) Saccharose oder: 30 % (w/v) Glycerin (in H_2O)
  • 0,25 % (w/v) Bromphenolblau
  • 0,25 % (w/v) Xylencyanol

Durchführung:
1. 0,5 g Agarose im Erlenmeyerkolben abwiegen und in 50 ml 1x TAE-Puffer zum Kochen bringen. Die Agarose löst sich dabei auf.
2. Gel abkühlen lassen, in der Zwischenzeit:
3. Gelträger abkleben bzw. in die Gießschiene setzen.
4. Die nicht zu heiße Gellösung hineingießen, Kamm einstecken und erstarren lassen.
5. Kamm aus dem polymerisierten Gel entfernen und das Gel in die mit 1x TAE-Puffer gefüllte Laufkammer legen.
6. Die mit Probenpuffer versetzten Proben in die Taschen pipettieren (dabei den Größenstandard nicht vergessen).
7. Die Elektrophorese wird bei ca. 100 V für 20 - 60 min durchgeführt.
8. Anschließend wird das Gel in Ethidiumbromid gefärbt.

Abb. 7.4:
Beispiel für DNA-Größenstandards. **A**: 100 bp Leiter, **B**: 1 kbp Leiter. Die rot beschrifteten Banden sind doppelt konzentriert, damit man das Bandenmuster besser zuordnen kann. Foto: Fermentas UAB.

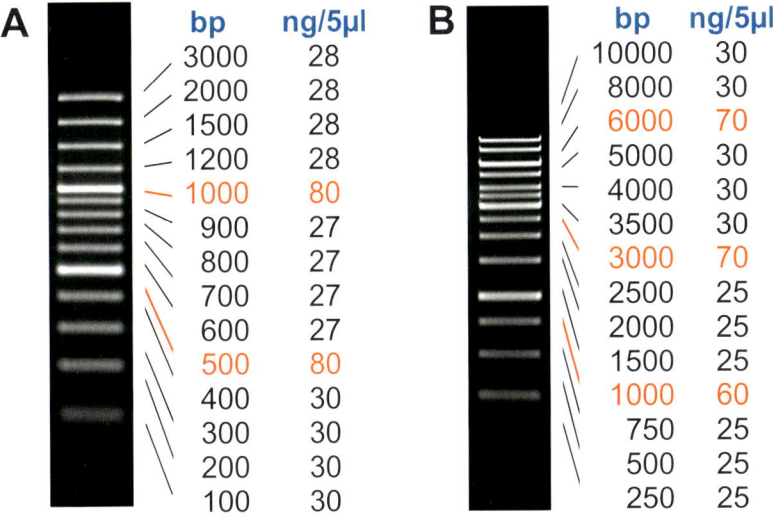

Eine wichtige Frage ist nun: Welche DNA-Menge muss aufgetragen werden? Dies hängt in erster Linie davon ab, ob ein analytisches oder präparatives Gel geplant ist. Analytische Gele dienen der Kontrolle einer DNA-Aufreinigung oder nach der PCR.

Die Geltaschen sind bei analytischen Gelen meist für 10 - 20 µl Volumen ausgelegt. Die interessierende Bande sollte ungefähr 20 ng DNA enthalten. Das ist die DNA-Menge in einer Bande, die man später unter UV-Licht gut erkennen kann.

TIPP
Eine typische Plasmidpräparation (Kapitel 3.4.1) aus 2 - 4 ml Kultur endet in einem Volumen von 30 - 50 µl DNA Lösung. Davon verwendet man 1/10 für die Kontrolle im Gel, also 5 µl des 50 µl Gesamtvolumens. Es muss vor dem Auftrag noch Probenpuffer hinzugefügt werden. Da dieser meist 6x konzentriert ist, drängt sich ein DNA-Volumen von 5 µl oder 10 µl mit 1 µl bzw. 2 µl 6x Probenpuffer förmlich auf. Aus einer PCR trägt man am besten 5 µl Amplifikat und 1 µl 6x Probenpuffer auf.

Der Gellauf wird meist bei 100 - 130 V durchgeführt und dauert je nach Größe des Gels ungefähr 20-60 min Ist die Spannung zu hoch, schmilzt das Gel. Da die DNA Moleküle i.d.R. keine ausgeprägte Tertiärstruktur haben und ihre Ladung proportional zu ihrer Länge ist, korrelieren die Wanderstrecken im Gel mit der Größe der DNA. Dies gilt aber nur für lineare DNA-Moleküle.

TIPP
Nach einer Plasmidpräparation (Kapitel 3.4.1) liegen Plasmide nicht nur zirkulär vor, sondern auch supercoiled (Abb.6.1) oder linearisiert vor. Wegen ihrer unterschiedlichen Sekundärstrukturen entstehen so mehrere Banden, von denen nur das lineare Plasmid (wenn vorhanden) mit dem Größenstandard verglichen werden kann. Deshalb sollten Plasmide vor dem Gellauf linearisiert werden, wenn man deren Menge oder Größe bestimmen möchte. Dies geschieht durch die Behandlung mit einem Restriktionsenzym (Kapitel 5.1.2), welches nur einmal im Plasmid schneidet.

7.2 Die Detektion der DNA im Gel

Ist die Bromphenolblau-Bande hinreichend weit gewandert, wird das Gel inklusive Träger herausgenommen. Von diesem Träger aus lässt man es vorsichtig in ein Ethidiumbromid-Bad gleiten, wo es für 15 min inkubiert wird.

> **TIPP**
> Die Verwendung eines Ethidiumbromid-Bades (Protokoll 7.2), in dem das Gel nach dem Lauf für 10-15 min inkubiert wird, wird sehr empfohlen. Der Vorteil eines solchen Bades liegt darin, dass sämtliche Teile der Gelapparatur sowie der Laufpuffer frei von Ethidiumbromid bleiben. Das Ethidiumbromid-Bad sollte einmal die Woche neu angesetzt werden. Die verbrauchte Lösung wird entweder als Sonderabfall entsorgt oder, mit Aktivkohle versetzt, durch einen Papierfilter gefiltert. Das Ethidiumbromid verbleibt in der Aktivkohle. Auch gibt es kommerziell erhältliche Kartuschen für die Ethidiumbromid-Entsorgung.

Zum Thema Ethidiumbromid (Abb. 7.5) und UV-Tisch sind an dieser Stelle einige wichtige Hinweise erforderlich:
1. Ethidiumbromid ist giftig und dringt auch leicht durch „normale" Labor-Handschuhe aus Latex. Deshalb müssen immer Nitril-Handschuhe verwendet werden! Oft – aber nicht immer – sind diese blau eingefärbt.
2. Das UV-Licht des UV-Tischs führt sehr schnell zu Verbrennungen. Deshalb müssen die Augen mit einer Brille geschützt werden. Besser sind spezielle Gesichtsvisiere. Auch die Haut zwischen Handschuh und Ärmel des Kittels kann leicht durch das UV-Licht verbrennen.

PROTOKOLL 7.2

Ethidiumbromid-Färbelösung.

Material:
- 10-25 µl Ethidiumbromid (10 mg/ml)
- 500 ml H_2O oder 1x TAE Puffer
  In dunkler Schale aufbewahren.

GUT ZU WISSEN
Ethidiumbromid ist für den Nachweis der DNA von zentraler Bedeutung. Gleichzeitig gibt es über kaum eine Substanz im Labor mehr Streit. Am besten lässt man sich zunächst genau darüber aufklären, wie im jeweiligen Labor der Umgang damit geregelt ist. Fakt ist, dass Ethidiumbromid wegen seiner DNA-interkalierenden Eigenschaften teratogen, mutagen und kanzerogen ist. Normale Handschuhe sind für Ethidiumbromid durchlässig und es kommt auch gut durch die Haut.
In vielen Laboren ist deshalb die Benutzung auf einen Raum begrenzt. Dann sollte man unbedingt die Handschuhe ausziehen, bevor man den Raum wieder verlässt. Tückische Quellen für Ethidiumbromid-Kontakt sind Schalter und Türklinken. Nie sollte man das Ethidiumbromid in die Agarose-Lösung geben und diese in der Mikrowelle aufkochen. Beim ersten Überkochen ist die Mikrowelle mit Ethidiumbromid bedeckt. Dieses wird schnell im ganzen Labor verteilt. Um Ethidiumbromid-Kontaminationen im Labor zu finden, kann man im Dunkeln mit einer UV-Handlampe das Ethidiumbromid sichtbar machen.

Abb. 7.5: Ethidiumbromid wird zum Anfärben der DNA im Gel verwendet.

Das Ethidiumbromid interkaliert zwischen die Basen der dsDNA und kann nachfolgend auf einem UV-Tisch sichtbar gemacht werden (Abb. 7.6).

GUT ZU WISSEN

Auf Abb. 7.4 ist zu erkennen, dass die Intensität der Banden nach unten hin abnimmt. Je kleiner das DNA-Fragment, desto schlechter kann Ethidiumbromid interkalieren und umso schlechter kann die DNA-Bande detektiert werden. Soll die Menge der aufgetragenen DNA abgeschätzt werden, muss der Vergleich immer mit einem ähnlich großen Fragment des Größenstandards erfolgen. Wie viel DNA die entsprechende Markerbande enthält, steht im Datenblatt des Längenstandards. Für die Quantifizierung können auch entsprechende Programme wie das Freeware-Programm ImageJ (http://rsbweb.nih.gov/ij/) genutzt werden.

Das Gel wird fotografiert und anschließend in Sondermüll-Tonnen entsorgt, der UV Tisch mit Ethanol gereinigt und die Handschuhe ebenfalls im Sondermüll entsorgt.

TIPP

Immer häufiger werden weniger giftige Alternativen zum Ethidiumbromid angeboten, wie RedSafe™ von iNtRON Biotechnology, DNA Stain G (Serva) oder EZ-Vision™ von MoBiTec. Diese sind nur unwesentlich teurer und bedeutend ungiftiger. Sie werden, wie für Ethidiumbromid beschrieben, eingesetzt und weisen eine vergleichbare Sensitivität auf

7.3 Präparative Agarosegele

Die Einsatzmöglichkeiten von Agarosegelen beschränken sich nicht nur auf die Größen- und Mengenbestimmung von DNA, sie werden auch für präparative Zwecke verwendet. Dabei wird eine Mischung verschieden großer DNA Fragmente im Gel aufgetrennt. Anschließend wird

Abb. 7.6:
Das Agarose-Gel wird nach dem Ethidiumbromid-Bad auf einen UV-Leuchttisch gelegt, wodurch die aufgetrennten Banden sichtbar werden. Foto: Jürgen Haacks, CAU Kiel

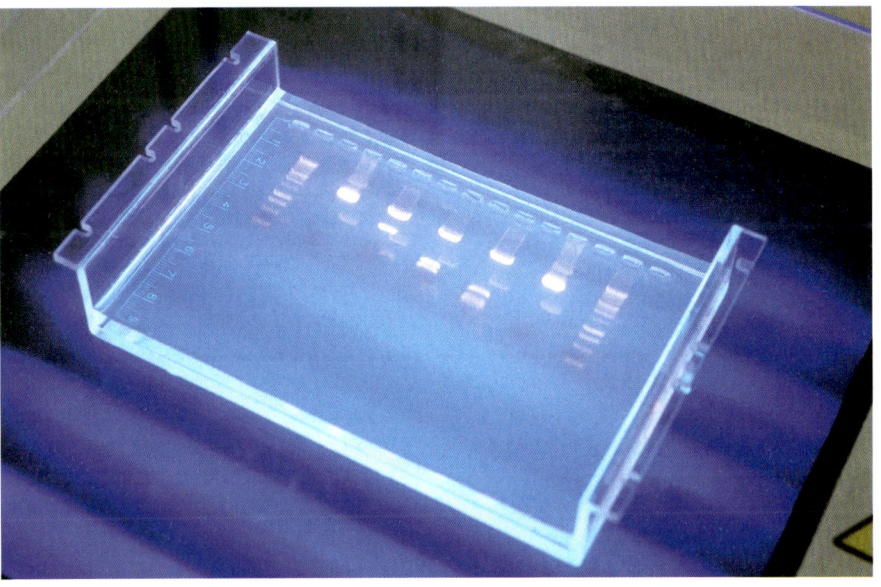

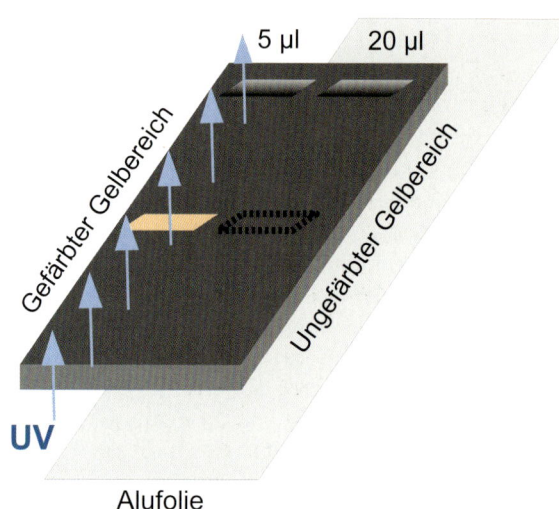

Abb. 7.7:
Präparative Gele. Um die weiterzuverarbeitende DNA vor Ethidiumbromid und UV-Licht zu schützen, wird die Probe in unterschiedlicher Menge zweimal nebeneinander auf das präparative Gel aufgetragen. Nach dem Gellauf wird das Gel in zwei Teile geschnitten und nur die Bahn mit der geringen Menge Probe wird gefärbt. Auf dem UV-Tisch werden beide Stücke wieder nebeneinander gelegt, wobei der präparative Teil durch eine untergelegte Alufolie vor dem UV-Licht geschützt ist. Die Ethidiumbromid gefärbte Bande dient nun als Schnittmarkierung für die zu präparierende DNA. Um zu überprüfen, ob die Bande wirklich komplett ausgeschnitten wurde, kann das präparative Gel nach dem Ausschneiden ebenfalls gefärbt werden.

die interessierende Bande ausgeschnitten und die DNA aus dem Agarosestück eluiert. Es gibt viele Anwendungsbereiche für dieses Verfahren (Map 7.1):
- ▶ Es soll die PCR-amplifizierte DNA von den anderen Bestandteilen, wie Primer oder Polymerase getrennt werden (Kapitel 5.5).
- ▶ Wenn eine gerichtete Klonierung mit Restriktionsenzymen durchgeführt wird (Kapitel 5.7). Der Bereich zwischen den beiden Restriktionsstellen wird im Zielvektor ausgeschnitten und durch Elektrophorese abgetrennt. Sonst könnte dieser Bereich wieder in den Vektor ligiert werden. Ist dieser Bereich kleiner als 70 bp, kann alternativ eine Silikagel-basierte Aufreinigung des Vektors durchgeführt werden (Kapitel 3.6).

Um die DNA aus einer Gelbande zu isolieren, wird die Gelbande einfach mit einem Skalpell ausgeschnitten. Dabei ist darauf zu achten, dass das Gel nicht zu lange dem UV-Licht ausgesetzt, Augen und Hautschutz getragen und der UV-Tisch nicht zerkratzt wird.
Eine schonende Methode ist in **Abb. 7.7** skizziert, bei der die auszuschneidende DNA nie in Kontakt mit Ethidiumbromid oder UV-Licht kommt. Denn die Kombination von Ethidiumbromid und UV-Licht wirkt sehr zerstörerisch auf die DNA, was eine niedrige Klonierungseffizienz oder gar eine Mutation der DNA zur Folge haben kann.

> **TIPP**
> DNA Stain G (Serva) ist eine Alternative zu Ethidiumbromid, die DNA auch im sichtbaren Licht anfärbt. Wird dieser Farbstoff verwendet, kann die DNA-Bande ohne UV Bestrahlung einfach auf einem Leuchtkasten ausgeschnitten werden.

Nachdem das Agarosestück mit der DNA aus dem Gel ausgeschnitten und in ein vorgewogenes 1,5 µl Reaktionsgefäß überführt wurde, gibt es verschiedene Verfahren, die DNA aus der Agarose aufzureinigen:
- ▶ Sehr häufig wird dies Kit-basiert (Kapitel 3.6) durchgeführt, indem die Agarose im Wasserbad bei 50 °C geschmolzen und die Lösung auf ein Silikagel (meistens eine Spin-Column) gegeben wird. Den Kits liegen Anleitungen bei, die den Ablauf genau beschreiben.
- ▶ Viel preiswerter und sehr beliebt ist auch die *Freeze-'n'-Squeeze* Methode, bei der das Gel zunächst eingefroren wird und nach dem Auftauen hoch abzentrifugiert wird. Der Überstand enthält die DNA (Protokoll 7.3).

PROTOKOLL 7.3

„Freeze-'n'-Squeeze" Methode mit und ohne PCI

Material:
- 2 ml-Reaktionsgefäß, Pinzette, Zentrifuge, TE-Puffer, ggf. PCI.

A. Durchführung „Freeze-'n'-Squeeze":
1. Die ausgeschnittene Bande wird in ein 2 ml Reaktionsgefäß überführt.
2. Das Gefäß wird nun bei -20 °C für mehr als 20 min eingefroren. Dadurch wird die Struktur der Agarose zerstört.
3. Nach dem Auftauen wird 5 min bei 14 000 xg zentrifugiert. Die Lösung enthält die DNA.

B. Durchführung „Freeze-'n'-Squeeze" kombiniert mit PCI:

„Freeze-'n'-Squeeze" kann mit einer PCI-Extraktion (Kapitel 3.3.1) kombiniert werden, was die Ausbeute und Sauberkeit der DNA enorm erhöht.
1. Dazu wird nach Schritt 3 die Agarose mit 200 μl TAE Puffer versetzt und erneut für 5 min zentrifugiert. Alle gesammelten Eluate werden 1+1 mit Phenol-Chloroform-Isoamylalkohol (PCI) versetzt.
2. Es wird erneut kurz zentrifugiert und die obere, DNA-haltige Phase abgenommen.
3. Abschließend wird die DNA mit Ethanol gefällt (Kapitel 3.3.2).

TIPP
Da die Kit-basierte Aufreinigung bei kleinen DNA-Mengen sehr ineffizient ist, sollte eine Bande gut sichtbar sein, bevor sich die Aufreinigung lohnt. Weiterhin ist zu beachten, dass DNA-Fragmente eine Mindestgröße von ungefähr 70 bp haben sollten, damit sie überhaupt Silika-basiert aufgereinigt werden können.

7.4 Auftrennen von RNA im Agarosegel

RNA kann genauso wie DNA im Agarosegel aufgetrennt werden. Allerdings gibt es dabei ein paar Einschränkungen, denn im Gegensatz zur doppelsträngigen DNA neigt RNA zur Ausbildung von Sekundärstrukturen. Um die Größe einer RNA zu ermitteln, muss die Ausbildung solcher Sekundärstrukturen verhindert werden. Dazu wird häufig Formaldehyd und Formamid oder DMSO (Dimethylsulfoxid) und Glyoxal den RNA-Gelen zugesetzt. Darüber hinaus liefern denaturierende Agarosegele eine viel bessere Bandenauflösung. Am häufigsten werden denaturierende RNA-Gele im Rahmen eines Northern Blots eingesetzt. Das Verfahren des Northern Blots ist im **E-Doc 7-2** erläutert.

Für die Größenbestimmung sind RNA-Marker kommerziell erhältlich, die aber einerseits relativ instabil sind, andererseits nicht gerade preiswert. Häufig werden daher DNA Marker verwendet, die natürlich nur eine Größenabschätzung erlauben.

Die isolierte Gesamt-RNA besteht aus ungefähr 80 % rRNA. Daher ergeben sich in einem RNA-Agarosegel immer zwei Banden. Bei Eukaryonten entsprechen diese der 18S und 28S rRNA (1,8 und 4,7 kbp), bei Prokaryonten der 16S und 23S rRNA (1,5 und 2,9 kbp). Kleinere rRNAs und tRNAs laufen aus dem Gel raus. Die mRNAs

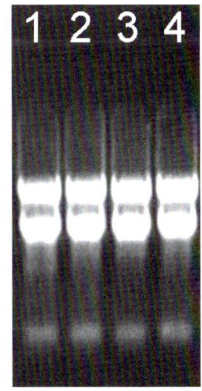

Abb. 7.8:
Beispiel eines RNA-Agarosegels. RNA-Isolationen aus verschiedenen Geweben einer Pflanze wurden aufgetragen. Deutlich sind die 28S und 18S RNA zu erkennen, welche für nachfolgende Hybridisierungen der Kalibrierung dienen, denn sie zeigen, dass gleiche Mengen an RNA verwendet wurden. Unterschiede bei der Hybridisierung repräsentieren daher unterschiedliche Mengen der zu analysierenden RNA in den vier verschiedenen Geweben.

in einem Gewebe sind alle unterschiedlich lang und ergäben nur einen langen Schmier. Da sie aber nur 1-5% der gesamten RNA-Menge einer Zelle ausmachen, sind sie in einem Gel normalerweise kaum sichtbar.

Die rRNA-Banden dienen auch der Quantifizierung der RNA. Sie zeigen bei Northern Hybridisierungen an, dass in allen Bahnen gleiche RNA-Mengen aufgetragen wurden (Abb. 7.8). Im E-Doc 7-2 ist die Methode zur Herstellung eines denaturierenden RNA-Gels beschrieben.

Außer für Northern-Analysen werden RNA-Agarosegele häufig verwendet, um die Aufreinigung von RNA (Kapitel 3.5) vor einer RT-PCR (Kapitel 4.5.5) zu überprüfen. Oft sind für solche Überprüfungen Formaldehyd-freie Gele, wie sie bei DNA-Agarosegelen verwendet werden, völlig ausreichend.

7.5 Fehlersuche bei Agarose-Gelelektrophorese

Obwohl die Agarose-Gelelektrophorese eine an sich einfache Methode ist, gibt es immer wieder Überraschungen und befremdliche Ergebnisse. Die Fehleranalyse ist oft schwierig, da die Ursachen oft in davor liegenden Verfahren liegen können. Wichtig für alle Fehleranalysen ist der Vergleich zwischen dem Laufverhalten des Längenstandards und der Proben. Sind beide gleich betroffen, kann die Fehlersuche auf den Gellauf eingegrenzt werden.

Zeigt der Längenstandard eine normale Auftrennung, sollte die Ursache für die ungewöhnliche Auftrennung bei der Vorbereitung der Proben zu finden sein (Tab. 7.1), beziehungsweise bei

Tab. 7.1:
Einige gängige Fehlerquellen bei der Agarose Gelelektrophorese

Beobachtung	Mögliche Ursache(n)
Keine Banden, sondern „wolkige" Auftrennung	Das Gel wurde mit Wasser statt TAE Puffer angesetzt.
Viele kleine gesprenkelte Punkte im Gel	Staub ist während des Polymerisierens in die Gellösung gefallen. Gel während der Polymerisation mit einem Papier abdecken.
Diffuse Wolken unterhalb 100 bp nach der PCR	Sogenannte Primerwolken, die durch nicht-eingebaute Primer verursacht werden, weniger Primer in der PCR verwenden.
Von unten hochziehender Schmier bis ca. 500 bp nach DNA Extraktion	RNA Kontamination, Probe mit RNase behandeln.
DNA bleibt in der Probentasche liegen	Irreversibel denaturierte DNA, tritt vor allem nach alkalischer Lyse oder zu langem Trocknen (Kapitel 3.3.2) auf. Statt 0,2 N NaOH besser 0,1 N NaOH verwenden bzw. kürzer Trocknen.
Banden sehen unscharf und verschmiert aus	DNA wurde durch Nukleasen verdaut. Zu viel DNA aufgetragen, eine Bande sollte maximal 50 ng DNA enthalten. Zu viel Salz in der Probe. Ethanolfällung durchführen. Mehr als 20V/cm Strecke oder mehr als 30°C während des Laufs. DNA war mit Protein versetzt. Pufferkapazität erschöpft, TAE Puffer neu ansetzen.
Keine Banden im Gel sichtbar	Keine DNA aufgetragen. DNA durch Nukleasen abgebaut. DNA ist aus dem Gel herausgelaufen. Gel war falsch gepolt.

darin vorhandenen Störstoffen (Tab. 7.2). Eine Reihe an Störstoffen kann recht charakteristisch aussehende Bandenmuster hervorrufen. Einige sind in Tab. 7.2 aufgelistet. Natriumacetat hat keine Auswirkungen auf den Gellauf.

> **TIPP**
> Zeigen alle Proben und der Längenstandard eine ungewöhnliche Auftrennung, wurde möglicherweise der TAE-Puffer vergessen und das Gel mit H$_2$O angesetzt.

Tab. 7.2:
Einfluss von Störstoffen auf den Gellauf. Bei allen Gelen wurde ein 100 bp Marker aufgetragen. In der ersten Bahn immer ohne Störstoff, in den anschließenden Bahnen wurde der Störstoff entsprechend der Angaben dem 100 bp Marker zugesetzt. Natriumacetat beeinflusst die Gelelektrophorese nicht, weshalb es besonders gut für die DNA-Fällung vor einer Elektrophorese geeignet ist.

Störstoff	Gelbild
CTAB (Cetyltrimethylammoniumbromid): Es können keine distinkten Banden erkannt werden. CTAB wird bei der Aufreinigung pflanzlicher DNA eingesetzt (Kapitel 3.4.2). Andere chaotrope Salze (E-Doc 8-2) können ähnliche Ergebnisse verursachen. Die Prozentangaben beziehen sich auf die eingesetzte Menge an CTAB. Bahn M: Längenstandard ohne Störstoff, Bahnen 1 - 6: Längenstandard mit 0,05 %, 0,125 %, 0,2 %, 0,25 %, 0,375 % und 0,5 % CTAB.	
Ethanol: Die Banden ziehen Schweife hinter sich her. Dieser Effekt tritt auch bei anderen organischen Lösungsmitteln, wie z.B. Isopropanol, auf. Hier ist auch die störstofffreie Markerbahn (Bahn 1) betroffen, da sich das Ethanol aus den stark ethanolhaltigen Proben im gesamten Gel verteilt. Die Probe mit 15 % (v/v) Ethanol ist nicht mehr sichtbar, da sie beim Beladen aufschwimmt. Bahn M: Längenstandard ohne Störstoff, Bahnen 1 - 5: Längenstandard mit 0,5 %, 2,5 %, 5 %, 10 % und 15 % Ethanol.	
Natriumchlorid: Salze, wie NaCl oder LiCl führen zu Banden, welche nach oben gebogen sind und mit zunehmender Salzkonzentration langsamer laufen. Tückisch ist die Verschiebung der Bande, welche meistens nicht leicht zu erkennen ist: Wären nur Längenstandard und eine Probe mit 0,5 M NaCl aufgetragen, führte dies zu einer falschen Größenbestimmung. Bahn M: Längenstandard ohne Störstoff, Bahnen 1 - 5: Längenstandard mit 0,05 M, 0,25 M, 0,5 M, 1,25 M und 2,5 M NaCl.	
Ammoniumacetat: Verursacht eine Größenverschiebung und in höheren Konzentrationen in sich gebogene Banden. Bahn M: Längenstandard ohne Störstoff, Bahnen 1 - 5: Längenstandard mit 0,05 M, 0,25 M, 0,5 M, 2,5 M und 3,75 M Ammoniumacetat.	

8 Proteinaufreinigung

8.1 Homogenisation

8.2 Extraktion von Proteinen

8.3 Dialyse und Konzentrierung

8.4 Weitere Aufreinigungsschritte

8.5 Quantifizierung von Proteinen

8.6 Aufreinigungsverfahren für getaggte Proteine aus *E. coli*

Die Aufreinigung von Proteinen – insbesondere, wenn diese noch enzymatisch aktiv sein sollen – ist um einiges komplizierter als die Aufreinigung von Nukleinsäuren. Dies liegt vor allem an den sehr heterogenen biochemischen Eigenschaften der Proteine. Im Prinzip erfordert jedes Protein ein individuelles Aufreinigungsprotokoll. Glücklicherweise gibt es aber einige Aufreinigungsstrategien, die sich oft bewährt haben (Map 8.1). Bevor mit der Aufreinigung von Proteinen begonnen wird, sollten zunächst folgende Fragen gestellt und beantwortet werden:

1. **Welches Ausgangsmaterial sollte verwendet werden?**
Natürlich sollte das gesuchte Protein in möglichst großen Mengen im zu extrahierenden Gewebe vorhanden sein. Allerdings können auch störende Stoffe die Wahl beeinflussen. Beispielsweise sind grüne Pflanzenteile oft stark faserhaltig, enthalten viele phenolische Substanzen und große Mengen des Proteins RuBisCo (Ribulose-1,5-bisphosphat-carboxylase/-oxygenase). Es kann sehr aufwendig sein, diese Komponenten zu ent-

Map 8.1:
Allgemeines Schema der Proteinaufreinigung. Nach der Abtrennung von Zelltrümmern und anderen Zellbestandteilen, wie Nukleinsäuren, erfolgt entweder die Analyse des Rohextraktes mittels SDS-Polyacrylamid-Gelelektrophorese (SDS-PAGE, Kapitel 9.2.1) oder eine weitere mehrstufige Auftrennung der verschiedenen Proteine über chromatographische Verfahren (**E-Doc 8-4**). Auch diese werden mittels SDS-PAGE analysiert.

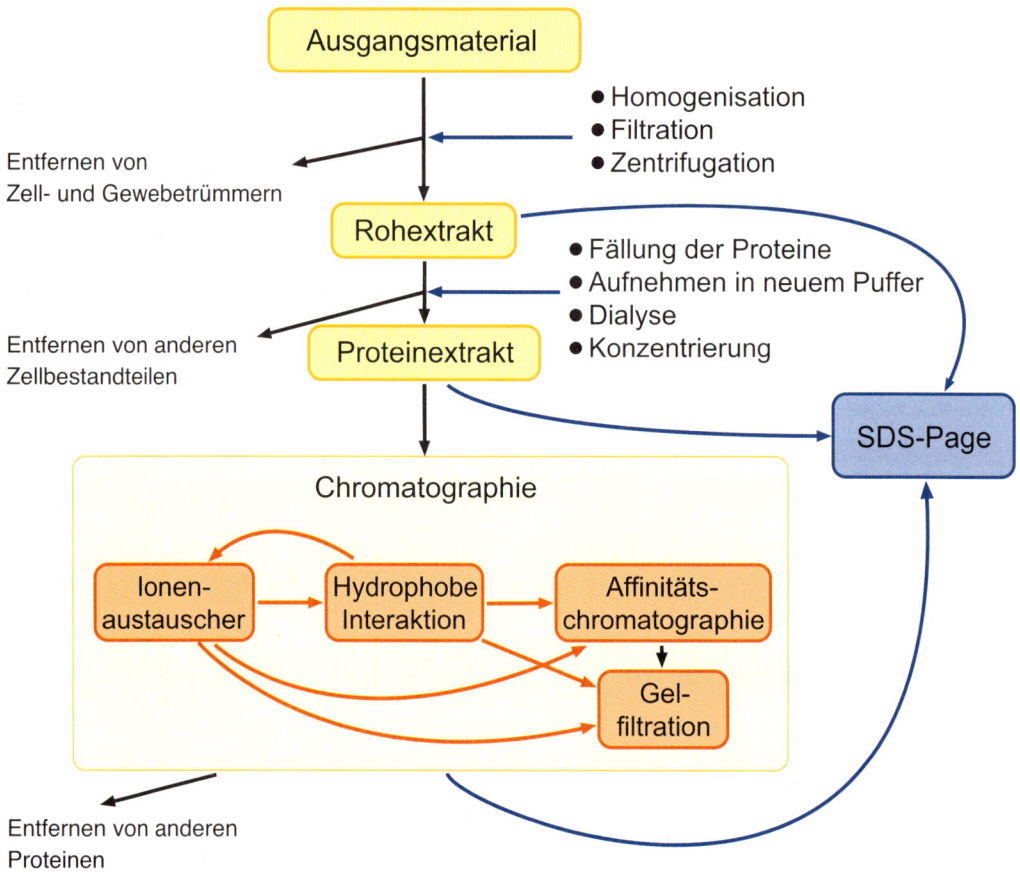

fernen, weshalb viele Pflanzenbiochemiker gerne mit etiolierten Keimlingen[1] arbeiten. In tierischen Geweben kann das Vorhandensein diverser Isoenzyme[2] ein Entscheidungskriterium darstellen.

2. **Welche Menge des Proteins wird benötigt?**
Die Aufreinigungsstrategie hängt stark von der Menge an Ausgangsmaterial ab. Manche Aufreinigungsschritte lassen sich für große Proteinmengen nur mit hohem finanziellen Aufwand verwirklichen.

3. **Wie rein muss das gesuchte Protein sein?**
Mit jedem Aufreinigungsschritt entfernt man zwar unerwünschte Substanzen, aber auch das gesuchte Protein geht zu einem nicht unerheblichen Teil verloren. Wenn ein Aufreinigungsschritt 30 % des gesuchten und 60 % der unerwünschten Proteine entfernt, ist ein solcher Schritt schon recht effizient. Daraus folgt, dass jeder zusätzliche Aufreinigungsschritt gut überlegt sein sollte und dass mit einem höheren Reinheitsgrad auch mehr Ausgangsmaterial benötigt wird.

4. **Muss das Protein noch biologisch aktiv sein?**
Diese Frage hat enorme Auswirkungen auf das Aufreinigungsprotokoll. Viele Reinigungsschritte bewirken eine (reversible) Denaturierung des Proteins. Je nach Protein können sie auch die Aktivität in späteren Enzymtests beeinflussen. Die Entwicklung eines nativen Aufreinigungsprotokolls kann jahrelange Arbeit erfordern. Der Verzicht auf die biologische Aktivität ermöglicht es, standardisierte Verfahren einzusetzen. Letztendlich kann das gesuchte Protein recht einfach über immunbiochemische Verfahren (Kapitel 10.4) identifiziert werden.

5. **Hat es jemand schon einmal gemacht?**
Da die Verfahren zur Proteinaufreinigung stark an das jeweilige Protein angepasst werden müssen, lohnt sich ein Blick in die vorhandene Literatur. Hierbei sollte nach Aufreinigungsprotokollen ähnlicher Proteine gesucht werden.

> **GUT ZU WISSEN**
> Grundsätzlich müssen Proteine während der Aufreinigung immer bei 4 °C gehalten werden! Schon wenige Minuten bei Raumtemperatur können ausreichen, dass das gewünschte Zielprotein komplett durch Proteasen denaturiert wird. Proteinextraktionen sollten daher entweder in einer Kühlkammer oder auf Eis durchgeführt werden! Von dieser Regel gibt es nur sehr wenige Ausnahmen.

Die Aufreinigung von Proteinen beginnt mit der Homogenisation (Kapitel 8.2) des Gewebes oder der Zellen (Kapitel 2.14 und 8.2), gefolgt von der Abtrennung der Zell- und Gewebetrümmer durch Zentrifugation (Kapitel 2.7). Die Arbeitsschritte ähneln denen bei der Extraktion von Nukleinsäuren sehr, es werden nur andere Puffer verwendet. Diese Phase der Extraktion wird auch *Capture Phase* genannt.

Im nächsten Schritt [*Intermediate Phase*] werden die meisten Verunreinigungen wie andere Proteine, Nukleinsäuren und Polysaccharide grob entfernt. Hierbei spielen Fällungsmittel wie Ammoniumsulfat (Kapitel 8.2.3) eine wichtige Rolle. Ab diesem Punkt gibt es zwei unterschiedliche Vorgehensweisen: der Rohextrakt wird direkt über die SDS-Gelelektrophorese (Kapitel 9.2) und daran anschließende immunbiochemische Verfahren (Kapitel 10.4) analysiert. Oder es schließt sich die *Polishing Phase* an, in der noch verbliebene Verunreinigungen sowie biochemisch nah verwandte Proteine durch chromatographische Verfahren (Kapitel 8.4) abgetrennt werden.

Es ist entscheidend, eine optimale Kombination von Verfahren für die einzelnen Phasen zu finden. Jeder Aufreinigungsschritt sollte zunächst optimiert werden, bevor mit der Arbeit am nachfolgenden begonnen wird. Dabei hilft vor allem die Literaturrecherche nach Aufreinigungsverfahren ähnlicher Proteine.

---

1 Dies sind im Dunkeln angezogene Keimlinge, wie sie von keimenden Kartoffeln bekannt sind.

2 Verschiedene Varianten eines Enzyms, welche durch verschiedene Gene codiert werden oder unterschiedlich modifizierte Varianten (Kapitel 1.5) eines Enzyms.

8.1 Homogenisation

Am Anfang einer Proteinextraktion steht der Aufschluss des entsprechenden Gewebes oder der Zellen. Im Gegensatz zu den nachfolgenden Schritten entscheidet über das Verfahren der Homogenisation nicht das zu isolierende Protein, sondern dieser initiale Schritt hängt vor allem vom aufzuschließenden Gewebe ab. Grundsätzlich kann zwischen nicht-mechanischen und mechanischen Aufschlussverfahren unterschieden werden. Erstere werde vor allem für Einzelzellen und Zellkulturen von Organismen ohne Zellwand oder enzymatisch abbaubaren Zellwänden eingesetzt (Tab. 8.1).

Häufig hat man jedoch mit komplexerem Probenmaterial zu tun, welches den Einsatz von Geräten erfordert, die wir schon in Kapitel 2.14 kennengelernt haben. Es sind die gleichen, wie für die Präparation von Nukleinsäuren. Die Wahl des Gerätes hängt primär von der aufzuschließenden Materialmenge und Gewebeart sowie der Probenzahl ab.

Für Bakterien und andere Mikroorganismen wird häufig ein Ultraschall-Desintegrator in Kombination mit lytischen Enzymen verwendet.

Für größere Probenmengen werden oft *Waring Blendor* (Kapitel 2.14) bzw. Küchenmixer eingesetzt. Für große Probenzahlen bei kleinen Materialmengen stellen Kugelmühlen, wie die Precellys® (Abb. 2.18B) oder Fast Prep® eine gute Alternative dar.

Die Methode der Wahl ist jedoch Mörser und Pistill (Abb. 2.18A), denn bei diesen schonenden Verfahren kommt es während der Homogenisation kaum zu einem Eintrag von Sauerstoff. Die Probe wird unter Stickstoff zunächst trocken zu einem Pulver zermörsert. Dabei müssen unbedingt die Augen vor dem flüssigen Stickstoff geschützt werden (Kapitel 2.14)! Anschließend wird das Pulver in einen neuen Mörser (bei 4 °C vorgekühlt) gegeben und der Homogenisationspuffer hinzugefügt und erneut gemörsert. Dadurch werden die Zellen aufgeschlossen. Durch die Verwendung von zwei Mörsern friert der zugegebene Puffer im sehr kalten ersten Mörser nicht ein.

Bevor wir uns den verschiedenen Bestandteilen des Homogenisationspuffers zuwenden, werfen wir zunächst einen Blick auf die wichtigsten Gegenspieler einer erfolgreichen Proteinextraktion: Proteasen und Phenoloxidasen.

Tab. 8.1:
Einige nicht-mechanische Aufschlussverfahren, welche alle sehr schonend sind.

Gewebe und Zellen	Verfahren	Agenz	Maßstab
Tierische Gewebekultur	Wiederholtes Einfrieren und Auftauen	–	Beliebig
Erythrozyten und Retikulozyten	Hypotoner Schock	Destilliertes Wasser	Beliebig
Hefezellen	Autolyse	Toluol	Beliebig
Hefezellen	Enzymatische Lyse	Zymolyase und Triton X-100	< 100 ml
Gram-positive Bakterien	Enzymatische Lyse	Lysozym und Triton X-100	< 100 ml
Gram-negative Bakterien	Enzymatische Lyse	EDTA, Lysozym und Triton X-100[1]	< 100 ml

1 Triton X 100 ist ein nichtionisches Detergens, welches in biochemischen Verfahren genutzt wird, um Proteine zu solubilisieren. Es gilt als sehr mildes Detergenz und absorbiert bei 280 nm, weshalb es die Proteinbestimmung bei 280 nm stört (Kapitel 8.5).

Tab. 8.2:
Eine kleine Auswahl verschiedener Proteaseinhibitoren[1]. Nicht jeder Inhibitor ist für alle Ausgangsgewebe geeignet. Leupeptin und Chymostatin werden durch Peptidasen in Säugerzellen selbst inaktiviert. PMSF ist ein relativ schwacher Inhibitor und nur sehr kurze Zeit in wässrigen Lösungen stabil. Der Trypsin Inhibitor geht eine 1:1-Bindung mit Trypsin ein, seine Arbeitskonzentration muss daher zuvor ermittelt werden. Reversible Inhibitoren müssen ständig präsent sein, da sonst die Protease wieder aktiv wird.

Inhibitor	Spezifität	Stamm-/Arbeitslösung	Stabilität
Phenylmethylsulfonyl-fluorid (PMSF)	Serin Endoproteasen	200 mM in 1-Propanol / 1 - 10 mM	lange lagerbar bei -20 °C
Leupeptin-Hemisulfat	Trypsin-ähnliche Serin Endoproteasen und Cystein Endoproteasen	1 mg/ml in wässriger Lösung / 25 µg/ml	mindestens 1 Woche bei 4 °C oder mehr als 6 Monate bei -20 °C
Pepstatin A	Aspartat Endoproteasen	1 mg/ml in DMSO / 0,1 ng/ml	dauerhaft bei -20 °C
Phenanthrolin	Metalloproteasen	200 mM in Methanol / 1-10 mM	dauerhaft bei 4 °C
Benzamidin HCl	reversibler Inhibitor für Trypsin, Trypsin-ähnliche und Serinproteasen	50 mg/ml in H_2O / 0,5 - 4 mM	bei 4 °C
Aprotinin	reversibler Inhibitor von Serinproteasen	10 mg/ml in H_2O / 10 - 800 nM	bei 4 °C
Trypsin Inhibitor (aus Soja)	Trypsin	10 mg/ml in H_2O / 1:1 stöchiometrische Bindung	sterilfiltriert bei 4 °C für Jahre

1 Eine gute Übersicht gängiger Inhibitoren findet man im „Protease Inhibitor Panel" der Firma Sigma-Aldrich.

8.1.1 Proteasen

Alle Zellen enthalten Proteasen, welche häufig in bestimmten Kompartimenten angereichert sind, wie z.B. in pflanzlichen Vakuolen und Zellwänden oder dem bakteriellen Periplasma (Kapitel 6.4.3). Die Homogenisation des Gewebes bringt Proteasen mit den anderen Proteinen zusammen und diese hydrolysieren die Peptidbindungen (Kapitel 1.4). Da Proteasen eine wichtige Rolle bei der Abwehr gegen Pathogene sowie bei der Apoptose (programmierter Zelltod) spielen, erfüllen sie auch unter ungünstigen Bedingungen ihre Aufgabe und sind demzufolge ziemlich stabil. Erschwerend kommt hinzu, dass Proteasen selbst Proteine darstellen, ihre Abtrennung also nicht so einfach möglich ist wie die der DNasen und RNasen bei der Nukleinsäuren-Aufreinigung. Und es gibt eine ungeheure Vielfalt an Proteasen (Tab. 8.2). Grob können Proteasen in zwei Gruppen unterschieden werden: Endo- und Exopeptidasen. Endopeptidasen werden aufgrund Ihres Reaktionsmechanismus in fünf Klassen unterteilt (E-Doc 8-1).

> **GUT ZU WISSEN**
> Die Bezeichnungen Protease und Peptidase werden synonym verwendet. Begriffe wie Aspartatprotease, also ohne „endo" sind eigentlich veraltet und werden hier nur aus Gründen der Lesefreundlichkeit verwendet.

Exopeptidasen werden nach der Aminosäure, dem Di- oder Tripeptid, welches sie vom Ende eines Zielproteins abspalten, eingeteilt.
Für den Umgang mit Proteasen gibt es einige Hinweise, die hier kurz dargelegt werden sollen:
▶ Die Proteasegehalte verschiedener Zelltypen sind unterschiedlich. Es sollten möglichst

Zellen oder Gewebe mit niedriger Proteaseaktivität als Ausgangsmaterial verwendet werden. Beispielsweise sind viele Expressionsstämme von *E. coli* proteasereduziert (z.B. der Genotyp ompT, E-Doc 2-4).
▶ Proteasen sind meist stabiler als ihre Substrate.
▶ Je mehr Proteine in der Lösung vorhanden sind, desto größer ist die Wahrscheinlichkeit, dass ein anderes Protein proteolytisch gespalten wird. Je sauberer das aufgereinigte Protein wird, desto eher wird auch dieses durch die Protease zerstört. Daher erfüllen Proteaseinhibitoren auch in späteren Aufreinigungsschritten ihre Funktion.
▶ Nicht immer sind Proteasen am Verlust des zu isolierenden Proteins Schuld. Manchmal wird ein bestimmter Cofaktor benötigt, der bei der Aufreinigung verloren geht.
▶ Manche Proteine werden durch Bindung an ihren Liganden stabilisiert. Es kann daher sinnvoll sein, diesen dem Homogenisationspuffer zuzusetzen.

Viele Hersteller bieten Proteinase-Inhibitor Cocktails an, die zwar recht teuer sind, aber gerade bei der Etablierung eines Aufreinigungsschemas gute Dienste erweisen können.

Bei Pflanzen sind viele Proteasen im Apoplast oder Vakuolen lokalisiert. Auch bei Tieren haben viele Proteasen ein Aktivitätsoptimum in sauren pH-Milieus. Daher sollte, wenn es das aufzureinigende Protein zulässt, immer ein leicht basischer pH-Wert für die Homogenisation gewählt werden.

8.1.2 Phenoloxidasen

Sollen Proteine aus Pilzen oder Pflanzen isoliert werden, stellen die darin enthaltenen Polyphenole ein großes Problem dar. Polyphenole wie Quercetin, Kaffeinsäure, Tannin und tausende anderer Substanzen sind eine chemisch sehr heterogene Gruppe. Mono- und polymere Phenole lagern sich an Proteine und andere Biomoleküle an. Dies ist zunächst ein reversibler Prozess. Vor allem durch hydrophobe und ionische Wechselwirkungen kann diese Bindung stabilisiert werden. Oft sind Polyphenole groß genug, um mit verschiedenen Proteinmolekülen zu reagieren. Auf diese Weise entstehen Polyphenol-Proteinaggregate, die unlöslich werden und ausfallen. Verschärft wird die Situation dadurch, dass phenolische Substanzen in Gegenwart von Sauerstoff auch kovalente Bindungen zu Proteinen ausbilden können. Diese Oxidation kann spontan in einem alkalischen Milieu erfolgen, ist aber meistens die Konsequenz der Aktivität verschiedener Enzyme, darunter Polyphenoloxidasen (PPO), Monophenoloxidasen und Peroxidasen (wenn H_2O_2 vorhanden ist). Die entstehenden Quinone sind extrem reaktiv und bilden sowohl untereinander als auch mit entsprechenden Gruppen auf den Proteinen große, unlösliche und stabile Aggregate aus.

GUT ZU WISSEN
Die Wirkung der Polyphenoloxidasen kann man gut an einem angebissenen Apfel beobachten, wenn dieser sich braun anfärbt. Auch die Farbe von Kaffee oder Tee ist das Ergebnis von Phenoloxidase-Aktivitäten.

Um diese Vorgänge zu unterbinden, werden bei der Extraktion von Proteinen aus Pflanzen und Pilzen synthetische Polymere zugesetzt, die anstelle der Proteine die Polyphenole adsorbieren sollen. Weit verbreitet sind Polyvinylpolypyrrolidon (PVPP) und Polyvinylpyrrolidon (PVP). Letzteres gibt es – abhängig von seinem Polymerisationsgrad – als lösliches PVP (30-50 kDa), welches vor allem den Medien in der pflanzlichen Gewebekultur zugesetzt wird, oder als unlösliche Form (> 300 kDa) für biochemische Anwendungen. Unlösliches PVP wird dem Homogenisationspuffer in recht großen Mengen (3 % (w/v)) zugefügt. Im ersten Zentrifugationsschritt wird es mit den daran gebundenen Polyphenolen und den Zelltrümmern wieder entfernt.

Weiterhin werden Substanzen eingesetzt, welche Oxidasen inhibieren, beispielsweise DIECA (Diethyldithiocarbamat), Phenole komplexieren, wie Borat, oder die entstehenden Quinone wieder zu Phenolen reduzieren, wie Ascorbinsäure oder Dithiothreitol.

Die wichtigste Maßnahme ist jedoch, den Eintrag von Sauerstoff bei der Homogenisation möglichst zu vermeiden, was das Hauptargument für die Verwendung von Mörser und Pistill (Abb. 2.18A) bei der Homogenisation von Pflanzen und Pilzen ist.

8.2 Extraktion von Proteinen

8.2.1 Homogenisationspuffer

Die primäre Aufgabe des Homogenisationspuffers liegt darin, die Proteine nach dem Aufschluss der Zellen in ein möglichst physiologisches Medium zu überführen.

Folgende Anforderungen werden an einen solchen Puffer gestellt:
- Er sollte einen ähnlichen pH-Wert und Salzgehalt wie die Zelle bzw. das Zellkompartiment aufweisen, aus dem das zu isolierende Protein stammt.
- Er sollte gut lagerbar sein.
- Wenn der Aufschluss größerer Mengen geplant ist, sollten die Pufferkomponenten preiswert sein.
- Er sollte keinen Einfluss auf zu isolierendes Enzym haben. Beispielsweise ist Phosphatpuffer ungeeignet, wenn ein ATP-abhängiges Enzym isoliert werden soll.
- Nachfolgende Aufreinigungsschritte sollten durch den Puffer nicht gestört werden.

PROTOKOLL 8.1

Herstellung von Phosphatpuffern

Phosphatpuffer werden aus zwei verschiedenen Stammlösungen hergestellt, wozu die beiden Stammlösungen im unten angegebenen Verhältnis gemischt werden. Hier ist das Rezept für 1 M Stammlösungen angegeben, es werden aber auch niedriger konzentrierte Lösungen genutzt. Die unten angegebenen Volumina werden gemischt. Dadurch ergibt sich ein 1 M Phosphatpuffer, welcher oft auf 50 mM oder 100 mM mit H_2O verdünnt wird.

Es ist zu beachten, dass Phosphatpuffer viele Enzymreaktionen (z.B. viele Restriktionsenzyme, Ligasen) hemmen. Phosphat fällt in Ethanol aus, weshalb die Ethanolfällung von DNA oder RNA in Phosphatpuffer nicht möglich ist.

Natriumphosphatpuffer (bei 25 °C)		
1 M $NaHPO_4$ (in ml)	1M Na_2PO_4 (in ml)	pH
92,1	7,9	5,8
88,0	12,0	6,0
82,2	17,8	6,2
74,5	25,5	6,4
64,8	35,2	6,6
53,7	46,3	6,8
42,3	57,7	7,0
31,6	68,4	7,2
22,6	77,4	7,4
15,5	84,5	7,6
10,4	89,6	7,8
6,8	93,2	8,0

Kaliumphosphatpuffer (bei 25 °C)		
1 M $KHPO_4$ (in ml)	1M K_2PO_4 (in ml)	pH
91,5	8,5	5,8
86,8	13,2	6,0
80,8	19,2	6,2
72,2	27,8	6,4
61,9	38,1	6,6
50,3	49,7	6,8
38,5	61,5	7,0
28,3	71,7	7,2
19,8	80,2	7,4
13,4	86,6	7,6
9,2	90,8	7,8
6,0	94,0	8,0

Tab. 8.3:
Einige gängige Homogenisationspuffer.

Puffer	Bemerkung
Tris-HCl	Inert. Pufferbereich von pH 7-9. Der pH ist sehr temperaturabhängig, er muss daher entweder bei der Arbeitstemperatur, meist 4 °C eingestellt werden oder vor Verwendung kontrolliert werden! Es werden Konzentrationen von 20-100 mM verwendet.
Phosphatpuffer	Wird aus zwei Stammlösungen angesetzt (Protokoll 8.1). Der pH-Bereich erstreckt sich von pH 5,8 - 8,0. Wird in Konzentrationen von 50-100 mM eingesetzt. Sehr preiswert.
Boratpuffer	Oft bei Pflanzen eingesetzt, da phenolische Substanzen komplexiert werden (Kapitel 8.1.2).
Zwitterionische Pufferlösungen	Werden als fertige Pufferlösungen käuflich erworben. Beispiele für diese Puffer sind MES, MOPS, HEPES, PIPES, CAPS und viele andere. Alle sind recht teuer.

Einige gängige Puffer für die Proteinextraktion sind in **Tab. 8.3** zusammengefasst.

Oft werden dem Homogenisationspuffer weitere Substanzen zugesetzt, wie Dithiothreitol (DTT), welches ein reduzierendes Milieu schafft oder SDS, welches die Aggregatbildung zwischen verschiedenen Proteinen verhindert.

8.2.2 Abtrennen von Zell- und Gewebetrümmern

Das Homogenat sollte nun zügig weiter verarbeitet werden. Oft wird es zunächst durch einen Papierfilter gefiltert. Anschließend werden die Zelltrümmer in einer Zentrifuge abzentrifugiert (Kapitel 2.7). Normalerweise wird mit dem löslichen Überstand weiter gearbeitet.

> **TIPP**
> Faserhaltiges Gewebe (z.B. Blätter) können vor der Zentrifugation durch mehrere Lagen Gaze gefiltert werden, um grobe Bestandteile abzutrennen und die Ausbeuten zu erhöhen. Oft wird Gaze mit verschiedenen Porengrößen wie 100 µm, 50 µm und 20 µm verwendet.

8.2.3 Fraktionierung des Rohextraktes

Der nach der Zentrifugation erhaltene Rohextrakt kann direkt analysiert werden, beispielsweise in einem Enzymtest oder mittels SDS-Gelelektrophorese (Kapitel 9.2). Meistens folgen jedoch weitere Reinigungsschritte, die zunächst dem Entfernen von anderen löslichen Zellbestandteilen, wie Kohlenhydraten oder Nukleinsäuren dienen, aber auch eine grobe Fraktionierung des Proteingemisches erlauben. Ab diesem Zeitpunkt sind die genutzten Verfahren nur noch wenig vom Ausgangsorganismus abhängig. Bei der Auswahl der zu verwendenden Methode steht vor allem die Eigenschaft des zu isolierenden Proteins sowie die spätere Nutzung des aufgereinigten Proteins im Vordergrund.

Sehr oft wird der Proteinextrakt nach der Zentrifugation gefällt. Eine solche Fällung hat gleich mehrere Vorteile:

▶ Durch eine Fällung werden unerwünschte lösliche Bestandteile des Rohextraktes abgetrennt.
▶ Das Volumen der Lösung kann reduziert werden, indem das proteinhaltige Sediment in einem kleineren Puffervolumen aufgenommen wird.

▶ Der Puffer kann dabei ausgetauscht werden.

Eine Proteinfällung wird immer in zwei Schritten durchgeführt. Zuerst wird eine bestimmte Menge einer Substanz zugegeben, welche die Proteine denaturiert, anschließend wird das entstehende Präzipitat zentrifugiert.

Grundsätzlich kann man zwischen reversibler und irreversibler Fällung unterscheiden. Dabei kann eine Fällung sich für das eine Protein als endgültig herausstellen, es wird also nie seine tertiäre Struktur zurück erhalten, während andere Proteine sich wieder korrekt falten, wenn das fällende Agenz entfernt wird.

Viele denaturierende Agenzien sind aus der Küche geläufig:
▶ Hohe Salzkonzentrationen (Pökelfleisch)
▶ Säuren (Gewürzgurken, sauer eingelegte Heringe)
▶ Basen (Laugenbrezeln)
▶ Organische Lösungsmittel wie Methanol, Butanol oder Ethanol (Rumtopf)

Auch physikalische Prozesse können effizient Proteine denaturieren, wie das Beispiel des gekochten Eies zeigt. Durch die Denaturierung verlieren die Proteine ganz oder teilweise ihre Tertiärstruktur. Dadurch kommen hydrophobe innere Bereiche der globulären Proteine an die Oberfläche. In einer wässrigen Umgebung führt dies zur Ausbildung von Proteinaggregaten durch hydrophobe Interaktionen.

Die bei der Denaturierung entstehenden Aggregate werden im zweiten Schritt der Proteinfällung, der Zentrifugation, sedimentiert.

Sehr häufig wird für die Fällung von Proteinen Ammoniumsulfat verwendet, da es auch bei niedrigen Temperaturen in sehr hohen Konzentrationen löslich ist. Außerdem ist es ein stark chaotropes Salz (E-Doc 8-2). Die Zugabe von Ammoniumsulfat führt zum (teilweisen) Verlust der Hydrathülle der Proteine. Da verschiedene Proteine unterschiedlich stark gebundene Hydrathüllen aufweisen, verlieren manche die Hülle bei recht niedrigen Ammoniumsulfatkonzentrationen, andere erst bei hohen. Auf diese Weise kann auch eine Fraktionierung der Proteine vorgenommen werden (Protokoll 8.2).

 PROTOKOLL 8.2

Ammoniumsulfatfällung.

Material:
▶ festes Ammoniumsulfat
▶ Eisbox, Messzylinder, Magnetrührer und Rührstab, Zentrifuge

Durchführung:
1. Ermitteln des Volumens der Proteinlösung und Überführen in ein Becherglas mit Rührstab. Das Glas wird in eine Eisbox gestellt und diese auf einen Magnetrührer. Alternativ kann in der Kühlkammer gearbeitet werden.
2. Die Gesamtmenge des zuzugebenden Ammoniumsulfats wird aufgrund Abb. 8.1 und des gegebenen Proteinvolumens berechnet und abgewogen.
3. Das Ammoniumsulfat wird langsam zugegeben. Dieser Schritt ist kritisch und sollte immer gleich durchgeführt werden. Eine gute Variante ist, alle 5 min jeweils ein Drittel des abgewogenen Ammoniumsulfates zuzugeben. Grundsätzlich sollte es sich immer vollständig gelöst haben, bevor neues Ammoniumsulfat zugegeben wird.
4. Nach der letzten Zugabe sollte die Lösung wenigstens 15 min weiter gerührt werden.
5. Zentrifugieren bei 10000 xg für 15 min bei 4 °C.
6. Wenn das Präzipitat das gewünschte Protein enthält, wird es in einem geeigneten Puffer gelöst, ist das gewünschte Protein im Überstand wird eine zweite Runde der Fällung mit entsprechend höherer Ammoniumsulfatkonzentration durchgeführt.

Anmerkung:
Bei einer alternativen Methode wird eine gesättigte, 100 %ige Ammoniumsulfatlösung hergestellt, die in entsprechenden Volumina langsam zu der Proteinlösung pipettiert wird.

Abb. 8.1:
Zuzugebende Mengen an festem Ammoniumsulfat. Die erste Spalte gibt die Konzentration an Ammoniumsulfat an, die bereits in der Lösung vorhanden ist, die erste Reihe die gewünschte Ammoniumkonzentration. Um eine Lösung, in der bereits 30 % (w/v) Ammoniumsulfat vorhanden sind, auf 50 % (w/v) zu bringen, müssen beispielsweise weitere 11,7 g Ammoniumsulfat zugegeben werden. Dabei ist wichtig, dass die Fällung bei 4 °C erfolgt und die Zugabe über einen definierten Zeitraum in kleinen Schritten erfolgt. Alle Angaben beziehen sich auf 100 ml Proteinlösung und müssen auf das vorhandene Volumen der Proteinlösung umgerechnet werden.

%	20	25	30	35	40	45	50	55	60	65	70	75	80	85	90	95	100
	g festes Ammoniumsulfat auf 100 ml Lösung															
0	10,6	13,4	16,4	19,4	22,6	25,8	29,1	32,6	36,1	39,8	43,6	47,6	51,6	55,9	60,3	65,0	69,7
5	7,9	10,8	13,7	16,6	19,7	22,9	26,2	29,6	33,1	36,8	40,5	44,4	48,4	52,6	57,0	61,5	66,2
10	5,3	8,1	10,9	13,9	16,9	20,0	23,3	26,6	30,1	33,7	37,4	41,2	45,2	49,3	53,6	58,1	62,7
15	2,6	5,4	8,2	11,1	14,1	17,2	20,4	23,7	27,1	30,6	34,8	38,1	42,0	46,0	50,3	54,7	59,2
20	0	2,7	5,5	8,3	11,3	14,3	17,5	20,7	24,1	27,6	31,2	34,9	38,7	42,7	46,9	51,2	55,7
25		0,0	2,7	5,6	8,4	11,5	14,6	17,9	21,1	24,5	28,0	31,7	35,5	39,5	43,6	47,8	52,2
30			0,0	2,8	5,6	8,6	11,7	14,8	18,1	21,4	24,9	28,5	32,3	36,2	40,2	44,5	48,8
35				0,0	2,8	5,7	8,7	11,8	15,1	18,4	21,8	25,4	29,1	32,9	36,9	41,0	45,3
40					0,0	2,9	5,8	8,9	12,0	15,3	18,7	22,2	25,8	29,6	33,5	37,6	41,8
45						0,0	2,9	5,9	9,0	12,3	15,6	19,0	22,6	26,3	30,2	34,2	38,3
50							0,0	3,0	6,0	9,2	12,5	15,9	19,4	23,0	26,8	30,8	34,8
55								0,0	3,0	6,1	9,3	12,7	16,1	19,7	23,5	27,3	31,3
60									0,0	3,1	6,2	9,5	12,9	16,4	20,1	23,9	27,9
65										0,0	3,1	6,3	9,7	13,2	16,8	20,5	24,4
70											0,0	3,2	6,5	9,9	13,4	17,1	20,9
75												0,0	3,2	6,6	10,1	13,7	17,4
80													0,0	3,3	6,7	10,3	13,9
85														0,0	3,4	6,8	10,5
90															0,0	3,4	7,0
95																0,0	3,5

> **GUT ZU WISSEN**
> Chaotrope Salze spielen eine wesentliche Bedeutung bei der Aufreinigung von Nukleinsäuren (Kapitel 3.3.6) und Proteinen. Diese Ionen verstärken gewissermaßen den „polaren Charakter" des Wassers, was zu einer Stabilisierung der hydrophoben Bindungskräfte im Protein führt. Chaotrope Salze wirken auf alle Biomoleküle, aber besonders stark auf Proteine, weil deren Struktur sehr stark auf hydrophoben Interaktionen beruht. Detaillierte Informationen zur Wirkweise chaotroper Salze finden sich im **E-Doc 8-2**.

Die Fällung kann mehrfach hintereinander mit jeweils zunehmenden Mengen an Ammoniumsulfat durchgeführt werden. Beispielsweise erfolgt zunächst die Fällung mit 20 % (w/v) Ammoniumsulfat. Der Überstand nach der Zentrifugation wird auf 30 % (w/v) Ammoniumsulfat gebracht **(Abb. 8.1)** und erneut zentrifugiert. Verwendet man dieses zweite Präzipitat weiter, arbeitet man nur noch mit Proteinen, die bei Konzentrationen von mehr als 20 %, aber weniger als 30 % Ammoniumsulfat ihre Hydrathülle verlieren. Es gibt entsprechende Tabellen, in denen die einzuwiegende Menge an Ammoniumsulfat abgelesen werden kann.

> **GUT ZU WISSEN**
> Ammoniumsulfat wird auch deshalb sehr gerne zur Fällung von Proteinen verwendet, weil es oft proteinstabilisierende Eigenschaften hat. Ein Protein in 2 - 3 M Ammoniumsulfat kann oft für Jahre bei 4 °C gelagert werden, weshalb viele Enzyme und Antikörper in Ammoniumsulfat geliefert werden.

Weitere verbreitete Fällungsmittel sind Polyethylenglykol, welches auch zur Fällung von Viren und Nukleinsäuren verwendet wird (Kapitel 3.3.4), oder organische Lösungsmittel wie Butanol oder Aceton. Vor der SDS-Gelelektrophorese wird sehr häufig die TCA-Fällung durchgeführt (TCA = Trichloressigsäure, *Trichloroacetic acid*), die in der Regel irreversibel ist und in Kapitel 9.2.1 besprochen wird.

GUT ZU WISSEN
Auch an ihrem isoelektrischen Punkt (Kapitel 1.4) fallen Proteine aus, jedoch erfordert dieses Verfahren eine sehr genaue pH-Messung und spielt daher im Laboralltag kaum eine Rolle.

Nach der Zentrifugation kann das präzipitierte Protein in einem geeigneten Puffer aufgenommen werden. Dieser wird so gewählt, dass er für nachfolgende Aufreinigungsschritte gleich genutzt werden kann. Durch die Fällung kann auch das Volumen einer Proteinlösung stark reduziert werden. Wurden beispielsweise 100 ml Rohextrakt gefällt, kann das Präzipitat in nur wenigen Millilitern frischem Puffer aufgenommen werden.

GUT ZU WISSEN
Das Verfahren, Proteine mit hohen Salzkonzentrationen zu fällen, wird oft als „*Salting Out*" bezeichnet. Einige Proteine lassen sich auch durch unphysiologisch niedrige Salzkonzentrationen, also beispielsweise in destilliertem Wasser ausfällen. Dieses seltener angewandte Verfahren wird als „*Salting In*" bezeichnet.

8.3 Dialyse und Konzentrierung

Bei der Dialyse diffundieren gelöste Substanzen über eine semipermeable Membran. In unserem Fall wird eine Proteinlösung, welche sich in Puffer A befindet, in einen Schlauch, der eine solche semipermeable Membran darstellt, gefüllt. Die Enden werden mit Klammern verschlossen und das Ganze in ein Gefäß mit Puffer B gelegt. Nun passiert Folgendes: Die kleinen Teilchen, also Salze und andere niedermolekulare Substanzen, diffundieren über die Dialysemembran. Zwischen ihnen stellt sich ein Gleichgewicht ein. Die Proteine sind zu groß und verbleiben im Inneren des Schlauchs. Durch Auswechseln des Puffers außen kann praktisch der ursprüngliche Puffer A fast völlig entfernt und gegen Puffer B ausgetauscht werden. Eine Dialyse dauert meist mehrere Stunden oder wird über Nacht durchgeführt. Meist wird das Gefäß auf einen Magnetrührer in die Kühlkammer bei 4 °C gestellt (Abb. 8.2).

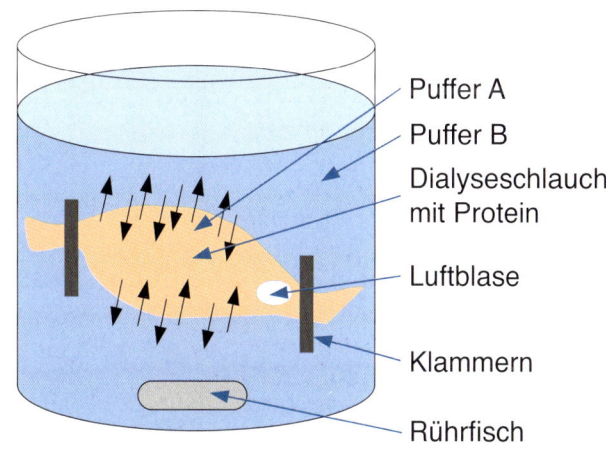

Abb. 8.2:
Dialyse. Das Protein befindet sich in einem semipermeablem Schlauch, der nur von niedermolekularen Substanzen passiert werden kann. Es stellt sich bei diesen ein Gleichgewicht ein. Da die Osmolarität wegen des Proteins im Schlauch höher ist als außen, strömt mehr Puffer ein als ausströmt. Daher muss beim Befüllen eine Luftblase im Schlauch verbleiben, da ansonsten der Schlauch platzen kann.

> **TIPP**
> Auch Nukleinsäuren können dialysiert werden (Kapitel 3.3.7). Dafür wird ein gängiger Dialyseschlauch verwendet, der vor Gebrauch in EDTA-Lösung gekocht wurde.

Es gibt Dialyseschläuche mit verschiedenen Porengrößen. Die Dialyse ist ein sehr schonendes Verfahren und wird öfter nach der Ammoniumsulfatfällung durchgeführt, um restliches Ammoniumsulfat zu entfernen. Nachteilig sind der hohe Zeitbedarf und relativ hohe Proteinverluste.

> **TIPP**
> Dialyseschläuche können auch zur Konzentrierung von Proteinlösungen verwendet werden. Dazu wird der Schlauch mit dem Protein in trockenes Polyethylenglykol (PEG) gelegt, welches hygroskopisch die Flüssigkeit aus dem Schlauch zieht.

Effizienter erfolgt die Konzentrierung in einer Ultrafiltrationszelle, bei der in der Kammer mit dem Protein ein Druck aufgebaut wird, der die Flüssigkeit durch eine semipermeable Membran am Boden drückt (Abb. 8.3).
Die Ultrafiltration ist sehr effizient und schnell. Die Proteinverluste sind tolerabel, man kann die an der Membran haftendes Protein vorsichtig abspülen. Um einen Pufferwechsel durchzuführen, wird die eingeengte Lösung mehrfach mit dem neuen Puffer aufgefüllt und konzentriert.
Auf dem gleichen Prinzip beruhen die Ultrafiltrationsröhrchen für die Zentrifuge (Abb. 2.12 A), die aber weniger effizient sind.

8.4 Weitere Aufreinigungsschritte

Entweder wird die Proteinlösung nach der Fällung (Kapitel 8.2.3) bereits in einem SDS-PAGE (Kapitel 9.2) analysiert oder es folgt die *Polishing*-Phase, also die Trennung der verschiedenen Proteine. Dies wird durch chromatographische Verfahren erreicht (Map 8.2).

8.4.1 Chromatographie

Bei einer Chromatographie wird ein Gemisch verschiedener Stoffe in einer mobilen Phase durch Wechselwirkung mit einer stationären Phase in seine Bestandteile aufgetrennt. Für die Proteinaufreinigung ist vor allem die Flüssigchromatographie relevant, bei der die Proteine in einer meist wässrigen Flüssigkeit vorliegen

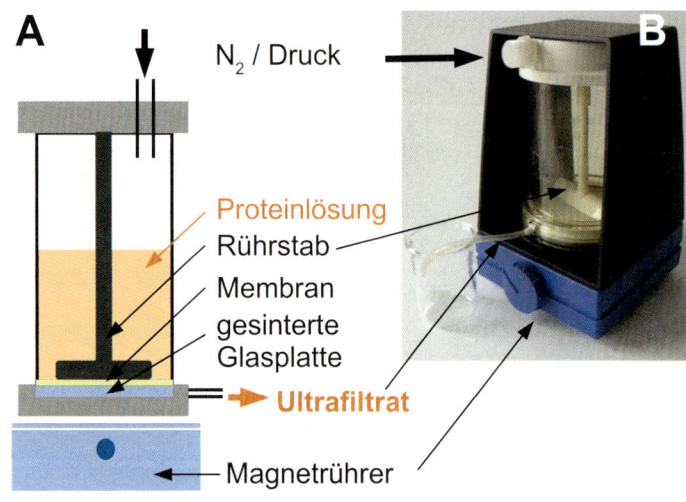

Abb. 8.3:
Ultrafiltration. Bei der Ultrafiltration wird eine Druckzelle an eine Stickstoff-Druckgasflasche angeschlossen. Durch den Druck wird die Flüssigkeit über eine semipermeable Membran gepresst. Der magnetische Rührstab verhindert, dass die Poren durch das Protein verschlossen werden (**A**). Rechts ist eine Ultrafiltrationszelle auf einem Magnetrührer abgebildet (**B**).

Map 8.2:
Chromatographische Auftrennung. Die Proteinlösung wird mittels Pumpe über die Säule gepumpt, auf der die Proteine voneinander getrennt werden. Der UV Detektor nach der Säule zeichnet das Elutionsprofil auf. Die erhaltenen Fraktionen werden analysiert, um zu ermitteln, in welcher das Zielprotein angereichert wurde. Diese Fraktion kann nun über einen anderen Säulentyp nach dem gleichen Prinzip weiter aufgereinigt werden.

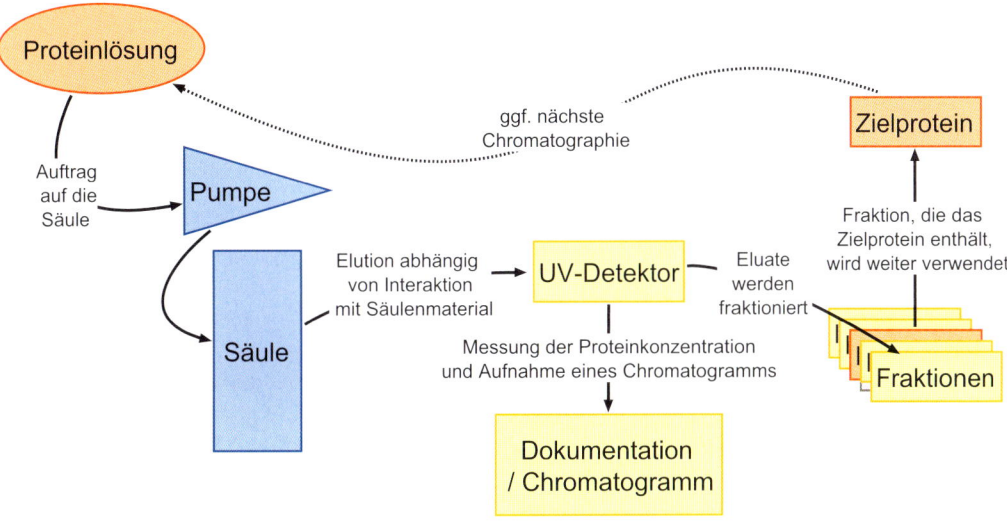

und über eine poröse feste Matrix gegeben werden. Aufgrund ihrer unterschiedlichen Oberflächeneigenschaften wechselwirken die Proteine mit der Matrix und werden dadurch langsamer.

GUT ZU WISSEN
Um das Prinzip zu verstehen, stellen Sie sich eine Gruppe von Menschen (die mobilen Proteine) bummelnd vor einem Modekaufhaus (der stationären Säulenmatrix) vor. Die Mode-Interessierten der Gruppe werden langsamer, alle anderen laufen schnell vorbei. Auf diese Weise wird die Gruppe in Mode-affine Leute und Modemuffel getrennt.

Im einfachsten Fall kann die Chromatographie mit einer Säule durchgeführt werden, auf die oben die Lösungen pipettiert werden und diese durch die Schwerkraft die Säule passierten. Unten werden die einzelnen Eluate aufgefangen. Sehr viel effizienter sind Chromatographie Systeme, bei denen eine Pumpe mit Druck die Lösungen über die Säule presst. Hier gibt es auch UV-Durchflussphotometer, welche die eluierte Proteinmenge messen und automatische Fraktionssammler **(Abb. 8.4)** besitzen.

Die Elution der Proteine von der Säule wird über die Absorption von UV-Licht bei 280 nm (Kapitel 8.5) in einem Durchflussphotometer gemessen. Man erhält auf diese Weise ein Profil, das sogenannte Chromatogramm (**E-Doc 8-3**) der eluierten Proteine, dessen Maxima [*Peaks*] mit den aufgefangenen Fraktionen korreliert werden können. Auch weitere Parameter wie die Leitfähigkeit werden ermittelt, denn oft erfolgt die Elution über einen Salzgradienten, der auf diese Weise gemessen werden kann.

8.4.2 Chromatographische Trennprinzipien

Die eigentliche Trennung der Proteine erfolgt in einer Säule, welche mit einem Trägermaterial auf Basis von Sepharose-, Agarose- oder Cellulosepartikeln gefüllt ist. Diese Materialien tragen an ihren Oberflächen bestimmte chemi-

Abb. 8.4:
Dieses Chromatographie-System (Äkta, GE Healthcare) ist sehr kompakt und auf die Aufreinigung von Proteinen optimiert. Es besteht aus der Pumpe (**A**) sowie Detektoren für die Messung von Salzgehalt (Leitfähigkeit) und Proteinmenge (UV) (**B**). Verschiedene Ventile (**C**) werden verwendet, um unterschiedliche Puffer zu nutzen oder um während der Beladungsphase die Proteinlösung auftragen zu lassen. Die eigentliche Säule (**D**), hier eine Strep-Tactin Säule, ist oft nur wenige Zentimeter lang. Die aufgetrennten Proteine werden in einem Fraktionssammler (**E**) für die weitere Verarbeitung gesammelt.

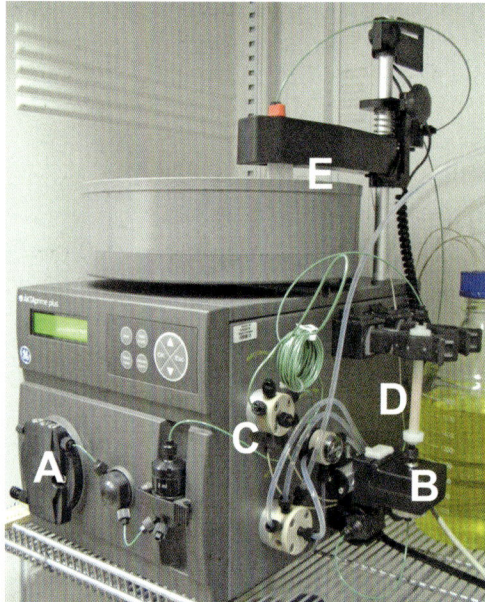

sche Gruppen, welche mit den verschiedenen Proteinen unterschiedlich interagieren, weshalb diese auch unterschiedlich lang auf der Säule verweilen.

Aufgrund der interagierenden Gruppen auf der Matrix kann man folgende chromatographische Trennverfahren[3] unterscheiden (Details sind im E-Doc 8-4 zu finden):

▶ **Ionenaustausch-Chromatographie** [*Ion EXchange C.*] **(IEX)**
Die Interaktion zwischen Proteinen und der Säulenmatrix erfolgt über ionische Wechselwirkungen. Die Proteinladung bei einem pH-Wert bestimmt, wie stark das Protein mit der Säule interagiert, also wie lange es auf der Säule verbleibt.

▶ **Hydrophobe Interaktionschromatographie** [*Hydrophobic Interaction C.*] **(HIC)**
Hier wechselwirken hydrophobe Bereiche des Proteins mit der hydrophoben Matrix. Dieses Verfahren wird gerne nach einer Ammoniumsulfatfällung eingesetzt. Die Elution erfolgt mit einem fallenden Ammoniumsulfat-Gradienten.

▶ **Affinitätschromatographie** [*Affinity C.*]
Die Bindung zwischen einem bestimmten Protein und einem Bindungspartner, beispielsweise einem Enzym und seinem Substrat, ist Grundlage dieses Verfahrens. Die Interaktion ist reversibel und in der Regel hoch spezifisch. Der gekoppelte Ligand kann ein (modifiziertes) Substrat des Proteins sein oder ein Cofaktor. Die bei rekombinanten Proteinen verwendeten Tag-Sequenzen (Kapitel 6.4.5 und 8.6.2) werden über dieses Verfahren aufgereinigt. Die Elution erfolgt entweder mit einer Ligandenlösung oder hohen Salzkonzentrationen. Die Affinitätschromatographie ist sehr spezifisch und ermöglicht sehr hohe Reinigungsraten des Zielproteins. Allerdings sind diese Säulen oft recht empfindlich, weshalb sie oft erst in späteren Reinigungsschritten eingesetzt werden (Map 8.1).

▶ **Gelfiltration** [*Size Exclusion C.*] **(SEC)**
Dieses Verfahren funktioniert wie ein Sieb. Die Matrix ist porös, sodass sich kleine Substanzen, die in die Poren passen, darin verfangen. Große Moleküle wandern schnell durch die Säule. Gelfiltrationen werden auch verwendet um Proteinlösungen zu entsalzen (hierbei verfangen sich die Ionen in den Poren). Auch bei der DNA-Aufreinigung können Gelfiltrationssäulen eingesetzt werden.

8.4.3 Magnetic Beads

Magnetic Beads stellen nicht-poröse supramagnetische Kügelchen dar, bei denen ein Polystyrenmantel einen magnetischen Eisenkern umgibt. Inzwischen gibt es eine Vielzahl verschiedenster Ummantelungen und die Größe solcher Beads variiert je nach Einsatzgebiet be-

---

[3] Es gibt noch weitere Verfahren, die hier jedoch nicht behandelt werden.

trächtlich im niedrigen μm-Bereich. Die Oberflächen dieser Beads sind mit entsprechenden funktionalen Gruppen bedeckt. Die Durchführung ist immer sehr ähnlich (Abb. 8.5).

Magnetic Beads (Mikrosphären [*micro spheres*]) werden für eine Vielzahl molekularbiologischer und biochemischer Verfahren verwendet, unter anderem für die Aufreinigung von DNA (Kapitel 3.3.6) oder PolyA$^+$-RNA (Kapitel 3.5). Auch für die Aufreinigung von Proteinen, insbesondere für affinitätsbasierte Verfahren (Kapitel 8.4.2), werden sie eingesetzt – wie die Aufreinigung getaggter, rekombinanter Proteine (Kapitel 8.6.2). Es gibt auch Magnetic Beads, welche beispielsweise als Ionenaustauscher fungieren können (E-Doc 8-4). Schließlich können auch ganze Zellen an solche Beads gebunden werden und für moderne Sequenzierverfahren (E-Doc 11-1) sind sie ein zentraler Bestandteil. Ihr großer Vorteil gegenüber den klassischen, chromatographischen Verfahren liegt darin, dass sie ohne großen apparativen Aufwand genutzt werden können. Zusätzlich lassen sich mit ihnen ganze Arbeitsabläufe automatisieren. In vielen Laboren sind bereits Roboter im Einsatz, welche die komplette Aufreinigung rekombinanter Proteine oder von Nukleinsäuren von der Homogenisation bis hin zum aufgereinigten Produkt völlig autonom innerhalb kürzester Zeit durchführen. Grundlage für den Einsatz solcher Roboter, wie beispielsweise dem KingFisher (Thermo), ist oft die Nutzung von Magnetic Beads.

Abb. 8.5:
Prinzip der Aufreinigung mittels Magnetic Beads (**A**). Die supramagnetischen Partikel werden zu einem Gemisch an Biomolekülen gegeben. Aufgrund ihrer funktionalen Gruppen binden sie einen bestimmten Typ an Biomolekülen. Mit einem Magneten werden diese über die Beads festgehalten, während alle anderen Biomoleküle ausgewaschen werden können. Es gibt unterschiedliche Varianten an Magneten, verbreitet sind Reaktionsgefäßständer, die mit einer Reihe Magneten (Pfeile) ausgestattet sind (**B**). Das Prinzip kann demonstriert werden, indem ein Magnet an eine Lösung mit Beads gehalten wird (weißer Pfeil, **C**).

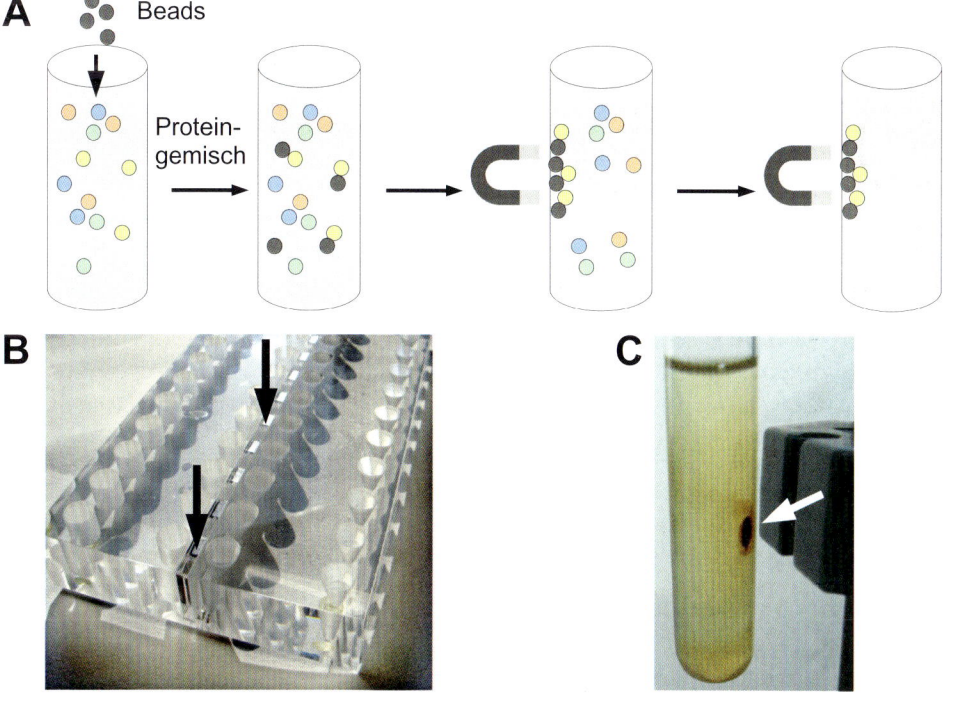

8.5 Quantifizierung von Proteinen

Wie bei der Aufreinigung von Nukleinsäuren (Kapitel 3.8) muss bei der Aufreinigung von Proteinen oft deren Konzentration bestimmt werden, beispielsweise in den erhaltenen Fraktionen nach einer chromatographischen Auftrennung (Kapitel 8.4.1).

Am einfachsten lässt sich die Proteinmenge durch die Absorption bei 280 nm bestimmen. Bei dieser Wellenlänge absorbieren die aromatischen Aminosäuren Tryptophan, Tyrosin und Phenylalanin. Da diese aber nicht in jedem Protein gleich häufig vorhanden sind und es auch viele weitere Substanzen gibt, die in diesem Wellenlängenbereich absorbieren, ist diese Messung ziemlich ungenau. Sie stellt aber die Basis für die Durchflussphotometer dar, die in Chromatographiesystemen (Abb. 8.4) benutzt werden, um Chromatogramme (E-Doc 8-3) zu ermitteln (Kapitel 8.4.1).

Verlässlichere Quantifizierungsverfahren nutzen Farbstoffe, die auf eine bestimmte Weise mit Aminosäuren oder der Peptidbindung interagieren. Die gemessene Probe kann in der Regel nicht weiter verwendet werden, denn die Proteine werden bei der Messung denaturiert. Dies ist sinnvoll, weil sonst nur die Aminosäuren an der Oberfläche eines Proteins zur Messung beitragen würden.

Ein weiterer Vorteil der Farbstoff-basierten Proteinquantifizierung liegt darin, dass die Messung der Farbintensität im sichtbaren Wellenlängenbereich durchgeführt werden kann, weshalb kein teures UV-Photometer benötigt wird.

Drei Verfahren zur Proteinquantifizierung sind weit verbreitet:
- ▶ Die Proteinbestimmung nach Bradford (Kapitel 8.5.1).
- ▶ Die Proteinbestimmung nach Lowry: Dies ist ein sehr genaues Verfahren zur Proteinquantifizierung. Es beruht auf der Reduktion eines Farbstoffes durch die Peptidbindung selbst. Dies bedeutet, dass jede im Protein enthaltene Aminosäure zur Färbung beiträgt.

Leider ist das Verfahren zeit- und arbeitsaufwendig. Erschwerend kommt hinzu, dass die Lowry-Messung durch viele gängige Agenzien, die für die Aufreinigung von Proteinen genutzt werden, gestört wird, da sie ebenfalls reduzierend wirken. Daher wird dieses Verfahren heute nur noch selten verwendet.
- ▶ Der BCA-Test (BCA=Bicinchoninsäure), der mit dem gleichen Prinzip wie der Lowry Test funktioniert, jedoch ein anderes Reagenz benutzt (Kapitel 8.5.2).

8.5.1 Proteinbestimmung nach Bradford

Diese Methode ist sehr schnell und einfach durchzuführen, weshalb sie weit verbreitet ist. Die Proteinmessung beruht auf der Bindung von Coomassie Brilliant Blue 250 an Proteine.

> **GUT ZU WISSEN**
> Coomassie Brilliant Blue wurde früher für die Färbung von Wolle verwendet. Es gibt verschiedene Varianten dieses Minerals: „G" steht für grünlich [*greenish*], „R" für rötlich [*reddish*], die Zahl bezieht sich auf die Farbintensität. Der Name wurde „zu Ehren" der Eroberung der ghanaischen Stadt Kumasi (1874), damals Hauptstadt der Ashanti, durch das britische Empire gewählt. Dabei sollen alle Einwohner getötet worden sein und die Einnahme war das Ende des Ashanti-Reiches.

Die kationische Form des Farbstoffes hat in einer sauren Lösung eine maximale Absorption bei $\lambda=470$ nm. Durch die Bindung an das Protein entsteht die anionische Form des Farbstoffes, welche ein Absorptionsmaximum bei 595 nm aufweist. Genau bei dieser Wellenlänge wird die Proteinmenge quantifiziert.

Der wichtigste Bindungspartner des Farbstoffes ist die Aminosäure Arginin, wobei die freie Aminosäure nicht mit Coomassie interagiert, sondern nur die im Peptid gebundene Form. Demzufolge spiegelt die Farbintensität nicht wirklich die Proteinmenge, sondern die Menge an Arginin wider, die je nach Protein sehr unterschiedlich sein kann (beispielsweise wird Rinderserumalbumin [Bovine Serum Albumin]

(BSA) zehnfach stärker angefärbt als Immunglobulin). Dies sollte bei der Erstellung der Kalibrierungskurve berücksichtigt werden, welche vor der eigentlichen Messung erstellt wird. Dazu wird eine Verdünnungsreihe eines definierten Proteins (oft BSA) hergestellt und der Zusammenhang zwischen Absorption und Proteinkonzentration grafisch aufgetragen **(Abb. 8.6 A und B)**. Es ergibt sich eine Sättigungskurve, in deren linearen Bereich nun die eigentliche Messung durchgeführt werden kann. Die meisten Photometer erstellen und speichern eine solche Kalibrierungskurve ab. Es gibt viele Variationen des Verfahrens. Meist werden beim heute oft genutzten Mikro-Bradford-Test viel kleinere Volumina als beim ursprünglichen Bradford-Test eingesetzt.

> **TIPP**
>
> In den meisten Publikationen wird Rinderserumalbumin (BSA) zur Erstellung der Kalibrierungskurve verwendet. So ist die Vergleichbarkeit der Ergebnisse zwischen verschiedenen Laboren gegeben.

Abb. 8.6:
Proteinquantifizierung nach Bradfort und BCA Test. Die Kalibrierungsproben mit unterschiedlichen Proteinkonzentrationen weisen bei der Bestimmung nach Bradford eine blaue Färbung auf (**A**), während die BCA-Proben bräunlich sind (**D**). Die Kalibrierung ist stark vom gewählten Protein abhängig, wie der Vergleich von IgG und BSA in **B** (Bradfort) und **C** (BCA Test) zeigt. Daher muss immer angegeben werden, welches Protein zur Kalibrierung verwendet wurde. Weiterhin wird beim Vergleich von (**B**) und (**C**) deutlich, dass der Zusammenhang zwischen Proteinkonzentration und Absorption nur bis zu Konzentrationen von 1 mg/ml linear ist.

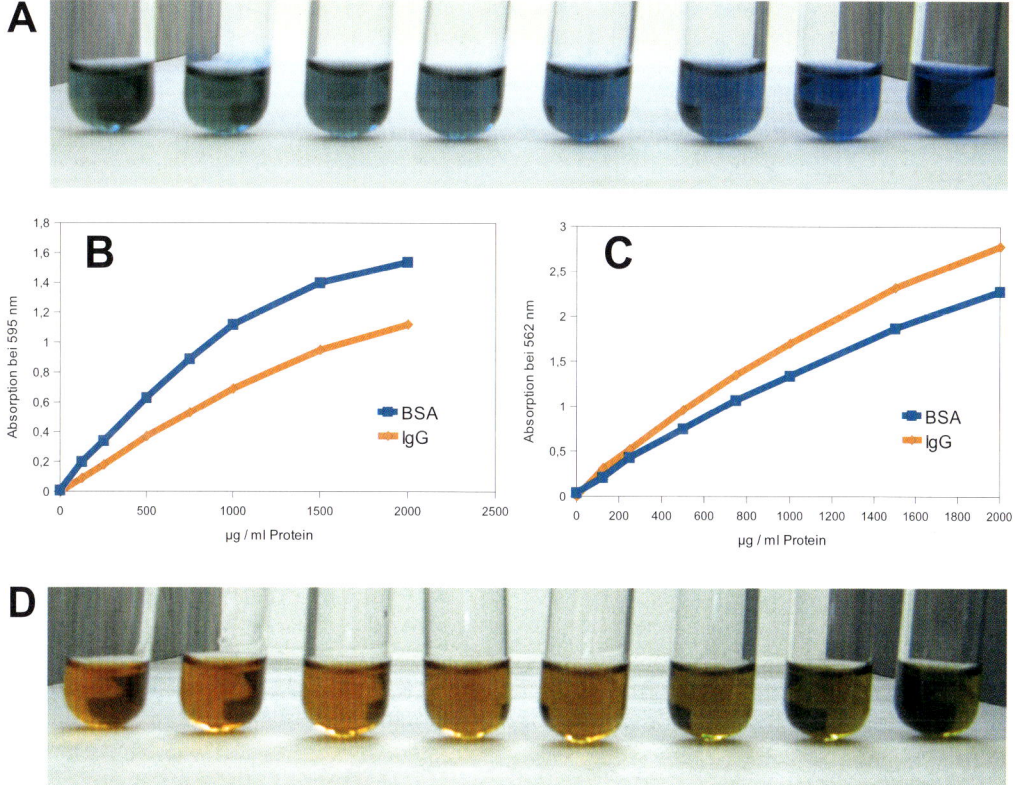

PROTOKOLL 8.3

Messung der Proteinkonzentration nach Bradford (Mikro-Bradford)

Material:
- Photometer, Küvette oder Mikrotiterplatte.
- 1 mg/ml BSA (Rinderserumalbumin) in H_2O bzw. dem Puffer, in dem das zu messende Protein gelöst ist. Diese Lösung kann bei -20 °C gelagert werden.
- Bradford-Reagenz:
  100 mg Coomassie Blue G 250 in 50 ml Methanol
  Zugabe von 100 ml 85% (v/v) H_3PO_4
  Auffüllen mit H_2O auf 1000 ml.
  Filtern der Lösung durch einen Papierfilter in eine braune Flasche, wo sie bei 4 °C unendlich und bei Raumtemperatur mehrere Monate haltbar ist.

Durchführung:
1. Zunächst wird eine Nullprobe [*Blank*] benötigt, die nur Puffer und Bradford-Reagenz enthält.
2. Um die Messung zu kalibrieren, werden die Absorptionen der Kalibrierungsreihe mit den verschiedenen Konzentrationen des BSA-Standards hergestellt. In ein Reaktionsgefäß werden 10, 20, 40, 60, 80 und 100 µl pipettiert und auf 100 µl mit dem Messpuffer aufgefüllt. Für die Verdünnung des BSAs muss der gleiche Puffer wie für die spätere Messung verwendet werden.
3. Zugabe von 1 ml Bradford-Reagenz zur BSA-Reihe und zu 100 µl Probe und leicht mischen, ohne dass die Lösung schäumt.
4. Die Messung kann nach 2 min begonnen werden. Die Färbung bleibt ca. 1 h stabil.

Anmerkungen:
- Die meisten Photometer nehmen die Kalibrierung mehr oder weniger automatisch auf und führen den Benutzer durch ein entsprechendes Menü. Auch werden die gemessenen Proteinkonzentrationen gleich ausgegeben.
- Beginnt man die Messung der BSA-Reihe bei der Probe mit der niedrigsten Konzentration, können alle BSA-Verdünnungen mit einer Küvette durchgeführt werden, ohne dass diese zwischendurch gespült werden muss, da die jeweils nachfolgende Probe eine stärkere Färbung bewirkt. Nur die anschließende Messung der Probe erfordert das Waschen der Küvette.
- Die 100 µg/ml BSA-Probe sollte eine Absorption A_{595} von ungefähr 0,4 aufweisen. Die Standardkurve ist nur in einem Bereich von A_{595} von 0 bis ungefähr 0,4 linear.
- Das Originalprotokoll sieht die Zugabe von 5 ml Bradford-Reagenz vor. Der hier beschriebene Mikro-Bradford ist sehr viel sensitiver, aber auch empfindlicher gegenüber Störstoffen.

8.5.2 Der BCA Test

Wie die Lowry Methode beruht der BCA-Test darauf, dass die Proteine mit Cu^{2+}-Ionen im alkalischen Milieu einen Komplex bilden, bei dem das Cu^{2+} zu Cu^+ reduziert wird **(Abb. 8.6 C und D)**. Die Reduktion des Kupfers wird durch die Peptidbindung sowie die Seitenketten von Cystein, Tyrosin und Tryptophan verursacht. Die dabei entstehenden Cu^+-Ionen bilden mit Bicinchinon-Säure (BCA) einen violetten Farbkomplex, der bei einer Wellenlänge von $\lambda = 562$ gemessen wird. Die BCA-Methode zeichnet sich durch eine hohe Empfindlichkeit aus.

> **TIPP**
> Die entstehende Farbintensität ist temperaturabhängig, weshalb bei konstanter Temperatur gemessen werden sollte.

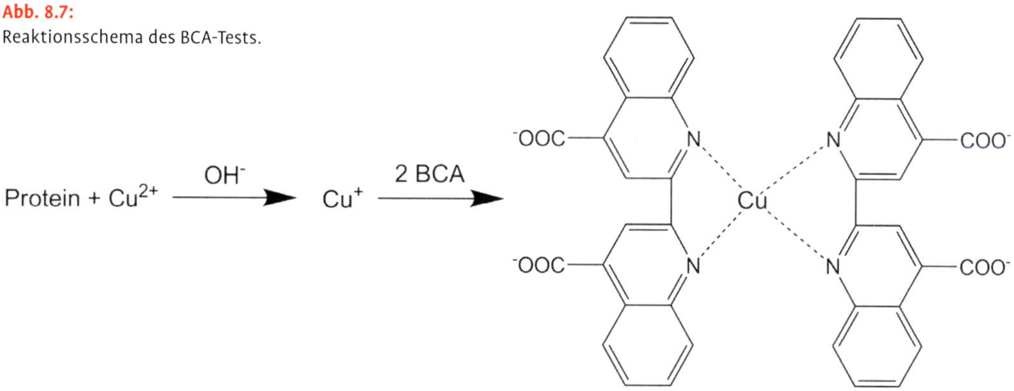

Abb. 8.7:
Reaktionsschema des BCA-Tests.

Der BCA-Test wird als Kit von verschiedenen Herstellern angeboten. Prinzipiell entspricht die Durchführung dem Ablauf der Bradford-Messung. In den Kits werden die Verdünnungsstufen des Kalibrierungsproteins mitgeliefert (Abb. 8.7).

8.5.3 Welchen Test benutzen?

Welches der verschiedenen Verfahren zur Quantifizierung genutzt wird, hängt vor allem von den zu erwartenden Störstoffen ab.
Enthält die zu messende Probe einen der Stoffe aus Tab. 8.4, muss entweder die Aufreinigungsstrategie geändert oder ein alternativer Test genutzt werden.

8.6 Aufreinigungsverfahren für getaggte Proteine aus *E. coli*

Wie bereits erwähnt, ist die Etablierung eines Aufreinigungsprotokolls für ein bestimmtes Protein ein sehr aufwendiges Verfahren. Daher konzentrieren wir uns nachfolgend auf zwei Ansätze, die sehr standardisiert und daher in vielen Laboren etabliert sind.
Häufig ist es ausreichend, die gesamten löslichen Proteine eines Gewebes für eine SDS-Gelelektrophorese (Kapitel 9.2) zu isolieren. Erst durch die Gelelektrophorese werden die unterschiedlichen Proteine voneinander getrennt und beispielsweise über eine Immunfärbung (Kapitel

Tab. 8.4:
Vergleich verschiedener Methoden zur Quantifizierung der Proteinkonzentration und der sie störenden Substanzen.

Methode	Probenvolumen	Nachweisgrenze	Störstoffe
Lowry	1 ml	0,1 - 1 µg/ml	EDTA, Guanidin-HCl, Triton X-100, SDS, mehr als 0,1 M Tris, Ammoniumsulfat, 1M Natriumacetat, 1M Natriumphosphat.
BCA	0,1 ml	0,1 - 1 µg/ml	EDTA, > 10 mM Saccharose oder Glucose, 1 M Glycin, > 5 % (w/v) Ammoniumsulfat, 2 M Natriumacetat, 1 M Natriumphosphat, Dithiothreitol, Glutathion, Ascorbinsäure.
Bradford	0,1 ml	0,05 - 0,5 µg/ml	> 0,5 % (v/v) Triton X-100, > 0,1 % (w/v) SDS, Natriumdesoxycholat.

10.2) identifiziert. Für einen solchen Ansatz ist die schnelle, denaturierende Extraktion, die in Kapitel 9.2.1 behandelt wird, völlig ausreichend.

Nachfolgend konzentrieren wir uns auf die Aufreinigung von rekombinanten Proteinen aus *E. coli*. Um nicht für jedes Konstrukt ein neues Aufreinigungsprotokoll etablieren zu müssen, enthalten viele Expressionsvektoren (Kapitel 6.4) sogenannte Tag-Sequenzen (Kapitel 6.4.5 und Tab. 6.2), welche am rekombinanten Protein hängen und für standardisierte Aufreinigungsverfahren genutzt werden können. Auf diese Weise entsteht ein Fusionsprotein aus dem Protein und dem Tag. Letzteres wird für die Aufreinigung (und auch für den Nachweis) verwendet. Bevor wir uns jedoch näher mit diesen Tags beschäftigen, werfen wir einen Blick auf die typischen, initialen Aufreinigungsschritte für heterologe Proteine aus *E. coli* (Map 8.3).

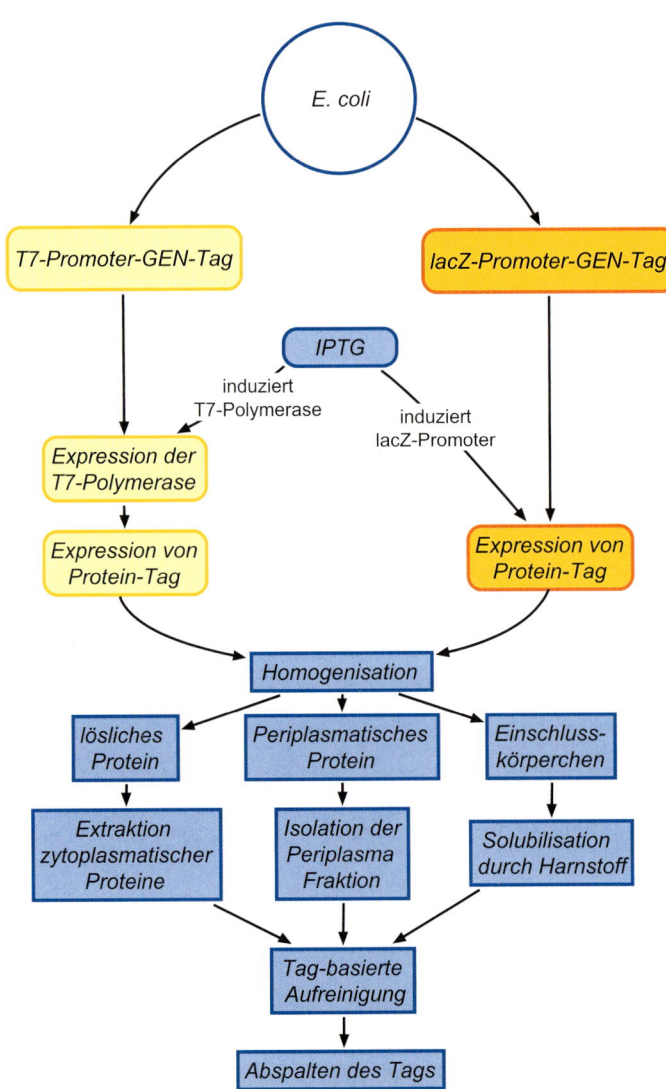

Map 8.3:
Typische Extraktionsschemata für die Aufreinigung heterologer Proteine aus *E. coli*.

Abb. 8.8:
T7-Polymerase abhängige Expression. Bei vielen Expressionsvektoren induziert IPTG die Expression einer rekombinanten RNA-Polymerase des Phagen T7 (**A**). Nur die RNA-Polymerase (**B**) kann den „Late T7-Promoter" auf dem Expressionsplasmid nutzen, um das zu exprimierende Gen zu transkribieren (**C**). Da die T7-RNA-Polymerase eine sehr starke RNA-Polymerase ist, wird sehr viel heterologes Protein gebildet (**D**). Da der Late T7 Promoter nicht durch die bakterielle RNA-Polymerase transkribiert werden kann, wird im uninduzierten Zustand kein heterologes Protein gebildet. Für dieses System sind spezielle Bakterienstämme notwendig (**E-Doc 2-4**), die das Gen der T7-Polymerase auf ihrem Wirtsgenom tragen. Die einzelnen DNA Moleküle sind nicht maßstabgerecht gezeichnet.

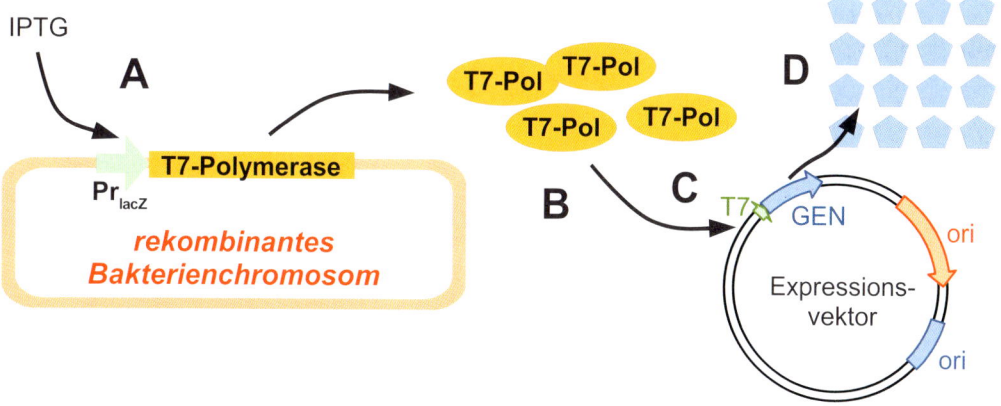

8.6.1 Bakterienanzucht und Homogenisation

Die Bakterien, welche das rekombinante Gen auf einem Expressionsvektor (Kapitel 6.4) enthalten, werden zunächst bis zu einer OD_{600} von 0,5 - 0,8 angezogen. Als Medium werden häufig LB oder 2xTY (Kapitel 2.13.1) mit dem entsprechenden Antibiotikum verwendet.

Da fast alle Expressionsvektoren induzierbare Promotoren enthalten, erfolgt nun die Zugabe des Induktors, meist IPTG (Isopropyl-β-D-thiogalactopyranosid). Das Gen des Zielproteins steht entweder direkt unter der Kontrolle eines lacZ-Promoters (Kapitel 6.2.1) oder seine Expression wird durch den T7-Promoter (Kapitel 6.4.1) reguliert. In diesem Fall wird die Expression der T7-RNA-Polymerase durch das IPTG induziert (Abb. 8.8).

Die benötigte Menge an IPTG muss in Vorversuchen ausgetestet werden. Ein guter Startwert ist 1 mM IPTG. Nun wird die Kultur 3 h oder über Nacht, meist bei 30 °C, auf einem Inkubationsschüttler inkubiert. Während dieser Zeit wird das heterologe Zielprotein gebildet.

> **TIPP**
> Die optimalen Bedingungen für die Induktion der Expression hängen von vielen Parametern ab, wie Temperatur, Induktionsdauer, IPTG-Konzentration. Diese Parameter sollten zunächst mit kleinen 1 - 5 ml Kulturen getestet werden. Die unterschiedlich angezogenen Kulturen werden aufgeschlossen und auf einem SDS-Gel (Kapitel 9.2) aufgetrennt. Das Zielprotein sollte unter optimalen Bedingungen deutlich im Coomassie-gefärbten Gel (Kapitel 9.3) zu erkennen sein.

Wie bei der Extraktion von Plasmiden (Kapitel 3.4.1) sollte die Zellteilung der Kultur vor dem Aufschluss gestoppt werden, weshalb diese für 10 min auf Eis gestellt wird. Es ist auch möglich, die Bakterienzellen abzuzentrifugieren und die Sedimente bei -20 °C kalt zu stellen. Dieser „-20 °C-Schritt" erhöht die Effizienz der nachfolgenden Bakterienlyse.

Im Prinzip gibt es für das Bakterium drei Möglichkeiten, das rekombinante Protein zu produzieren:

▶ Das Zielprotein befindet sich als lösliches Protein im Zytoplasma: Dies ist oft der gewünschte Normalfall (Protokoll 8.4).

▶ Das Zielprotein befindet sich in sogenannten Einschlusskörperchen [*Inclusion body*]:
Wenig erwünscht ist die Bildung von Einschlusskörperchen, in denen das Bakterium das exprimierte Fremdprotein als unlösliche Masse ablagert. Die Ursache für die Ablagerung des heterologen Proteins in den sphärischen Partikeln, die eine Größe bis zu 1,5 µm erreichen können, ist wenig verstanden. Das Fremdprotein liegt in diesem Fall zwar vollständig translatiert, aber nicht korrekt oder nur partiell gefaltet vor. Manchmal kann die Bildung von Einschlusskörpern durch eine niedrigere Anzuchttemperatur oder ein nährstoffarmes Medium verhindert werden. Einige Proteine können jedoch auch gut aus solchen Einschlusskörpern isoliert werden, wenn sie *in vitro* gefaltet werden können. In einem solchen Fall können die Einschlusskörperchen auch vorteilhaft sein, da sie sich leicht isolieren lassen und das heterologe Protein darin in sehr großer Menge vor Proteasen geschützt vorliegt.

Liegt das Protein gelöst oder als Einschlusskörper vor, erfolgt die Lyse nach Zugabe von Lysozym mit Ultraschall. Nach der Ultraschallbehandlung und Zentrifugation wird mit dem Präzipitat weiter gearbeitet. Die darin enthaltenen Proteine werden solubilisiert (oft durch Zugabe hoher Mengen an Harnstoff) und anschließend durch ein mehrstufiges Verfahren *in vitro* gefaltet.

TIPP
Wenn nach der Erniedrigung der Anzuchttemperatur und Änderung des Mediums immer noch Einschlusskörperchen gebildet werden, kann ein Bakterienstamm, der zusätzliche Chaperone (z.B. groEL/ES) synthetisiert, verwendet werden. Auch gibt es Tag-Sequenzen, welche die Ablagerung verhindern können (Tab. 6.2).

▶ Das Zielprotein befindet sich im periplasmatischen Raum:
Um das Zielprotein in den Bereich zwischen der zytoplasmatischen und der äußeren Membran (bei gram-negativen Bakterien) bzw. Zellwand

PROTOKOLL 8.4

Aufreinigung löslicher Proteine aus *E. coli*

Material:
▶ Eisbad, Zentrifuge, Ultraschallhomogenisator
▶ Induzierte Bakterienkultur
▶ Lysispuffer:
 • 50 mM Tris-HCl, pH 7,5
 • 10 mM $MgCl_2$
 vor Gebrauch zugeben:
 • 1 mg/ml Lysozym
 • 20 µg/ml DNAse
 • 2 mM PMSF (optional)
 • 4 µg/ml Leupeptin (optional)

Durchführung:
1. Die Bakterienkultur wird einige Minuten auf Eis gestellt und anschließend bei 4000 xg für 15 min abzentrifugiert.
2. Für eine effizientere Lysis kann das Bakterienpellet bei -20 °C eingefroren werden.
3. Nun werden die Bakterien in Lysispuffer resuspendiert, für eine 50 ml Bakterienkultur sind 2 ml Lysispuffer ein Richtwert.
4. Die Zellen werden für 30 min auf Eis inkubiert.
5. Nun erfolgt die Ultraschallbehandlung, welche meist dreimal wiederholt wird. Die genauen Einstellungen findet man in der Anleitung des Ultraschallhomogenisators. Während dieser Behandlung sollte die Proteinlösung auf Eis stehen.
6. Es folgt eine erneute Zentrifugation bei mehr als 4000 xg für 15 min. Das rekombinante Protein sollte sich im Überstand befinden.

Abb. 8.9:
Der 6x His Tag. Bindung der sechs Histidin-Reste des 6x His Tags an Nickel-NTA. Der Übersicht halber sind die Beads nur mit jeweils einem gekoppelten NTA-Molekül dargestellt. Neben Magnetic Beads gibt es viele weitere Trägermaterialien, wie Membranen oder Säulen.

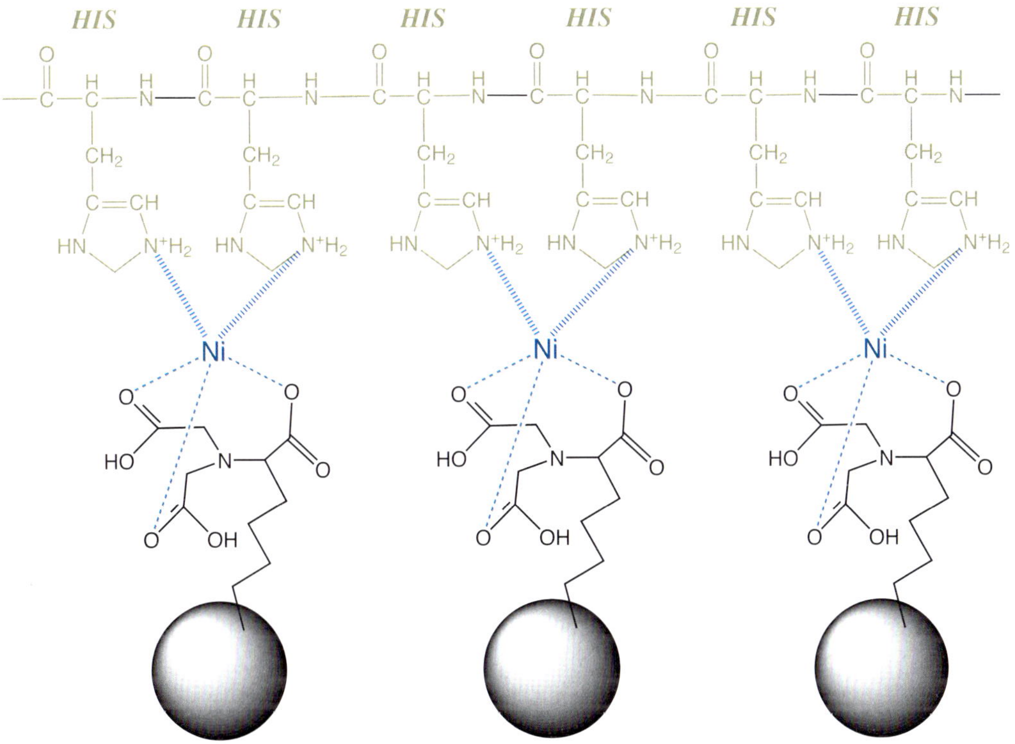

(bei gram-positiven Bakterien) zu transportieren, ist eine spezielle Signalsequenz notwendig. Oft wird die sog. pelB Sequenz dem eigentlichen Zielgen vorangestellt (Kapitel 6.4.3), welche nach dem Transport über die Membran abgespalten wird. Das Periplasma kann bis zu 40 % des gesamten Zellvolumens ausmachen und es unterscheidet sich in seiner Zusammensetzung deutlich vom Zytoplasma. Einige Enzyme, wie die Disulfid-Isomerase befinden sich in diesem Bereich. Eine periplasmatische Lokalisation ist auch für rekombinante Proteine sinnvoll, die für das Bakterium toxisch sind.

Die Periplasmaextraktion kommt ohne Lysozym und Ultraschallbehandlung aus. Hier wird das heterologe Protein durch einen osmotischen Schock der Bakterienzellen isoliert. Dazu werden die Bakterien nach der Induktion der Proteinexpression zunächst an eine relativ hohe Konzentration an Saccharose adaptiert. Dann erfolgt der osmotische Schock durch Austausch der Saccharose-Lösung gegen destilliertes Wasser (Protokoll siehe E-Doc 6-1).

8.6.2 Weitere Aufreinigung des heterologen Proteins

Aus dem Homogenat müssen nun die bakterieneigenen Proteine entfernt werden. Zwar kann eine klassische Aufreinigung mittels chromatographischer Verfahren (Kapitel 8.4.1) durchgeführt werden, meistens werden jedoch standardisierte Verfahren genutzt werden, die auf kurzen Tag-Sequenzen (Kapitel 6.4.5) basieren. Die vornehmliche Aufgabe der Tags [*Markierung*] liegt in der Reinigung des heterologen Proteins. Inzwischen werden sehr viele Tags und dazu gehörende Aufreinigungskits kommerziell angeboten (Tab. 6.2).

Am bekanntesten ist sicherlich der 6xHis-Tag, welcher aus einer Abfolge von sechs Histidinen besteht (Abb. 8.9).

TIPP
Der His-Tag kann sich sowohl am N- als auch am C-Ende des Proteins befinden. Die zweite Variante ist oft die bessere, da hier nur solche Proteine aufgereinigt werden, die komplett translatiert worden sind. Dies gilt natürlich auch für viele andere Tags.

Die Aufreinigung erfolgt mit einer speziellen Variante der Affinitätschromatographie, welche Metallchelatchromatographie (IMAC [*Immobilized Metal ion Affinity Chromatography*]) genannt wird. Die Histidine binden an zweiwertige Nickel-Ionen, welche über NTA (Nitril-Tri-Essigsäure) komplexiert an eine Matrix gebunden sind (Abb. 8.9). Das Verfahren wird im E-Doc 8-5 näher beschrieben.

GUT ZU WISSEN
Es gibt viele Varianten der Methode. Beispielsweise kann auch eine Abfolge von Cysteinen als Tag dienen, statt Nickel können andere zweiwertige Ionen verwendet werden und es gibt auch unterschiedliche Kopplungsarten der Ionen an die Matrix.

Es gibt eine große Zahl an Anbietern, die Aufreinigungskits für alle möglichen Ausgangsgewebe anbieten. Eine Übersicht der verschiedensten Kits findet sich hier:
http://www.laborjournal.de/rubric/produkte/products_07/2007_05.lasso

GUT ZU WISSEN
Ein großer Vorteil des 6x His Tags ist, dass er sowohl für die native als auch die denaturierende Aufreinigung genutzt wird.

Da Tags sich für unterschiedliche Aufgaben verschieden gut eignen, werden Tags auch miteinander kombiniert. Abschließend sollte erwähnt werden, dass sich zwischen dem Zielprotein und den Tags sehr häufig eine spezifische Proteasestelle befindet. So kann der Tag nach der Aufreinigung vom rekombinanten Protein abgetrennt werden. Auf diese Weise kann der Tag vor einem Enzymtest entfernt werden, damit er einen nachfolgend durchgeführten Enzymtest nicht beeinflusst.

9 Gelelektrophorese von Proteinen

9.1 Die Polyacrylamid-Gelelektrophorese (PAGE)

9.2 Die denaturierende SDS-PAGE

9.3 Das Färben der Gele

9.4 Weitere Elektrophoreseverfahren für Proteine

9.5 Western Blotting

9.6 Wenn es mal nicht klappt …

Die verschiedenen Schritte einer Proteinaufreinigung (Kapitel 8.4 bzw. 8.6) lassen sich mittels Gelelektrophorese schnell durch Färbung der aufgetrennten Proteine analysieren. Weiterhin spielt dieses Verfahren eine wichtige Rolle für immunbiochemische Nachweisverfahren, denn die aufgetrennten Proteine können nach der Auftrennung im Gel auf eine Membran transferiert werden. Durch den Einsatz von Antikörpern (Kapitel 10.6) kann ein bestimmtes Protein identifiziert werden. Schließlich kann nach dem Gellauf ein Protein mittels Massenspektrometrie (E-Doc 8-6) analysiert werden (Map 9.1).

Anders als Nukleinsäuren beeinflussen gleich drei Eigenschaften der Proteine den Gellauf:
▶ ihre Größe
▶ ihre Ladung
▶ ihre Form

Erschwerend kommt hinzu, dass die Ladung eines Proteins vom umgebenden pH-Wert abhängt (Kapitel 1.4).
Die SDS-Gelelektrophorese reduziert das Trennprinzip allein auf die unterschiedlichen Größen der Proteine, die isoelektrische Fokussierung (Kapitel 9.4.3) nutzt nur die unterschiedlichen

Map 9.1:
Die Proteinelektrophorese stellt das zentrale Nachweis- und Analyseverfahren für Proteine dar. Alle Schritte einer Proteinaufreinigung können so untersucht werden. Es gibt mindestens vier wichtige Varianten (Tab. 9.1), von denen die SDS-PAGE die verbreiteteste Methode ist.

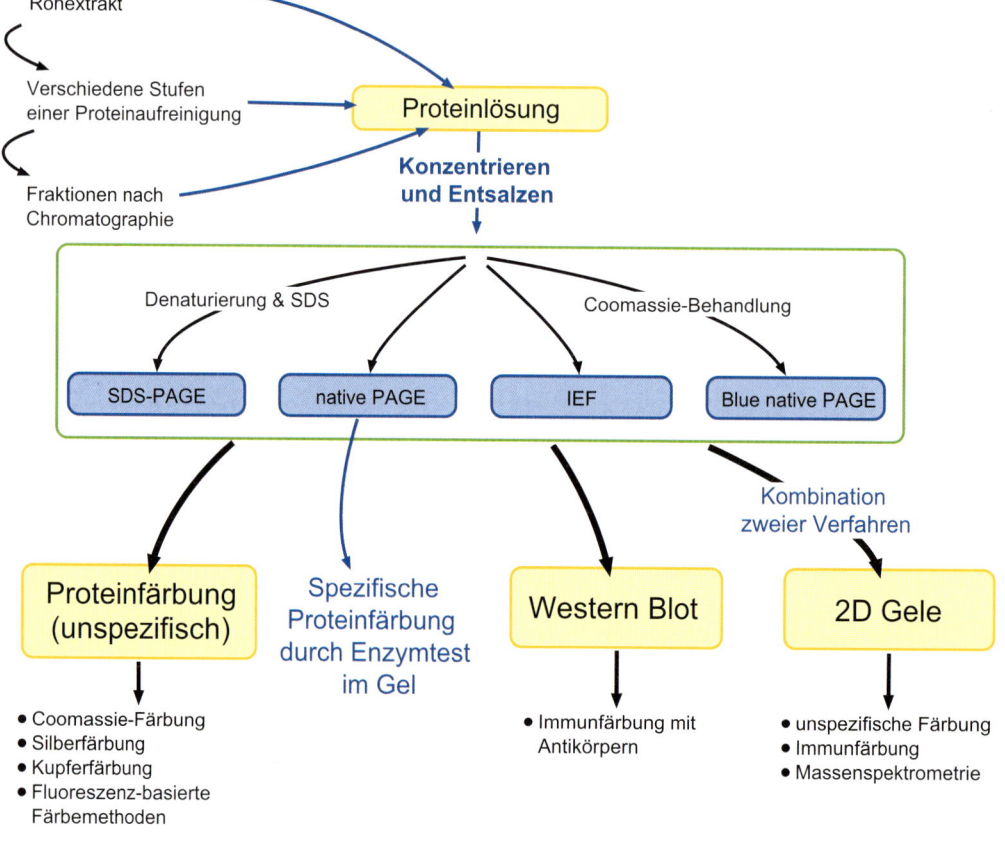

Tab. 9.1:
Wichtige Verfahren der Polyacrylamid-Gelelekrophorese (PAGE).

Verfahren	Auftrennung nach	Zusatz von	Anwendung
Native PAGE	Größe, Form, Ladung	----	Enzymaktivität bleibt erhalten. Einige Proteine können aufgrund ihrer enzymatischen Aktivität im Gel nachgewiesen werden.
SDS-PAGE	Größe	SDS	Das am häufigsten verwendete Verfahren trennt die Peptide nur nach Größe auf.
IEF	Ladung (isoelektrischer Punkt)	Ampholyte	Meist als erste Dimension bei der 2D-Elektrophorese. Trennt die Proteine nach ihrem isoelektrischen Punkt auf.
Blue native PAGE	Bindungsfähigkeit für Coomassie	Coomassie	Meist als erste Dimension bei der 2D-Elektrophorese.

Ladungseigenschaften der Proteine. Das nur noch selten angewandte Verfahren der nativen Elektrophorese (Kapitel 9.4.1) trennt nach allen drei Eigenschaften auf.

Schließlich können zwei verschiedene Elektrophorese-Arten nacheinander durchgeführt werden. Solche kombinierten Verfahren werden als zweidimensionale Elektrophorese (2-D-Elektrophorese, Kapitel 9.4.4) bezeichnet.

Als Trägermaterial für Proteinelektrophoresen kommt fast immer Polyacrylamid zum Einsatz, gefärbt werden die Proteine in den Gelen oft mit Coomassie (Kapitel 9.3), welches auch schon bei der Proteinquantifizierung nach Bradford (Kapitel 8.5.1) verwendet wurde.

9.1 Die Polyacrylamid-Gelelektrophorese (PAGE)

Für die Auftrennung von Proteinen wären die Poren der Agarosegele (Kapitel 7) viel zu groß, weshalb fast immer Gele aus Polyacrylamid verwendet werden. Durch Zusetzen weiterer Komponenten können die Parameter der Auftrennung bestimmt werden **(Tab. 9.1)**.

Die Proteine liegen oft in einem zu großem Volumen und nur selten in einem geeigneten Puffer vor. Daher müssen die Proteine vor dem Gellauf entsprechend vorbereitet werden. Die einzelnen Schritte einer typischen PAGE sind:
▶ Vorbereiten der Probe
▶ Herstellen des Gels:
   • Ansetzen der Gellösungen
   • Polymerisation des Gels
   • Das Gel wird in eine Gelanlage eingesetzt
▶ Auftrag der Proben auf das Gel
▶ Gellauf
▶ Sichtbarmachen der Proteinbanden im Gel

9.2 Die denaturierende SDS-PAGE

Um Proteine nur nach der Größe aufzutrennen, müssen die anderen Eigenschaften maskiert werden. Daher werden vor der SDS-PAGE die Proteine denaturiert (Verlust der Form) und gleichmäßig mit einem Detergens, dem SDS, umhüllt (dessen negative Ladung die Eigenladung der Proteine abschirmt). Dies hat den Vorteil, dass die Laufstrecken der resultierenden Banden allein mit der Größe der Proteine korrelieren. Die denaturierende SDS-PAGE stellt das vorherrschende elektrophoretische Verfahren dar.

9.2.1 Herstellung eines Proteinextraktes für die SDS-Gelelektrophorese

Im Prinzip kann jede bei der Aufreinigung anfallende Proteinlösung im Gel aufgetrennt werden. Allerdings müssen störende Stoffe, insbesondere Ionen, entfernt und die Probe für den Gellauf konzentriert werden. Die Methode der Wahl ist die Fällung der Proteinprobe mit Trichloressigsäure (Protokoll 9.1), welche TCA-Fällung genannt wird [TCA=*Trichloroacetic acid*]. Bei dieser werden die allermeisten Proteine irreversibel denaturiert. Nachdem die Proteine durch Zentrifugation sedimentiert wurden, wird die TCA sehr sorgfältig entfernt und das Präzipitat mit eiskaltem 80 %igen Aceton (-20 °C) gewaschen, um noch vorhandene Lipide und die restliche TCA zu entfernen. Nun werden die Proteine mit dem SDS-Probenpuffer versetzt, aufgekocht und auf das SDS-PAGE aufgetragen werden. Der große Vorteil des Verfahrens liegt darin, dass die Proteine am Ende denaturiert vorliegen, daher also auch in den Schritten zuvor harschere und daher meist effizientere Methoden eingesetzt werden können.

> **TIPP**
> Bei niedrigen Proteinkonzentrationen ist die TCA-Fällung sehr ineffizient. Dann sollte Natriumdesoxycholat vor der TCA zugefügt und für 5-10 min auf Eis inkubiert werden [1].

Nun wird der SDS-Probenpuffer **(Tab. 9.2)** zum Präzipitat gegeben. Wie viel Probenpuffer zugegeben wird, hängt von der Größe des Präzipitats

---

[1] Das Detergens Natriumdesoxycholat vermittelt den Kontakt zwischen den hydrophoben Bereichen der denaturierenden Proteine, sodass sich hochmolekulare Aggregate bilden, welche bei der Zentrifugation ausfallen können.

PROTOKOLL 9.1

TCA-Fällung

Material:
- 1,5 ml Reaktionsgefäße, Wasserbad (80 °C) oder Mikrowelle, Zentrifuge
- 100 %ige TCA (Vorsicht: TCA ist eine starke Säure!)
- 80 % (v/v) eiskaltes Aceton
- SDS-Probenpuffer: Tab. 9.2

Durchführung:
1. 100 % (v/v) TCA wird zur Proteinlösung gegeben, sodass eine finale Konzentration von 10 % (v/v) TCA entsteht (beispielsweise 110 µl TCA auf 1 ml Proteinlösung).
2. Die Proben werden mindestens 10 min auf Eis gefällt und anschließend 10-20 min bei > 5000 xg bei 4 °C zentrifugiert.
3. Der Überstand wird sorgfältig entfernt.
4. 1 ml eiskaltes 80 % (v/v) Aceton (-20 °C) wird zum Präzipitat gegeben und es wird erneut wie oben zentrifugiert.
5. Das Aceton wird sorgfältig entfernt und die Sedimente in der Speed-Vac (Abb. 2.12 B) oder bei Raumtemperatur getrocknet.
6. Der SDS-Probenpuffer wird zur Probe gegeben, wie viel hängt von der Größe des Präzipitates ab.
7. Nun macht man mit einer Nadel ein kleines Loch in den Deckel des Reaktionsgefäßes oder verschließt es mit speziellen Klammern, damit es beim nachfolgenden Aufkochen nicht aufplatzt.
8. Die Probe wird entweder 1 min in der Mikrowelle aufgekocht oder 10 min im Wasserbad bei 80 °C erwärmt.

Anmerkung:
Um niedrig konzentrierte Proteinlösungen zu fällen, wird diesen 1/10 vol. 0,15 %ige Natriumdesoxycholat zugefügt und alles für wenige Minuten auf Eis inkubiert bevor die TCA zugegeben wird.

Tab. 9.2:
Zusammensetzung des 1x SDS-Probenpuffers. Der Puffer kann auch bis zu 4x konzentriert angesetzt werden, wenn Proteinlösungen damit versetzt werden sollen.

Substanz	Menge	Bemerkung
Tris-HCl, pH 6.8	62,5 mM	
Dithiothreitol (DTT)	50 mM	Spaltet bei Hitze die Disulfidbrücken.
Glycerin	10 % (v/v)	Beschwert die Probe, damit sie später in der Geltasche bleibt.
SDS	2 % (w/v)	Detergens, welches die Proteine mit „negativer Ladung" ummantelt.
PMSF	0,5 mM	Proteaseinhibitor (Kapitel 8.1.1).
Bromphenolblau	Spatelspitze	pH-Indikator und Lauffrontmarker.

ab. Zunächst kann man mit 30 - 50 µl Probenpuffer beginnen. Sollte dies nicht reichen, können weitere 50 µl zugegeben werden.

Der entscheidende Schritt ist das nun folgende Aufkochen der Probe, wobei die Proteine denaturiert werden. Das DTT spaltet Disulfidbrücken, wodurch Proteine, die aus mehreren Peptidketten bestehen, in ihre Untereinheiten getrennt werden.

GUT ZU WISSEN

SDS oder DTT alleine führt nicht zu einer Denaturierung der Proteine. Diese Substanzen sind sogar recht häufig (in niedrigeren Konzentrationen) in Homogenisationspuffern enthalten: SDS um Proteinaggregation zu verhindern und DTT um ein zelltypisches, reduzierendes Milieu zu schaffen (Kapitel 8.2.1). Die Ursache für die Denaturierung der Proteine ist die Erwärmung in der Mikrowelle bzw. im Wasserbad.

Es lagern sich SDS-Moleküle zunächst an die hydrophoben Bereiche der Peptidketten an und breiten sich als Mizelle über das ganze Peptid aus. Dabei richten sich die negativ geladenen SDS-„Köpfe" nach außen **(Abb. 9.1)** und schirmen so die Eigenladung der Aminosäuren ab. Da sich mehr oder weniger unabhängig 1,4 SDS-Moleküle pro Aminosäure anlagern, ergibt sich ein konstantes Verhältnis zwischen negativer Ladung der SDS Moleküle und der Größe der Peptidkette.

Abb. 9.1:
Schema der Vorgänge beim Aufkochen der Proteinprobe vor der SDS-PAGE. Durch das Aufkochen in der Mikrowelle werden die Proteine (blau) denaturiert. DTT spaltet bei Erwärmung Disulfidbrücken (orange). Das SDS (grün) ummantelt die Peptide in einem konstanten Verhältnis von SDS-Molekülen / Aminosäure und führt zu einer negativ geladenen Hülle um die Peptidkette herum. In der nachfolgenden SDS-PAGE erfolgt die Auftrennung der Peptide nach Größe. Beachte, dass ein Protein aus zwei Untereinheiten daher durch die vorherige Spaltung der Disulfidbrücken zwei Banden im SDS-PAGE ergibt.

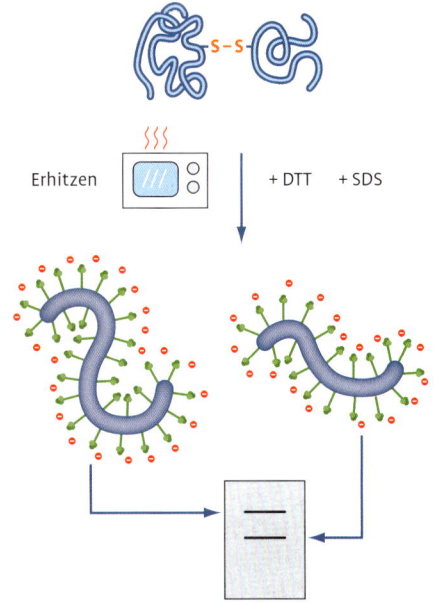

> **TIPP**
> Bromphenolblau stellt einen pH-Indikator dar. Die Probe sollte nach dem Aufkochen blau sein. Wird sie gelb, ist noch TCA vorhanden. Dann kann es helfen, einen Tropfen Tris-Base zuzugeben.

Somit werden in der SDS-PAGE alle Proteine nur nach ihrer Größe aufgetrennt: interne Ladungen der Proteine werden durch die SDS-Moleküle abgeschirmt und die Form ist beim Aufkochen verloren gegangen. Weiterhin verhindert SDS, dass sich die Peptide über ihre hydrophoben Bereiche aneinanderlagern und ausfallen.

> **GUT ZU WISSEN**
> Die Korrelation zwischen Peptidgröße und negativer Ladung (durch die SDS- Moleküle) stimmt leider nicht immer: Einerseits ist das Verhältnis von SDS zu Aminosäure nicht völlig unbeeinflusst von der Art der Aminosäure, andererseits stören Proteinmodifikationen, wie Glykosylierungen, die SDS-Ummantelung. Deshalb gibt man die durch SDS-PAGE ermittelten Molekulargewichte der Peptide immer mit MW_{app} [*apparent molecular weight*] an.

9.2.2 Herstellen des Gels

Wie bereits erwähnt, wird die zunächst flüssige Polyacrylamid-Gellösung zwischen zwei Glasplatten gegossen, wo sie dann polymerisiert. In **Abb. 9.2** sind die benötigten Bestandteile für die Herstellung des Proteingels dargestellt. Oft werden spezielle Gießständer vom Hersteller geliefert, in denen die Gellösung einfach zwischen zwei Glasplatten, die durch kleine Plastikstreifen [*Spacer*] an den Seiten einen Spalt von ungefähr 1 mm² zwischen sich aufweisen. Unten dichtet der Gießständer die Konstruktion ab.

---

2 Es gibt auch Gelsysteme mit dünneren (z.B. 0,8 mm) und dickeren (1,5 mm oder 2 mm) Gelen.

Abb. 9.2:
Proteingelanlage. Die verschiedenen Teile einer Gelanlage (**A**) vor dem Zusammenbau: zwei Glasplatten (1, 2), davon eine mit einem Ausschnitt (1), die durch Plastikstreifen [*Spacer*] (3) voneinander getrennt werden sowie der Kamm (4), der die späteren Taschen formt, werden zusammengebaut (Abb. 9.4) und in einen Träger (5) eingesetzt. Im Gießständer (6) wird das Gel gegossen. Sobald es polymerisiert ist, erfolgt der Gellauf (**B**). Für den eigentlichen Gellauf wird das Gel mitsamt Träger in die Gelanlage (7) gesetzt und an ein Netzteil (8) angeschlossen. Die Färbung des Gels dient hier dazu, die Taschen gut sichtbar zu machen, normalerweise sind die Gele durchsichtig.

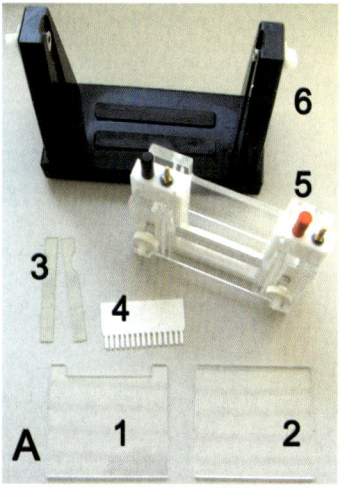

Abb. 9.3:
Polyacrylamidgele. Die Gelmatrix entsteht durch Polymerisation von Acrylamid (AA) und N,N'-Methylenbisacrylamid (BisAA). AA bildet lineare Ketten, BisAA sorgt für Verzweigungen, welche die Ketten miteinander verbinden, sodass ein feinporiges Netz entsteht. Daher wirkt sich das Verhältnis zwischen AA und BisAA direkt auf die Porengröße des Gels aus. Die Polymerisation stellt eine Radikalreaktion dar, bei der APS als Starter und TEMED als Katalysator dient. Innerhalb des Polymers sind die Monomere AA und BisAA zur Veranschaulichung einmal in blau bzw. braun dargestellt.

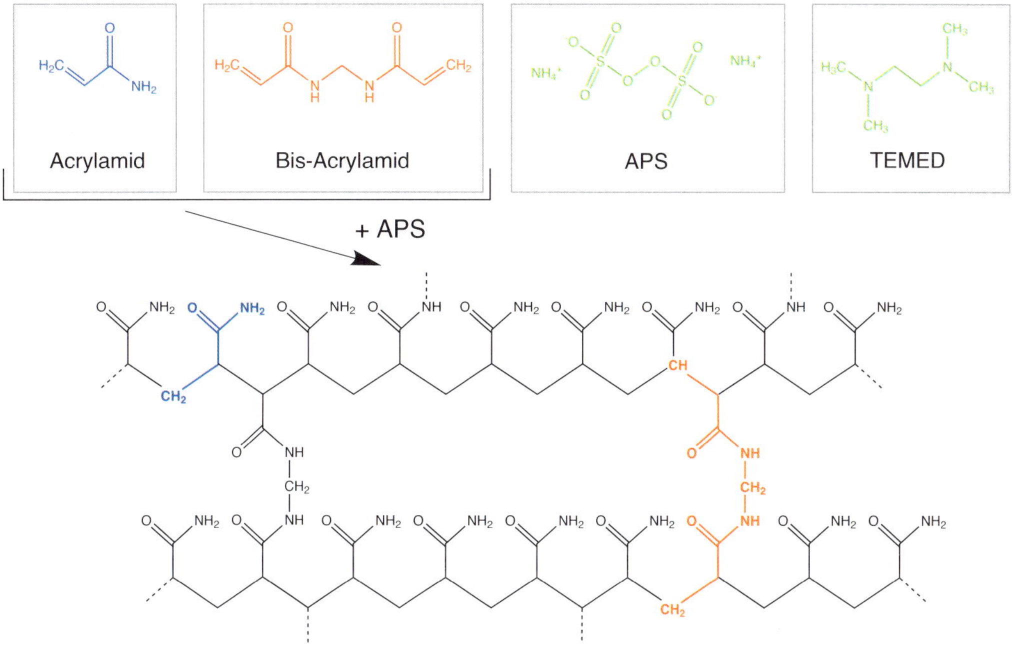

> **TIPP**
> Bevor die Gelplatten zusammengesetzt werden, müssen sie gründlich mit Alkohol abgewischt werden, damit später keine Fingerabdrücke auf dem Gel zu sehen sind.

Acrylamid (AA) und N,N'-Methylenbisacrylamid (BisAA) stellen die eigentliche Gelmatrix dar. Sie werden meist als Fertiglösung (Verhältnis AA:BisAA meist 29:1) gekauft. Die Polymerisation beginnt durch Zugabe des Ammoniumpersulfats (APS), dem Starter, welcher für die radikalische Reaktion **(Abb. 9.3)** die freien Elektronen liefert, und TEMED (N,N,N',N'-Tetramethylethylendiamin), welches als Katalysator dient. Da Acrylamid nur lineare Polymere bildet, erfolgt die Quervernetzung ausschließlich durch das BisAA.

> **GUT ZU WISSEN**
> In seiner flüssigen Form ist Acrylamid ein starkes Neurotoxin, welches gut durch die Haut dringt und sich im Körper anreichert. Wird eine Acrylamidlösung selbst angesetzt, sollte man bedenken, dass Acrylamid auch sublimiert. Daher sollten unbedingt Fertiglösungen verwendet werden.
> Auspolymerisiertes Acrylamid ist ungiftig und kann ganz normal entsorgt werden. Wird eine Acrylamidlösung verschüttet, sollte sie nicht weggewischt sondern polymerisiert werden.

Das weit verbreitete diskontinuierliche SDS-PAGE-Verfahren nutzt zwei unterschiedliche Gellösungen mit verschiedenen pH-Werten und Pufferstärken. Auf diese Weise wird die Höhe der entstehenden Proteinbanden im SDS-PAGE

Abb. 9.4:
Arbeitsschritte beim Zusammenbau eines SDS-Gels. Nachdem die Platten mit Ethanol geputzt wurden (**A**), wird das System zusammengebaut. Die *Spacer* werden gerade auf die Glasplatte gelegt (**B**) und anschließend die Ausschnittplatte (**C**). Nun wird alles mit der Ausschnittplatte nach innen in den Träger eingeschraubt (**D**) und in die Gießapparatur gesetzt. In (**E**) ist das bereits fertig gegossene Gel abgebildet, welches zur besseren Sichtbarkeit für diese Abbildung angefärbt wurde: das Trenngel (1) ist blau gefärbt, das Sammelgel (2) rötlich. Normalerweise sind die Gele durchsichtig. Die Aufbauart weicht ein wenig von Hersteller zu Hersteller ab, daher sollte vor der ersten Benutzung die Anleitung gelesen werden.

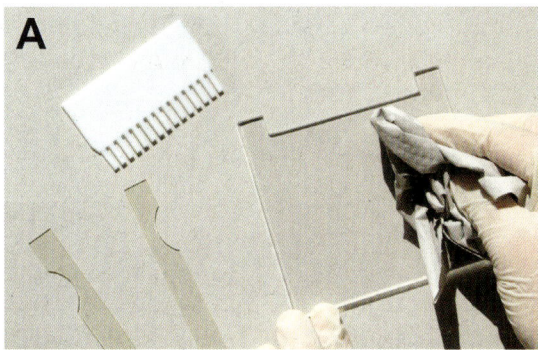
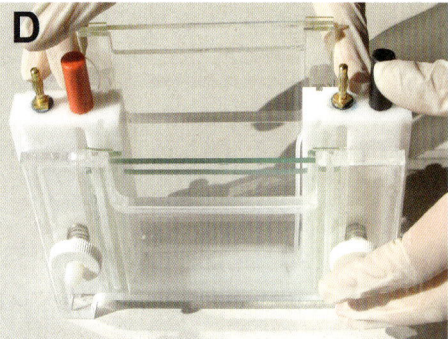
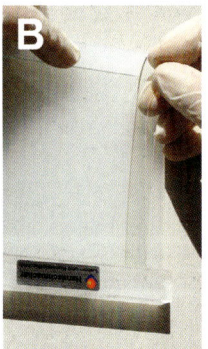
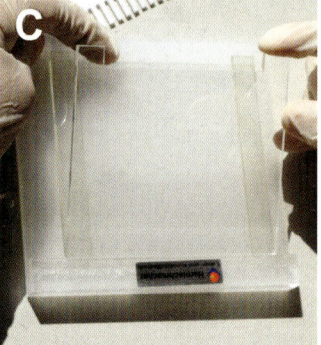
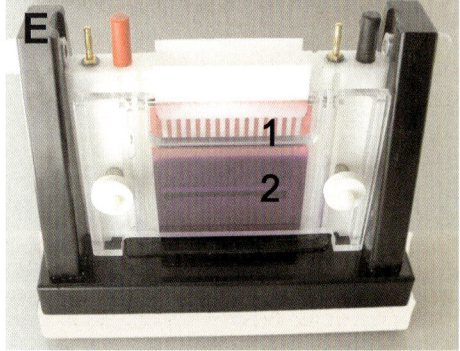

enorm reduziert, es entstehen fokussierte Banden. Schließlich hat die Geltasche, in die das Protein eingefüllt wird, eine Höhe von ungefähr 1 cm **(Abb. 9.4)**, ein typisches Minigel eine Trennstrecke von 10 cm. Daher könnten maximal 9 Banden unterschieden werden (weil jede Bande 1 cm hoch wäre[3]). Bei der diskontinuierlichen SDS-PAGE werden die Proteine im oberen Sammelgel [*stacking gel*] erst in einer schmalen, ungefähr 1 mm breiten Bande konzentriert, bevor sie im Trenngel [*separation gel*] aufgetrennt werden. Auf der gleichen Trennstrecke können daher bis zu 100 Banden aufgelöst werden. Die zugrundeliegenden Prinzipien für diesen Effekt sind im **E-Doc 9-1** näher erläutert.

Die notwendigen Arbeitsschritte sind nachfolgend dargestellt: Es wird zunächst ein Trenngel gegossen, welches ungefähr die unteren zwei Drittel des Raumes zwischen den Glasplatten einnimmt. Dieses wird mit etwas H_2O überschichtet. Sobald das Trenngel polymerisiert ist (meist nach ca. 10 min), wird das H_2O wieder entfernt und ein zweites Gel, das Sammelgel, darauf gegossen. In dieses wird der Kamm

---

3 Bei mehr als 10 Banden würden diese ineinander übergehen, also nicht mehr voneinander getrennt werden.

gesteckt. So bilden sich die Taschen, in welche später die Proteinproben eingefüllt werden. **Tab. 9.3** listet beispielhaft die benötigten Mengen für Minigele (10 x 10 cm) mit verschiedenen Acrylamid-Konzentrationen auf.

> **TIPP**
> Um festzustellen, ob das Gel bereits komplett polymerisiert ist, kann man einen Blick auf die restliche Gellösung werfen, die noch im entsprechenden Gefäß ist und ebenfalls polymerisiert.

Das SDS wird den Gellösungen zugesetzt, damit die Proteine auch im Gel weiterhin mit dem SDS ummantelt bleiben.

> **TIPP**
> Die Gellösung sollte vor dem Gießen nur geschwenkt werden, um Lufteintrag zu vermeiden, der die Polymerisation stören kann.

Die Proteinproben werden später in Taschen am oberen Ende des Gels eingefüllt. Um diese zu erstellen, wird ein Kamm benutzt, der in das noch flüssige Gel eingesetzt und vor dem Lauf wieder herausgezogen wird.

> **TIPP**
> Beim Einsetzen des Kammes muss darauf geachtet werden, dass keine Luftblasen zwischen Kamm und Gellösung entstehen, da diese später als „Ausbeulungen" in den Banden sichtbar sind. Dazu wird der Kamm zunächst mit einer Spitze voran in die Gellösung gedrückt und dann vorsichtig waagerecht ausgerichtet.

Das auspolymerisierte Gel kann in Frischhaltefolie eingewickelt werden und im Kühlschrank für einige Tage aufbewahrt werden.

> **TIPP**
> Es ist vorteilhaft, das gegossene Gel über Nacht bei 4 °C zu belassen und den Gellauf erst am nächsten Morgen zu beginnen. Das passt besser in den typischen Arbeitsablauf, da dann Gellauf und Western Blot (Kapitel 9.5) an einem Tag durchgeführt werden können. Wichtiger ist jedoch, dass noch existierende Radikale über Nacht abgebaut werden.

Tab. 9.3:
Zusammensetzung der Gellösungen für ein 10, 12 oder 15 %iges Minigel. Welche Acrylamid-Konzentration verwendet wird, hängt vom Protein ab, welches man analysieren möchte. Unter 20 kDa bietet sich das 15 % Gel an, ab 45 kDa das 10 %ige. Beachte, dass pipettierbare Volumina angegeben sind, also 2 x 635 µl statt 1270µl. Das erspart Zeit beim Pipettieren. Da durch die Zugabe vom APS die Polymerisation beginnt, wird dieses zuletzt zugegeben.

Substanz	Trenngel			Sammelgel
	10 %	12 %	15 %	
H_2O	2 x 1000 µl	2 x 850 µl	2 x 600 µl	2 x 567 µl
1,5 M Tris-HCl, pH 8,8	2 x 635 µl	2 x 635 µl	2 x 635 µl	---
0,5 M Tris-HCl, pH 6,8	---	---	---	505 µl
10 % (w/v) SDS	50 µl	50 µl	50 µl	20 µl
Fertiglösung AA / BisAA (29:1)	2 x 850 µl	2 x 1000 µl	3 x 833 µl	340 µl
TEMED	2 µl	2 µl	2 µl	4 µl
10 % (w/v) APS	50 µl	50 µl	50 µl	20 µl

Abb. 9.5:
Beladen eines Gels. Auch hier ist das Gel wegen der besseren Sichtbarkeit gefärbt. Die Probe wird aufgetragen, nachdem der Laufpuffer zugefügt wurde. Die Probe wird also unterschichtet, sie sinkt zu Boden.

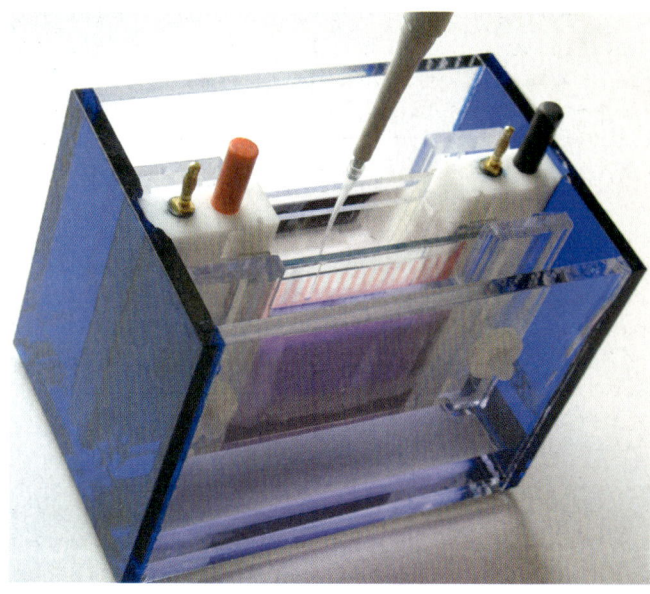

9.2.3 Der Gellauf

Das Gel wird in die Laufkammer eingespannt[4] (Abb. 9.4). Die Laufkammer besteht aus einem oberen und einem unteren Puffertank, in denen sich die Elektroden befinden. Durch das Gel werden die beiden Pufferreservoirs verbunden. Der Kamm wird aus dem Gel gezogen.

---

4 Bei manchen Gelsystemen muss zuvor die untere Dichtung entfernt werden, wenn eine solche vorhanden ist.

 PROTOKOLL 9.2

10x SDS-Laufpuffer (1 l).

Material:
- 250 mM Tris Base (= 30,29 g)
- 1,92 M Glycin (= 144,13 g)
- 10 ml 10 % (w/v) SDS-Lösung

mit H$_2$O auf 1000 ml auffüllen. Die 10x Stammlösung kann bei Raumtemperatur gelagert werden.

> **TIPP**
> Sobald der Laufpuffer in die Geltaschen läuft, sind diese nur schlecht zu sehen. Es empfiehlt sich, vorher die Stege zwischen den Taschen auf der äußeren Gelplatte mit einem Permanent Marker (Edding 3000) zu markieren.

Beide Pufferkammern werden mit 1x SDS-Laufpuffer (Protokoll 9.2) befüllt.

> **GUT ZU WISSEN**
> Während Agarosegele mit konstanter Spannung laufen, wird bei diskontinuierlichen Gelen meistens die Stromstärke konstant gehalten. Auf diese Weise kann die Wärmeentwicklung im Gel besser kontrolliert werden und die Bandenauftrennung ist schärfer. Allerdings dauert der Gellauf etwas länger und alte oder preiswerte Netzgeräte können oft keine konstante Stromstärke aufrecht erhalten.

Nun können die in Kapitel 9.2.1 vorbereiteten Proben aufgetragen werden **(Abb. 9.5)**.
Die Proben werden aufgetragen, nachdem der Laufpuffer zugegeben wurde. Durch das in der Probe enthaltene Glycerin sinken sie zum Boden

der Tasche. Der Auftrag kann mit einer speziellen Mikrospritze („Hamilton Spritze") oder mit der Pipette erfolgen. Bei Minigelen sollten pro Tasche nicht mehr als 30 µg Protein aufgetragen werden. In wenigstens eine Tasche wird ein Längenstandard aufgetragen, der eine Mischung von Proteinen mit bekannten Molekulargewichten enthält. Dieser kann bei verschiedenen Anbietern gekauft werden. Anhand des Längenstandards kann später die Größe der aufgetrennten Peptide ermittelt werden.

Nun wird der Deckel aufgesetzt und das Gerät an ein Netzteil angeschlossen. Die Konstruktion der Gelkammern gewährleistet, dass die Polung korrekt ist: Da die Proteine durch die SDS-Ummantelung negativ geladen sind, muss sich unten die Anode (rotes Kabel) befinden.

Der Gellauf dauert je nach Gelgröße und angelegter Stromstärke 1-3 h. Auch längere Laufzeiten sind möglich. Die Trennung erfolgt meistens bei einer Stromstärke von 12-15 mA[5] pro Gel.

---

[5] Wird eine Doppelkammer, bei der auf jeder Seite der Kammer ein Gel eingespannt ist, benutzt, verdoppelt sich die Stromstärke auf 24-30 mA.

Die Auftrennung erfolgt nicht linear, sondern logarithmisch über einen bestimmten Größenbereich hinweg (**Abb. 9.6**). Durch verschiedene AA/BisAA-Konzentrationen (Tab. 9.3) kann man den linearen Bereich nach links oder rechts verschieben.

Wenn der Lauffrontmarker, Bromphenolblau, den unteren Rand des Gels erreicht hat, kann der Lauf beendet werden. Das Netzteil wird ausgeschaltet und die Stromkabel herausgezogen. Der Laufpuffer wird abgegossen und das Gel abgenommen. Die Glasplatten können mit einem Spatel vorsichtig auseinander gehebelt werden. Nun wird das Gel entweder gefärbt (Kapitel 9.3) oder geblottet (Kapitel 9.5).

> **TIPP**
> Leider ist die Abkürzung „Da" für die Einheit des Molekulargewichts Dalton nicht SI-konform, weshalb auch andere Abkürzungen für diese Einheit verwendet werden. 1 Da entspricht 1/12 der Masse eines ^{12}C-Atoms und näherungsweise der eines ^{1}H-Atoms. Ein Protein von 60 kDa wiegt soviel wie 5000 ^{12}C-Atome oder ungefähr so viel wie 60 000 ^{1}H-Atome.

Abb. 9.6:
Bandenmuster eines typischen Längenstandards für die SDS-PAGE nach Coomassiefärbung (**A**). In der Mitte sind die zugehörigen Molekulargewichte, deren Logarithmus sowie die Laufstrecke in cm angegeben. Trägt man den Logarithmus des Molekulargewichts gegen die Laufstrecke auf, ergibt sich ein linearer Zusammenhang (**B**), der aber immer nur über einen bestimmten Bereich (hier von 120-20 kDa) einschließt.

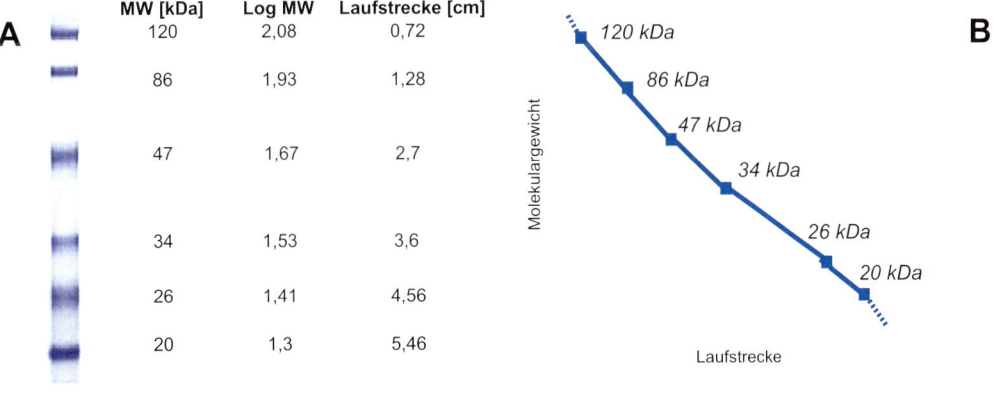

9.3 Das Färben der Gele

Nach dem Gellauf müssen die aufgetrennten Banden sichtbar gemacht werden (Map 9.1). Die verschiedenen Färbemethoden unterscheiden sich vor allem in ihrer Sensitivität, dem zeitlichen und finanziellen Aufwand (Tab. 9.4).
Die wichtigsten Verfahren der Gelfärbung (Abb. 9.7) beruhen auf Mechanismen, die auch zur Proteinquantifizierung (Kapitel 8.5) in Flüssigkeiten eingesetzt werden:
▶ Die Coomassiefärbung beruht auf dem gleichen Farbstoff und Prinzip wie die Proteinquantifizierung nach Bradford (Kapitel 8.5.1).
▶ die Silberfärbung nutzt wie die Quantifizierung mittels BCA-Test (Kapitel 8.5.2) die reduzierenden Eigenschaften der Peptidbindung aus, um zweiwertige Silberionen zu Silber zu reduzieren.

TIPP
Wie die entsprechenden Proteinquantifizierungen sind beide Verfahren im gewissen Umfang von der Aminosäure-Zusammensetzung abhängig. Eine Bande, die in der Coomassiefärbung kaum angefärbt wird, kann in der Silberfärbung stark gefärbt werden.

Coomassiefärbung:
Das Prinzip der Coomassiefärbung entspricht der Proteinquantifizierung nach Bradford (Kapitel 8.5.1). Es gibt verschiedene Varianten der Färbung. Bei der hier vorgestellten Methode (Protokoll 9.3) werden die Gele nach dem Gellauf für einige Stunden oder über Nacht in die Färbelösung gelegt und auf einer Wippe (Abb. 2.11 A) inkubiert. Ein Entfärben ist nicht notwendig. Die Färbelösung kann mehrfach wiederverwendet werden, wenn sie in einer dunklen Vorratsflasche bei Raumtemperatur aufbewahrt wird. Coomassie-gefärbte Gele können anschließend silbergefärbt werden. Auch die Elektroelution (E-Doc 9-3) einzelner Banden sowie der Elektrotransfer [*Blot*] (Kapitel 9.5) sind möglich.

PROTOKOLL 9.3

Die kolloidale Coomassiefärbung von Gelen

Die kolloidale Coomassie Färbung ist empfindlicher als die Standardfärbung und eine Entfärbung mit Essigsäure ist nicht notwendig.

Material:
▶ Plastikschale, Wippe, zu färbendes Gel
▶ Färbelösung (Reihenfolge einhalten):
  • ca. 650 ml H_2O
  • 10 % Ammoniumsulfat (100 g)
  Das Ammoniumsulfat muss vollständig gelöst sein, bevor die nächsten Substanzen zugegeben werden.
  • 0,1 % Coomassie Brilliant Blue G-250 (20 ml einer 5 %igen Lösung in H_2O)
  • 3 % ortho-Phosphorsäure (30 ml)
  • 20 % Ethanol (200 ml)
  mit H_2O auf 1000 ml auffüllen, in eine dunkle Flasche durch einen Papierfilter filtern und bei Raumtemperatur aufbewahren.

Durchführung:
1. Das Gel wird zweimal mit je 100 ml H_2O für je 3 min gewaschen.
2. Zugabe der Färbelösung zum Gel. Die Färbung dauert 2 h, kann aber auch über Nacht erfolgen.
3. Die Proteinbanden sind ohne Entfärben sichtbar, falls dies nicht der Fall ist, kann das Gel mit H_2O entfärbt werden.

Silberfärbung:
Die Silberfärbung von Gelen ist viel sensitiver als die Coomassiefärbung, allerdings auch zeitaufwendiger. Auch hier werden die Proteine zunächst mit Säure im Gel fixiert. Die folgende Prozedur entspricht der Entwicklung von Schwarz-Weiß-Fotos, kann aber im Hellen durchgeführt werden. Das Gel wird nach dem Lauf zunächst neutralisiert und anschließend in Silbernitratlösung gelegt. Die Proteine bewir-

Tab. 9.4:
Detektionsgrenzen verschiedener Färbemethoden für Gele. Die Farbstoffe unterscheiden sich auch darin, wie gut die Proteinmenge mit der Farbintensität korreliert. Diese Korrelation ist nur bei Fluoreszenzfarbstoffen wirklich linear, oft hängt die Farbintensität auch stark von der Aminosäurezusammensetzung der Peptide ab (Kapitel 8.5). Die Kupferfärbung und fluoreszenzbasierte Methoden werden im **E-Doc 9-2** besprochen.

Farbstoff	Nachweisgrenze	Bemerkung
Coomassie Brilliant Blue	100 - 500 ng	Färbung sehr von Aminosäurezusammensetzung der Proteine abhängig.
Silberfärbung	10 - 100 ng	Sehr sensitiv. Nur sehr saubere Chemikalien und Gefäße verwenden!
Kupferfärbung	100 ng – 1 µg	Negativfärbung, die Gelmatrix wird gefärbt, die Banden bleiben klar. Eine dunkle Pappe wird zum Betrachten unter das Gel gelegt.
Fluoreszenzbasierte Farbstoffe	ab 20 ng	Sehr teuer, Beispiele sind Sypro-Farbstoffe, Deep Purple oder Cy-Farbstoffe.

Abb. 9.7:
Beispiel einer Coomassiefärbung (**A**), Kupferfärbung (**B**), die im **E-Doc 9-2** näher beschrieben ist, sowie einer Silberfärbung (**C**). Der aufgetragene Größenstandard wurde von Bahn 1 - 5 jeweils 1:10 verdünnt. Beachte, dass die Silberfärbung erst mit der 1:10 Verdünnung beginnt.

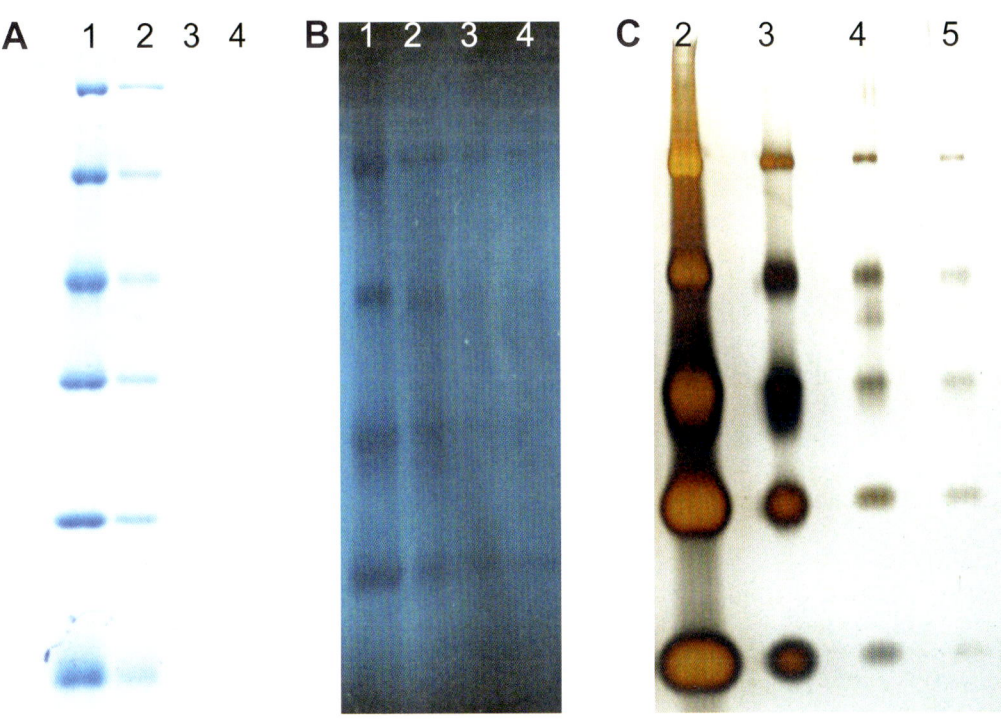

ken die Reduzierung der Silberionen zu metallischem Silber (Kapitel 8.5.2), welches zu dunkelbraunen Proteinbanden führt. Die Reaktion muss zum richtigen Zeitpunkt gestoppt werden. Dies erfolgt oft mit Essigsäure. Die ganze Prozedur dauert ungefähr 1-2 h.

Leider korreliert bei der Silberfärbung nicht immer die Proteinmenge mit der Bandenintensität. Silbergefärbte Gele können weder für die Elektroelution (E-Doc 9-3) noch für den Western Blot (Kapitel 9.5) verwendet werden.

> **GUT ZU WISSEN**
> Die Silberfärbung ist sehr sensitiv, weshalb auch Verunreinigungen im Gel gut sichtbar werden. Kleine dunkle Punkte und Streifen werden durch unsaubere Gellösungen verursacht. Eine deutliche Doppelbande bei 65 kDa gemahnt den Experimentator sauberer zu arbeiten. Die Doppelbande ist Keratin und wird durch Hautschuppen in das Gel eingetragen.

9.4 Weitere Elektrophoreseverfahren für Proteine

Es gibt viele weitere Verfahren zur Auftrennung von Proteinen, welche andere Eigenschaften der Proteine, wie Ladung, für die Trennung nutzen. Schließlich können verschiedene Elektrophoreseverfahren miteinander kombiniert werden. Dabei wird zunächst nach einem Merkmal, beispielsweise der Proteinladung aufgetrennt, anschließend wird die so erhaltene Bahn um 90° gedreht auf ein zweites Gel gelegt, in welchem die Auftrennung nach dem Molekulargewicht verfolgt. Solche kombinierten Verfahren nennt man zweidimensionale (2-D) Elektrophorese (Kapitel 9.4.4).

9.4.1 Native PAGE

Die native Elektrophorese entspricht der SDS-PAGE mit zwei Unterschieden:
- Die Proteine werden vor dem Gellauf nicht denaturiert.
- In allen Lösungen fehlt SDS.

Die Auftrennung erfolgt daher nach Form, Ladung und Größe der Proteine. Daher lassen sich aus der aufgetrennten Bande keine Rückschlüsse auf die Proteineigenschaften ziehen: ein großes, stark geladenes Protein kann in einer nativen PAGE genauso weit laufen, wie ein kleines, ungeladenes Protein. Der Vorteil von nativen Gelen liegt darin, dass die aufgetrennten Proteine noch enzymatisch aktiv sind, weshalb die Gele in Substratlösung gelegt werden und durch die Enzymreaktion die entstehenden Banden bestimmten Enzymen zugeordnet werden können. Heute wird dieses Verfahren nur noch selten angewendet.

9.4.2 Blue Native PAGE

Bei der Blue Native PAGE werden die Proteine vor dem Gellauf mit Coomassie versetzt. Die Proteine sind daher nicht mehr mit SDS ummantelt, sondern mit dem ebenfalls negativ geladenen Coomassie Brilliant Blue. Dieses ersetzt auch in den Gellösungen das SDS. Oft wird die Blue Native PAGE als erste Dimension einer 2-D-Elektrophorese (Kapitel 9.4.4) verwendet. Dieses Verfahren eignet sich auch gut zur Auftrennung von Membranproteinen.

9.4.3 Isoelektrische Fokussierung

Die isoelektrische Fokussierung (IEF) ist bereits Anfang der 70er Jahre entwickelt worden. Bei diesem Verfahren werden die Proteine aufgrund ihres isoelektrischen Punkts aufgetrennt (Abb. 1.11). Das großporige Polyacrylamidgel weist einen pH-Gradienten auf, der durch dem Gel zugesetzte Ampholyte bewirkt wird. Ampholyte sind chemische Verbindungen, die sowohl saure als auch basische hydrophile Gruppen besitzen, d. h. sie verhalten sich sauer oder basisch. Auch Aminosäuren und demzufolge auch Proteine stellen Ampholyte dar (Kapitel 1.4). Die hier verwendeten Gemische bestehen aus chemisch hergestellten Ampholyten, die in ihrer Gesamtheit einen bestimmten pH-Bereich abdecken. Beispielsweise gibt es Ampholyt-Gemische für den pH-Bereich 3-10 oder pH 7-10. Die Proteine laufen im Gel so weit, bis der umgebende pH-Wert ihrem isoelektrischen Punkt entspricht und sie keine Eigenladung mehr tragen.

Früher war dieses Verfahren sehr kompliziert, die erhaltenen Bandenmuster waren schlecht reproduzierbar und die Auflösung war gering.

Heute werden standardisierte Fertiggele mit hoher Reproduzierbarkeit verwendet. Moderne Flachbett-Systeme (Abb. 9.8) erlauben die Elektrophorese bei sehr hohen Stromstärken, sodass die Auflösung der aufgetrennten Banden enorm gesteigert werden konnte.

Die IEF wird heute fast immer als erste Dimension einer 2-D-Elektrophorese (Kapitel 9.4.4) eingesetzt und ist aus der Proteomik[6] nicht mehr wegzudenken.

9.4.4 2-D-Gelelektrophorese

Kombiniert man verschiedene Elektrophoreseverfahren, spricht man von einer zweidimensionalen Gelelektrophorese. Oft wird die isoelektrische Fokussierung (Kapitel 9.4.3) mit der SDS-PAGE (Kapitel 9.2) kombiniert, andere Kombinationen sind ebenfalls möglich. Wegen der besseren Reproduzierbarkeit werden meistens Fertiggele verwendet.

---

6 Die Proteomik beschäftigt sich mit der Analyse des Proteoms einer Zelle, eines Gewebes oder eines Organismus, also der Gesamtheit aller exprimierten Proteine. Ähnlich wie bei der Genomik werden nicht einzelne Proteine analysiert, sondern (möglichst) alle Proteine, die sich in dem zu analysierenden Material befinden.

Abb. 9.8:
IPGphor Flachbettgelsystem der Firma GE Healthcare. Für die Elektrophorese werden Fertiggelstreifen verwendet, die in die Schiffchen (1) gelegt werden (**A**). Die Schiffchen liegen locker zwischen den beiden Elektroden (2, 3). Erst durch das Schließen des Deckels (**B**) werden diese auf die Elektroden gepresst.

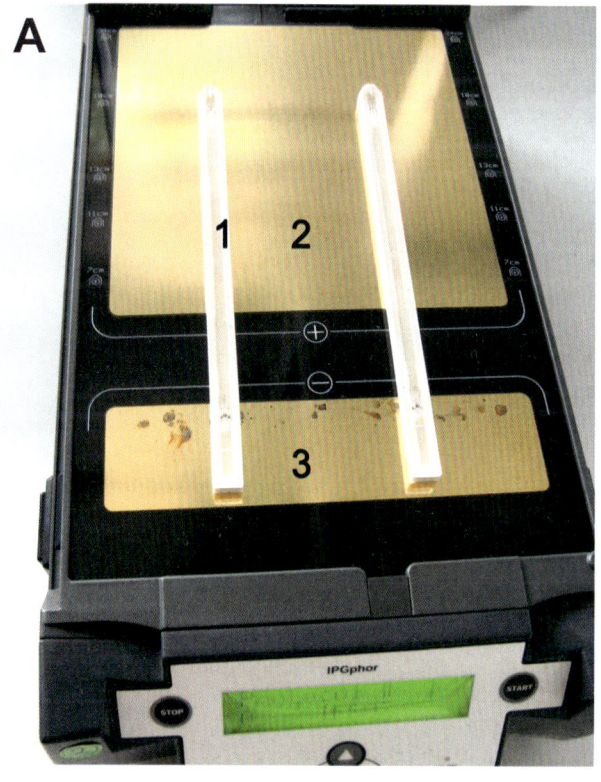
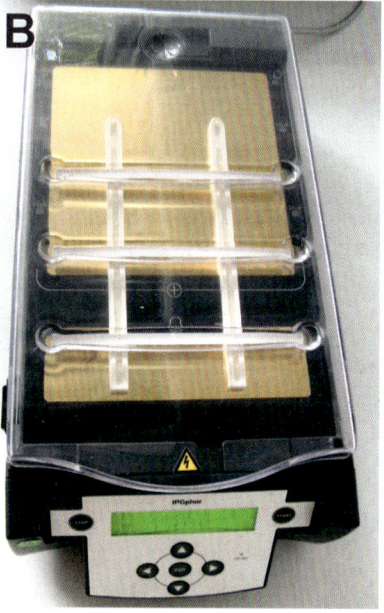

GUT ZU WISSEN

In der Proteomik werden oft zwei Zustände eines Gewebes miteinander verglichen. Daher sind immer zwei 2-D-Gele notwendig – jedes repräsentiert einen Zustand. Um Unterschiede in der Proteinzusammensetzung bei den beiden Zuständen zu entdecken, müssen die beiden Gele direkt miteinander verglichen werden. Deshalb müssen die Gelläufe sehr reproduzierbar sein.

Die erste Dimension erfolgt beispielsweise auf einem Fertiggel mit pH-Gradient. Dieser Gelstreifen wird anschließend umgepuffert und auf ein SDS-PAGE Fertiggel gelegt. Dann erfolgt der zweite Gellauf, quer zur Auftrennung der ersten Dimension.
Auf diese Weise werden die zuvor nach ihrem isoelektrischen Punkt aufgetrennten Proteine quer zur ersten Dimension nach ihrem Molekulargewicht getrennt. Die entstehenden Gele besitzen keine Banden mehr, sondern die Proteine liegen in runden Flecken [Spots] vor (Abb. 9.9). Solche 2-D-Gele können wie normale Gele gefärbt werden, oft werden jedoch fluoreszenzbasierte Farbstoffe verwendet (E-Doc 9-2). Die Gele können nach dem Lauf auf eine Membran geblottet (Kapitel 9.5) werden und einzelne Proteine über Immunfärbungen (Kapitel 10.6) identifiziert werden. Oft werden die einzelnen Spots ausgestochen und durch die Massenspektrometrie (E-Doc 8-6) identifiziert.

GUT ZU WISSEN

Die Massenspektrometrie erfordert ein reines Protein. In einer normalen SDS-PAGE befinden sich in einer Bande häufig noch mehrere verschiedene Proteine. Erst durch die Verwendung von 2-D-Gelen können die Proteine soweit vereinzelt werden, dass ein Spot nur ein Peptid enthält.

Abb. 9.9:
Vergleich zweier 2D-Gele, in denen die cytosolische Proteine aus Wurzelkulturen der Pflanze *Medicago truncatula* aufgetrennt wurden. Die rechte Wurzelkultur wurde zuvor zwei Tage mit Zoosporen des Pathogens *Aphanomyces euteiches*, welches zu einer Wurzelfäule bei Leguminosen führt, infiziert. Die grünen Pfeile weisen auf Unterschiede im Proteom dieser beiden Proben hin. Foto: Colditz, IPG, LUH

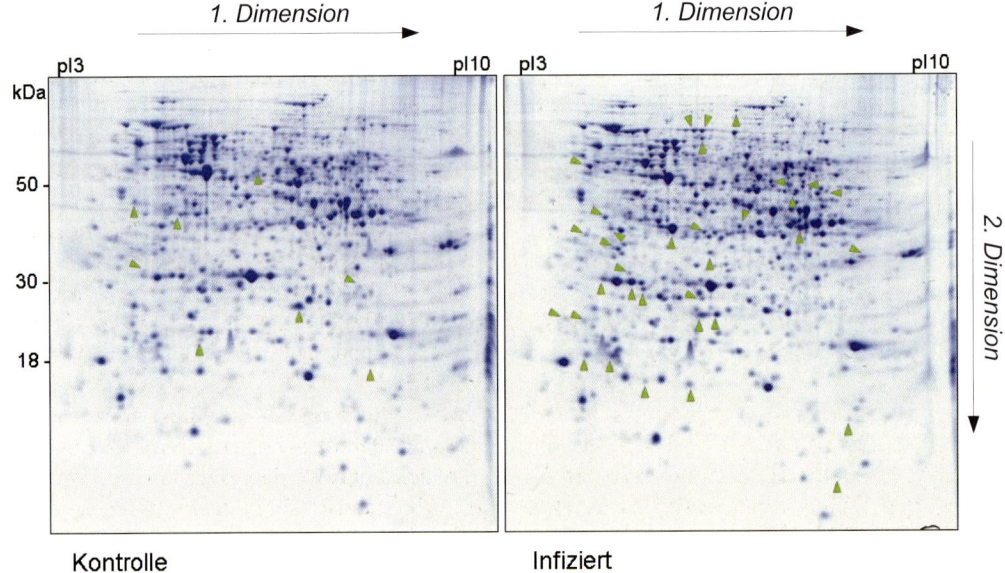

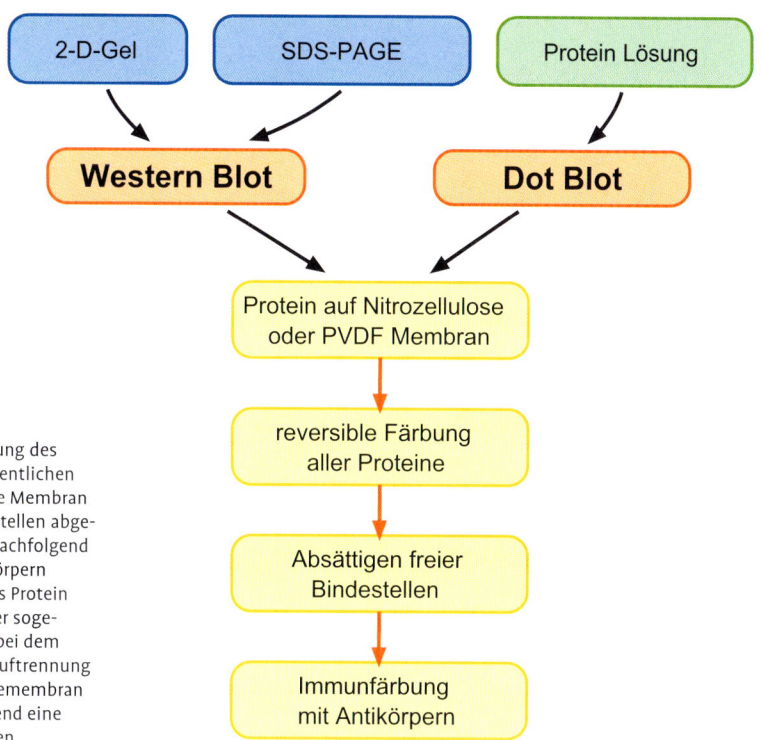

Map 9.2:
Arbeitsschritte und Anwendung des Western Blots. Nach dem eigentlichen Transfer aus dem Gel auf eine Membran werden alle freien Bindungsstellen abgesättigt (Kapitel 10.2.4) und nachfolgend durch den Einsatz von Antikörpern (Kapitel 10.6) ein spezifisches Protein identifiziert. Seltener wird der sogenannte Dot Blot verwendet, bei dem das Protein ohne vorherige Auftrennung im Gel auf eine Nitrozellulosemembran getropft wird, um anschließend eine Immunfärbung durchzuführen.

9.5 Western Blotting

Der Begriff „Western Blot" leitet sich vom Southern und Northern Blot **(E-Doc 7-1 und 7-2)** ab. Das Prinzip ist ähnlich: Beim Western Blot werden Proteine, die in einem Gel aufgetrennt wurden, auf eine Membran übertragen. Dort werden einzelne Proteine spezifisch durch Antikörper (Kapitel 10.1) identifiziert.

Durch den Transfer auf eine Membran werden die Proteine immobilisiert und erst auf der Membran für die Antikörper zugänglich gemacht **(Map 9.2)**.

> **GUT ZU WISSEN**
> Wie bei den anderen Blot-Verfahren ist der Begriff *Western Blot* unterschiedlich besetzt. Eigentlich bezeichnet er nur den Transfer, bei verschiedenen Autoren schließt er auch die anschließende Immunfärbung mit ein.

Der Western Blot erfolgt fast immer in einem elektrischen Feld. Die Variante, in der eine Proteinlösung auf eine Membran getropft und diese dann mit Antikörper gefärbt wird, nennt man *Dot Blot*.

Man unterscheidet zwei verschiedene elektrische Transferverfahren, den sogenannten *Wet Blot* und den *Semi-Dry Blot*.

Das *Semi-Dry Blot*-Gerät besteht im Wesentlichen aus zwei großen Elektrodenplatten, zwischen denen der Blot-Aufbau erfolgt, bei dem luftblasenfrei die in Puffer getränkten Filterpapiere, Gel und Membran aufeinander gestapelt werden **(Abb. 9.10)**.

Grundsätzlich müssen die Elektroden vor und nach der Benutzung gründlich mit Ethanol und H_2O gesäubert werden. Beim Aufbau des Blots müssen Handschuhe getragen werden, damit später keine Fingerabdrücke auf der Membran auftauchen.

Abb. 9.10:
(**A**) Aufbau eines *Semi-Dry-Blots*. Drei puffergetränkte Filterpapiere werden auf die Kathode gelegt. Es folgen die Membran und das Gel. Nachdem weitere vier puffergetränkte Filterpapiere jeweils einzeln aufgelegt wurden, wird der Deckel mit der Kathode aufgelegt. (**B**) Jede Schicht wird einzeln aufgelegt. Dabei ist darauf zu achten, dass sich keine Luftblasen zwischen den einzelnen Schichten befinden. Dies wird durch Ausstreichen mit dem Drigalskispatel erreicht.

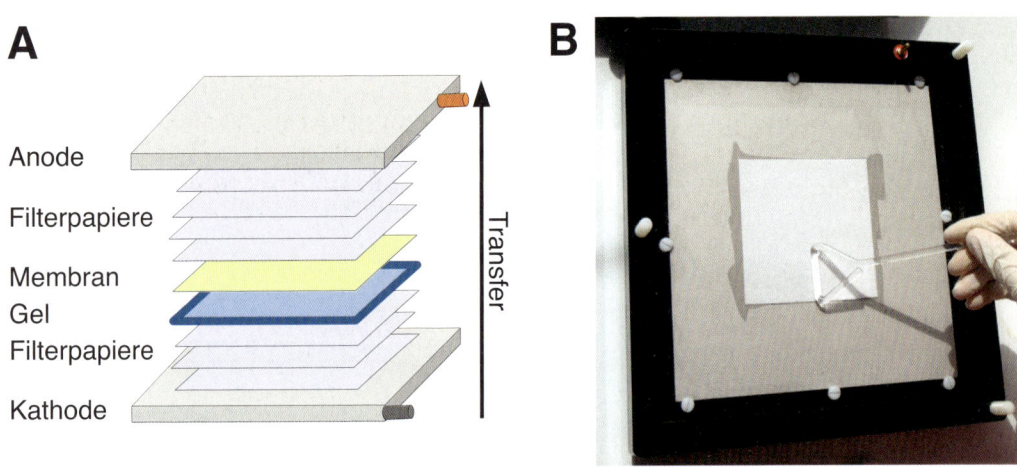

Die Filterpapiere werden auf die benötigten Maße zugeschnitten, dabei ist darauf zu achten, dass diese die gleiche Größe wie das Gel haben. Auch die Membran muss auf Gelgröße zugeschnitten werden, da es sonst zu einer ungleichmäßigen Übertragung kommt (Tab. 9.6). Die Fläche der Filterpapiere bestimmt die nachfolgend verwendete Stromstärke (Protokoll 9.4). Als Membran wurde früher Nitrozellulose [*Nitrocellulose*] (NC) eingesetzt, heute wird meistens die stabilere Polyvinylidendifluorid- Membran (PVDF) verwendet. PVDF-Membranen müssen vor dem Blotten in Methanol$_{abs}$ aktiviert werden[7], weshalb beim Transferpuffer kein Methanol mehr benötigt wird. Dieser entspricht dem Elektrophorese-Laufpuffer ohne SDS (Protokoll 9.2). Sollen die Proteine auf eine Nitrozellulose-Membran transferiert werden, wird dem Transferpuffer 20 % (v/v) Methanol zugesetzt.

---

7 Ohne Aktivierung wäre die PVDF-Membran so hydrophob, dass wässrige Flüssigkeiten die Membran nicht penetrieren könnten. Erst die Aktivierung durch Methanol ermöglicht, dass die in Puffer gelösten Proteine die Membranoberfläche überhaupt erreichen können.

GUT ZU WISSEN
Methanol ist für die Bindung der Proteine an die Membran unumgänglich, führt aber zum Schrumpfen der Gelporen. Das SDS ermöglicht erst den Transfer der Proteine aus dem Gel, stört jedoch die Bindung der Proteine an die Membran. Methanol und SDS wirken hier also antagonistisch. Da bei Verwendung von PVDF-Membranen sich das Methanol nur im Bereich der Membran befindet, ist der Transfer auf PVDF-Membranen effizienter als bei der Verwendung von Nitrozellulosemembranen.

Nach dem Transfer wird der Blot abgebaut. Ist eine Immunfärbung geplant, darf die Membran zu keinem Zeitpunkt trocken fallen. Sie sollte immer mit etwas H$_2$O oder Puffer bedeckt sein. Bei allen Arbeitsschritten müssen Handschuhe getragen werden.

GUT ZU WISSEN
Sobald die Proteine auf der Membran binden, geht das an sie gebundene SDS verloren. Dies wird durch das Methanol unterstützt. Dadurch falten sich viele Proteine zumindest partiell in

ihre Struktur zurück. Dies ist der Grund, warum Antikörper, welche bestimmte Strukturen auf dem Protein erkennen, zur Detektion von Proteinen, die in einer denaturierenden SDS-PAGE aufgetrennt wurden, eingesetzt werden können.

Der erfolgreiche Transfer wird mit einer reversiblen Färbung überprüft. Dies erfolgt entweder mit 0,2 % (w/v) PonceauS in 3 % (v/v) TCA oder mit MemCode™. Dieser Schritt fixiert gleichzeitig die Proteine auf der Membran.
Nun sollten die oberen und unteren Enden der Bahnen mit Bleistift markiert werden, um später die Zuordnung des Signals zur entsprechenden Bahn zu erleichtern. Der Längenstandard wird abgeschnitten und getrocknet, es sei denn, es wurde ein vorgefärbter Marker verwendet. Die gefärbte Membran kann fotografiert werden. Schließlich wird sie in die Blocklösung (Kapitel 10.2.4) gelegt, wo die Färbung schnell verschwindet.

> **TIPP**
> Wenn immer die gleiche Ecke an der Membran abgeschnitten wird, beispielsweise unten rechts, weiß man immer, wo oben und unten ist und wo die Bahn 1 liegt.

PROTOKOLL 9.4

Semi-Dry-Western Blot auf eine PVDF Membran

Material:
- SDS-Gel, Semi-Dry Blotkammer, Netzgerät
- in Methanol aktivierte PVDF Membran
- 7 Filterpapiere und Pufferschale zum Befeuchten der Filterpapiere und für die Ponceau-Färbung
- Drygalski-Spatel, Pinzette, Bleistift, Lineal, Schere, Ethanol-Spritzflasche, Handschuhe
- Transferpuffer:
  - 25 mM Tris-HCl, pH 8,3
  - 192 mM Glycin

Durchführung:
1. Die Elektrodenplatten und der Drigalskispatel werden gründlich mit Ethanol geputzt.
2. Das Transfer-Sandwich wird auf der unteren Platte aufgebaut:
   - 3 Filterpapiere (in Puffer eingelegt) unten (Kathode)
   - Gel
   - PVDF-Membran
   - 4 Lagen Filterpapier (in Puffer eingelegt) oben (Anode)

   Es dürfen sich zwischen den Schichten keine Luftblasen befinden, diese müssen mit dem Drigalskispatel nach außen weggestrichen werden.
3. Der Deckel wird aufgesetzt und das Netzgerät angeschlossen.
4. Der Transfer dauert 45 min. Die Stromstärke hängt von der Fläche der Filter ab: Sie beträgt pro cm^2 Filterpapier 2,5 - 5 mA (der genaue Wert befindet sich in der Anleitung des Blotsystems).
5. Nach dem Transfer wird das Netzgerät abgetrennt und der Blot abgebaut. Die Membran wird in eine Ponceau Färbelösung oder MemCode™ gelegt.
6. Die Membran wird in H_2O überführt und beschriftet: Die einzelnen Bahnen werden oben und unten mit Bleistift markiert. Dabei darf die Membran keinesfalls trocken fallen.
7. Die Bahn mit dem Längenstandard wird abgeschnitten und getrocknet. Alternativ kann der Längenstandard mit einem Kugelschreiber markiert oder ein vorgefärbter Marker verwendet werden.
8. Optional kann die unspezifisch angefärbte Membran fotografiert werden, anschließend wird sie in die Blocklösung (Kapitel 10.2.4) gelegt.
9. Das SDS-Gel kann nun in Coomassie gefärbt werden (Protokoll 9.3).

Der *Wet Blot* erfolgt analog, allerdings wird der Stapel aus Filterpapieren, Gel und Membran in einen mit Puffer gefülltem Tank platziert.

Zwar ist der *Wet Blot* die schonendere und effizientere Methode, doch wegen der großen Menge an benötigtem Puffer und einer Transferdauer von mindestens 3 h, wird er inzwischen seltener durchgeführt als der *Semi-Dry Blot*. Der *Wet Blot* sollte genutzt werden, wenn Proteine mit einem Molekulargewicht von über 80 - 100 kDa transferiert werden sollen, da bei diesen Proteingrößen der *Semi-Dry Blot* sehr ineffizient ist.

9.6 Wenn es mal nicht klappt ...

In diesem Kapitel werden einige häufig auftretende Fehlerquellen bei der SDS-PAGE **(Tab. 9.5)** und Western Blot **(Tab. 9.6)** aufgeführt.

Tab. 9.5:
Häufig auftretende Fehler bei der SDS-PAGE und deren mögliche Ursachen.

Problem	Mögliche Ursache und Lösung
Polymerisation dauert lang	▶ Zu wenig oder zu altes APS oder TEMED. ▶ Schlechte Qualität oder Verunreinigung der Acrylamidlösung. ▶ Zu niedrige Temperatur. ▶ Gellösung wurde zu stark gemischt, sodass eingetragener Sauerstoff als Radikalfänger wirkt. ▶ Reste an Ethanol vom Putzen der Platten.
Schlechte Auftrennung	▶ Probenvolumen ist zu groß. ▶ Zuviel SDS im Gel oder im Probenpuffer führt zu übermäßiger Mizellenbildung.
Übermäßig lange Laufdauer	▶ Puffer sind zu konzentriert. ▶ Stromstärke ist zu niedrig, diese um 25 - 50 % erhöhen. ▶ Obere Pufferkammer undicht, sodass zu wenig Puffer in der Pufferkammer ist.
Laufdauer sehr kurz bei schlechter Auftrennung	▶ Puffer sind zu stark verdünnt. ▶ Stromstärke ist zu hoch, um 25 - 50 % erniedrigen.
Gel löst sich von den Glasplatten	▶ Glasplatten nicht gründlich gesäubert.
Mehr Banden als erwartet	▶ Die Probe wurde durch Proteasen gespalten. Informationen dazu finden sich in Kapitel 8.1.1. ▶ Doppelbande bei ca. 65 kDa (vor allem nach Silberfärbung) weist auf Verunreinigung mit Keratin (Kapitel 9.3) oder zu hohe DTT- Konzentration hin.
Weniger Banden als erwartet	▶ Oft kombiniert mit einer wolkenartigen Bande im Bereich der Lauffront weist auf eine zu niedrige Konzentration an Acrylamid/Bisacrylamid hin. Höherprozentiges Gel verwenden.
Doppelbanden, obwohl einzelne Bande erwartet wurde.	▶ Probe wurde nach dem Aufkochen, während des Laufes oxidiert oder nicht vollständig reduziert. DTT-Konzentration in der Probe erhöhen.

Problem	Mögliche Ursache und Lösung
Verzerrte Banden	▶ Zu langsame Polymerisation im Bereich des Sammelgels, TEMED und APS-Konzentration erhöhen. ▶ Zu hohe Salzkonzentration in der Probe. Erneut fällen (Kapitel 9.2.1), dialysieren (Kapitel 8.3) oder über Gelfiltration (Kapitel 8.4.2) entsalzen. ▶ Gel wird zu stark in der Gelapparatur zusammengepresst. Schrauben an der Anlage nicht zu fest anziehen. ▶ Unebenheiten zwischen Sammelgel und Trenngel. Die Überschichtung des Trenngels vorsichtiger durchführen oder n-Butanol statt H_2O zum Überschichten verwenden. ▶ Ungleiche Erwärmung des Gels beim Gellauf. Wenn möglich, Kühlsystem an Gelanlage anschließen oder Lauf im Kühlraum durchführen. ▶ Puffersubstanzen nicht gründlich durchmischt.
Banden habe alle eine Ausbeulung	▶ Luftblase beim Einstecken des Kamms führt zu Unebenheit in der Probentasche. ▶ Luftblase zwischen unterem Ende des Gels und unterem Laufpuffer. ▶ Unebenheit zwischen Trenn- und Sammelgel.
Seitliche Ausbreitung der Banden	▶ Probendiffusion vor dem Gellauf, das Auftragen der Proben dauert zu lange. ▶ Diffusion im Sammelgel während des Laufs, Stromstärke um 25 % erhöhen oder die Acrylamid-Konzentration im Sammelgel um 1 % steigern. ▶ Probenvolumen ist zu groß.
Vertikale Streifen	▶ Probe ist präzipitiert. Vor dem Auftrag die Probe abzentrifugieren und Überstand in ein frisches Gefäß überführen. ▶ Zuviel Probe aufgetragen. Reduktion der Stromstärke um 25 % kann helfen.
„Smile"-Effekt	▶ Die äußeren Banden sind nach oben gekrümmt, als würde das Gel lächeln. Ursache ist eine zu hohe Wärmebildung. Stromstärke senken oder Gel während des Laufes kühlen.
Proteinbande taucht in Nachbarbahnen auf	▶ Verschleppen der Probe beim Auftrag. ▶ Kleine Lücken zwischen Trenn- und Sammelgel.
Diffuse Proteinbanden	▶ Zu langsame Wanderung der Proteine, Stromstärke erhöhen. ▶ SDS oder Probenpuffer zu alt, neu ansetzen. ▶ Minderwertige oder verunreinigte Acrylamidlösung. ▶ Proteinprobe hat nicht den richtigen pH oder ist zu kurz erhitzt worden.
Schlierige Banden	▶ Zu hohe Salzkonzentration. ▶ Probe ist zu hoch konzentriert oder hat eine zu niedrige SDS Konzentration.
Starke Färbung nahe oder in der Probentasche	▶ Die Acrylamid-Konzentration ist zu hoch. ▶ Bildung von Proteinaggregaten, Proben länger aufkochen und vor Auftrag abzentrifugieren. Dabei entstehendes Präzipitat verwerfen.

Tab. 9.6:
Mögliche Fehlerquellen beim Western Blot.

Problem	Mögliche Ursache und Lösung
Kein Transfer	▶ Reihenfolge von Membran und Gel vertauscht. ▶ Strompolung am Netzgerät oder der Blotkammer vertauscht. Rot = Anode = (+) und Schwarz = Kathode = (-)
Schlechter Transfer	▶ Zu lange geblottet, Proteinfärbung auf beiden Seiten der Membran. Tritt vor allem beim Wet-Blot auf. Zu lange Blotdauer beim Semi-Dry Blot führt oft zu braunen Rändern an der Membran. Blotdauer verkürzen. ▶ Zu kurz geblottet. Gel färben und überprüfen. Transferzeiten verlängern.
Ungleichmäßiger Transfer	▶ Luftblasen zwischen den einzelnen Filtern des Blots. ▶ Luftblasenbildung bei zu langem Transfer durch Elektrolyse oder Erwärmung. ▶ Papiere und Transfermembran sind größer als das Gel. ▶ Filterpapiere sind teilweise ausgetrocknet. ▶ Elektroden sind verunreinigt.
Starke Erwärmung von Blot-Aufbau und Gerät	▶ Zu hohe Stromstärke beim Blotten. ▶ Zu lange Transferzeit. ▶ Puffer mit zu hoher Leitfähigkeit, falsch angesetzt?

10 Immunbiochemische Methoden

10.1   Antikörper

10.2   Prinzipien immunbiochemischer Verfahren

10.3   Spezifische und unspezifische Bindungen

10.4   Immunbiochemische Verfahren

10.5   ELISA

10.6   Immunfärbung nach Western Blot

10.7   Immunoaffinitätschromatographie

10.8   Weitere Antikörper-basierte Methoden

10.9   Und wenn es nicht klappt?

Immunglobuline sind Proteine aus Wirbeltieren, welche in der Lage sind, hochspezifisch ein anderes Protein oder Molekül zu erkennen und zu binden. Sie sind Teil des Immunsystems der Wirbeltiere. Werden Immunglobuline aus dem Blutserum gewonnen, bezeichnet man diese als Antikörper [*antibody*]. Neben diesen polyklonalen Antikörpern sind in Medizin und Molekularbiologie auch Antikörper aus Zellkulturen (monoklonale Antikörper) weit verbreitet. Seit einigen Jahren tauchen in den Laboren zunehmend rekombinante Antikörper auf, die im **E-Doc 10-1** behandelt werden.

Allen Antikörpern ist gemeinsam, dass sie ein bestimmtes Protein oder anderes Biomolekül in einer Probe nachweisen können oder es in einem Gewebe oder einer Zelle lokalisieren. Dieser Nachweis kann auch Aussagen über die Menge des vorhandenen Zielproteins liefern **(Map 10.1)**.

Verschiedene, sehr effiziente Analyse- und Aufreinigungsverfahren beruhen auf der Spezifität der Wechselwirkung zwischen Antikörpern und ihren Antigenen.

Die Bindung des Antikörpers an sein Zielprotein, das Antigen, kann über verschiedene Verfahren sichtbar gemacht werden. Weit verbreitet sind enzymbasierte Färbemethoden, daneben können fluoreszierende Moleküle oder Radioaktivität und viele weitere Verfahren zur Detektion und Quantifizierung einer Antikörper-Antigen-Interaktion genutzt werden.

Wurden Proteingemische in der SDS-PAGE (Kapitel 9.2) aufgetrennt, kann das gesuchte Protein nach einem Western Blot (Kapitel 9.5) leicht identifiziert und charakterisiert werden. Weit über die Arbeit im Labor hinaus bekannt ist der ELISA [*Enzyme-linked immunosorbent assay*] geworden, der eine verbreitete Nachweismethode in der Medizin und der Qualitätskontrolle von

---

Map 10.1:
Antikörper. Es gibt drei wesentliche Quellen für Antikörper, die im oberen Teil der Map dargestellt sind. Die Bindestelle des Antikörpers auf dem Antigen ist relativ klein und wird Epitop genannt. Bei relativ wenigen Verfahren sind sowohl der Antikörper als auch das Antigen frei in Lösung (blaue Boxen). Fast immer ist einer der beiden Partner auf einem Trägermaterial gebunden (grüne Boxen). Daher ist das zugrundeliegende Prinzip bei den meisten Verfahren gleich.

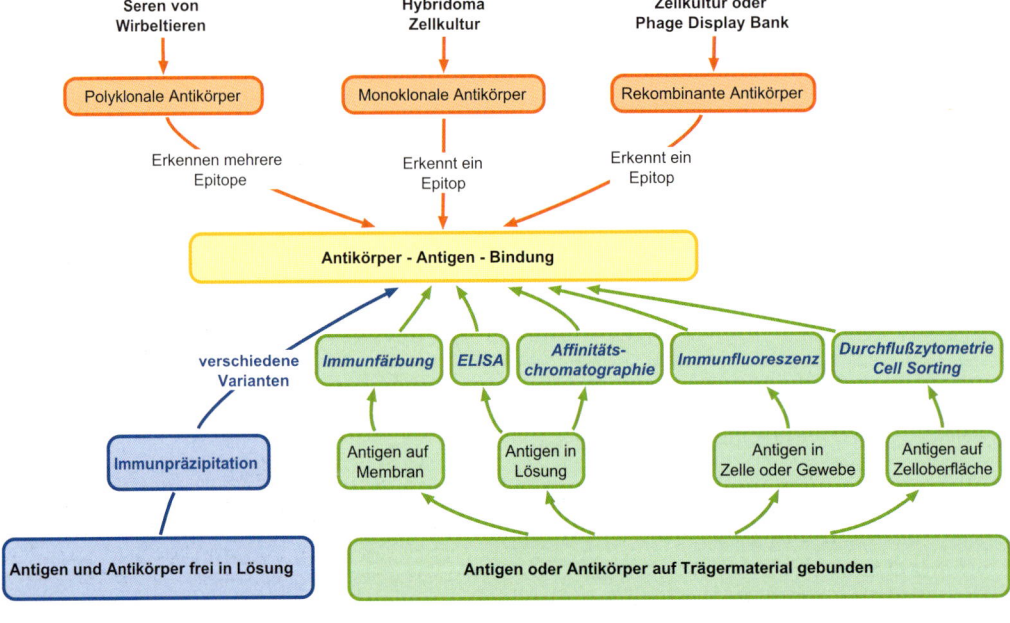

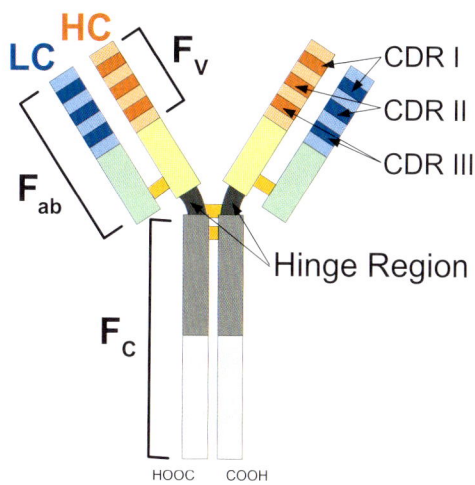

Abb. 10.1:
Schema eines Immunglobulins des Typ G (IgG). Dieses besteht aus zwei identischen leichten Ketten (LC) und zwei identischen schweren Ketten (HC). Am Amino-Ende befinden sich die Antigen-Bindedomänen mit den hypervariablen Bereichen (CDRI-III). Am Carboxyende liegt die Effektorfunktion (F_C). Die einzelnen Ketten werden durch Disulfidbrücken (orange) zusammengehalten. Die *Hinge-Region* (=Gelenk) gibt den beiden antigenbindenden Bereichen [Fab von „*antigen-binding Fragment*"] eine gewissen Flexibilität.

Lebensmitteln darstellt. Er ermöglicht es, eine große Zahl von Proben parallel zu analysieren und sogar untereinander zu vergleichen.

Bei der Immunpräzipitation und Antikörper-basierten Affinitätschromatographien werden Antikörper genutzt, um ein bestimmtes Protein aufzureinigen.

Nachdem wir sehr kurz den Aufbau eines Antikörpermoleküls behandelt haben, sollen die allgemeinen Prinzipien der Antikörper-Antigen-Bindung genauer erläutert werden, die für fast alle Antikörper-basierten Verfahren sehr ähnlich sind. Im letzten Teil des Kapitels gehen wir auf die Durchführung und speziellen Anforderungen einzelner, gängiger immunbiochemischer Verfahren ein.

10.1 Antikörper

Immunglobuline sind extrazelluläre Proteine von Wirbeltieren, welche als Teil des Immunsystems von B-Lymphozyten produziert werden. Die Wirbeltiere verwenden einen großen Teil ihrer Energie darauf, täglich Milliarden von B-Lymphozyten herzustellen, die jede ihr bestimmtes Immunglobulin produzieren. Erst wenn ein „passendes" Immunogen in den Körper gelangt, wird die Zelle, welche das passende Immunglobulin produziert, stark vervielfältigt. Die zugrundeliegenden Mechanismen gehören zu dem Interessantesten, was die Biologie zu bieten hat. Die meisten Immunglobuline befinden sich im Blut und werden als Antikörper bezeichnet.[1]

Dadurch, dass Antikörper selbst feinste Unterschiede bei ihren Zielmolekülen, den Antigenen, erkennen, sind sie für die Laborarbeit extrem wichtig geworden.

Antikörper können im Tier gegen Proteine, Polysaccharide, Nukleinsäuren generiert werden, die entweder als lösliche Form oder als Teil eines zellulären Organismus oder eines Virus in den Körper eindringen. Nur kleine Moleküle können nicht immunogen wirken, man nennt solche Moleküle Haptene[2].

Antikörper sind in den meisten Säugetieren nach einem einheitlichen Prinzip aufgebaut (Abb. 10.1).

---

1 Eigentlich gehören zu den Immunglobulinen neben den Antikörpern auch die membrangebundenen B-Zell Antigenrezeptoren. Letztere spielen im Labor keine Rolle, weshalb häufig die Begriffe Antikörper und Immunglobulin synonym verwendet werden.

2 Haptene sind meist unter 5000 Da groß.

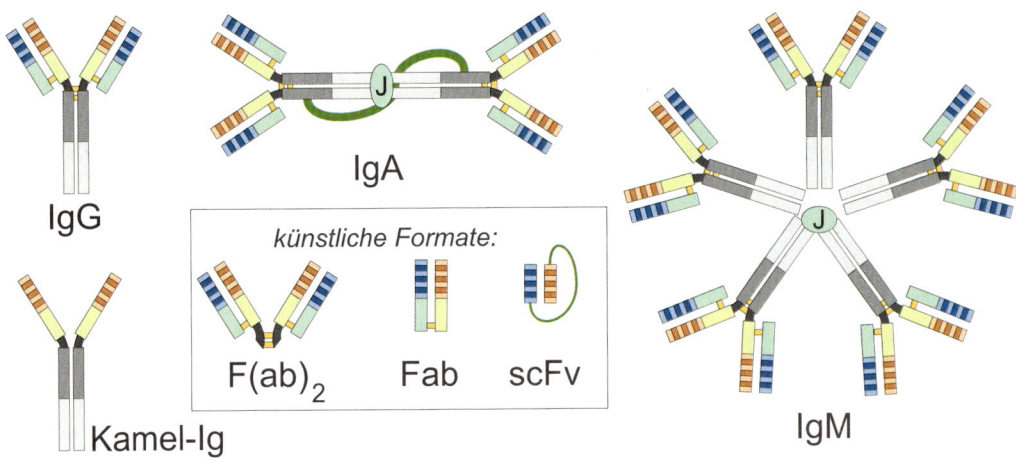

Abb. 10.2:
Beispiele natürlicher und künstlich hergestellter Antikörper-Formate. Die Y-förmige Grundstruktur des IgGs findet sich dimerisiert auch in IgA, bei dem die beiden Grundeinheiten durch eine J-Kette verbunden sind. IgM besteht sogar aus fünf Grundeinheiten. Dass nicht alle Immunglobuline bei Säugetieren aus leichten und schweren Ketten aufgebaut sind, zeigt das Beispiel der Kamelartigen (*Camelidae*), die nur schwere Ketten besitzen. Durch proteolytische Spaltung erhält man Antigen-bindende Fragmente (Fab), die je nach verwendeter Protease aus unterschiedlich vielen Einzelketten bestehen. Das scFv ist nur noch auf die vorderen, variablen Bereiche begrenzt. Da keine Disulfidbrücke mehr vorhanden ist, müssen die beiden Einzelketten durch einen synthetischen Peptidlinker zusammengehalten werden. Dieses Format ist die häufigste Grundform rekombinanter Antikörper.

Die Grundeinheit stellt ein Y-förmiges Tetramer aus je zwei identischen leichten [*Light Chain*, LC] und zwei identischen schweren Ketten [*Heavy Chain*, HC] dar, die durch Disulfidbrücken zusammengehalten werden. Die Bereiche an den Aminoenden sind sehr variabel und für die Bindung an die Antigene zuständig. Innerhalb dieser variablen Bereiche gibt es je drei hypervariable Bereiche [*CDR=complementarity determining region*], welche die direkte Kontaktstelle für die Antigen-Bindung darstellen. Jede dieser Regionen ist 4 - 20 Aminosäuren lang und bindet einen Bereich, der bei Proteinen ungefähr 6 - 12 Aminosäuren entspricht, dem Epitop, auf dem Antigen (bzw. entsprechende große Bereiche bei anderen Molekülarten). Ein Antigen weist daher verschiedene Epitope auf, an denen unterschiedliche Antikörper binden können **(Abb. 10.3)**.

Die carboxyterminalen Bereiche der Peptide sind in ihrer Sequenz einigermaßen konstant. Der hintere Bereich der schweren Kette stellt die Effektorfunktionen des Moleküls zur Verfügung, welches die erforderliche Immunantwort vermittelt. Aufgrund der konstanten Bereiche können die Antikörper in fünf Hauptgruppen (Isomere) eingeteilt werden (IgM, IgG, IgA, IgD, IgE), die im Immunsystem unterschiedliche Funktionen haben und teilweise höhergeordnete Strukturen bilden. Im Labor finden sich vor allem Antikörper des Isotyps IgG und seltener die pentameren IgMs **(Abb. 10.2)**.

Durch proteolytischen Verdau kann dieser Effektorbereich als sogenannte F_C [*Fragment crystallizable region*] abgespalten werden. Der verbleibende Teil besitzt noch die Antigen-bindenden Eigenschaften und heißt F_{ab} [*Fragment antigen-binding*] oder $F_{(ab)2}$, abhängig von der Protease, die für die Spaltung eingesetzt wurde (Papain produziert zwei F_{ab}'s, Pepsin ein $F_{(ab)2}$.

Antikörper werden heute auf drei Arten hergestellt und können entsprechend gegliedert werden:

1. Polyklonale Antikörper

Einem Tier wird eine immunogene Substanz (z.B. ein Protein) gespritzt. Gängig sind Dosen von 10 - 200 µg Antigen. Nach wenigen Wochen sind in seinem Blut Antikörper vorhanden, die gegen verschiedene Bereiche des Immunogens[3] (Epitope) gerichtet sind. Das Blut wird abgenommen und die Zellen abzentrifugiert. Im Überstand des Serums befinden sich die Antikörper, die oft über die Fällung mit Ammoniumsulfat (Kapitel 8.2.3), Ionenaustauschchromatographie (E-Doc 8-4) oder Affinitätschromatographie (Kapitel 10.7) mit dem Antigen als Ligandenaufgereinigt werden. Letztere werden als affinitätsgereinigte Antiseren bezeichnet. Polyklonale Antikörper sind preiswert und schnell herzustellen, wenn jedoch das produzierende Tier stirbt, ist der Antikörper nicht mehr verfügbar. Solche Antikörper werden vor allem in Kaninchen [rabbit], Ziegen [goat] und Schafen [sheep] hergestellt.

2. Monoklonale Antikörper

Dem immunisierten Tier, meistens eine Maus [mouse], wird die Milz entnommen. Die Milzzellen werden mit unsterblichen Krebszellen (Myelom-Zellen) fusioniert. Die entstehenden fusionierten Zellen (Hybridoma) werden vereinzelt und anschließend in der Zellkultur vermehrt. So entstehen Klone der initialen Hybridomazelle, die alle exakt den gleichen Antikörper produzieren. Monoklonale Antikörper sind dauerhaft verfügbar und nur gegen ein Epitop auf dem Antigen gerichtet. Ihre Herstellung ist sehr aufwendig. Die Vorteile von monoklonalen Antikörpern liegen vor allem bei ihrer hohen Homogenität, der Abwesenheit anderer unspezifischer Antikörper sowie der dauerhaften Verfügbarkeit.

3. Rekombinante Antikörper

Um rekombinante Antikörper (E-Doc 10-1) herzustellen, wird die cDNA von Antikörpergenen

---

[3] Immunogen bezeichnet eine Substanz, die ein Immunsystem dazu anregt, Antikörper zu bilden. In der Regel entspricht das Immunogen auch dem späteren Antigen des gebildeten Antikörpers.

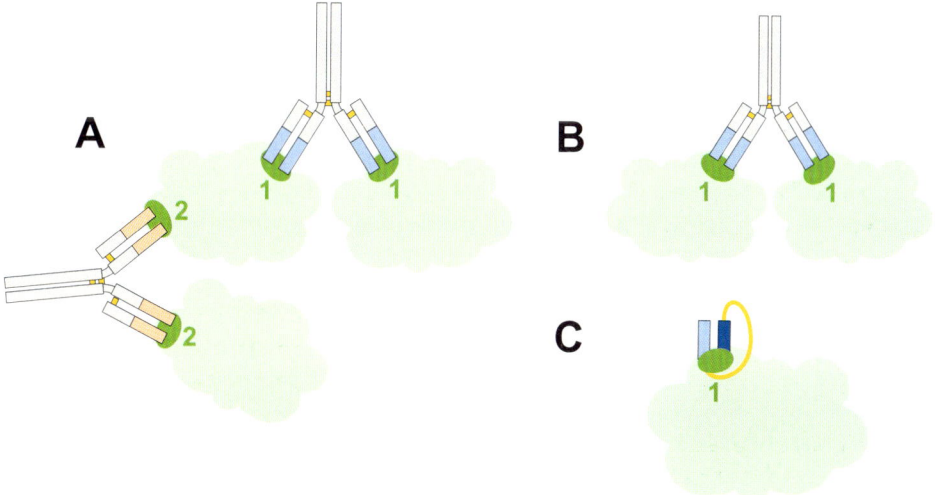

Abb. 10.3:
Polyklonale Antikörper (**A**) stellen eine Mischung von Antikörpern, die verschiedene Epitope (hier als 1 und 2 bezeichnet) auf dem Antigen erkennen, während ein monoklonaler Antikörper nur ein spezifisches Epitop bindet (**B**). Ist das Epitop nur einmal auf dem Antigen vorhanden, kann daher ein monoklonaler Antikörper maximal zwei Antigene miteinander verknüpfen. Bei polyklonalen Antikörpern können dagegen große Komplexe miteinander verbundener Moleküle entstehen, die unlöslich werden können. Rekombinante Antikörper (**C**) sind monovalent, d.h. jedes scFv hat nur eine Bindestelle (Paratop).

in Phagemide (Kapitel 6.7) kloniert. Auf diese Weise werden Bibliotheken aus vielen Millionen von Phagen, die jeweils unterschiedliche Antikörpergene in ihrem Genom und die zugehörigen Antikörper auf ihrer Phagenhülle tragen, erstellt. Man spricht von phagenbasierten Antikörperbanken. Um einen rekombinanten Antikörper gegen ein bestimmtes Antigen zu erhalten, wird eine solche Bank durchmustert (**E-Doc 10-1**). Rekombinante Antikörper werden meistens im scFv-Format (Abb. 10.2) in *E. coli* produziert. Aber auch andere Organismen, z.B. Pflanzen, können für die Herstellung solcher rekombinanter Antikörper genutzt werden.

TIPP
Die Webseite http://www.antikoerper-online.de/ ist ein guter Ausgangspunkt für die Suche nach einem geeigneten Antikörper. Beim Vergleich ist zu beachten, dass die Antikörper der verschiedenen Hersteller unterschiedlich stark verdünnt werden müssen und die Mengenangaben ebenfalls nicht einheitlich und auch abhängig von der Anwendung sind.

In der Regel werden Antikörper käuflich erworben und es gibt eine große Zahl verschiedener Anbieter.
Meistens werden die Antikörper als Flüssigkeit oder Lyophilisat geliefert. Letzterem muss nur noch die angegebene Menge an H_2O zugefügt werden. Manche Antikörper werden bei 4 °C andere bei -20 °C gelagert. Da ein wiederholtes Auftauen und Einfrieren äußerst ungünstig ist, sollten Antikörper, welche bei -20 °C zu lagern sind, aliquotiert werden.
Oft sind die Antikörper in PBS [*Phosphate-Buffered Saline*] oder TBS [*Tris-Buffered Saline*] gelöst. PBS ist ein Phosphatpuffer (Protokoll 8.1), dem zusätzlich NaCl zugesetzt wurde, TBS ist sein Pendant auf Tris-Basis. Beide Puffer besitzen einen pH = 7,4, der sich bei den meisten Rezepten automatisch ergibt. Wichtig ist, dass die Zutaten beim Ansetzen der 10 x PBS Stammlösung langsam zugegeben werden und zwischendurch vollständig gelöst werden müssen. Die Stammlösung wird grundsätzlich bei Raumtemperatur gelagert.

PROTOKOLL 10.1

Herstellung von PBS Puffer, pH 7,4

Material:
1x PBS [*Phosphate Buffered Saline*] Puffer:
- 137 mM NaCl
- 2,7 mM KCl
- 10 mM Na_2HPO_4
- 2 mM KH_2PO_4

Um einen 10x PBS Puffer herzustellen, werden die folgenden Reagenzien in 800 ml H_2O gelöst:
- 80 g NaCl
- 2 g KCl
- 14,4 g Na_2HPO_4
- 2,4 g KH_2PO_4

Anmerkungen:
▶ Der pH-Wert der Stammlösung wird nicht gemessen. Selten muss der pH-Wert des 1x Puffers mit HCl auf pH 7,4 nachjustiert werden.
▶ Der 10x Puffer wird mit H_2O auf 1000 ml aufgefüllt und autoklaviert.
▶ Die Lagerung des 10x PBS erfolgt immer bei Raumtemperatur.
▶ Es sollte beachtet werden, dass es abweichende Rezepte für PBS Puffer gibt.

GUT ZU WISSEN
Die Bindung zwischen Antikörper und Antigen ist pH-abhängig. Alle immunbiochemischen Analysen erfolgen bei einem basischem pH, meist pH 7,4. Durch Veränderung des pH-Wertes lassen sich die entstehenden Signalstärken beeinflussen. Die Senkung des pH-Wertes führt zum Abschwächen aller Signale. Ähnliche Effekte kann man auch durch hohe Salzkonzentrationen erzielen. Erhöhte Salzkonzentrationen in den Puffern können helfen, unspezifische Signale zu reduzieren.

10.2 Prinzipien immunbiochemischer Verfahren

Bevor wir uns den verschiedenen immunbiochemischen Verfahren zuwenden, sollen zunächst die allgemeinen Prinzipien behandelt werden. Diese sind für viele Arbeiten mit Antikörpern dieselben. Im Prinzip lassen sich alle Antikörper-basierten Verfahren in zwei Gruppen teilen: bei der ersten sind beide Partner (Antigen und Antikörper) in Lösung. Durch Aggregatbildung entstehen unlösliche Präzipitate, welche detektiert oder abzentrifugiert werden können (Kapitel 10.2.1). Hier finden sich viele klassische Methoden der Immunbiochemie. Die weitaus größere Gruppe beruht darauf, dass einer der beiden Partner fest an eine Matrix gebunden ist und der andere in Lösung (Kapitel 10.2.2) vorliegt. Diese Matrix-gebundenen Verfahren sind immer mit einem Detektionssystem gekoppelt, damit das an der Matrix gebildete Paar aus Antikörper und Antigen nachgewiesen werden kann.

10.2.1 Immunpräzipitation

Werden Antikörper mit ihren Antigenen in einer Lösung vermischt, führt dies zu einer Antikörper-Antigen-Bindung. Da Antikörper meist bivalent sind (also zwei Bindestellen haben), binden sie zwei Antigene gleichzeitig. Dadurch kommt es zu großen Aggregaten im Bereich der Äquivalenzzone (Abb. 10.4), welche ausfallen und durch Zentrifugation präzipitiert werden können. Dieses Verfahren funktioniert mit polyklonalen Antikörpern, da dann zusätzlich zu den Paratopen der Antikörper noch mehrere Epitope auf dem Antigen zur Vernetzung beitragen können[4].

Die Präzipitation ist jedoch abhängig von den Konzentrationen an Antigen und Antikörper. Ist eins der beiden Moleküle zu niedrig konzentriert, können sich keine Aggregate bilden, weil die entsprechenden Partner fehlen. Die geeignete Konzentration spiegelt die Heidelberger Kurve wider.

Über die Immunpräzipitation kann man die optimalen Bedingungen einer Antigen-Antikörper-Bindung ermitteln. Viel wichtiger ist jedoch, dass so auf einfache Weise sehr schnell ein gewünschtes Antigen isoliert werden kann. Allerdings benötigt dieses Verfahren große Mengen

---

[4] Natürlich kann das Antigen auch mehrmals das gleiche Epitop aufweisen. Dann ist ein monoklonaler Antikörper ausreichend.

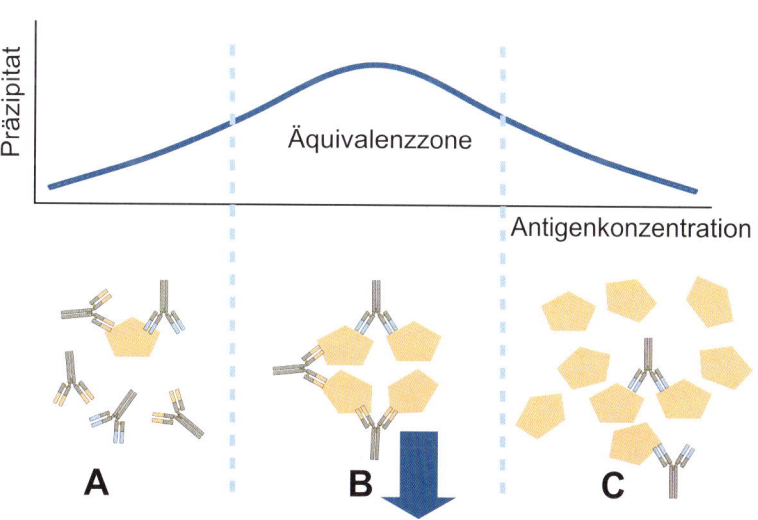

Abb. 10.4:
Die Heidelberger Kurve gibt die optimalen Bedingungen für die Bindung zwischen Antigen und Antikörper wider. Die Ordinate gibt die Menge an gebildetem Präzipitat an, die Abszisse die Konzentration an Antigen. Ist die Konzentration an Antigen (**A**) oder an Antikörper (**C**) zu niedrig, bleiben beide in Lösung. Nur in der Äquivalenzzone (**B**) bildet sich ein Präzipitat, dessen Menge sich leicht durch die Trübung der Lösung ermitteln lässt.

Tab. 10.1:
Verschiedene trägerbasierte, immunbiochemische Verfahren. Bei mehrstufigen Verfahren wird ein unmarkierter, erster Antikörper eingesetzt. Nachdem überschüssiger erster Antikörper abgewaschen wurde, wird ein zweiter, markierter Antikörper zugegeben, der gegen den ersten Antikörper gerichtet ist und nur dort bindet. Details siehe Kapitel 10.2.6.

Verfahren	Immobilisierter Partner	Bemerkung
RIA [Radioimmunassay]	Antigen oder Antikörper	Einer der Partner ist radioaktiv markiert, sehr sensitives Verfahren.
ELISA [Enzyme-linked immunosorbent assay]	Antigen oder Antikörper	Prinzip wie RIA, aber einer der Partner ist mit einem Enzym markiert, welches ein Substrat zu einem löslichen, farbigen Produkt umsetzt. Oft mehrstufig.
Western Blot / Immunfärbung	Antigen	Der Antikörper ist mit einem Enzym markiert, welches ein unlösliches farbiges Produkt bildet. Oft mehrstufig.
Immunogold	Antigen	Der Antikörper ist mit Gold markiert, es werden Gewebeschnitte für Elektronenmikroskopie untersucht.
Immunfluoreszenz	Antigen	Hier werden Gewebeproben mit Antikörpern untersucht, die eine Fluorophore tragen und im Fluoreszenzmikroskop sichtbar gemacht werden. Oft mehrstufig.
Oberflächenplasmonresonanz [Surface Plasmon Resonance = SPR]	Meistens das Antigen	Die Oberflächenplasmonresonanz (SPR) erlaubt die Analyse der Bindung während der gesamten Zeitdauer (Online Messung). Die Bindungsdaten können sofort berechnet werden. Die Methode ist extrem sensitiv, erfordert aber einen hohen apparativen Aufwand.

Antikörper, weshalb es im Labor nicht sehr häufig verwendet wird. Eine medizinische Variante ist der Agglutinationstest (Kapitel 10.8.2), bei dem der Antikörper an eine größere Struktur (Latexkügelchen oder Zellen) gebunden ist, an das Antigen bindet und der gebildete Komplex ausfällt[5]. Dieses Verfahren kann auch schon als Matrix-basierte Methode angesehen werden.

Eine Variante der Immunpräzipitation stellt die Chromatin Immunopräzipitation (ChIP) dar. Diese Methode wird verwendet, um zu ermitteln, ob ein bestimmtes Protein *in vivo* an eine spezifische DNA-Sequenz bindet. Zunächst werden die *in vivo* bestehenden Protein-DNA Interaktionen durch Formaldehyd fixiert. Nach Aufschluss der Zellen wird das Chromatin mittels Ultraschall in Stücke von einigen Hundert Basenpaaren zerkleinert. Die Stücke, an die das zu untersuchende Protein gebunden hat, werden mit einem gegen dieses Protein gerichteten Antikörper präzipitiert. Nachdem die DNA von den Proteinen getrennt wurde, kann sie mittels PCR (Kapitel 4.4) amplifiziert, kloniert und analysiert werden.

10.2.2 Trägerbasierte Immunfärbung

Der Agglutinationstest leitet über zur häufigsten Variante der immunbiochemischen Analyse, bei der einer der beiden Partner an einen Träger gekoppelt und der andere frei in Lösung ist. Es gibt viele Varianten dieser Methode, die sich aber im Prinzip alle gleichen (Tab. 10.1).

Nachfolgend beschränken wir uns zunächst auf die Variante, bei der das Antigen an eine Trägermatrix gebunden vorliegt und sich der Antikörper in Lösung befindet.

Bevor wir die einzelnen Schritte im Detail besprechen, soll hier zunächst der allgemeine Ab-

---

5 Es kann natürlich auch das Antigen an die Latexkugeln gekoppelt und ein Immunserum zugegeben werden.

lauf dargelegt werden, die Zahlen entsprechen denen in **Abb. 10.5**:
- ▶ Kopplung des Antigens an eine feste Matrix (2).
- ▶ Abwaschen des nicht gekoppelten Antigens.
- ▶ Zugabe einer Blocklösung um noch freie Kopplungsstellen auf der Matrix abzusättigen (3).
- ▶ Entfernen der Blocklösung und Waschen.
- ▶ Zugabe des ersten Antikörpers, der gegen das Antigen gerichtet ist (4). Dieser wird 1-2 h bei Raumtemperatur inkubiert.
- ▶ Der erste Antikörper muss durch Waschen sorgfältig entfernt werden.

Die nächsten beiden Schritte sind optional, denn sie beziehen sich auf mehrstufige Verfahren (Kapitel 10.2.6), die aber häufiger angewendet werden als einstufige, bei denen nun Punkt (8) in Abb. 10.5 folgen würde.
- ▶ Zugabe des zweiten, meist polyklonalen Antikörpers, der gegen den ersten Antikörper gerichtet und mit einem Enzym gekoppelt ist. Er wird ebenfalls 1-2 h bei Raumtemperatur inkubiert (6).
- ▶ Auch hier muss der zweite Antikörper gründlich abgewaschen werden (7).
- ▶ Es wird ein Substratpuffer, welcher auf das gekoppelte Enzym hin optimiert ist, zugegeben.

Abb. 10.5:
Allgemeines Prinzip einer trägerbasierten Immunfärbung. Die Zahlen beziehen sich auf die Aufzählung im Text.

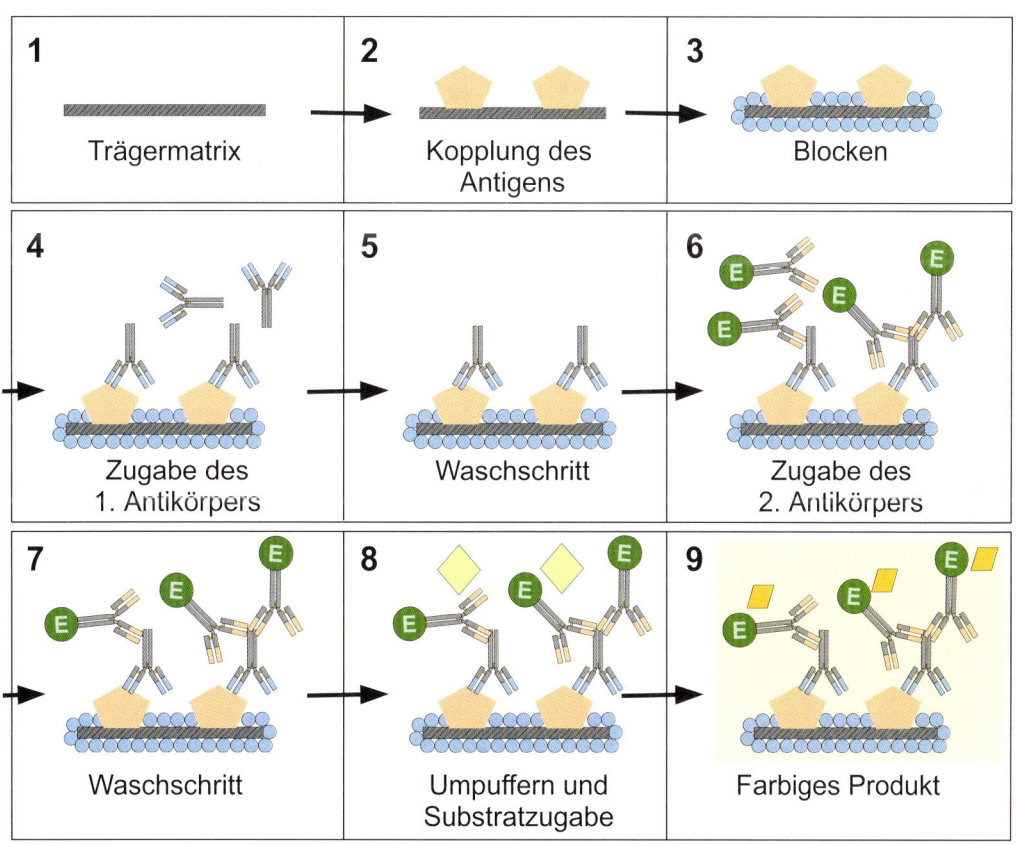

- Zugabe des in Substratpuffer gelösten Substrates (8).
- Durch die Enzymreaktion wird ein farbiges Produkt gebildet (9).

In der Regel werden die Waschschritte mit PBS-Puffer (Protokoll 10.1), welcher zum Blocken mit Magermilchpulver versetzt wird [*Blotto*] durchgeführt. Auch die Antikörper werden mit PBS verdünnt und oft ebenfalls mit Magermilchpulver versetzt.

10.2.3 Immobilisierung des Antigens

Wird das Antigen immobilisiert, kann der Antikörper durch seine Bindung die genaue Lokalisation des Antigens zeigen. Dies kann eine entsprechende Bande auf einer Membran nach Western Blot (Kapitel 9.5) sein oder die zelluläre Lokalisation eines bestimmten Proteins in einer Immunfluoreszenz (Kapitel 10.8.1). Als Trägermaterialien kommen viele verschiedene Materialien infrage von denen einige in **Tab. 10.2** aufgeführt sind.

Neben den Materialien in Tab. 10.2, die vor allem Proteine binden, gibt es natürlich eine Vielzahl weiterer Materialien um andere Biomoleküle zu immobilisieren oder über chemische Verfahren Substanzen zu immobilisieren, die so als Bindungspartner fungieren können.

10.2.4 Blocken überschüssiger Bindestellen

Nach der Bindung des Protein-Antigens an eine feste Unterlage muss dafür gesorgt werden, dass der lösliche Antikörper, der auch ein Protein darstellt, nicht ebenfalls an die Festphase bindet. Daher wird nach der Immobilisierung und vor der Zugabe des Antikörpers die Festphase mit einem inerten Material bedeckt. Diese Substanz sollte weder mit dem Antigen noch dem Antikörper interagieren. Die Absättigung freier unspezifischer Bindestellen auf der Trägermatrix nennt man Blocken. Häufig dient Magermilchpulver, Rinderserumalbumin [*Bovine Serum Albumin*] (BSA) oder Gelatine als Blocksubstanz (Protokoll 9.4). Die oft verwendete 5%ige Magermilch in PBS wird *Blotto* genannt. Es gibt auch synthetische Blocksubstanzen, die von verschiedenen Firmen angeboten werden.

> **TIPP**
> Um eine Oberfläche komplett abzusättigen, reichen 30 min Inkubation mit der Blocksubstanz aus.

10.2.5 Detektion der Bindung

An dieser Stelle müssen wir uns zunächst kurz mit der Sichtbarmachung der Antikörper-Anti-

Tab. 10.2:
Verschiedene Trägermaterialien für die Immobilisierung von proteinartigen Antigenen.

Trägermaterial	Bestandteil (Beispiele)	Anwendung
Membranen	Nitrozellulose oder Polyvinylfluorid (PVDF)	Western Blot (Kapitel 9.5) mit Immunfärbung
Plastikoberflächen	Polystyrol	ELISA (Kapitel 10.5)
Chromatographische Trägermaterialien	Agarose oder Sepharose	Immunaffinitätschromatographie (Kapitel 10.7)
Magnetic Beads	Silizium, Polystyrol, viele weitere Materialien und aktive Gruppen	Aufreinigung (Kapitel 8.4.3)
Gold	Hydrogele auf Dextranbasis	Oberflächenplasmonresonanz

gen-Reaktion beschäftigen. Bei den Verfahren, die auf Präzipitation basieren (Kapitel 10.2.1), konnte dies durch Trübung oder Sedimentbildung relativ einfach erfolgen[6].

Da hier einer der beiden Partner an eine feste Oberfläche gebunden ist, wird dem mobilen Partner eine Markierung angeheftet, die sichtbar gemacht werden kann. Die Art der Markierung kann sehr unterschiedlich sein und ist primär von der Art der Anwendung und der geforderten Sensitivität abhängig (Tab. 10.3).

Neben der Markierung mit radioaktivem ^{125}I, Fluoreszenzfarbstoffen oder Gold werden für den Nachweis sehr häufig Enzyme verwendet, die ein farbloses Substrat zu einem farbigen Produkt umsetzen. Das Enzym ist am letzten Antikörper, der eingesetzt wird, chemisch gekoppelt. Solche Enzym-gekoppelten Antikörper werden von einer Vielzahl von Firmen angeboten und sind meist polyklonale Seren. Gängig sind Abkürzungen wie diese:

▶ GαRAP steht für *Goat-anti-Rabbit-(Immunglobulin coupled with) Alkaline Phosphate*.
▶ RαMHRP entspricht *Rabbit-anti-Mouse-(Immunglobulin coupled with) Horse Radish Peroxidase*.

Für die eigenhändige Kopplung des Enzyms an einen Antikörper werden entsprechende Kopplungskits kommerziell angeboten.

Dabei haben sich vor allem zwei Enzyme bewährt, für die viele Substrate mit unterschiedlichen Eigenschaften verfügbar sind:

▶ **Alkalische Phosphatase [AP,** *Alkaline Phosphatase***]**

Dieses Enzym nutzt organische Phosphatverbindungen als Substrat, von denen das Phosphat abgespalten wird. Die so freigesetzte Verbindung reagiert zu einem farbigen Endprodukt. Ein Beispiel dafür sind BCIP und NBT (Protokoll 10.3). Die Reaktionsgeschwindigkeit dieses Enzyms verläuft über einen langen Zeitraum linear, sodass die Entwicklungszeit leicht verlängert werden kann. Allerdings führen zu lange Entwicklungszeiten auch zu einer erhöhten unspezifischen Hintergrundfärbung.

▶ **Peroxidase aus Meerrettich [HRP,** *Horse Radish Peroxidase***]**

Dieses Enzym ist kleiner als die Alkalische Phosphatase und lässt sich leichter an den Antikörper koppeln. Durch Zugabe von Wasserstoffperoxid (H_2O_2) wird ein Substrat oxidiert, welches zu einem gefärbten Produkt führt. Ein häufig verwendetes Substrat ist DAB (3,3'-Diaminobenzidin), welches ein braunes Endprodukt bildet. Allerdings ist die Reaktionsgeschwindigkeit des Enzyms nicht konstant, sodass die Reaktion genau beobachtet und zum richtigen Zeitpunkt abgestoppt werden muss.

> **TIPP**
> Natriumazid, welches gerne als Konservierungsmittel in Antikörperlösungen eingesetzt wird, ist ein Inhibitor der Meerrettichperoxidase, weshalb es nicht bei Immuntests mit HRP-basiertem Nachweis verwendet werden sollte. Außerdem ist es giftig.

Für beide Enzyme gibt es eine Vielzahl an chromogenen Substraten, deren Produkte entweder zu einer löslichen oder unlöslichen Färbung führen. Weiterführende Informationen zu diesen Enzymen und deren Substraten sind im **E-Doc 10-2** zu finden.

> **TIPP**
> Die meisten farbigen Produkte sind nicht sehr stabil und bleichen im Licht schnell aus. Daher sollten die Immunfärbungen zeitnah fotografiert, kopiert oder gescannt werden.

Neben chromogenen Substraten sind besonders für die HRP auch Substrate verfügbar (Tab. 10.3), die zu einer Lumineszenz[7] führen, wie Luminol. Hier ist das Signal nur so lange sichtbar, wie das Enzym aktiv und Substrat vorhanden ist (oft zwi-

---

6 Allerdings nutzt man die Trübung durch Präzipitation heute kaum noch, da dazu hohe Mengen Antikörper notwendig sind. Auch Immunpräzipitationen kombiniert man heute mit Detektionssystemen, wie sie hier beschrieben sind.

7 Nimmt ein Material Energie auf, kann diese teilweise in Form von Licht wieder abgestrahlt werden. Je nach anregendem Prozess können verschiedene Arten der Lumineszenz unterschieden werden, z.B. die Biolumineszenz.

Tab. 10.3:
Gängige Markierungsverfahren für Antikörper und deren Einsatzmöglichkeiten.

Markierung	Beispiel	Anwendungen
Enzyme	Alkalische Phosphatase (AP) Meerrettich Peroxidase (HRP)	Immunfärbung nach Western Blot.
Fluoreszierende Substanzen	Derivate von Fluorescein oder Rhodamin, Cy-Farbstoffe (**E-Doc 10-3**)	Häufig Immunfluoreszenz-Mikroskopie, aber auch andere Verfahren
Biotinylierung	Biotin	Aufreinigung oder Nachweis mit Streptavidin / Avidin
Radioaktivität	^{125}Iod	Radioimmuntest (RIA, Tab. 10.1)
Gold	Kolloidales Gold mit 1 - 30 nm Durchmesser	Immunelektronenmikroskopie

schen 1 - 24 h). Die Sensitivität ist vergleichbar mit der radioaktiven Markierung. Die Lumineszenz kann am einfachsten auf einem Röntgenfilm sichtbar gemacht werden, es gibt aber auch spezielle und meist teure Detektionsgeräte.

> **TIPP**
> Einige Substrate, z.B. Fast Red, sind stark kanzerogen und sollten daher gegen weniger gesundheitsschädliche Substanzen ausgetauscht werden.

> **GUT ZU WISSEN**
> Biotin ist ein kleines Molekül, welches sehr stark durch die Proteine Avidin (aus Hühnereiweiß) oder Streptavidin (aus *Streptomyces avidinii*) gebunden wird. Jedes Avidin bindet vier Moleküle Biotin. Diese Markierung am Antikörper kann entweder der Aufreinigung des Antigen-Antikörper-Biotin-Komplexes über Streptavidin-Säulen dienen oder Fluoreszenzmarkiertes Streptavidin wird anstelle eines (sekundären) Detektionsantikörpers verwendet.

Wird ein Fluoreszenz-markierter Antikörper verwendet, kann die Bindung direkt sichtbar gemacht werden. Allerdings sind diese Antikörper recht teuer und erfordern einen entsprechenden apparativen Aufwand, denn die Fluorophore muss mit Licht einer definierten Wellenlänge angestrahlt (Exzitation) werden und die Emission bei einer anderen Wellenlänge detektiert werden. Meistens werden mit Fluorophoren markierte Antikörper in der Immunfluoreszenz (Kapitel 10.8.1) eingesetzt. Eine Übersicht gängiger Fluoreszenzfarbstoffe findet sich im **E-Doc 10-3**.

10.2.6 Bindung der Antikörper-Kaskade

In Kapitel 10.2.5 haben wir die Notwendigkeit der Markierung des Antikörpers besprochen. Es liegt auf der Hand, dass diese Markierung umso sensitiver sein muss, je weniger Antigen vorliegt, also je weniger Antikörper gebunden wird. Um die Sensitivität der Antikörper-basierten Detektion zu steigern, werden daher oft mehrstufige Immundetektionen durchgeführt **(Abb. 10.6)**.
Dabei wird das immobilisierte Antigen durch den ersten Antikörper spezifisch detektiert. Nachdem der überschüssige Antikörper abgewaschen wurde (Abb. 10.5), wird ein zweiter (meist polyklonaler) Antikörper zugegeben, der an den ersten Antikörper bindet. Mehrere Zweitantikörper sind somit über den ersten Antikörper an das Antigen gebunden (Abb. 10.6 B). Das entstehende Signal wird somit verstärkt. Der Nachteil dieser Antikörperkaskade liegt darin, dass es zu einer Kreuzreaktion zwischen sekundärem Antikörper und dem Antigen oder einem anderen Protein auf dem Trägermaterial kommen kann. Dies wird durch eine Kontrolle, bei der der erste Antikörper weggelassen wird, überprüft.

Abb. 10.6:
Wird der erste Antikörper markiert, ist die Signalstärke oft gering, da die Menge des vorhandenen Antigens die Signalstärke maßgeblich bestimmt (**A**). Meist werden daher mehrstufige Verfahren eingesetzt, die zu einer enormen Verstärkung des primären Signals führen können (**B**). Allerdings muss ausgeschlossen werden, dass der sekundäre Detektionsantikörper unspezifisch an weitere vorhandene Proteine bindet.

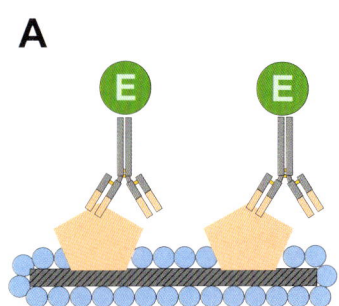
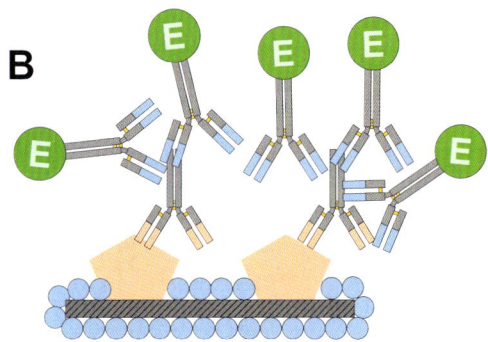

Die Antikörperkaskade kann sogar über drei Verstärkungsstufen ablaufen, beispielsweise detektiert ein monoklonaler Antikörper das Antigen. Dieser wird mit polyklonalem RαM markiert, welches nach einem weiteren Waschschritt durch GαRAP sichtbar gemacht wird (Kapitel 10.2.5).

Die Strategie der Antikörperkaskade hat noch einen weiteren Vorteil: Werden im Labor verschiedene primäre Antikörper verwendet, müsste für einstufige Verfahren jeder dieser Antikörper markiert werden. Stammen die verwendeten primären Antikörper aus der gleichen Quelle, können alle mit dem gleichen markierten Antikörpern detektiert werden. Diese markierten sekundären Antikörper werden von vielen Herstellern mit den unterschiedlichsten Markierungen kommerziell angeboten.

10.3 Spezifische und unspezifische Bindungen

Das Paratop des Antikörpers definiert durch seine Aminosäuresequenz sowohl die Affinität als auch die Spezifität der Antikörper-Antigen-Bindung. Für die Bindung zwischen Paratop und Epitop sind vor allem ionische Wechselwirkungen, aber auch Wasserstoffbrücken und van der Waals Kräfte verantwortlich. Hydrophobe Wechselwirkungen stabilisieren die initiale Bindung. Kovalente Bindungen treten nie auf. Typische Antigen-Antikörper-Bindungen weisen Gleichgewichtskonstanten im nano- bis mikromolaren Bereich auf. Je höher die Affinitätskonstante[8] des Antikörpers ist, desto niedriger ist die Nachweisgrenze für das entsprechende Antigen.

Die Antigenerkennung erfolgt leider nur in der Theorie hochspezifisch. In der Praxis bindet jeder Antikörper auch diverse andere Substanzen, diese jedoch mit anderen Affinitäten. Zusätzlich können Antikörper ihrerseits von diversen biologischen Molekülen gebunden, maskiert oder miteinander vernetzt werden. Ein guter Antikörper zeichnet sich dadurch aus, dass die Affinität zu seinem „richtigen" Antigen sehr viel höher ist als zu allen anderen möglichen Antigenen. Dann ist dieser Antikörper sehr spezifisch. Grundsätzlich gibt es – wie bei jeder Bindung – einen Verdrängungswettbewerb zwischen den verschiedenen Bindungspartnern. Einer in der Regel kleinen Zahl an hochaffinen Bindungspart-

---

[8] Die Affinitätkonstante von Antikörpern zu ihren Antigenen kann von 10^3-10^{10} l/mol reichen und ist der reziproke Wert der Dissoziationskonstante, also der Molarität, bei der genauso viele freie wie gebundene Antikörper vorliegen.

nern steht eine größere Zahl an niedrig affinen Molekülen gegenüber, die um die Antikörperbindung konkurrieren. Treten bei einem immunbiochemischen Nachweisverfahren solche zusätzlichen Signale auf, spricht man von Kreuzreaktion und diese ist in der Regel unerwünscht. Die Zugabe von Salz oder die Veränderung des pH-Wertes sowie niedrige Temperaturen kann niedrig affine Antikörper-Antigen Komplexe stärker beeinflussen als hoch affine Bindungen. Auf diese Weise können Kreuzreaktionen abgeschwächt werden. Dabei ist zu beachten, dass polyklonale Seren aus einer Vielzahl verschiedener Bindungskonstanten bestehen, dort also unspezifische Signale weit schwieriger zu minimieren sind als bei monoklonalen Antikörpern. Daher werden polyklonale Seren oft als affinitätsgereinigte Antikörper (Kapitel 10.7) angeboten.

> **GUT ZU WISSEN**
> Die Stärke der Bindung zwischen Antigen und Antikörper wird als Avidität bezeichnet. Der Begriff Avidität berücksichtigt, dass viele Antikörper mehrere Bindungsstellen (Paratope) für ihr Antigen (Epitop) besitzen, man spricht von Valenzen. IgGs besitzen zwei Bindestellen (Abb. 10.2), IgM sogar derer zehn (Abb. 10.2). Die Kombination der Affinität der einzelnen Valenzen wird als Avidität bezeichnet, denn die initiale Bindung kann eine erleichterte Bindung nachfolgender Bindungsereignisse bewirken.

Auch durch Veränderung der Antikörperkonzentration kann die Signalstärke variiert werden. Diese hängt auch stark von der Art der Anwendung ab, weshalb Hersteller verschiedene Verdünnungen für unterschiedliche Anwendungen empfehlen (meist im Bereich zwischen 1:1000 bis 1:10000).

> **TIPP**
> Um unspezifische Signale zu reduzieren, können Detergenzien wie Tween20 den Puffern zugefügt werden. Auch die Erhöhung der Salzkonzentration oder die Senkung des pH-Wertes kann zu einem solchem Ergebnis führen.

10.4 Immunbiochemische Verfahren

Eine Vielzahl von Analysen beruhen auf dem Einsatz von Antikörpern. Die gängigsten Verfahren, die in der Molekularbiologie genutzt werden, sind in den nachfolgenden Kapiteln näher erläutert.

10.5 ELISA

Der ELISA [*Enzyme-linked immunosorbent assay*] stellt eines der wichtigsten Werkzeuge des Molekularbiologen dar und sind aus der Analytik und Diagnostik, vor allem im medizinischen Bereich, nicht mehr wegzudenken. Neben dem Antikörper und der zu analysierenden Probe wird eine Mikrotiterplatte als Träger-

Abb. 10.7:
Der ELISA wird in Mikrotiterplatten (**A**) durchgeführt. Die Färbung, die sich am Ende ergibt, wird in einem ELISA-Reader (**B**) photometrisch bestimmt.

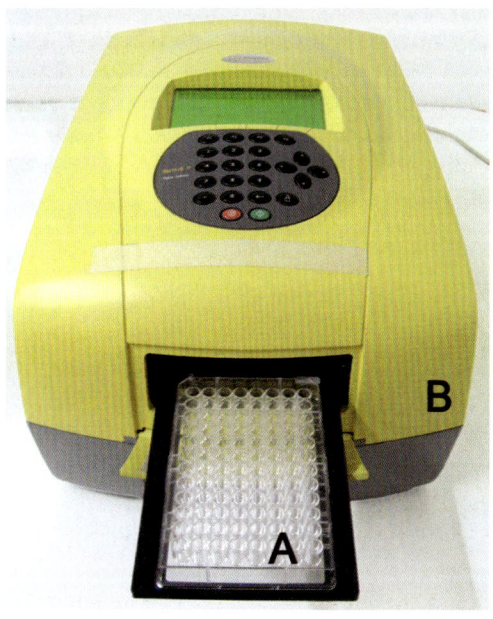

Tab. 10.4:
Typische Detektionsverfahren für ELISAs. Alle Substrate bilden lösliche Produkte mit unterschiedlichen Farben. Da die ELISA-Reader, welche im Prinzip ein Photometer darstellen, oft Filter benutzen, können sie nur bestimmte Farben detektieren. Das Substrat sollte deshalb nach dem vorhandenen Filtersatz im ELISA-Reader ausgewählt werden.

Farbsubstrat	Farbe	Wellenlänge der Detektion
HRP-basierte Methoden, alle mit H_2O_2 als Substrat:		
2,2-azo-bis(3-ethylbenzthiazolin-6-sulfonsäure (ABTS)	grün	405 nm
1,2-Diaminobenzol (OPD)	orange	450 nm
3,3',5,5'-Tetramethylbenzidin (TMB)	blau	650 nm
Alkalische Phosphatase basierte Verfahren:		
4-Nitrophenylphosphat	gelb	405 - 420 nm

material sowie ein Lesegerät, ein ELISA-Reader benötigt **(Abb. 10.7)**.
Die Mikrotiterplatten (Abb. 10.7A) besitzen 96 Vertiefungen, deren 12 Spalten von 1-12 und 8 Reihen mit A-H beschriftet sind. In diesen erfolgt die Immundetektion. Es gibt auch Mikrotiterplatten, die auf gleichem Raum mehr (384) oder weniger (24) Vertiefungen aufweisen. Für geringere Probenzahlen sind 8er-Steifen verfügbar, die in einen Platten-Rahmen eingespannt werden. Alle Platten haben die gleichen Maße, sodass jede Platte in jedem Lesegerät ausgewertet werden kann. In der Regel bestehen Mikrotiterplatten aus Polystyrol (Tab. 10.2), für die unterschiedlichsten Anwendungen gibt es auch vielfältige andere Materialien.

GUT ZU WISSEN
Es gibt Mikrotiterplatten mit verschieden geformten Vertiefungen, beispielsweise mit u-förmigen oder v-förmigen Vertiefungen, denn sie werden auch für die PCR oder die Zellkultur verwendet. Sogenannte Deep-Well-Platten sind viel höher als die normalen Platten. Sie werden benutzt, um viele Bakterienkulturen gleichzeitig anzuziehen. Für ELISA sind Platten mit flachem, u-förmigen Boden besser geeignet.

Die Durchführung des ELISAs folgt dem Schema, welches in Abb. 10.5 skizziert ist:

1. Kopplung des Antigens an die Mikrotiterplatte.
2. Blocken der verbliebenen Bindungsstellen auf der Plastikoberfläche (Kapitel 10.2.4).
3. Inkubation mit dem ersten Antikörper, der an das Antigen bindet.
4. Mehrmaliges Waschen mit PBS-Puffer, dabei wird die Platte gut ausgeschlagen.
5. Bei einem mehrstufigen Ansatz folgt nun der zweite, enzymgekoppelte Antikörper, der gegen den ersten Antikörper gerichtet ist (Kapitel 10.2.6).
6. Auch dieser wird gewaschen. Der abschließende Waschschritt erfolgt mit Substratpuffer.
7. Das Substrat wird frisch hergestellt und auf die Mikrotiterplatte gegeben (Kapitel 10.2.5).
8. Die Färbung sollte sich innerhalb von 10 min entwickeln.
9. Die entstandene Farbintensität im ELISA-Reader (Abb. 10.7) bei der entsprechenden Wellenlänge gemessen **(Tab. 10.4)**.

Die Kopplung des Proteins an die Oberfläche erfolgt durch hydrophobe Wechselwirkungen, indem die Proteinlösung einfach in die Platte pipettiert und für 30 - 60 min bei Raumtemperatur oder bei 4 °C über Nacht inkubiert wird. Die meisten Platten haben eine Kapazität von ungefähr 100 ng Protein pro Vertiefung.

Abb. 10.8:
Kontrollen sind essenziell für einen ELISA. In **A** ist der normale Verlauf der Nachweiskaskade dargestellt. Die Nullkontrolle (**B**) enthält nur das Substrat und dient als Nullwert bei der photometrischen Messung. Die Negativkontrolle **C** wird ohne primären Antikörper durchgeführt. Wenn die Möglichkeit besteht, sollte eine Negativkontrolle auf Kreuzreaktion mit einer sehr ähnlichen Probe ohne Antigen durchgeführt werden (**D**).

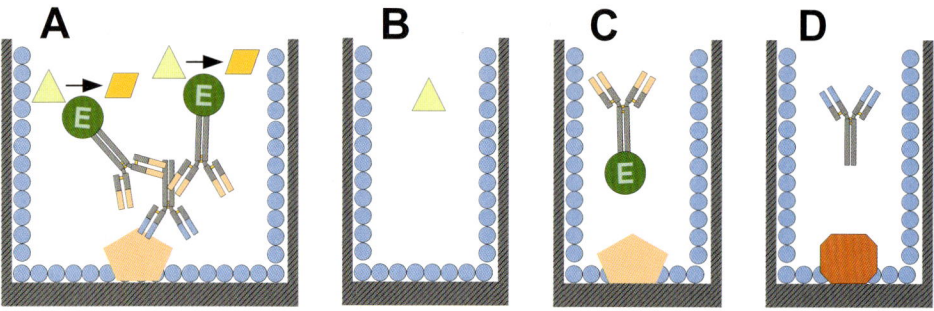

> **TIPP**
> Die Kopplung ist meistens nicht sehr effizient, weshalb 1 µg Protein pro Vertiefung zugegeben werden sollte, wovon nur ein Teil an die Oberfläche bindet.

Speziell vorbereitete Mikrotiterplatten, die beispielsweise mit Protein A (Kapitel 10.7) bedeckt sind, werden nach Anleitung des Herstellers gekoppelt.
Abschließend wird ungebundenes Protein entfernt und die verbliebenen Bindungsstellen auf der Plastikoberfläche mit einer Blocklösung (z.B. Blotto, 10.2.4) abgesättigt.

> **TIPP**
> Das Waschen ist ein sehr entscheidender Schritt beim ELISA. Um die Lösungen in den Plattenvertiefungen gründlich zu entfernen, werden einige saugfähige Papiertücher auf einen stabilen Tisch gelegt und darauf die Platte umgekehrt ausgeschlagen.

Da sich auf einer Standardplatte 94 Vertiefungen befinden, kann im Prinzip auch eine entsprechende Zahl an Proben miteinander verglichen werden. Meist ist die Probenzahl jedoch niedriger, denn es empfiehlt sich, jede Analyse doppelt oder dreifach anzusetzen, um Variationen in den Signalstärken zu detektieren. Denn ein Hauptproblem beim ELISA liegt darin, dass innerhalb einer Probe nicht zwischen spezifischen und unspezifischen Signalen unterschieden werden kann. Die Farbentwicklung repräsentiert letztendlich die Gesamtheit der gebundenen Antikörper in einer Vertiefung. Daher können geringste Abweichungen schon zu veränderten Signalstärken führen. Da die vielen Proben eine Vielzahl an Pipettierschritten erfordern, wird häufig eine Multikanalpipette (Abb. 2.5C) verwendet.
Grundsätzlich müssen bei jedem ELISA einige Kontrollen durchgeführt werden (**Abb. 10.8**). Auch diese sollten möglichst doppelt oder dreifach angesetzt werden, wenn genügend Vertiefungen zur Verfügung stehen:

▶ **Nullkontrolle**
Diese Vertiefung wird gekoppelt und geblockt, alle weiteren Schritte entfallen. Nur Substrat wird dann wieder in die Vertiefungen gegeben. Die Nullkontrolle gibt Auskunft über die Eigenfärbung des Substrats.

▶ **Negativkontrolle auf Antikörper-Kreuzreaktion**
Der erste Antikörper wird weggelassen. Eine entstehende Färbung beruht daher auf Kreuzreaktionen des Enzym-gekoppelten, zweiten Antikörpers.

▶ **Negativkontrolle auf Antigen-Kreuzreaktion**
Das Antigen wird weggelassen bzw. eine sehr ähnliche Probe, die das Antigen nicht enthält. Soll beispielsweise ein heterolog exprimiertes Protein nachgewiesen werden, dient der nicht-transgene Wildtyp als Negativkontrolle. Es wird so festgestellt, ob andere Proteine mit einem der Antikörper kreuzreagieren.

▶ **Positivkontrolle**
Um zu überprüfen, ob der ELISA funktioniert hat, wird eine Probe verwendet, die auf alle Fälle ein Signal gibt. Wenn immer die gleiche Kontrolle eingesetzt wird, können auch verschiedene ELISA-Platten miteinander verglichen werden.

▶ **Kalibrierungsreihe**
Wenn eine genaue Quantifizierung notwendig ist, kann eine Kalibrierungsreihe mit dem Antigen erstellt werden, wobei dieses in unterschiedlichen Verdünnungen aufgetragen wird. Kalibrierungslösungen werden bei kommerziellen ELISA-Kits in der Regel mitgeliefert.

Mittels ELISA kann je nach Affinität des Antikörpers (Kapitel 10.3) das Antigen im Konzentrationsbereich von ng/ml bis pg/ml nachgewiesen werden. Es wird der Antigengehalt verschiedener Ausgangsproben miteinander verglichen. Durch den Vergleich mit einer Standardkurve kann auch eine absolute Quantifizierung des Antigens erfolgen.

> **GUT ZU WISSEN**
> Durch die Verwendung radioaktiv markierter Antikörper (z.B. ^{125}I), wird eine extrem hohe Sensitivität der Methode erzielt, die dann RIA [*Radio-Immuno-Assay*] genannt wird.

Es gibt neben dem Standardverfahren noch zwei weitere verbreitete ELISA-Varianten:
▶ Sandwich ELISA (Kapitel 10.5.1),
▶ Kompetitive ELISA (Kapitel 10.5.2).

10.5.1 Sandwich ELISA

Beim Sandwich ELISA **(Abb. 10.9)** wird zunächst ein sogenannter Fänger-Antikörper [*Capture-Antibody*] an das Trägermaterial gebunden. Es folgt der Block-Schritt, dann wird erst die Lösung mit dem Antigen zugegeben, welches an den Fänger-Antikörper bindet. Alle nicht-bindenden Bestandteile werden abgewaschen. Die Detektion und Quantifizierung des gebundenen Antigens erfolgt durch einen zweiten, Enzym-markierten Antikörper, der ebenfalls gegen das Antigen gerichtet ist.

Selbst wenn das Antigen in nur geringen Konzentrationen in der Lösung vorliegt, kann es durch den Sandwich-ELISA sehr gut nachgewiesen werden: Durch die Bindung an den Fänger-Antikörper erfolgt gewissermaßen eine Aufreinigung und Konzentrierung des Antigens. Der zweite Antikörper ist gegen ein weiteres Epitop

Abb. 10.9:
Beim Sandwich-ELISA wird zunächst der Fänger-Antikörper (1) an die Platte gebunden. Nur das Antigen im Proteingemisch bindet an diesen Antikörper (**A**). Alle anderen Proteine werden ausgewaschen (**B**). Die Detektion erfolgt mit einem zweiten, markierten Antikörper, dem Detektionsantikörper (2), dessen Signal proportional zur Menge des gebundenen Antigens ist (**C**).

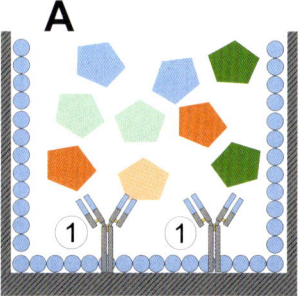
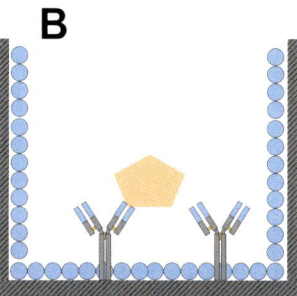
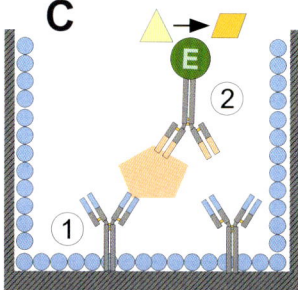

auf dem Antigen gerichtet, was den Test sehr spezifisch macht, denn nur Antigene, die Epitope für beide verwendeten Antikörper besitzen, werden detektiert. Dies erfordert jedoch, dass das Antigen eine bestimmte Mindestgröße aufweist. Kleine Moleküle (Haptene) können daher mit diesem Verfahren nicht nachgewiesen werden. Auch werden die beiden spezifischen Antikörper in recht großen Mengen benötigt.

10.5.2 Kompetitiver ELISA

Bei einem kompetitiven ELISA werden zwei verschiedene Antigene eingesetzt: das eine besitzt eine bekannte Konzentration und ist markiert. Das andere befindet sich in der unbekannten Probe, seine Konzentration soll durch den Test ermittelt werden (Abb. 10.10 A-C).

Das markierte Antigen mit einer bekannten Konzentration ist meist an ein Enzym wie HRP oder AP (Kapitel 10.2.5) gekoppelt. Auch radioaktive oder fluoreszenzmarkierte Antigene sind verbreitet.

Zunächst wird der Antikörper an die Mikrotiterplatte gekoppelt. Die Probe mit der unbekannten Menge an Antigen wird zusammen mit einer bekannten Menge an markiertem Antigen versetzt und aufgetragen (Abb. 10.10A). Die beiden Antigene konkurrieren nun um die Antikörperbindung. Enthält die Probe viel Antigen, kann nur sehr wenig markiertes Antigen gebunden werden (Abb. 10.10B), der ELISA weist nur eine schwache Färbung auf. Je weniger Antigen sich in der Probe findet, desto mehr markiertes Antigen kann binden, umso intensiver ist die Färbereaktion (Abb. 10.10C). Die resultierende Si-

PROTOKOLL 10.2

Durchführung eines Sandwich-ELISAs

Material:
- Mikrotiterplatte, ELISA-Reader, eine Multikanal-Pipette ist hilfreich
- Fänger-Antikörper und enzymgekoppelter Detektionsantikörper
- PBS (Protokoll 10.1), Blotto und Substrat

Durchführung:
1. 50 - 100 µl Fänger-Antikörper werden in einer Konzentration von ca. 20 µg/ml in PBS gelöst und in die Vertiefung der Platte gegeben. Die optimale Konzentration muss für jeden Test angepasst werden, aber 1 µg Antikörper pro Vertiefung ist ein guter Anfangswert. Die Kopplung erfolgt für 1 h bei Raumtemperatur oder bei 4 °C über Nacht.
2. Die Mikrotiterplatte wird zweimal mit PBS gewaschen, anschließend für 1 h oder über Nacht mit Blotto abgesättigt und anschließend zweimal mit PBS gewaschen.
3. Es werden 50 - 200 µl Antigen-Lösung zugegeben. Die Inkubation erfolgt 1 - 2 h oder über Nacht. Dabei kann die Platte mit einer speziellen Mikrotiterplatten-Folie verschlossen werden, um das Austrocknen zu verhindern.
4. Die Platte wird viermal mit PBS gewaschen.
5. Zugabe des markierten Detektionsantikörpers. Dessen optimale Menge muss bei der Etablierung eines ELISAs durch verschiedene Verdünnungen ermittelt werden, denn er sollte immer im Überschuss zum Antigen zugegeben werden.
6. Nach erneutem Waschen mit PBS und Substratpuffer wird die Substratlösung frisch zubereitet und zugegeben. Nach einer angemessenen Inkubationszeit wird die Farbintensität gemessen.

Anmerkung:
- Das Waschen erfolgt durch kräftiges Ausschlagen der Platte auf saugfähigem Papier.
- Oft ist es möglich, die Antikörper-gekoppelten Platten bei 4 °C zu lagern, wenn sie mit einer Mikrotiterplatten-Folie verschlossen sind.
- Natürlich können auch mehrstufige Sandwich-ELISAs durchgeführt werden.

Abb. 10.10:
Beim kompetitiven ELISA konkurriert eine bekannte Menge eines markierten Antigens mit unmarkiertem Antigen der zu untersuchenden Probe um die Bindung an den gekoppelten Antikörper (**A-C**). Je größer die Menge an Antigen in der Probe, desto weniger markiertes Antigen kann binden und desto schwächer ist die resultierende Färbung (**B**). Umgekehrt steigt die Signalstärke, je weniger Antigen sich in der Probe befindet. Es gibt viele Varianten des Verfahrens, eine wichtige ist der Nachweis von Antigenen im Blut von Patienten (**D-F**). Hierbei kompetieren die Antikörper aus der Blutprobe mit den markierten um das immobilisierte Antigen. Liegt eine Infektion vor (viel Antikörper im Blut, **E**), ist das Signal schwach, das Blut nicht-infizierter Personen ergibt ein starkes Signal (**F**).

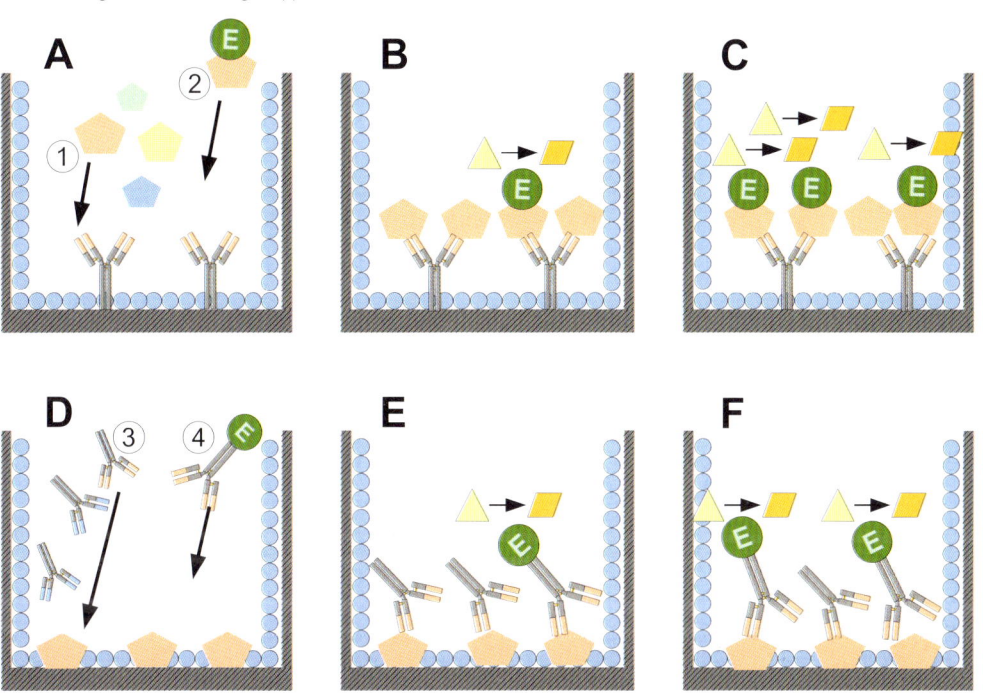

gnalstärke ist daher umgekehrt proportional zur Menge an Antigen in der Probe.

Der kompetitive ELISA wird oft für die Quantifizierung kleiner Antigene (Haptene) eingesetzt. Es gibt viele Varianten des kompetitiven ELISAs, von denen eine wichtige in **Abb. 10.10 D-F** dargestellt ist. Hierbei konkurriert ein markierter Antikörper mit bekannter Konzentration mit einer unbekannten Menge Antikörper aus einer Blutprobe um das gebundene Antigen. Je mehr Antikörper die Probe enthält, desto schwächer ist das resultierende Signal. Auf diese Weise kann ermittelt werden, ob bei der zu untersuchenden Person eine Infektion stattgefunden hat und Antikörper gegen das infizierende Agenz (dem gebundenen Antigen) gebildet wurden.

10.6 Immunfärbung nach Western Blot

Das Prinzip der Immunfärbung [*Immunostain*] nach Western Blot (Kapitel 9.5) entspricht ebenfalls dem allgemeinen Prinzip aus Abb. 10.5. Auch hier wird die Membran nach dem Western Transfer (Protokoll 9.4) mit einer Blocklösung wie Blotto (Kapitel 10.2.4) abgesättigt. Es folgen wie beim ELISA die verschiedenen Inkubationen der Antikörper einer Antikörper-Kaskade (Kapitel 10.2.6) an deren Ende die Enzymreaktion des letzten Antikörpers steht. An diesem Punkt gibt es einen wichtigen Unterschied zum ELISA (Kapitel 10.5): Das bei der Enzymreaktion entstehende Produkt darf nicht in der Lösung verbleiben, sondern muss am Bildungsort schnell präzipitieren. (Abb. 10.11)

Der Vorteil gegenüber dem ELISA liegt darin, dass die Proteine in der Probe zuvor als Banden im SDS-PAGE aufgetrennt wurden. So kann eine unspezifische Kreuzreaktion sehr leicht erkannt werden (Bahnen 4 und 5 in Abb. 10.11). Auch ist es möglich, die Signalstärke einzelnen Proteinbanden zuzuordnen. Dies bedeutet, dass der Einfluss unspezifischer Signale bei der Immunfärbung viel niedriger ist.

Allerdings erfordert die Immunfärbung die SDS-PAGE als zusätzlichen, relativ zeitaufwendigen Arbeitsschritt.

Die Immunfärbung kann in Schalen durchgeführt werden, worin die Lösungen bequem zu wechseln sind. Bei keinem Schritt des Western-Transfers und der nachfolgenden Immunfärbung darf die Membran trocken fallen.

> **TIPP**
> Die Membran kann auch mit der Antikörperlösung zusammen in eine Plastiktüte eingeschweißt werden. Die Tüte wird in einer Schale auf eine Wippe gelegt. Die Lösung wird durch einen aufgelegten, mit Wasser gefüllten Zentrifugenbecher ständig auf der Membran verteilt. Auf diese Weise benötigt man im Vergleich zur Färbung in Schalen nur ungefähr ein Zehntel der Antikörpermenge.

Anschließend wird 1-2 h mit dem ersten Antikörper inkubiert und dann mehrfach mit PBS gewaschen. Es folgt der zweite, meist Enzymgekoppelte Antikörper ebenfalls für 1-2 h. Nach einem weiteren Waschschritt wird die Membran kurz in Substratpuffer umgepuffert und das Substrat zugegeben. Die Färbung sollte sich innerhalb von 10 min entwickeln.

> **TIPP**
> Schalen, die für die Immunfärbung genutzt werden, sollten niemals zuvor für die Coomassiefärbung verwendet worden sein, da die Säure in der Färbelösung die Plastikoberfläche angreift. Werden solche Schalen verwendet, sind fleckige Immunfärbungen oft die Folge.

Die Reaktion wird meist mit Wasser abgestoppt und die Membran kann zwischen Filterpapier getrocknet und anschließend fotografiert oder eingescannt werden. Die meisten Färbungen sind nicht lichtstabil und sollten daher im Dunkeln gelagert werden.

Der Western Blot mit anschließender Immunfärbung erlaubt es, durch die Kombination mit der SDS-PAGE ein bestimmtes Protein zu identifizieren, sein Molekulargewicht und die relative Menge zu ermitteln. Diese Kombination machte das Verfahren so populär. Natürlich können Immunfärbungen nach Western Blot auch von nativen oder 2-D-Gelelektrophoresen durchgeführt werden.

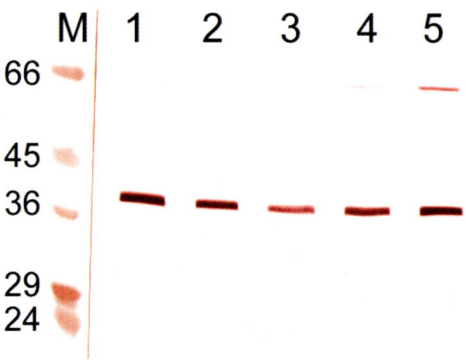

Abb. 10.11:
Beispiel einer Immunfärbung nach Western Blot. Der Streifen mit dem Marker (M) wurde mit Ponceau gefärbt (Kapitel 9.5) und ist vor der Immunfärbung abgeschnitten worden. Nach der Immundetektion dient der Streifen zur Größenbestimmung der detektierten Banden. Diese liegen bei 40 kDa, was erwartet wurde, da das Antigen, die Glutaminsynthetase 3A ein Molekulargewicht von 39,5 kDa besitzt. Weiterhin sind in den Bahnen 4 und 5 leichte Kreuzreaktionen zu erkennen, die durch andere Proteine bewirkt werden. In einem ELISA hätte das unspezifische Signal bei 66 kDa nicht vom spezifischen bei 40 kDa unterschieden werden können.

PROTOKOLL 10.3

Immunfärbung eines rekombinanten Proteins mit Flag-Tag

Material:
- Schalen, Pinzetten, Wippe
- PBS (Protokoll 10.1) und Blotto (Kapitel 10.2.4)
- Maus-α-Flag Tag Antiserum (Mα-FlagTag-Ig)
- Kaninchen-α-Maus Immunglobulin gekoppelt mit Alkalischer Phosphatase (RαMIgAP)
- Substratpuffer:
  - 0,5 mM $MgCl_2$
  - 100 mM Tris-HCl, pH 9,5
- BCIP: 15 mg/ml 5-Bromo-4-Chloro-3-Indolylphosphat, Toluidinsalz in DMF (N,N'-Dimethylfluorid)
- NBT: 30 mg/ml Nitro-Blue-Tetrazoliumchlorid in 70 % (v/v) DMF

Durchführung:
- Die PVDF wird nach dem Blocken mit PBS gewaschen.
- Zugabe des 1. Antikörpers (Mα-FlagTag-Ig in Blotto laut Angaben des Herstellers verdünnt) und Inkubation für 1-2 h auf einer Wippe bei Raumtemperatur.
- 4 x je 5 min mit 1x PBS waschen.
- Zugabe des 2. Antikörpers (RαMIgAP in Blotto, die Verdünnung gibt der Hersteller vor).
- Erneute 1-2 h Inkubation auf einer Wippe.
- Zweimal mit PBS waschen, anschließend zweimal mit Substratpuffer.
- Währenddessen wird das Substrat vorbereitet:
  - 100 µl BCIP
  - 100 µl NBT
  - 10 ml Substratpuffer
- Die Membran wird in Substratlösung inkubiert bis die Banden sichtbar werden, was zwischen 2 und 20 min dauern sollte.
- Die Färbereaktion wird durch gründliches Spülen mit Wasser gestoppt.
- Die Membran kann zwischen zwei Filterpapieren getrocknet und zeitnah fotografiert werden.

10.7 Immunoaffinitätschromatographie

Das Prinzip der Affinitätschromatographie wurde bereits in Kapitel 8.4.2 besprochen. Werden Antikörper an die Säulenmatrix gebunden (Abb. 10.12 A), spricht man von Immunaffinitätschromatographie. Auch die Variante das Antigen an eine Trägermatrix zu koppeln und darüber den Antikörper aufzureinigen (Abb. 10.12 B), wird als Immunaffinitätschromatographie bezeichnet.

Der Antikörper kann durch eine recht einfache Reaktion über sein carboxyterminales Ende an die Säulenmatrix gebunden werden. So ragt die Antigen-Bindestelle nach außen. Für solche Kopplungsreaktionen werden speziell vorbereitete Säulenmatrices kommerziell angeboten.

Eine Alternative stellt die indirekte Kopplung dar, bei der zunächst Protein A oder Protein G an die Säulenmatrix gebunden werden und diese den Antikörper im F_C-Bereich binden.

GUT ZU WISSEN

Protein A und G sind Oberflächenproteine von infektiösen Bakterien, die sich dadurch vor dem Immunsystem schützen, indem sie die Antikörper „falsch" herum an die Zellwand des Bakteriums binden. Dadurch ist der Effektorbereich des Immunglobulins nicht mehr zugänglich. Die Bindungsaffinität ist von der Herkunft des Antikörpers und seiner Subklasse abhängig. Beide binden gut an IgG1 und IgG2 aus Maus und Mensch sowie IgGs aus Kaninchen. IgGs aus Ratte, Huhn, Ziege und Schaf können mäßig gut nur durch Protein G gebunden werden.

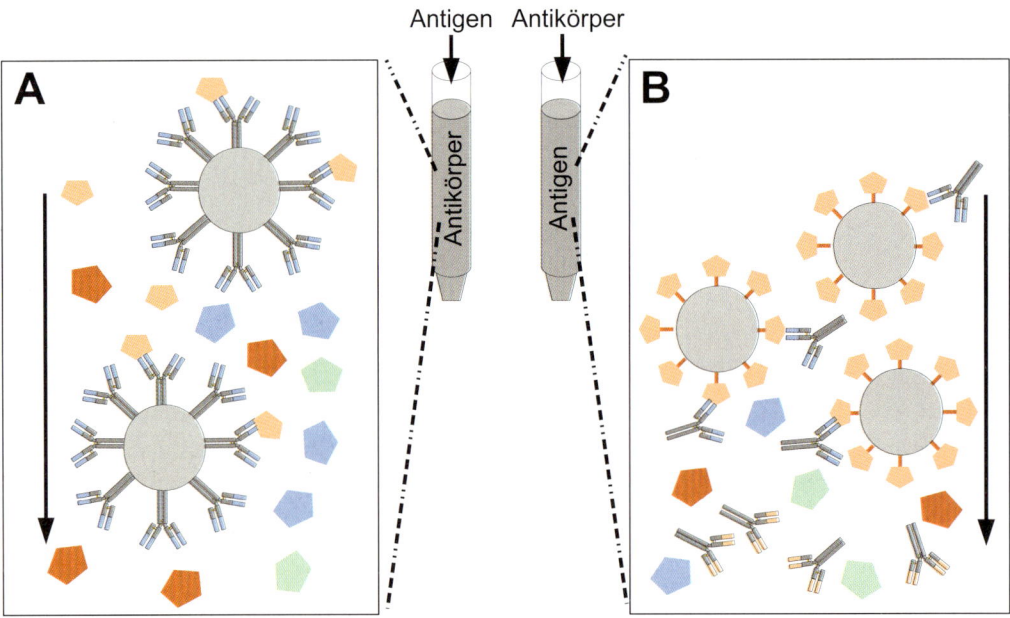

Abb. 10.12:
Bei der Immunaffinitätschromatographie wird der Antikörper an eine Säulenmatrix gebunden (**A**). Dadurch kann das Antigen sehr spezifisch aufgereinigt werden. Häufig werden auch polyklonale Seren über eine Affinitätschromatographie aufgereinigt (**B**), wobei das Antigen an die Säule gekoppelt wird. Die erhaltenen Antikörper werden als „affinitätsgereinigt" bezeichnet.

Die Affinitätschromatographie führt zu einem hohen Aufreinigungsgrad – meist mehr als um das Tausendfache – aber die Säulen sind relativ empfindlich gegenüber diversen Störstoffen, sodass zuvor eine IEX (Kapitel 8.4.2) oder Ähnliches durchgeführt werden sollte. Je nach Antikörper ist eine solche Säule auch sehr teuer. Dies gilt auch für Protein A- und Protein G-Säulen. Abhängig von der Stabilität des gekoppelten Antikörpers und der Elutionsmethode kann eine solche Säule unter Umständen nur wenige Male wiederverwendet werden.

Die eigentliche Immunaffinitätschromatographie läuft immer sehr ähnlich ab, denn die Antikörper sind biochemisch recht ähnlich. Das hat den Vorteil, dass für unterschiedliche Antigene sehr ähnliche Protokolle verwendet werden können.

Das Antigen wird in einem PBS- oder TBS-Puffer (Protokoll 10.1) gelöst, rezirkulierend auf die Säule gegeben, sodass die Bindung des Antigens über 2-3 h oder über Nacht an den Antikörper erfolgen kann. Nicht bindende Proteine werden mit PBS und gegebenenfalls steigendem Salzgradienten abgewaschen. Die Elution erfolgt mit Glycin-HCl, pH um 2,8, was fast immer zur Trennung der Antikörper-Antigen-Bindung führt. Allerdings sollten Antigen und Antikörper diesem sauren Puffer nicht allzu lange ausgesetzt werden, sodass schnell nach der Elution wieder ein basischer pH hergestellt werden muss.

Wenn möglich, sollten für die Immunaffinitätschromatographie monoklonale Antikörper verwendet werden, da Antigene wegen der multivalenten Avidität polyklonaler Affinitätssäulen von diesen oft schwer zu eluieren sind.

Die Affinitätschromatographie kann weiterhin für die Aufreinigung von polyklonalen Seren genutzt werden. Dabei wird das Antigen an eine Säulenmatrix gekoppelt und auf diese Weise die spezifischen Antikörper aus dem Serum aufgereinigt (Abb. 10.12 B). Solche Antikörper werden affinitätsgereinigte Antikörper [*affinity purified antibodies*] genannt.

10.8 Weitere Antikörper-basierte Methoden

Das enorme Potenzial von Antikörpern lässt sich an der riesigen Zahl an Anwendungen ablesen, deren Vorstellung den Rahmen dieses Buches sprengen würde, weshalb wir uns auf wenige beispielhafte Verfahren beschränken. Automatisierte Verfahren werden zunehmend in Routineuntersuchungen eingesetzt, diese werden im E-Doc 10-4 kurz skizziert.

10.8.1 Lokalisation des Antigens in einem Gewebe oder in einer Zelle

Immunhistochemische Verfahren erlauben die Lokalisation eines Antigens in einem Gewebe. Diese Informationen können Auskunft über die physiologische Funktion und die Bedeutung des Antigens liefern. Weiterhin kann die Lokalisation eines bestimmten Antigens in einem Gewebe auch Hinweise auf einen bestimmten physiologischen Zustand des Gewebes geben, was wiederum für die medizinische Diagnostik große Bedeutung hat. Das Gewebe wird vor der eigentlichen Immunfärbung fixiert, denn das Zellinnere muss für die Antikörper zugänglich gemacht werden. Dies ist eine mehrstufige und oft zeitaufwendige Prozedur. Die bei der Immunfluoreszenz eingesetzten Antikörper weisen meistens eine hohe Affinität zum Antigen auf, denn dieses ist im Gewebeschnitt oft niedrig konzentriert. Mehrstufige Antikörperkaskaden sind daher die Regel (Kapitel 10.2.6).

Eine gängige Variante stellt die Immunfluoreszenz dar, bei der die Lokalisation über fluoreszenzbasierte Antikörper erfolgt. Seit den 50er Jahren werden Antikörper mit der Fluorophore Fluorescein Isothiocyanat chemisch konjugiert und die Lokalisation des Antigens mittels Fluoreszenzmikroskopie ermittelt. Inzwischen gibt es eine große Zahl verschiedener Fluorophoren, von denen einige im E-Doc 10-3 näher beschrieben sind. In den letzten Jahren hat es durch die Weiterentwicklung im Bereich der Fluoreszenzmikroskope enorme Fortschritte gegeben und verschiedene extrem hochauflösende Verfahren sind inzwischen verfügbar.

Eine ganz einfache Methode, ein Protein in einem Gewebe zu detektieren, stellt der *Tissue Print* dar. Dabei wird ein Gewebeschnitt auf Nitrozellulose gepresst. Mit der ausgepressten Gewebeflüssigkeit bindet das Antigen an die Nitrozellulose. Die Detektion erfolgt wie bei der Immunfärbung (Kapitel 10.6). Auf diese Weise kann recht schnell – und ohne apparativen Aufwand – die Gewebelokalisation eines Antigens festgestellt werden.

10.8.2 Markierung von Zellen

Der Agglutinationstest wurde in Kapitel 10.2.1 bereits kurz angesprochen, er ist vor allem in der medizinischen Diagnostik weit verbreitet. Dabei binden Antikörper an Oberflächenproteine von Zellen. Die über die bivalenten Antikörper verknüpften Zellen „verklumpen" (=agglutinieren). Die Agglutination der Zellen kann leicht durch Ausstreichen der Suspension auf einem Objektträger erkannt werden. Agglutinierte Zellen tragen demzufolge das Oberflächenprotein, gegen das der Antikörper gerichtet ist. So können beispielsweise Bakterien in einer (Blut-) Probe identifiziert werden.

Der Hämagglutinationstest zur Bestimmung der Blutgruppe beruht ebenfalls auf diesem Prinzip und ist einer der am häufigsten angewandte Immuntest überhaupt. Bei einer Variante des Verfahrens, dem Latex-Agglutinationstest, wird Antigen oder Antikörper an Latexkügelchen gebunden, die dann durch die Probe agglutiniert werden.

Weiterhin können Zellen zunächst durch einen oder mehrere fluoreszenzmarkierte Antikörper an ihrer Oberfläche markiert werden. Anschließend werden sie in einer Kapillare an einem Laser und Sensor vorbeigeschleust. Über die unterschiedlich markierten Antikörper können verschiedene Zelltypen identifiziert werden (Durchflusszytometrie). Weiterhin lässt die Streuung des Lichtes Rückschlüsse auf die Zellgröße zu.

Schließlich können Gemische verschiedener Zelltypen über dieses Verfahren sortiert werden (Abb.10.13). Diese Variante der Durchflusszytometrie nennt man FACS [*Fluorescence Activated Cell Sorting*]. Beim Vorbeifluss an Laser und Detektor wird der Zelltyp aufgrund der gebundenen Fluoreszenz analysiert. Am Ende der Kapillare wird die Zelle in einen Tropfen eingeschlossen, welcher aufgrund der zuvor gemessenen Fluoreszenz positiv oder negativ geladen wird. Dieser elektrisch geladene Tropfen wird durch ein elektrisches Feld abgelenkt und fällt in das entsprechende Gefäß. Auf diese Weise erhält man am Ende drei verschiedene Zellpopulationen: Zellen, die in einem positiv geladenen Tropfen eingeschlossen wurden, die entsprechenden Pendants in den negativ geladenen Tropfen sowie leere und ungeladene Tropfen in der Mitte.

10.9 Wenn es mal nicht klappt ...

In Tab. 10.5 sind einige typische Fehler, die beim ELISA auftreten können, zusammengefasst. Analog findet sich eine Zusammenstellung für Immunfärbungen nach Western Blot in Tab. 10.6.

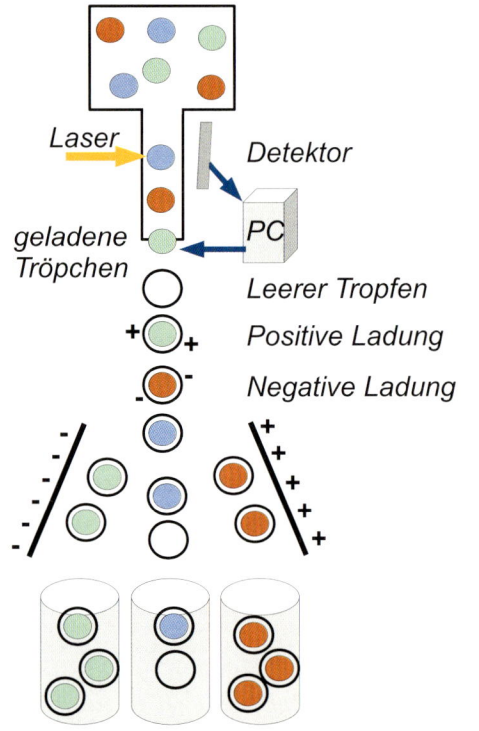

Abb. 10.13:
FACS. Die Zellen werden aufgrund ihrer Oberflächen-Antigene unterschiedlich durch fluoreszenzgekoppelte Antikörper markiert. Die Fluoreszenz wird in einer Durchflusskapillare detektiert und die Zellen am Ende der Kapillare in elektrisch geladene Tröpfchen eingefasst. Im elektrischen Feld werden die markierten Zellen abgelenkt, während leere Tropfen und unmarkierte Zellen unbeeinflusst das Feld passieren.

Tab. 10.5:
Einige typische Fehler, die beim ELISA auftreten können.

Beobachtung	Mögliche Ursache und Fehlerbehebung
Positive Färbung in der Negativkontrolle	▶ Kontamination der Reagenzien oder Probe, Übertrag aus benachbarten Vertiefungen. Frische Reagenzien verwenden und sorgfältig pipettieren. ▶ Zu hohe Antikörperkonzentrationen führen zu unspezifischen Bindungen. ▶ Die Platten wurden nicht ausreichend gewaschen. ▶ Bei Sandwich ELISA: Fänger-Antikörper wird durch Detektionsantikörper erkannt.
Hohe Hintergrundfärbung in der gesamten Platte	▶ Die Färbereaktion dauert zu lange oder der konjugierte Antikörper ist zu hoch konzentriert. ▶ Stoppen der Färbereaktion wurde vergessen oder ist fehlgeschlagen. ▶ Viele Substrate müssen im Dunkeln entwickelt werden. ▶ Die Inkubationstemperatur ist zu hoch. ▶ Unspezifische Bindung des Antikörpers.
Zu schwache Färbung	▶ Das Antigen ist nicht vorhanden oder wurde während der Präparation abgebaut. ▶ Zu wenig Antikörper verwendet. ▶ Die verwendeten Reagenzien sind zu alt oder haben einen falschen pH-Wert. ▶ Die Temperatur ist zu niedrig oder die Inkubationszeiten sind zu kurz.
Ungleiche Färbung über die gesamte Platte	▶ Die Mikrotiterplatten wurden während der Inkubation aufeinandergestapelt. ▶ Schlecht pipettiert oder schlecht gewaschen. ▶ Die Antikörper oder die Substratlösungen wurden nicht oder schlecht gemischt. ▶ Einzelne Vertiefungen sind zwischendurch ausgetrocknet.

Tab. 10.6:
Einige typische Fehler, die bei der Immunfärbung auftreten können.

Beobachtung	Mögliche Ursache und Fehlerbehebung
Kein Signal	▶ Der primäre und der sekundäre Antikörper sind nicht kompatibel. ▶ Der primäre Antikörper ist zu niedrig konzentriert oder wurde zu häufig wiederverwendet. ▶ Das Antigen ist zu niedrig konzentriert oder bei der Aufreinigung verloren gegangen. ▶ Die Membran wurde zu stark gewaschen. ▶ Der Transfer (Western Blot) hat nicht funktioniert, Membran nach Transfer durch Färbung mit PonceauS überprüfen (Kapitel 9.5). ▶ Das Substrat ist zu alt. ▶ Bei der Enzymreaktion mit HRP ist (noch) Natriumazid vorhanden, welches die HRP inhibiert (Kapitel 10.2.5).
Starke Hintergrundfärbung	▶ Das Blocken der Membran war nicht ausreichend. ▶ Konzentration des ersten Antikörpers ist zu hoch. ▶ Die Temperatur oder der pH-Wert ist zu hoch. ▶ Der zweite Antikörper bindet unspezifisch oder an das Blockreagenz. ▶ Die Membran wurde nicht ausreichend gewaschen. ▶ Die Membran ist zu irgendeinem Zeitpunkt trocken gefallen. ▶ Die Schalen sind zuvor mit Säuren in Kontakt gekommen.
Ungefärbte Flecken	▶ Luftblasen während des Western Transfers (Kapitel 9.5).
Viele Banden, wo nur eine erwartet wird	▶ Proteolytischer Abbau des Antigens während der Präparation. ▶ Das Antigen liegt in verschiedenen Modifikationen vor (z.B. glykosyliert) oder bildet Multimere, die vor SDS-PAGE nicht getrennt wurden. ▶ Der (sekundäre) Antikörper kreuzreagiert mit weiteren Proteinen aus der Probe. ▶ Zu hohe Antikörperkonzentrationen.

11 Molekularbiologie für Fortgeschrittene

11.1   DNA-Sequenzierung

11.2   Bioinformatische Sequenzanalyse

11.3   Der Einsatz der Bioinformatik für die Klonierung von DNA

11.4   Vollständige Sequenzen durch 3' RACE-PCR und 5' RACE-PCR

11.5   Stammsammlungen

11.6   Identifizierung von Nukleinsäuren durch Hybridisierung

11.7   DNA-Chips oder Microarrays

11.8   Veränderung von Nukleinsäuren

11.9   Synthetische Gene

In diesem Kapitel stellen wir wichtige Verfahren vor, welche die zuvor besprochenen grundlegenden Methoden kombinieren und ebenfalls in molekularbiologischen Laboren weit verbreitet sind. Hierzu gehört die Ermittlung der Sequenz einer DNA, welche heute praktisch vollständig automatisiert ist und oft von Servicefirmen vorgenommen wird. Das Teilgebiet der Bioinformatik ist inzwischen eng mit den molekularbiologischen Untersuchungsmethoden verknüpft, sodass wir zumindest einen kurzen Blick auf dieses Forschungsgebiet werfen müssen.

Mit der Bioinformatik eng verbunden ist auch die Isolation unbekannter Gene, welche auf homologen Sequenzen in den Datenbanken beruht.

Abschließend wird auf zwei generelle Strategien eingegangen, die in den letzten Jahren die molekularbiologische Arbeitsweise maßgeblich beeinflusst haben:

Die Identifizierung bestimmter Nukleinsäuremoleküle durch markierte Sonden ist eigentlich ein alter Hut und als Southern Blot (**E-Doc 7-1**) oder Northern Blot (**E-Doc 7-2**) bekannt. Heute wird jedoch nicht mehr eine einzelne DNA-Sequenz in einer solchen Hybridisierung nachgewiesen, sondern durch die Verwendung von *DNA-Microarrays* mehrere Zehntausende parallel.

Die gezielte oder zufällige Sequenzveränderung von DNA-Molekülen erlaubt viele Analysen, die

Abb. 11.1:
DNA-Sequenzierung. In einem ersten Schritt wird die DNA denaturiert und der Sequenzierprimer lagert sich an einen bekannten Sequenzabschnitt an (**A**). Die Neusynthese erfolgt, bis der Einbau eines ddNTPs anstelle des entsprechenden dNTPs zum Strangabbruch führt (**B**). Das Beispiel zeigt den Ablauf für ddATP. Für die anderen ddNTPs läuft das Verfahren analog, wobei die ddNTPs unterschiedlich fluoreszenzmarkiert sind. Die gebildeten DNA-Stränge werden entsprechend ihrer Größe in einer Kapillarelektrophorese aufgetrennt. Dabei laufen sie an einem Laser und Detektor vorbei, wo die entsprechende Fluoreszenz erfasst wird (**C**).

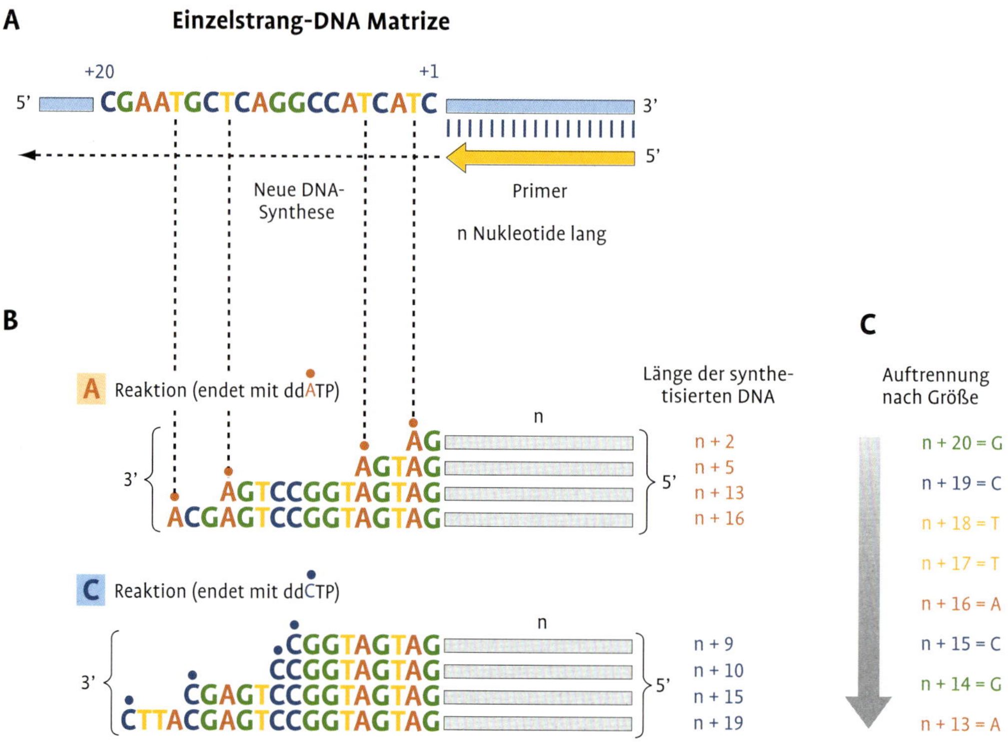

Abb. 11.2:
Ein typisches Chromatogramm einer Sequenzierung, wie es automatisch generiert wird.

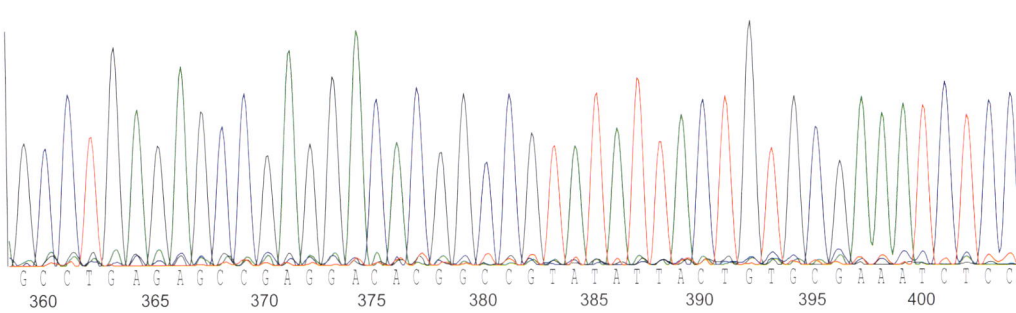

im Begriff Reverse Genetik zusammengefasst werden, ist aber auch die Grundlage von Display Verfahren, die aus der modernen Biologie nicht mehr wegzudenken sind. Mit diesem spannenden Bereich werden wir das Buch beschließen.

11.1 DNA-Sequenzierung

Das Ziel vieler Klonierungsanstrengungen liegt letztendlich darin, die Sequenz des klonierten DNA Fragmentes zu ermitteln. Die DNA-Sequenzierung ist heute ein vollständig automatisierter Prozess, welcher entweder durch Sequenzierautomaten im Labor oder durch eine Servicefirma durchgeführt wird, der die DNA-Probe und ein Sequenzierprimer zugeschickt werden. Daher konzentrieren wir uns an dieser Stelle vor allem auf die Vorarbeiten für eine erfolgreiche Sequenzierung sowie die Auswertung der erhaltenen Daten.

11.1.1 Sequenzierung nach Sanger

Die Didesoxy-Methode nach Sanger ist noch das am weitesten verbreitete Verfahren. Das Prinzip ist in **Abb. 11.1** dargestellt, allerdings in seiner aktuell häufig durchgeführten Variante, welche im Vergleich zur ursprünglichen Methode auf hohen Durchsatz und Automatisierung optimiert wurde. Zunächst wird die zu sequenzierende DNA denaturiert, so dass Einzelstränge vorliegen. Nun wird ein bekannter Sequenzabschnitt für die Anlagerung des Sequenzierprimers benötigt. Dieser Bereich sollte das zu sequenzierende Insert flankieren, liegt also im Vektor. Viele Vektoren weisen deshalb in ca. 40 bp Entfernung zur Klonierungsstelle (Kapitel 6.2.) die gleichen Bindestellen für Standardprimer wie M13-20, T7 oder T3 (Abb. 6.4) auf. Solche universellen Primer sind bei den Sequenzierfirmen in der Regel bereits vorhanden und müssen nicht mit der Probe eingeschickt werden.

Der Sequenzierprimer bindet an die ssDNA und die Polymerase synthetisiert den neuen Strang. Im Unterschied zur PCR befinden sich aber nicht nur die dNTPs in dem Reaktionsansatz, sondern ein kleiner Anteil fluoreszenzmarkierter Didesoxynukleotide (ddNTPs). Wird zufällig ein solches ddNTP eingebaut, bricht wegen der fehlenden OH-Gruppe am 3'C-Atom die Synthese an dieser Stelle ab.

Mit der Zeit entstehen so unterschiedlich lange DNA-Fragmente, deren Synthese an verschiedenen Stellen abgebrochen wurde. Da die ddNTPs unterschiedlich fluoreszenzmarkiert sind, kann man aufgrund der Fluoreszenz ermitteln, welche Base sich an der Abbruchstelle befindet. Die unterschiedlich langen Fragmente werden in einer speziellen Elektrophorese aufgetrennt, die in sehr dünnen Kapillaren (Kapillarelektrophorese) durchgeführt wird. Die unterschiedlich fluoreszenzmarkierten Proben laufen dabei an einem Laserstrahl und einem Detektor vorbei. Auf diese Weise kann den unterschiedlich langen Fragmenten die richtige Base zugeordnet werden.

Beim Vorbeifließen am Detektor wird ein Chromatogramm aufgezeichnet, wie es in **Abb. 11.2** dargestellt ist.

Der auswertbare Bereich umfasst je nach Qualität der zu sequenzierenden DNA-Probe 300 - 1000 bp. Längere Sequenzierungen sind auch möglich, erfordern jedoch entsprechend angepasste Verfahren.

Da die meisten Sequenzierungen heutzutage durch Servicefirmen oder Sequenzierautomaten durchgeführt werden, konzentrieren wir uns nachfolgend vor allem auf die Vorbereitung einer Probe für die Sequenzierung sowie die Auswertung der Daten.

GUT ZU WISSEN
Die klassischen Sequenzierverfahren befinden sich in einer enormen Umbruchphase. Komplexe massiv-parallele Methoden und entsprechende Geräte drängen auf den Markt, welche innerhalb weniger Tage komplette Genome vollautomatisch sequenzieren können. Eine kurze Übersicht über dieses spannende Gebiet ist im E-Doc 11-1 zusammengestellt.

11.1.2 Herstellen von Proben für die DNA-Sequenzierung

Eine Plasmidpräparation wird oft aus 2 ml *E. coli* Kultur (bei Low-Copy-Plasmiden etwas mehr) durchgeführt. Einsteiger sollten kommerzielle Kits (Kapitel 3.6) verwenden, mit denen sich Leseweiten bis ca. 500 bp erzielen lassen. Profis führen die Plasmidisolation per Hand durch (Kapitel 3.4.1) und erzielen so Leseweiten von über 1000 bp für den gleichen Preis. Auch PCR-Amplifikate können direkt an die Sequenzierfirmen geschickt werden, diese dürfen aber nur ein Amplifikat enthalten, was zuvor im Gel (Kapitel 7.1) überprüft werden muss. Die Leseweite ist kürzer als bei Plasmiden.

Oft wurden vom Institut sogenannte Barcode-Labels des Service-Anbieters gekauft. Diese Etiketten werden auf die Probegefäße geklebt. Damit die Proben später zugeordnet werden können, muss man die entsprechenden Formulare auf der Webseite des Serviceanbieters ausfüllen. Neben einzelnen Proben können auch ganze Mikrotiterplatten an die Sequenzierfirma geschickt werden. Die DNA sollte sich in H_2O oder besser in 5 mM Tris-HCl pH 8 - 9, in einem Gesamtvolumen von 10 - 20 µl befinden. Die genauen Angaben finden sich auf den Webseiten der Anbieter. Wichtig ist weiterhin, dass keine Gemische verschiedener DNAs vorliegen und dass bestimmte DNA-Konzentrationen (**Tab. 11.1**) eingehalten werden.

Neben der zu sequenzierenden DNA muss auch ein Sequenzierprimer mitgeschickt werden, es sei denn, man kann einen der Standardprimer nutzen, die bei den Sequenzierfirmen schon vorhanden sind.

Es ist sehr empfehlenswert, die Uniformität der Probe auf einem Agarosegel (Kapitel 7.1) zu überprüfen.

Tab. 11.1:
Typische DNA-Mengen, die für eine Sequenzierung benötigt werden. Die Angaben können von Firma zu Firma variieren, hier hilft ein Blick auf die Webseiten des Anbieters.

Probenart	Konzentration
Gereinigte Plasmid-DNA	100 ng/µl in einem Volumen von 15 µl
Gereinigte PCR-Produkte:	
< 300 bp	2 ng/µl in 15 µl
300 - 1000 bp	5 ng/µl in 15 µl
> 1000 bp	10 ng/µl in 15 µl
Mitgeschickter Primer	2 pmol/µl in mindestens 15 µl

Folgende Faktoren können die Qualität einer Sequenzierung stark beeinflussen:
- ▶ Reste von Kulturmedien führen zu schlechten Sequenzierergebnissen. Nach dem Abzentrifugieren der Zellen muss das Medium vollständig entfernt werden.
- ▶ Plasmid-Isolationskits dürfen nicht überladen werden. Eine gute manuell durchgeführte Plasmidpräparation führt immer zu besseren, also längeren Sequenzen als jeder Kit.
- ▶ Die Sequenzierreaktion ist sehr empfindlich gegenüber Ethanol, welches über die Ethanolfällung (Kapitel 3.3.2) in die Probe gelangen kann.
- ▶ Vor der Sequenzierung von PCR-Produkten müssen verbliebene dNTPs, Enzyme und PCR-Primer abgetrennt werden. Dies erfolgt am besten über einen PCR-Aufreingungskit (Kapitel 3.6), eine DNA-Fällung (Kapitel 3.3.2) oder mittels ExoSAP-IT® (**E-Doc 5-2**).
- ▶ Wird eine PCR-Probe eingeschickt, sollte diese als deutliche Einzelbande im Gel sichtbar sein. Resultiert die PCR nur in einer schwachen Bande, wird die Sequenzierung nicht funktionieren.
- ▶ Schließlich sollte darauf geachtet werden, dass der Sequenzierprimer auch nur einmal auf der DNA bindet und die Bindestelle nicht am Ende des PCR-Amplifikats liegt.

> **TIPP**
> Der Primer sollte ca. 50 Basen vor dem Bereich, der sequenziert werden soll, binden. Denn die ersten 50 Basen eines Chromatogramms sind oft schlecht lesbar.

Tab. 11.2:
Einige bekannte Sequenzanalyse-Programme.

Programm	Preis	Bemerkung
Serial Cloner	Donation Ware	Sehr bedienerfreundliches Programm für Mac und Windows. http://serialbasics.free.fr/Serial_Cloner.html
Gentle	Donation Ware	Sehr umfassendes und stabiles Programm für Windows, MAC und Linux. Leider wird es nicht mehr aktualisiert. http://gentle.magnusmanske.de
pDraw	Freeware	Einfaches Programm zum Zeichnen von Plasmiden. http://www.acaclone.com
VectorNTI	> € 1500,- pro Jahr (Invitrogen)	Was lange Zeit für akademische Zwecke kostenfrei, ist jetzt aber sehr teuer. Sequenzen sind in Datenbanken organisiert. Viele zusätzliche Analysetools. Bedieneroberfläche ist gewöhnungsbedürftig. Für Mac und Windows. http://www.invitrogen.com
Clone Manager	Ca. 400,- €, keine zeitliche Begrenzung der Nutzung (Sci Ed)	Übersichtliches Programm für gängige Klonierungsarbeiten. Erst die Pro-Version enthält alles, was typischerweise benötigt wird. http://www.scied.com
CLC Workbench	Ca € 600,- pro Jahr (CLC Bio)	Ebenfalls für verschiedene Betriebssysteme, bedienerfreundlich, Oberfläche ähnlich wie VectorNTI aufgebaut. http://www.clcbio.com
Lasergene	Ca. € 1200,- (DNAStar, in Deutschland über GATC)	Modular aufgebaute Software, verwendet eigenes Dateiformat. Bedienerführung stammt vom Mac, daher für Windows-Benutzer gewöhnungsbedürftig. http://www.dnastar.com/t-products-lasergene.aspx

Die obigen Angaben gelten natürlich auch dann, wenn die Sequenzierung im Labor selbst von einem Sequenzierautomaten durchgeführt wird.

11.1.3 Analyse der Daten der DNA-Sequenzierung

Der Sequenzierautomat beziehungsweise die Servicefirma liefert die ermittelte DNA-Sequenz als Chromatogramm (Abb. 11.2). Je nach Qualität ist ein Chromatogramm bis zu einer Länge von 1000 Basen lesbar. Für die Darstellung benötigt man spezielle Programme. Gängige Freeware-Programme sind:
▶ Chromas-Lite (http://www.technelysium.com.au)
▶ FinchTV (http://www.geospiza.com unter FinchTV)

Die weitere Analyse erfolgt in DNA-Sequenzanalyse-Programmen, eine Aufstellung gängiger Programme findet sich in **Tab. 11.2**.

11.2 Bioinformatische Sequenzanalyse

Die Bioinformatik kann am einfachsten als die Nutzung der Computertechnologie für die Verwaltung und Analyse biologischer Daten definiert werden. Spätestens die Sequenzierung kompletter Genome hat zu einer solchen Flut an Daten geführt, dass effiziente Datenbank-Systeme entstanden sind, um diese Daten zu verwalten und zu analysieren.

An dieser Stelle sei auf vier wichtige Anlaufstellen für die bioinformatische Recherche nach Sequenz- und Strukturdaten verwiesen:
▶ National Center for Biotechnology Information (NCBI): http://www.ncbi.nlm.nih.gov
Neben PubMed, dem Standard für die Suche nach naturwissenschaftlicher und medizinischer Literatur sind dort alle öffentlich zugänglichen Sequenzen von Nukleinsäuren [*Nucleotide*] und Proteinen [*Protein*] gespeichert. Sie können durch die Eingabe von Schlagworten gesucht werden. Auch komplette Genomsequenzen [*Genome*] sowie Proteinstrukturen [*Structure*] und viele weitere Angebote sind dort verfügbar. Daneben gibt es auch die Möglichkeit, Sequenzdaten zu analysieren. Gibt man im Modul BLAST eine beliebige DNA- (BLASTn) oder Proteinsequenz (BLASTp) ein, erhält man schnell eine Liste ähnlicher oder identischer Sequenzen (**E-Doc 11-2**).
▶ Expasy http://www.expasy.org
Diese Schweizer Webseite konzentriert sich auf die Analyse von Proteinsequenzen und Strukturen. Sie umfasst sehr viele einzelne Module, die nach Themengebieten gruppiert sind.
▶ EMBnet http://www.ch.embnet.org
Der kleine Bruder von Expasy. Durch die Begrenzung auf die am häufigsten genutzten Anwendungen sehr viel übersichtlicher als Expasy und eher für Einsteiger geeignet.
▶ European Bioinformatics Institute (EBI) http://www.ebi.ac.uk
EBI ist das europäische Gegenstück zu NCBI. Während NCBI auf möglichst starke Vereinfachung der Nutzerführung setzt, versucht EBI ein möglichst umfassendes Angebot für alle bioinformatischen Fragestellungen anzubieten. Das Arsenal an Analysewerkzeugen erscheint noch umfassender als bei NCBI, vor allem lassen sich die Such- und Analyseparameter viel genauer einstellen. Eher eine Seite für Fortgeschrittene mit bioinformatischen Kenntnissen.

Daneben gibt es viele tausend Webseiten, die sich teilweise auf sehr spezielle Bereiche konzentrieren. Eine aktuelle Übersicht findet sich immer in der ersten Ausgabe eines Jahres der Zeitschrift „Nucleic Acid Research", welche online frei verfügbar ist.

Die Arbeit eines Molekularbiologen besteht heute zu einem Drittel aus bioinformatischen Analysen. Diese lassen sich in wenigstens zwei verschiedene Ansätze[1] unterteilen **(Map 11.1)**:
▶ Die Analyse der ermittelten Sequenzdaten

---

[1] Natürlich ist die Bioinformatik ein viel weiteres Gebiet, doch müssen wir uns an dieser Stelle auf diese beiden Fragestellungen begrenzen. Einen Eindruck über die schier unüberschaubare Zahl an Analyse- und Rechercheverfahren liefern die Einstiegsseiten der großen Datenbanken, wie EBI, NCBI, PDB oder Expasy.

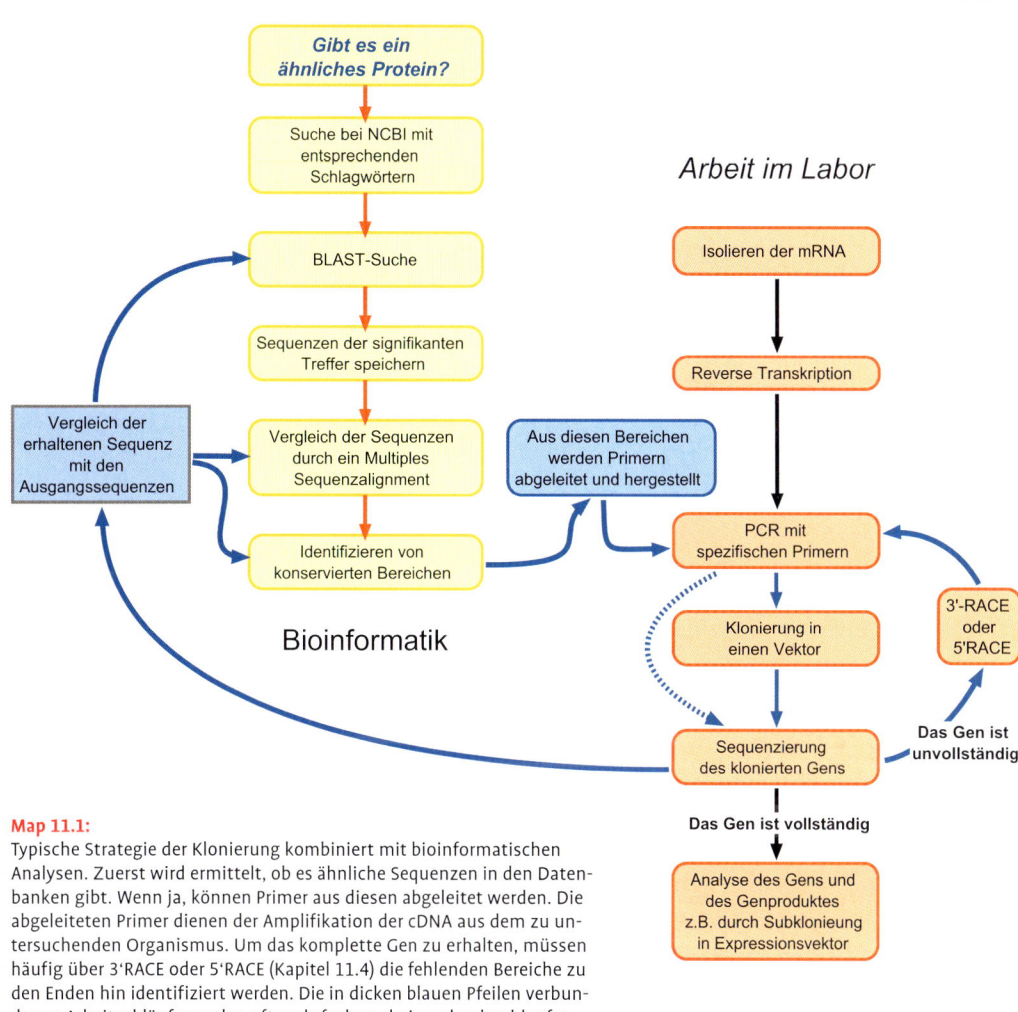

Map 11.1:
Typische Strategie der Klonierung kombiniert mit bioinformatischen Analysen. Zuerst wird ermittelt, ob es ähnliche Sequenzen in den Datenbanken gibt. Wenn ja, können Primer aus diesen abgeleitet werden. Die abgeleiteten Primer dienen der Amplifikation der cDNA aus dem zu untersuchenden Organismus. Um das komplette Gen zu erhalten, müssen häufig über 3'RACE oder 5'RACE (Kapitel 11.4) die fehlenden Bereiche zu den Enden hin identifiziert werden. Die in dicken blauen Pfeilen verbundenen Arbeitsabläufe werden oft mehrfach nacheinander durchlaufen.

(Kapitel 11.2):
Der sequenzierten DNA-Sequenz (Kapitel 11.1) kann aufgrund der Ähnlichkeit zu einer bereits beschriebenen Sequenz eine Funktion zugeordnet werden. Die beiden verbreitetsten Verfahren für solche Sequenzvergleiche sind BLAST und FASTA. Im E-Doc 11-2 ist die Vorgehensweise am Beispiel von BLAST beschrieben.
▶ Die Recherche nach relevanten Genen stellt eher eine Voraussetzung für die molekularbiologischen Arbeiten dar (Kapitel 11.3):

Durch Vergleich der Sequenzen[2] von Proteinen mit ähnlicher Funktion können konservierte Bereiche ermittelt werden. Diese deuten auf zentrale Funktionen hin, beispielsweise das katalytische Zentrum. Findet man in seiner Sequenz einen solchen konservierten Bereich, gibt es Hinweise auf die Funktion. Beispielsweise kann man aus einer bestimmten N-terminale Pro-

---

2 Natürlich können die Analysen auch mit den Nukleinsäuresequenzen der zugehörigen Gene durchgeführt werden.

teinsequenz sehr sicher auf die zelluläre Lokalisation eines Proteins schließen. Noch wichtiger ist jedoch die Möglichkeit, aus solchen konservierten Bereichen Primer für die PCR-Amplifikation eines interessierenden Gens abzuleiten. Mit diesen kann relativ einfach (fast) jedes beliebige Gen kloniert und das Protein rekombinant hergestellt werden (**E-Doc 11-3**).

11.3 Der Einsatz der Bioinformatik für die Klonierung von DNA

Für den Molekularbiologen bedeutet die Verfügbarkeit von Informationen in den Datenbanken zunächst, dass vor Beginn des eigentlichen Experiments die Online-Recherche steht. Diese zeigt zunächst, ob nutzbare Daten, beispielsweise ein homologes Gen aus einem verwandten Organismus, bereits sequenziert wurde. Ist dies der Fall, können weitere ähnliche Gensequenzen online gesucht und miteinander verglichen werden. Aus diesem Alignment ergeben sich konservierte Abschnitte, die bei allen Genen dieser Gruppe sehr ähnlich sind. So erhält man mögliche Primer-Bindestellen um das eigene, noch unbekannte Gen mittels PCR zu amplifizieren (Map 11.1). Oft ist es sinnvoll, die Online-Recherche zunächst auf Basis von Proteinsequenzen durchzuführen, wie es im **E-Doc 11-3** beschrieben ist. Eine weitere Quelle an Peptid-Sequenzen, die für die Primererstellung verwendet werden können, stellt die Massenspektrometrie dar. Dazu werden im 2D-Gel (Kapitel 9.4.4) aufgetrennte Spots ausgestochen und nach proteolytischer Spaltung wird ihre Masse so exakt ermittelt, dass die Aminosäuresequenz ermittelt werden kann. Diese Verfahren benötigen nur kleinste Proteinmengen und sind im **E-Doc 8-6** kurz skizziert.

Die Ableitung der Primersequenzen (Kapitel 4.2.4) aus den konservierten Bereichen der Aminosäuresequenz ist nicht ganz trivial. Eine Aminosäure kann durch verschiedene Codons repräsentiert werden (Abb. 1.7) und diese werden speziesspezifisch unterschiedlich häufig genutzt (Kapitel 1.7). In **Abb. 11.3** ist die Strategie zur Erstellung eines degenerierten Primers dargelegt. Einige Aminosäuren sind sehr günstig für die Primerableitung, da sie nur durch ein oder zwei Codons repräsentiert werden, wie Methionin oder Tryptophan.

Andere Aminosäuren wie Leucin, Arginin oder

Abb. 11.3:
Herleitung eines degenerierten Primers aus einer Aminosäure-Sequenz. Aus den Aminosäuren in der obersten Zeile lassen sich verschieden viele Codons ableiten. Die detaillierte Erläuterung ist im Text beschrieben. Die Symbole W, S und Y repräsentieren Nukleotidkombinationen und wurden in der Gut zu wissen-Box in Kapitel 4.2.4 vorgestellt. Lässt man die letzte, undefinierte Base weg, ergibt sich ein 1024-fach wobbelnder Primer. Dies bedeutet, dass in dem Primergemisch sich 1024 unterschiedliche Sequenzvarianten befinden, von denen nur eine 100 %ig bindet.

Peptid:	Ser-Ser-Asp-Tyr-Trp-Met-Val
Mögliche Codons:	TCA TCA GAT TAT TGG ATG GTA
	TCC TCC GAC TAC GTC
	TCG TCG GTG
	TCT TCT GTT
	AGT AGT
	AGC AGC

ACA	ACA	GAC	TAC	TGG	ATG	GTA
TGC	TGC	T	T			C
G	G					G
T	T					T

Primer:	WSN WSN GAY TAY TGG ATG GT
	2x2x4 2x2x4 x2 x2 =1024

Serin werden durch sechs Codons codiert. Treten diese gehäuft in einem konservierten Bereich auf, kann es sich lohnen, einen anderen Bereich für die Primererstellung zu wählen.

Bei der Synthese des Primers wird bei einem „N" in der Sequenz mit 25 %iger Wahrscheinlichkeit eine der vier Basen eingebaut, bei „W", „S" oder „Y" zwei verschiedene. Der Primer stellt somit ein Gemisch verschiedener Sequenzen dar – in unserem Fall 1024 verschiedene Sequenzen (Abb. 11.3). Welchen Wobbel man für einen Primer noch akzeptiert, ist Ermessenssache und wird in manchen Laboren heftig diskutiert. Auf alle Fälle sollten degenerierte Primer in der PCR höher konzentriert eingesetzt werden, als es für nicht degenerierte Primer der Fall ist. Der 3'-OH-Bereich des Primers sollte möglichst wenig wobbeln, weshalb im Beispiel (Abb. 11.3) auf das „N" am 3'-OH-Ende verzichtet wurde.

Oft wird ein solcher Primer mit einem Oligo-dT$_{18-22}$VN-Primer kombiniert (Abb. 4.14). Es kann sinnvoll sein, gegen verschiedene konservierte Bereiche degenerierte Primer zu erstellen und in einer Nested PCR (Kapitel 4.5.2) erst ein längeres Fragment zu erstellen, aus dem spezifisch das kürzere amplifiziert wird.

> **TIPP**
> Die verschiedenen Lebewesen verwenden Codons unterschiedlich häufig (Codon Usage). Es kann daher helfen, einige selten verwendete Codons nicht im Primer zu berücksichtigen. Welche das sind, kann in sogenannten Codon-Usage Tabellen ermittelt werden. Eine gute Anlaufstelle ist der Graphical Codon Usage Analyser (http://gcua.schoedl.de).

An die degenerierten Primer sollten keine endständigen Restriktionsstellen angehängt werden, sondern es sollte auf ein *Blunt-End* Klonierungssystem wie TA-Klonierung (Kapitel 5.6.2), pCRScript (Kapitel 5.6.3) oder pJet (Kapitel 5.6.4) verwendet werden.

Auf diese Weise erhält man einen kleinen Teilbereich seines Gens, der für die Erstellung der Primer verwendet wurde. Die Größe des Fragments hängt vor allem von der Lage des konservierten Bereiches ab. Das Fragment wird sequenziert (Kapitel 11.1) und mit den Sequenzen aus dem Alignment verglichen. Zeigt die erhaltene Sequenz eine Ähnlichkeit zu den Ausgangssequenzen, können daraus definierte Primer abgeleitet werden, die in einer nachfolgenden RACE für die Isolierung des vollständigen Gens bzw. der vollständigen cDNA genutzt wird.

11.4 Vollständige Sequenzen durch 3' RACE-PCR und 5' RACE-PCR

Um die komplette mRNA durch RT-PCR (Kapitel 4.5.5) zu erhalten, müssen die beiden verwendeten Primer ganz außen liegen. Oft ist eine solche Lokalisation nicht möglich, weil die äußeren Bereiche nicht bekannt sind. Weiterhin ist es nicht unwahrscheinlich, dass während der Aufreinigung der mRNA deren Randbereiche durch Exonukleasen abgebaut wurden. Dies ist unproblematisch für das 3'-Ende, an dem oft einige Hundert A's den PolyA$^+$-Schwanz bilden, aber am 5'-Ende führt jede Abspaltung von Basen zum Verlust der entsprechenden Sequenzen. Durch die RACE können die fehlenden Sequenzen gefunden werden.

Die 3'-RACE-PCR [*Rapid Amplification of cDNA-Ends with Polymerase Chain Reaction*] ist das einfachere Verfahren und wird verwendet, um fehlende 3'-Bereiche einer PolyA$^+$-RNA zu ermitteln. Im Unterschied zur RT-PCR (Kapitel 4.5.5) wird kein Oligo-dT-Primer (dT$_{18-22}$VN) verwendet – der also definiert am Ende des PolyA$^+$-Bereiches bindet – sondern ein Adapterprimer mit einer spezifischen Adaptersequenz gefolgt von T's **(Abb. 11.4)**. Daher bindet der hier verwendete Primer weiter hinten im PolyA$^+$-Bereich. So können Fragestellungen wie:
▶ Finden alternativer Polyadenylierungsstellen
▶ Identifizieren alternativer 3'UTR-Bereiche
▶ Detektion von Spleiß-Varianten

neben der Vervollständigung unbekannter 3'-OH-Bereiche geklärt werden. Die Erststrangsynthese erfolgt ähnlich wie bei der RT-PCR (Kapitel 4.5.5).

Abb. 11.4:
Durch die 3'-RACE bzw. 5'RACE können unbekannte, äußere Sequenzbereiche einer mRNA ermittelt werden. Nach RT-PCR (Kapitel 4.5.5) können unbekannte 5'-Bereiche durch die 5' RACE identifiziert werden. Dazu wird durch die Terminale Transferase eine Sequenz meist aus A's an das 3'-Ende der cDNA angehängt. Diese homopolymere Sequenz dient dazu, einen Adapter aus eines spezifischen Sequenz und oligodT anzulagern. Nun sind beide Enden bekannt und können amplifiziert werden. Die 3'-RACE ähnelt der RT-PCR, allerdings wird hier kein Oligo-dT-Primer (dT18-22VN) angehängt, sondern eine Sequenz aus oligo-dT und einem Adapter.

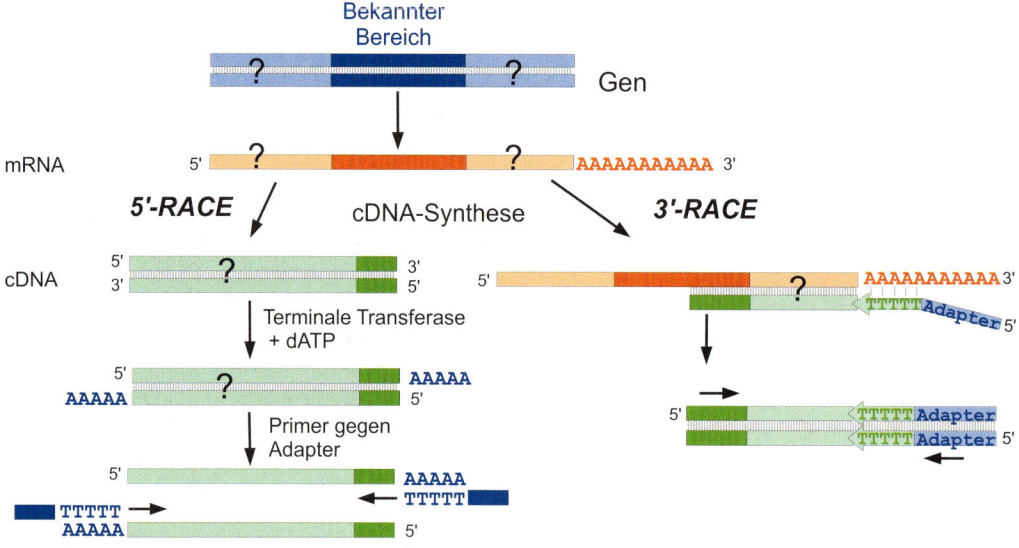

> **TIPP**
> Ein Vorteil der 3'-RACE-PCR gegenüber der RT-PCR liegt darin, dass die Anlagerungstemperatur des Adapterprimers für die nachfolgenden PCR-Schritte höher gewählt werden kann als für einen Oligo-dT-Primer (dT$_{18-22}$VN). In vielen Laboren wird daher auch für die RT-PCR (Kapitel 4.5.5) standardmäßig ein Adapterprimer verwendet.

Die 5'-RACE-PCR wird analog zur 3'-RACE-PCR durchgeführt, wenn bei einer cDNA Teile des 5'-Bereiches fehlen. Wie oben erwähnt, ist die 5'-RACE notwendig, wenn die genspezifischen Primer aufgrund einer konservierten Region im multiplen Sequenzvergleich erstellt wurden (**E-Doc 11-3**) und dieser Bereich in der Mitte des Gens liegt. Sie ist auch notwendig, wenn die Primersequenz aus einer Peptidsequenz abgeleitet wurde (Kapitel 11.3) die ihrerseits aus einer Proteinsequenzierung (**E-Doc 8-6**) stammt. Auch hier wird die Primerbindestelle irgendwo in der Mitte des Gens liegen.

Dafür wird an die entstandene cDNA mittels der Terminalen Transferase und dATP ein künstliches PolyA$^+$-Ende angehängt (Abb. 11.4). Auch hier wird ein Adapter-Oligo-dT-Primer sowie ein sequenzspezifischer Primer aus der Mitte der mRNA-Sequenz verwendet, um in der nachfolgenden PCR den gesamten 5'-Bereich zu amplifizieren.

Es gibt von dieser Methode einige Varianten, beispielsweise kann schon an die mRNA ein Adapter angehängt werden. Dabei wird das ^{m7}G-Cap (Kapitel 1.3.2) abgespalten und an die mRNA mittels T4-RNA-Ligase ein RNA-Adapter bekannter Sequenz ligiert.

Eine weit verbreitete Variante ist auch das SMART™-System der Firma Clontech. Hier lagert sich der sogenannte SMART-Primer™ an

die 5'-Cap Struktur an. Dies führt dazu, dass die Reverse Transkriptase auf diesen Primer „überspringt" und den komplementären Strang synthetisiert. Somit sind das 5'-Ende wegen der SMART-Sequenz und das 3'-Ende (polyA oder sequenzspezifischer Primer) der entstehenden cDNA bekannt. Dieses Verfahren wird auch häufig für die Erstellung von cDNA-Banken (**E-Doc 11-4**) verwendet, denn die erstellte cDNA-Bank besitzt nur vollständige mRNAs.
Für die verschiedenen RACE-PCR-Verfahren sind mehrere Kits kommerziell verfügbar, die alle relativ teuer sind.

11.5 Stammsammlungen

Mit ein bisschen Glück ist die RNA-Isolation und Reverse Transkription einer mRNA nicht erforderlich. Es gibt Sammlungen, in denen sowohl klonierte cDNAs als auch komplette cDNA-Banken (**E-Doc 11-4**), Samen oder Mikroorganismen und vieles mehr gelagert werden. Je nach Organismus und Gen sind Klone aus solchen Sammlungen bereits für wenig Geld erhältlich. Bekannte Ressourcen für klonierte Nukleinsäuren sind:
▶ ImaGenes GmbH in Berlin (http://www.imagenes-bio.de), wo cDNA-Banken und genomische Banken vor allem aus Mensch und Maus erhältlich sind.
▶ RIKEN BioResource Center (http://www.brc.riken.go.jp), zusätzlich zu den bei ImaGenes erhältlichen auch viele Mikroorganismen, Hefen, Ratten und Schimpansen sowie *Arabidopsis*.

Die Klone werden meist als gefriergetrocknetes Plasmid geliefert, welches in H_2O gelöst und transformiert wird. Mikroorganismen und Hefen erhält man bei der DSMZ (http://www.dsmz.de).

11.6 Identifizierung von Nukleinsäuren durch Hybridisierung

Häufig soll eine Nukleinsäure mit einer bestimmten Sequenz in einem Gemisch an Nukleinsäuren identifiziert und oft auch quantifiziert werden. Die klassischen Anwendungen für eine solche Fragestellung sind der Southern (**E-Doc 7-1**) und der Northern Blot (**E-Doc 7-2**). Dabei wird ein Gemisch von Nukleinsäuren im Agarosegel aufgetrennt und die im Gel aufgetrennten Banden auf eine Membran zu übertragen. Die auf der Membran immobilisierten DNA (Southern Blot) oder RNA Moleküle (Northern Blot) können dann mittels markierter Nukleinsäuresonden identifiziert werden. Eigentlich bezeichnen die Begriffe Southern Blot und Northern Blot nur das eigentliche Transferverfahren, werden aber oft auch für die gesamte Prozedur inklusive der Hybridisierung synonym verwendet.
Abb. 11.5 zeigt eine typische Anwendung des Southern Blot, bei dem ermittelt wird, wieviele Kopien eines Gens in das Genom des Zielorganismus eingebracht wurden. Die Details der Methode sind im **E-Doc 7-1** näher erläutert, da sowohl der Southern Blot als auch der Northern Blot (**E-Doc 7-2**) heute viel von ihrer einstigen Bedeutung verloren haben.
Während also die Transfermethoden stark an Bedeutung verloren haben, sind die nachfolgenden Verfahren zur Identifizierung einer bestimmten Sequenz durch eine markierte Sonde (Hybridisierung) auch heute sehr wichtig. Sie stellen beispielsweise die Grundlage für den Einsatz von DNA-Microarrays dar, weshalb sie nachfolgend besprochen werden.

11.6.1 Herstellung der Sonde

Eine Sonde ist ein markiertes DNA-Molekül, welches dazu genutzt wird, an die komplementäre Sequenz in einem Gemisch an DNAs zu binden und diese durch die Markierung sichtbar zu machen. Je nach Anwendung und Herstellungsverfahren kann die Sonde die Länge eines Oligonukleotids, also aus ungefähr 30-40 Basen bestehen oder über 500 Basen umfassen.

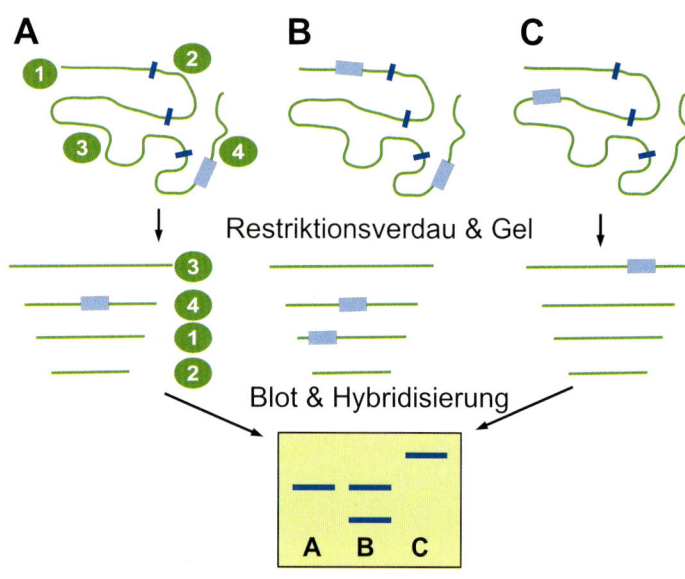

Abb. 11.5:
Southern Blot. Eine Anwendung der Southern Blot Analyse liegt darin, die Zahl und Lage der Integrationsorte eines Gens im Genom zu untersuchen, beispielsweise aus einer transgenen Pflanze. Dazu wird genomische DNA isoliert und mit einem Restriktionsenzym komplett geschnitten. Die entstandenen Fragmente werden im Agarosegel nach ihrer Größe aufgetrennt. Nach dem Transfer auf eine Membran kann mit einer markierten Sonde, welche die komplementäre Sequenz zum gesuchten Gen besitzt, hybridisiert werden. In (**A**) ist das Gen einmal integriert, ergibt also ein Signal, in (**B**) ist es zweimal im Genom vorhanden. Der Vergleich von (**A**) und (**C**) zeigt, dass das Gen auf verschiedenen Restriktionsfragmenten lokalisiert ist, also sich in unterschiedlichen Bereichen des Genoms befindet.

Für die Markierung stehen drei Verfahren zur Auswahl:
▶ Die radioaktive Markierung erfolgt meist über radioaktives ^{32}P, ist jedoch inzwischen nur noch selten anzutreffen.
▶ Bei der indirekten Markierung wird ein Molekül in die Sonde eingebaut, welches später durch einen Antikörper (Kapitel 10.6) nachgewiesen werden kann. Gängige Markierungsmoleküle sind Biotin, Fluorescein und Digoxygenin. Das Verfahren ist bei allen prinzipiell gleich, es werden entsprechende Enzym-markierte Antikörper oder bei Biotin entsprechend Enzym-markiertes Streptavidin verwendet. Nachdem diese an die Sonde gebunden haben, wird ein Substrat zugegeben, welches durch das am Antikörper oder Streptavidin gebundene Enzym umgesetzt wird. Neben Substraten, deren Umsetzung zu einem Farbniederschlag führt, sind auch Substrate, die aufgrund der Enzymaktivität lumineszieren, weit verbreitet (**E-Doc 10-2**). Sie erzielen die Sensitivität radioaktiver Nachweise.
▶ Auch Fluorphoren werden für die Markierung verwendet. DNA-Microarrays beruhen auf der Detektion von Cy3 und Cy5 (Kapitel 11.7).

Die Herstellung der Sonde kann auf unterschiedliche Weise erfolgen. Am häufigsten werden Sonden mittels PCR markiert. Dazu wird das Zielgen in einer PCR amplifiziert, wobei ein entsprechend markiertes dNTP zugefügt und eingebaut wird.

11.6.2 Hybridisierung

Unter Hybridisierung versteht man die sequenzspezifische Zusammenlagerung zwischen zwei komplementären Nukleinsäure-Strängen zu einer doppelsträngigen Nukleinsäure. Der Begriff Hybridisierung wird im Labor oft verwendet, um auszudrücken, dass dieser Prozess *in vitro* durchgeführt wird und zwei einzelsträngige Nukleinsäuren unterschiedlicher Herkunft daran beteiligt sind. Beispielsweise kann ein markiertes Oligonukleotid an den komplementären Bereich einer DNA oder RNA binden. Auch die Hybridisierung längerer Nukleinsäuren ist möglich, selbst die zwischen einer RNA und der komplementären ssDNA.

Ähnlich wie bei der Immunfärbung von Proteinen nach Western Blot (Kapitel 10.6) ist auch bei der Hybridisierung von Nukleinsäuren einer der beiden Partner auf einer festen Oberfläche immobilisiert. Bei Southern oder Northern Blotting werden die im Gel aufgetrennten Nukleinsäuren auf eine positiv geladene Nylonmembran transferiert. Bei DNA-Chips sind die Nukleinsäuren oft an eine Glasoberfläche gebunden (Kapitel 11.7).

Nach einer initialen Anlagerung der DNA oder RNA an die Oberfläche über ionische Wechselwirkungen erfolgt die Fixierung der Nukleinsäure an die Trägeroberfläche. Häufig geschieht dies durch eine Inkubation von 2 h bei 80 °C, im Labor nennt man diesen Prozess „Backen" oder durch *UV-Crosslinking* auf einem UV-Tisch oder einem speziellen Gerät, dem Crosslinker. Dabei wird die dsDNA einzelsträngig und bei RNAs gehen die Sekundärstrukturen verloren.

Genau wie bei der Immunfärbung beschrieben (Kapitel 10.2.4), müssen die verbliebenen freien Oberflächen abgesättigt („geblockt") werden. Sonst würde die bei der anschließenden Hybridisierung eingesetzte Sonde (Kapitel 11.6.1), die ja ebenfalls eine Nukleinsäure darstellt, an diese freien Bereiche des Trägermaterials binden.

Dazu wird das Trägermaterial in eine Prähybridisierungslösung gelegt, welche beispielsweise Heringssperma-DNA enthält. So wird die gesamte Membranoberfläche mit DNA abgesättigt. Die Sonde (Kapitel 11.6.1) kann nun nur noch über spezifische Basenpaarungen an einen komplementären Strang binden, was in einem Hybridisierungsofen oft bei 42 °C für mehrere Stunden oder über Nacht erfolgt. Als Daumenregel gilt, dass die Hybridisierungstemperatur ungefähr 25 °C unterhalb der Schmelztemperatur liegen sollte.

Anschließend wird die überschüssige Sonde abgewaschen. Über die entsprechende Markierung kann die durch die Sonde gebundene DNA nun sichtbar gemacht werden. Dies erfolgt bei radioaktiver Markierung durch die Autoradiographie, bei Antikörper-basierten Nachweisverfahren durch eine Immunfärbung, wie sie in Kapitel 10.6 beschrieben ist.

11.7 DNA-Chips oder Microarrays

DNA-Microarrays oder DNA-Chips beruhen auf dem Prinzip der Hybridisierung, bei dem allerdings viele Tausend verschiedener Sequenzen gleichzeitig analysiert werden können.

Auf einem Objektträger einer Größe von ca. 7,5 x 2,5 cm sind verschiedene DNA-Sequenzen in bis zu 100 000 mikroskopisch kleinen Punkten [*Spots*] immobilisiert. Jeder Punkt auf einem solchen Microarray entspricht einer bekannten Sequenz. Diese Punkte werden durch Roboter nach einem Prinzip, wie es auch Tintenstrahldrucker verwenden, vollautomatisch aufgebracht.

Ein solcher DNA-Chip repräsentiert oft die Gesamtheit der exprimierten Gene eines Organismus oder eines Gewebes. Man erhält solche Microarrays entweder von Arbeitsgruppen, die sich auf deren Herstellung spezialisiert haben, oder man kann sie käuflich erwerben.

Ihre Einsatzmöglichkeiten sind sehr vielfältig. Beispielsweise kann die Transkriptionsrate (fast) aller Gene eines Gewebes ermittelt werden, wobei alle Gensequenzen auf dem Chip parallel analysiert werden. So erhält man einen Einblick in die Transkriptionsstärken aller Gene eines Zielgewebes, das sogenannte Transkriptom, zu einem bestimmten Entwicklungsstadium oder bei bestimmten Umweltbedingungen.

Dazu wird die mRNA aus zwei zu vergleichenden Geweben isoliert und in cDNA umgeschrieben (Kapitel 4.5.5). Bei der Synthese der cDNA durch die Reverse Transkriptase wird die cDNA markiert. Oft werden die Fluoreszenzfarbstoffe Cy3 für die eine Probe und Cy5 (**E-Doc 10-3**) für das andere Ausgangsmaterial eingesetzt. Die beiden Farbstoffe emittieren das Licht bei unterschiedlichen Wellenlängen. Die markierten cDNAs hybridisieren nun an die auf dem Chip immobilisierten DNA-Stränge, wobei die Cy3 und Cy5 Proben jeweils um die komplementären DNA-Stränge konkurrieren. Angenommen, eine bestimmte RNA war in der Cy5 Probe unterrepräsentiert, wird an dieser Stelle vor allem Cy3-markierte cDNA binden und umgekehrt **(Abb. 11.6)**. Der Chip wird nun zweimal in einem spe-

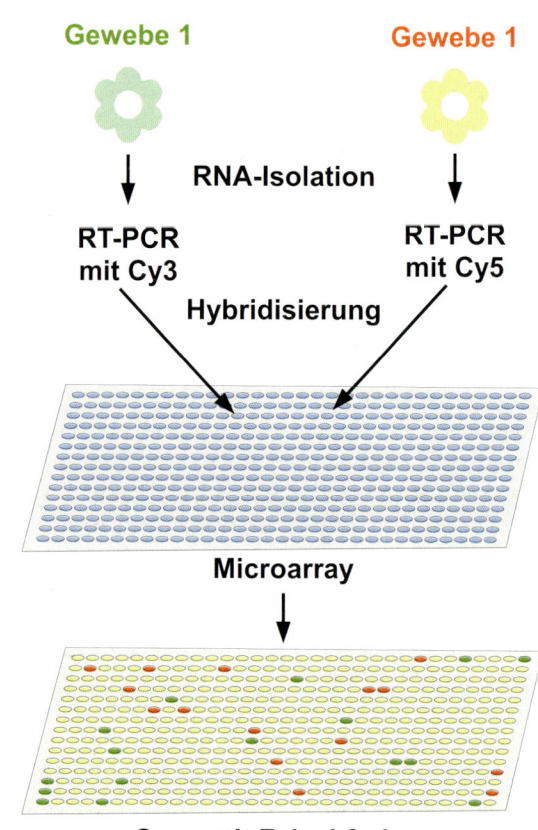

Abb. 11.6:
Prinzip der Transkriptom-Analyse auf einem Microarray. Aus zwei verschieden behandelten Geweben wird die mRNA isoliert und in cDNA umgeschrieben. Dabei werden die beiden Ansätze mit unterschiedlichen Fluoreszenzfarbstoffen markiert und zusammen auf den DNA-Chip gegeben. Der Scanner ermittelt die Fluoreszenz der *Spots* für jeden der beiden Farbstoffe und erstellt ein Falschfarbenbild, bei dem die gelben Punkte für gleich starke Fluoreszenz stehen, die roten bzw. grünen für die verstärkte Expression in einem der Gewebe.

ziellen Microarray-Scanner gescannt, einmal bei der Wellenlänge von Cy3 und einmal bei der von Cy5. Die beiden Bilder werden von der Software übereinandergelegt und die Spots farbig belegt: Cy5 rot, Cy3 grün und gleiche Intensitäten gelb. In jedem Spot gibt das Fluoreszenzverhältnis darüber Aufschluss, wie häufig die entsprechende mRNA im jeweiligen Ausgangsmaterial vorhanden ist. Nur solche Spots werden weiter ausgewertet, deren Fluoreszenzstärke sich um mindestens den Faktor 2 - 4 unterscheidet.

Microarrays werden heute in sehr vielen Bereichen routinemäßig eingesetzt.

11.8 Veränderung von Nukleinsäuren

In der Natur stellen Mutationen, also die zufällige Veränderung von DNA-Sequenzen einen zentralen genetischen Vorgang dar. Auch im Labor spielen Mutationen und die gezielte Veränderung von DNA Sequenzen eine wichtig Rolle. Obwohl bei diesen Verfahren die Veränderungen fast immer auf bestimmte Bereiche einer DNA-Sequenz begrenzt werden, werden sie als „gerichtete Mutagenese" [*site directed mutagenesis*] bezeichnet. Diese Bezeichnung wird selbst dann verwendet, wenn definierte Sequenzänderungen durchgeführt werden, was dem klassischen Begriff „Mutagenese" widerspricht.

Für die gezielte Veränderung einer DNA-Sequenz gibt es viele Gründe, wie die folgenden Beispiele zeigen:
- ▶ Beispielsweise muss eine Restriktionsschnittstelle in eine Sequenz eingeführt werden.
- ▶ Oder vorhandene Restriktionsstellen können eine Klonierungsstrategie stören und müssen entfernt werden.
- ▶ Die Codon-Optimierung ist ebenfalls ein häufiger Grund. E. coli besitzt für einige Codons kaum tRNAs. Sind solche in einem Gen vorhanden, kann es zum Abbruch der Translation kommen. Um ein Gen heterolog zu exprimieren, kann es daher nötig sein, die Codon-Nutzung zu optimieren.[3]
- ▶ Es werden Sequenzen verändert, um bewusst die Struktur und Funktion eines Proteins zu modifizieren. Das veränderte Gen wird in den zu untersuchenden Organismus gebracht und die Auswirkung dieser Veränderung auf den Organismus analysiert. Diese Strategie wird als Reverse Genetik bezeichnet.

> **GUT ZU WISSEN**
> Die Reverse Genetik dient der funktionalen Untersuchung eines Gens bzw. Genproduktes. Hierbei wird zunächst die Sequenz des zu analysierenden Gens verändert. Besonders günstig ist es, wenn das Wildtyp-Gen mittels homologer Rekombination durch das veränderte Gen ausgetauscht werden kann (Kapitel 6.12). Die so entstehenden Mutanten können physiologisch analysiert werden. Im Gegensatz zur klassischen genetischen Analyse beginnt das Verfahren hier nicht mit einem mutierten Phänotyp, dessen genetische Ursache gesucht wird, sondern man beginnt auf der DNA-Ebene und produziert so seinen Mutanten. Das Verfahren ist besonders bei solchen Organismen erfolgreich, bei denen die homologe Rekombination effizient durchgeführt werden kann.

Man unterscheidet den zielgerichteten Austausch einzelner Basen [*Scanning Mutagenesis*] vom zufälligen Austausch von Basen [*Saturation Mutagenesis*]. Auch die *Saturation Mutagenese* stellt keine Mutagenese im klassischen Sinn dar, denn die zufällige Variation erfolgt an einer definierten Stelle der DNA-Sequenz.

Auf diese Weise entstehen oft mehrere Hunderttausend verschiedener Sequenzen[4]. Eine solche Mischung vieler „künstlich" generierter DNA-Sequenzen wird Bibliothek genannt und stellt die Basis für viele molekularbiologische Verfahren dar, von denen nachfolgend einige aufgeführt sind:

▶ **Die Analyse von Promotorbereichen**

Der zu analysierende Promoter wird mutagenisiert und vor ein Reportergen (Kapitel 6.5) kloniert und zurück in den Ausgangsorganismus gebracht. Besonders gut funktioniert dies mit tierischen Zellkulturen, Bakterien und Hefen, denn diese können in großer Zahl auf Festmedien ausgestrichen und die Fluoreszenz leicht ermittelt werden. Die Stärke der Fluoreszenz des Reportergens spiegelt die Expressionsstärke der veränderten Promotorsequenz wider. Die Klone mit verändertem Expressionsverhalten werden ausgewählt und die Promotersequenz ermittelt (Kapitel 11.1). Solche Promoteranalysen sind in Hefe (Kapitel 6.10) weit verbreitet und werden als *One Hybrid System* bezeichnet.

▶ **Mutationen im Bereich einer codierenden Sequenz**

Die gezielte oder zufällige Änderung der Sequenz eines Gens wird durchgeführt, um über Änderungen der Proteinsequenz zu einer veränderten Proteinstruktur zu gelangen. Dies kann bei einem Enzym eine Modifikation der katalytischen Aktivität bewirken oder die Proteinstabilität beeinflussen. Beispielsweise kann so eine Lipase, die als Waschmittelenzym genutzt werden soll, auf diese Bedingungen optimiert werden. Diese Änderungen können prizipiell gezielt erfolgen, meistens werden aber DNA-Bibliotheken erstellt, die viele tausend Klone umfassen. Jeder Klon produziert eine modifizierte Lipase. Eine solche Bibliothek wird einem Selektionsverfah-

---

[3] Alternativ können speziell angepasste Bakterienstämme verwendet werden, die zusätzliche tRNA-Gene tragen und käuflich erworben werden können.

[4] Der zufällige Austausch einer Base führt zu 4 verschiedenen Sequenzen, wird ein Abschnitt von 6 Basen ausgetauscht, ergeben sich bereits 4096 mögliche Varianten.

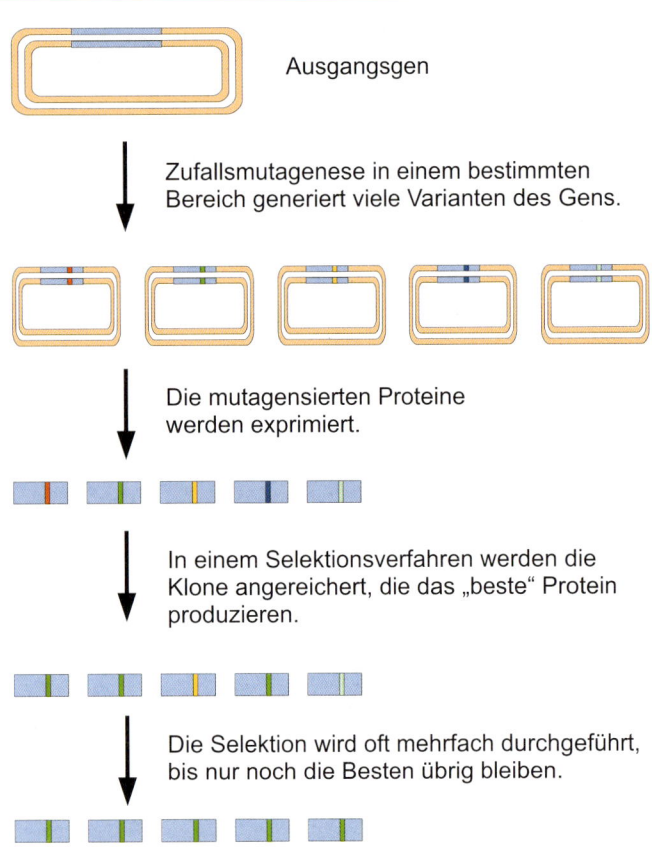

Abb. 11.7:
Durch Mutageneseverfahren werden Zufallsbibliotheken aus bis zu 10^{12} verschiedenen Klonen erstellt, die in einem nachfolgendem Screening-Verfahren nach dem gewünschten Protein durchsucht werden. Dieses läuft meist in mehreren Runden ab, die jede zu einer weiteren Anreicherung des gesuchten Proteins/Gens führen.

ren unterworfen, bei dem die Klone ermittelt werden, welche für die geforderten Bedingungen die geeignetste Lipase produzieren. Solche Klone werden in mehreren Screeningrunden angereichert, alle anderen Klone werden verworfen **(Abb. 11.7)**. Solche Selektionsverfahren [*Screening*] müssen auf die gesuchte Eigenschaft hin angepasst werden. Diese Verfahren werden als *Protein Engineering* bezeichnet.

▶ *Phage-Display-Bibliotheken*

Eine Variante des oben erwähnten Verfahrens sind Phage-Display-Bibliotheken, welche auf dem Phagen M13 beruhen und zur Herstellung rekombinanter Antikörper (**E-Doc 10-1**) oder zum Screening von Protein-Protein Interaktionen verwendet werden. Die DNA, welche das Zielprotein codiert wird als Fusionskonstrukt vor ein Phagenhüllprotein gesetzt. Das führt zur Bildung von Phagen, die das Gen in ihrem Phagengenom tragen und das zugehörige Protein als Fusionsprotein auf ihrer Oberfläche. So ist der Phänotyp mit dem Genotyp verbunden. Auch hier kann eine Bibliothek erstellt werden, indem unterschiedliche Vertreter eines Proteintyps in die Phagen kloniert werden oder ein Protein mutagenisiert wird. Beispielsweise können periphere Lymphozyten aus dem Blut verwendet werden, um deren Antikörper-mRNA zu isolieren und in cDNA umzuschreiben. So erhält man eine große Zahl verschiedener Antikörpergene[5], die in den Phagen eingesetzt werden.

---

[5] Fast immer werden nur die variablen Bereiche der Antikörper (Abb. 10.1) für das Verfahren genutzt, bei denen die Leichte und die Schwere Kette durch einen synthetischen Linker miteinander verbunden sind. Diese Fragmente werden *single variable chain Fragment* (scFv) genannt.

Es entsteht so eine Bank aus mehreren Milliarden unterschiedlicher Antikörper, deren Gene sich im Phagengenom (als Phagemid, Kapitel 6.7) befinden und die Antikörper als Fusionsprotein auf der Phagenhülle. Nun wird das Antigen immobilisiert und mit der Phagenbank inkubiert. Nur die Phagen, die einen passenden Antikörper auf ihrer Hülle tragen, werden selektiert – alle anderen ausgewaschen. Durch diese Selektionsstrategie, *Panning* genannt, werden in mehreren Runden die Phagen mit den am besten bindenden Antikörpern ausgewählt. Das Verfahren des Phage Displays wird im **E-Doc 11-5** genauer beschrieben. Neben Antikörperfragmenten (scFv's, **E-Doc 10-1**) werden auf diese Weise auch Peptid-Banken verwendet, die aus vielen unterschiedlichen Peptiden bestehen.

Um nun einen bestimmten Bereich zu mutagenisieren, bieten sich verschiedene Verfahren an, von denen an dieser Stelle nur zwei Methoden vorgestellt werden sollen:
Die *Error Prone PCR* ist im Prinzip eine normale PCR, allerdings werden die PCR-Bedingungen so ungünstig eingestellt, dass es zu einem erhöhten Fehleinbau von Nukleotiden kommt. Es wird eine Polymerase ohne Korrekturfunktion bei erhöhter Konzentration an Mg^{2+} oder Mn^{2+} verwendet. So werden zufällige Punktmutationen in den amplifizierten Bereich eingeführt. Kommerziell erhältliche Kits sind zwar teuer aber sehr effizient und leicht zu handhaben.
Die DpnI-Methode nutzt zwei gegenüberliegende Primer, welche die entsprechende Mutation tragen. Ausgehend von diesen beiden Primern, wird ein zirkuläres Plasmid komplett in der PCR amplifiziert **(Abb. 11.8)**. Auf diese Weise entstehen PCR-produzierte Plasmide, welche in jedem ihrer Stränge einen Einzelstrangbruch tragen. Diese können einfach in *E. coli* transformiert werden, dessen Reparaturenzyme die verbliebenen Einzelstrangbrüche reparieren.
Um zu verhindern, dass das Ausgangsplasmid ebenfalls transformiert wird, erfolgt zwischen PCR und Transformation ein Restriktionsverdau mit dem Enzym DpnI. Dieses Enzym spaltet die Sequenz methylierte $G^{m6}\text{ATC}$, aber nicht das

Abb. 11.8:
Bei der DpnI-Mutagenese werden zwei gegenüberliegende Primer mit der neuen Sequenz genutzt, um das gesamte Plasmid zu amplifizieren. Da die Ausgangs-DNA (blau) aus Bakterien stammt und demzufolge methyliert ist, kann diese durch das methylierungsspezifische Restriktionsenzym DpnI abgebaut werden. Die unmethylierten PCR-basierten Stränge (rot) lagern sich zusammen. Die noch existierende Lücke wird durch das Reparatursystem von *E. coli* nach der Transformation geschlossen.

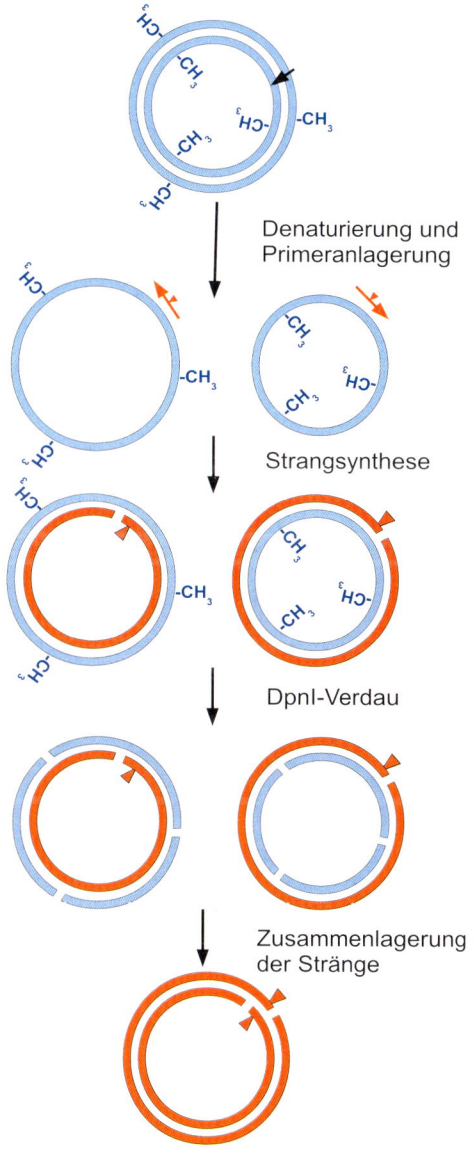

unmethylierte Pendant. Wurde das Ausgangsplasmid aus einem *E. coli* Stamm, der das *dam*-Methylierungssystem besitzt (Kapitel 5.1.3), verwendet, ist die Sequenz GATC immer methyliert und wird gespalten. Die durch PCR produzierte DNA ist niemals methyliert und bleibt erhalten.

11.9 Synthetische Gene

Seit einigen Jahren bietet eine zunehmende Zahl an Servicefirmen die Möglichkeit der Gensynthese an. Die Herstellung synthetischer Gene beruht auf einer Kombination von Verfahren der organischen Chemie mit molekularbiologischen Methoden. Dabei wird das gewünschte Gen *de novo* und *in vitro* synthetisiert. Lebende Organismen oder eine Ausgangs-DNA, wie bei der PCR, werden nicht mehr benötigt. Das synthetische Gen wird nach Eingabe der gewünschten DNA-Sequenz, die mehrere Tausend Basen umfassen kann, synthetisiert und innerhalb von 10-14 Tagen in ein Plasmid eingesetzt geliefert. Solange keine repetitiven Bereiche oder undefinierte Basen („N") in der Sequenz enthalten sind, ist dieser Service durchaus finanzierbar und eine bedenkenswerte Alternative zu aufwendigen Klonierungsverfahren. Bekannte Anbieter dieses Service sind: Geneart (http://www.geneart.com), Eurofins MWG Operon (http://www.eurofinsdna.com) und DNA2.0 (http://www.dna20.com).

Anhang

Sicherheit im Labor

Die 10 goldenen Laborregeln

Das Laborbuch und die finale Arbeit

Abkürzungsverzeichnis

Fotonachweis

Stichwortverzeichnis

A1 Sicherheit im Labor

Im Umgang mit Chemikalien und gentechnischen Organismen sind einige Vorkehrungen zu beachten, die einen selbst aber auch die Kollegen vor Gefahren schützen müssen. Auch viele Geräte können bei falscher Bedienung zerstörerische Kräfte entwickeln. Wir beginnen hier mit einigen allgemeinen Sicherheitsregeln für das Labor, wobei bauliche oder organisatorische Vorschriften an dieser Stelle nicht weiter berücksichtigt werden.

Die wichtigsten Verhaltensmaßnahmen, die ohne Ausnahme in jedem Labor gelten, sind:

▶ Den Anordnungen der Laborleitung muss Folge geleistet werden. Vor allem müssen die speziellen Laborrichtlinien, die in jedem Labor aushängen, gründlich gelesen werden. In der Nähe dieser Richtlinien befinden sich auch meist die Notrufnummern.
▶ Fremde Personen, die nicht eingewiesen sind, dürfen ein Labor nicht betreten. Dies gilt insbesondere für Kinder unter 16 Jahren.
▶ Die Sauberkeit und Ordnung am Arbeitsplatz sollte – auch wegen des sozialen Umfeldes **(Anhang A2)** immer gewahrt werden.
▶ Natürlich ist das Essen, Trinken und Rauchen im Labor strikt verboten. Dies gilt auch für Besteck. Ein Esslöffel zum Abwiegen von Chemikalien hat in einem Labor nichts zu suchen. Werden Lebensmittel analysiert (beispielsweise auf gentechnische Veränderungen), müssen die Reste entsorgt werden.
▶ Niemals im Laborbereich rennen oder drängeln.
▶ Neben Gefahrenstoffen, die an ihren Warnaufklebern zu erkennen sind, können viele Geräte eine ernste Gefahrenquelle darstellen. Ein Gerät darf deshalb nur nach Einweisung benutzt werden. Ein Blick in die Bedienungsanleitung ist immer extrem sinnvoll. Geräte mit hohem Gefahrenpotenzial sind neben UV-Leuchttischen (Kapitel 7.2) vor allem Zentrifugen (Kapitel 2.7), Autoklav (Kapitel 2.12), Elektrophorese-Netzteile (Kapitel 7.1 und 9.2.3) sowie mit Gas betriebene Utensilien, wie Bunsenbrenner.
▶ Wenn möglich, sollte nie allein in einem Laborraum gearbeitet werden. Es muss sich wenigstens ein weiterer Mitarbeiter in der Nähe, beispielsweise in einem benachbarten Raum, befinden. Sonst erlischt der Versicherungsschutz.
▶ Schwangerschaften müssen sofort dem Sicherheitsbeauftragten gemeldet werden. Der muss diese Information vertraulich behandeln.
▶ Im Labor muss ein Laborkittel getragen werden. Die Schuhe sollten geschlossen sein und keine hohen Absätze besitzen. Kopftücher müssen aus nicht-brennbarer Baumwolle sein.
▶ Kontaktlinsen haben im Labor nichts zu suchen! Es gibt schicke Brillen. Chemikalien können bei Kontaktlinsen zu überraschenden Reaktionen führen, welches der Verlust des Auges oder der Hornhaut zu Folge haben können. Die Augen sind neben den Händen die gefährdetsten Körperteile. Das ständige Tragen einer Brille ist daher sehr zu empfehlen. Es gibt spezielle Schutzbrillen, die vor allem beim Umgang mit gefährlichen Chemikalien sowie flüssigen Gasen (Kapitel 2.14) unbedingt zu tragen sind. Solche Schutzbrillen gibt es auch für Brillenträger. Bei der Nutzung eines UV Tisches wird das gesamte Gesicht durch einen Gesichtsschirm geschützt. In jedem Labor befinden sich in der Regel am Waschbecken Augenduschen, die täglich durchgespült werden sollten.
▶ Da die Hände der zweite stark gefährdete Körperbereich darstellen, sollten diese mit Handschuhen geschützt werden. Dabei ist zu beachten, dass manche Chemikalien, wie Ethidiumbromid, normale Laborhandschuhe mühelos durchdringen, weshalb beim Umgang mit diesen Nitrilhandschuhe getragen werden müssen.
▶ Keine Fluchtwege mit Behältern oder Versuchsaufbauten versperren. Kartons und anderes Verpackungsmaterial darf nicht im Labor „gelagert" werden.
▶ Im Schadensfall zunächst die Mitarbeiter im Labor verständigen. Die Behebung des Scha-

dens sollte nur nach Rücksprache mit dem verantwortlichen Laborleiter erfolgen.
▶ Vor Verlassen des Labors alle Geräte ausschalten, Gashähne schließen und die Hände waschen.
▶ Für den Umgang mit gentechnisch veränderten Organismen (GVO, *GMO*) Material gelten je nach Sicherheitsstufe unterschiedlich strenge Regeln. Als Studierende/r arbeitet man typischerweise mit Organismen der gentechnischen Sicherheitsstufe S1. Von Organismen dieser Gefahrenstufe geht bei sachgemäßem Umgang keine Gefährdung für gesunde Menschen oder die Umwelt aus.
▶ Die Regularien für diese Stufe betreffen vor allem den Betreiber der Anlage. Für die Studierenden sind vor allem folgende zusätzliche Vorschriften wichtig:
▶ Alle GVOs müssen zum Ende des Versuches hin abgetötet werden. Dies geschieht entweder durch Autoklavieren oder Sterilisieren (Kapitel 2.12).
▶ Im gentechnischen Labor dürfen sich keine Gegenstände mit offenen Poren (abgesplitterte Tischecken oder Styroporboxen) befinden.
▶ Es besteht eine Aufzeichnungspflicht, was bedeutet, dass jeder erzeugter GVO in einem Datenblatt aufgezeichnet werden muss. Hierfür gibt es institutsweite Vorschriften und einen zentralen Ordner, der sich i.d.R. beim Sicherheitsbeauftragten befindet.
▶ Für alle Fragen bezüglich GVOs gibt es den Projektleiter der Anlage oder den Beauftragten für Biologische Sicherheit (BBS), die bei allen Fragen sicher gerne weiterhelfen.

A2 Die 10 goldenen Laborregeln

Das molekularbiologische Labor ist auch ein sozialer Raum und die Zusammenarbeit zwischen den agierenden Personen hat einen maßgeblichen Einfluss auf den Erfolg der experimentellen Arbeiten. Gerade der Einsteiger findet sich mit vielen Regeln und Vorschriften konfrontiert, deren Beachtung eine entscheidende Bedeutung für die Stimmung im Labor besitzt.

Regel 1: Anpassen.
Als Neuling gelangt man in ein mehr oder weniger funktionierendes soziales Netzwerk, welches meist über Jahre gewachsen ist. Daher sollten geltende Absprachen befolgt werden. Vorschläge zur Optimierung von Arbeitsabläufen sind sicher willkommen, doch sollte man nicht dazu über gehen, eine komplett neue Labororganisation herzustellen.

Regel 2: Hierarchie.
In jedem Labor haben sich Hierarchien entwickelt, die auch nicht infrage gestellt werden sollten. Oft ergeben sie sich durch die Dauer der Zugehörigkeit, der Hilfsbereitschaft und dem Kenntnisstand von selbst. Ein häufiges Missverständnis ist, dass die technische Assistentin[1] („TA") eine Art Labordienerin für alle darstellt. Ein solcher Irrtum kann fatale Folgen haben, denn oft ist sie der lange Arm des Laborleiters. Sie ist praktisch die Nummer 1 im Labor, da sie die Organisationsabläufe am besten kennt und am längsten dort arbeitet. Sie kennt am besten die im Labor etablierten Methoden und die Lagerorte.

Regel 3: Fragen.
Fragen sind das A und O. Vor allem, wenn man ein Gerät nicht kennt, ist Fragen das oberste Gebot. Nie sollte man jedoch die gleiche Frage verschiedenen Leuten stellen, denn dann kommt schnell der Eindruck auf, man wolle deren Wissen testen oder die Kollegen gegeneinander ausspielen.

Regel 4: Ordnung halten.
Eigentlich ist ein Labor wie eine WG-Küche. Den meisten Streit gibt es in der Regel um das Putzen und Spülen. Daher sollten Arbeitspausen, die sich bei Inkubationen oder Zentrifugationen zwangsläufig ergeben, dazu genutzt werden, im Labor etwas Ordnung zu schaffen. Dazu gehört auch das Befüllen oder Ausräumen der Spülmaschine oder des Autoklavens. Von essenzieller Bedeutung ist es auch, dass alle Stammlösungen und Materialien immer an den gleichen Platz zurückgestellt werden, da sonst lange Suchaktionen zu Unmut führen werden.

---

1 Männliche TA's sind eher selten.

Regel 5: Miteinander sprechen.
Es ist sehr sinnvoll, mit den anderen Menschen im Labor über die Arbeit zu sprechen und – noch wichtiger – genau zuzuhören, was die anderen über ihre Arbeit erzählen. Auf diese Weise bekommt man viele praktische Tipps, erhält Informationen über die Labororganisation und eigene Fehler fallen schneller auf.

Regel 6: Mikropipetten.
Mikropipetten (Kapitel 2.5) sind das zentrale Werkzeug eines Molekularbiologen. In vielen Laboren besitzt jeder Mitarbeiter seinen eigenen Pipettensatz, für dessen Genauigkeit er auch verantwortlich ist. Daher sollte man nie ungefragt die Pipetten anderer Leute benutzen.

Regel 7: Stammlösungen.
Hier gilt das Gleiche wie für die Pipetten. In vielen Laboren gibt es gemeinsam genutzte Lösungen. Dann sollte man aber auch einen Teil dieser Lösungen herstellen. Es wird oft sehr genau beobachtet, wer nur Stammlösungen nutzt und wer auch welche ansetzt. Dies gilt auch für Medien und Agarplatten.

Regel 8: Beschriftung.
Auf einem 1,5-ml-Reaktionsgefäß ist wirklich wenig Platz, aber dennoch muss jedes Gefäß beschriftet werden. Grundsätzlich ist ein Gefäß immer mit Name, Inhalt und Datum zu versehen. Die Beschriftung mit einem wasserfesten Stift („Edding") ist nicht alkoholfest! Deshalb kann es sinnvoll sein, die Beschriftung mit Tesafilm zu umkleben oder Etiketten zu benutzen (allerdings müssen dies spezielle Etiketten sein, welche sich in den Tiefkühlern nicht ablösen).

Regel 9: Dokumentation.
Die exakte Dokumentation der eigenen Ergebnisse ist so wichtig, dass diesem Thema ein eigener Anhang A3 gewidmet ist.

Regel 10: Rücksicht nehmen.
Eigentlich selbstverständlich. Aber viele Auseinandersetzungen entzünden sich an einfachen Umgangsformen. Beispielsweise dem Radio oder der Musikauswahl im Labor. Wenn es keinen breiten Konsens gibt, sollte auf die Beschallung verzichtet werden. In vielen Laboren ist es sowieso verboten. Gleiches gilt für Gesprächsthemen, die sich nicht mit der Laborarbeit beschäftigen. Nie, aber auch wirklich nie, sollte man schlecht über seine Kollegen reden.

A3 Das Laborbuch und die finale Arbeit

Sämtliche erzielten Ergebnisse sind Makulatur, wenn der Weg zu ihnen nicht ausreichend genau dokumentiert wurde. Im Laborbuch werden die genauen Details der Experimente auf eine Weise protokolliert, dass jemand Unbeteiligtes diese nachvollziehen kann. Neben Messwerten und Gelbildern (z. B. Abb. 7.8 oder Abb. 9.7) und Berechnungen gehören hier auch alle Beobachtungen hinein, die vielleicht nicht direkt zum Experiment gehören und natürlich auch die durchgeführten Kontrollen. Das Laborbuch ist immer ein fest gebundenes Heft mit durchnummerierten Seiten, welches Eigentum der Arbeitsgruppe ist und normalerweise dort verbleibt.

Da zwischen den Experimenten und dem Schreiben der Bachelor- oder Masterarbeit Wochen oder gar Monate vergehen, ist es sehr vorteilhaft, wenn sich aus dem Laborbuch der Verlauf und die Aussage des Experiments schnell erschließen. Die erzielten Daten sollten im Laborbuch auch kommentiert werden. Zeitnah zum Experiment werden auf diese Weise chronologisch erfasst:

▶ Das Datum des Experiments.
▶ Die genauen Versuchsbedingungen.
▶ Beobachtungen, deren Relevanz noch unklar ist.
▶ Abweichungen von der Versuchsplanung.
▶ Einstellungen der verwendeten Geräte sowie die Chargen-Nummer verwendeter Enzyme und Antikörper.
▶ Die real pipettierten Volumina (Kapitel 2.5) und abgewogenen Mengen (Kapitel 2.4), damit im Nachhinein die darauf aufbauenden Berechnungen nachvollzogen werden können.

- Der Versuchsverlauf.
- Die erhaltenen Rohdaten, auch Fotos von Gelen und Ausdrucke (z.B. Abb 7.8 oder 9.7) oder Chromatogrammen (Kapitel 8.4.1) werden eingeklebt.
- Deutungen und Überlegungen zu den erhaltenen Ergebnissen.

Wichtig ist, dass sämtliche Eintragungen eindeutig sind, was bedeutet, dass Gelbilder fortlaufend durchnummeriert werden, sämtliche Probennamen eindeutig sind. Wird ein Verfahren häufiger benutzt, kann immer auf die jeweilige Seitennummer verwiesen werden, wo dieses en détail niedergeschrieben wurde. Dann sind nur die Änderungen zu dokumentieren.

Der Aufbau der Bachelor- oder Masterarbeit unterscheidet sich grundlegend vom Laborbuch und ist oft in der Prüfungsordnung festgelegt. Sie wird typischerweise nicht chronologisch erstellt, sondern besteht aus den Teilen:
- Einleitung
- Material und Methoden
- Ergebnisse
- Diskussion
- Literaturverzeichnis
- Zusammenfassung (diese kann manchmal auch als *Abstract* in Englisch zu verfassen sein und am Anfang stehen).
- Abkürzungsverzeichnis (oft auch vorn).

Am besten orientiert man sich an bereits vorhandenen Arbeiten in der Arbeitsgruppe. Liegt ein ordentlich geführtes Laborbuch vor, geht das Schreiben der Arbeit oft schnell von der Hand. Es ist empfehlenswert, zunächst mit dem Ergebnisteil zu beginnen, denn zu Beginn des Zusammenschreibens ist die Erinnerung an die Experimente noch frisch. Im Gegensatz zum Laborbuch wird nicht zwingend jedes Ergebnis aufgenommen, sondern oft nur representative Daten. Auch erfolgt die Ordnung nicht chronologisch, sondern so, dass eine durchgehende Argumentationsschiene aufgebaut werden kann. Dabei werden die Daten aber nicht bewertet.
Nachdem man sich Gedanken zur Sortierung und Bedeutung der Ergebnisse gemacht hat, folgt das Schreiben der Diskussion. Dieser Teil wird häufig unterschätzt, ist es doch der Teil, der meist am gründlichsten vom Betreuer gelesen wird. Hier werden die erhaltenen Ergebnisse bewertet. Wichtig ist der Bezug zur vorhandenen Literatur. Für die Diskussion ist die meiste Schreibzeit zu veranschlagen. Da die Diskussion eine gründliche Literaturrecherche erfordert, fühlt man sich anschließend mit dieser vertraut und kann mit dem Schreiben der Einleitung beginnen. Diese dient dazu, den unbedarften Leser in das Thema einzuführen. Da die Diskussion schon geschrieben wurde, ist die Zielrichtung der Arbeit klar und kann in der Einleitung berücksichtigt werden. Zuletzt wird der „Material und Methoden"-Teil geschrieben. Er lässt sich am schnellsten schreiben, selbst unter Zeitdruck, der regelmäßig kurz vor dem Abgabetermin entsteht. Hier werden nur die Methoden aufgeführt, zu denen auch Daten im Ergebnisteil aufgeführt sind.

Abschließend noch einige Tipps:
- Englische Begriffe oder schlimmer noch „Denglisch" sind bei den meisten Dozenten nicht gerne gesehen, vor allem, wenn es deutsche Ausdrücke gibt. Worte wie „Immunostain" sollten nie in einer Arbeit auftauchen, denn es heißt Immunfärbung.
- Lateinische Begriffe (*in vivo*, *in vitro*), Art- und Gattungsnamen, aber nicht die Varietät (*Malus sylvestris* var. domestica) werden kursiv oder unterstrichen geschrieben.
- SI-Einheiten wie m (Meter) oder s (Sekunde) gehören nicht in Abkürzungsverzeichnis.
- Zentrifugen drehen sich in Deutschland mit Upm (Umdrehungen pro Minute) und nicht rpm [*rounds per minute*]. Die Erdbeschleunigung ist eine Konstante, keine Einheit, daher heißt es: xg (fache Erdbeschleunigung).
- Das Literaturverzeichnis muss einheitlich formatiert sein. Dies kann sich sehr zeitaufwendig gestalten. Literaturverwaltungsprogramme wie Citavi (http://www.citavi.com) oder Bibus (http://bibus-biblio.sourceforge.net/wiki/index.php/Main_Page) können gute Dienste leisten, denn sie erstellen solche Verzeichnisse vollautomatisch in der gewünschten Formatierung.

Verzeichnis der Maps

1.1 Übersicht der einzelnen Arbeitsschritte in der Molekularbiologie 8
3.1 Die Aufreinigungsstrategien für Nukleinsäuren von Bakterien, Pilzen, Pflanzen und Tieren 54
3.2 Ablauf einer typischen Ethanolfällung 62
3.3 Übersicht gängiger RNA-Arbeiten 72
4.1 Die PCR stellt eine zentrale Drehscheibe bei molekularbiologischen Arbeiten dar 80
5.1 Klonierungsstrategien 120
6.1 Einteilung der Vektoren 128
7.1 Agarosegelelektrophorese 158
8.1 Allgemeines Schema der Proteinaufreinigung 172
8.2 Chromatographische Auftrennung 183
8.3 Typische Extraktionsschemata für die Aufreinigung heterologer Proteine aus E. coli 190
9.1 Die Proteinelektrophorese stellt das zentrale Nachweis- und Analyseverfahren für Proteine dar 196
9.2 Arbeitsschritte und Anwendung des Western Blots 211
10.1 Antikörper 218
11.1 Typische Strategie der Klonierung kombiniert mit bioinformatischen Analysen 249

Verzeichnis der Protokolle

2.1 Abwiegen von Gefahrstoffen 33
2.2 Pipettieren mit einer Mikropipette 35
2.3 Glycerin-Stammkultur von E. coli 49
2.4 Zellaufschluss von E. coli mit Ultraschall 51
3.1 TE-Puffer 56
3.2 Ethanolfällung mit Natriumacetat 64
3.3 Entfernung von Polysacchariden 65
3.4 Plasmidpräparation aus E. coli 68
3.5 DNA Isolation aus Pflanzen 69
3.6 Sehr einfache DNA-Extraktion aus tierischen Zellen 70
3.7 DEPC-Behandlung von H2O und Puffern 73
4.1 Standard-PCR-Puffer 86
4.2 Standard-PCR 91
4.3 RT-PCR mit Oligo-dT18-22VN-Primer 98
5.1 Universal-Puffer für Restriktionsenzyme 111
5.2 Restriktionsverdau 112
5.3 Berechnen von Picomol DNA oder DNA-Enden sowie den molaren Verhältnissen 114
5.4 Ligation 115
6.1 Blau Weiß-Screening 136
7.1 Herstellung eines 1 % Agarosegels 162
7.2 Ethidiumbromid-Färbelösung 165
7.3 „Freeze-'n'-Squeeze" Methode mit und ohne PCI 167
8.1 Herstellung von Phosphatpuffern 177
8.2 Ammoniumsulfatfällung 179
8.3 Messung der Proteinkonzentration nach Bradford 188
8.4 Aufreinigung löslicher Proteine aus E. coli 192
9.1 TCA-Fällung 198
9.2 10x SDS-Laufpuffer (1 l) 204
9.3 Die kolloidale Coomassiefärbung von Gelen 206
9.4 Semi-Dry-Western Blot auf eine PVDFMembran 213
10.1 Herstellung von PBS Puffer, pH 7,4 222
10.2 Durchführung eines Sandwich-ELISAs 234
10.3 Immunfärbung eines rekombinanten Proteins mit Flag-Tag 237

Verzeichnis der E-Docs

Alle E-Docs finden Sie im Internet unter
http://www.utb-mehr-wissen.de

2-1 Der pH-Wert und die Funktionsweise von Puffern
2-5 Chemisches Rechnen / Herstellung von Puffern und Lösungen
2-6 Dichtezentrifugation
2-7 *Escherichia coli* Genotypen
3-1 DNA-Isolation aus Pflanzen mit CTAB
3-2 FBI-Protokoll - DNA-Isolation aus Blut
3-3 RNA Isolation mit Trizol (Protokoll)
3-4 Isolation von polyA+-RNA (Protokoll)
3-5 Fluorometrische Mengenbestimmung
4-1 Sticky-End-PCR (Protokoll)
4-2 Kolonie PCR (Protokoll)
4-3 Quantitative PCR
5-1 Phosphorylierung von DNA (Protokoll)
5-2 Dephosphorylierung mit SAP und Exosapit®
5-3 Herstellung kompetenter Zellen (Protokoll)
5-4 SOB und SOC-Medium (Protokoll)
5-5 Weitere nützliche Enzyme
6-1 Extraktion rekombinanter Proteine aus dem Periplasma (Protokoll)
6-2 Hefe als Modellorganismus
6-3 Transformation pflanzlicher Zellen mit *Agrobacterium*
6-4 Herstellung von Knockout-Mäusen
6-5 Transfektion tierischer Zellen
7-1 Southern Blot
7-2 Northern Blot
8-1 Endoproteasen
8-2 Chaotrope Salze
8-3 Das Chromatogramm
8-4 Chromatographische Trennprinzipien
8-5 6xHis-Tag basierte Aufreinigungsverfahren
8-6 Massenspektrometrische Verfahren
9-1 Das Prinzip der diskontinuierlichen SDS-PAGE
9-2 Weitere Färbemethoden für Polyacrylamidgele
9-3 Elektroelution
10-1 Rekombinante Antikörper
10-2 Meerrettich Peroxidase (HRP) und Alkalische Phosphatase (AP)
10-3 Fluoreszenzfarbstoffe
10-4 Automatisierte antikörperbasierte Verfahren: Elispot und Antikörper-Chips
11-1 Massivparallele Sequenzierungverfahren
11-2 Der bioinformatische Ähnlichkeitsvergleich verschiedener Sequenzen mittels BLAST
11-3 Identifizierung konservierter Sequenzbereiche für die Genamplifikation
11-4 DNA-Bibliotheken
11-5 Phage Display

Tabellenverzeichnis

1.1 Verschiedene Gengrößen und Anzahl der Introns einiger menschlicher Gene 20
1.2 Eigenschaften von Pro- und Eukaryonten 26
2.1 Gängige Laborgefäße 37
2.2 Gängige Zentrifugentypen und ihre Eigenschaften 39
2.3 Verschiedene Medien für die Anzucht von E. coli 46
2.4 Verschiedene Antibiotika und ihre Lösungsmittel 48
3.1 Gängige Störstoffe 56
3.2 Übersicht gängiger Substanzen in Aufschlusspuffern 59
3.3 Bei der Ethanolfällung verwendete Salze 63
4.1 Auswahl einiger thermostabiler DNA-Polymerasen 84
4.2 Die Verdoppelung der Molekülzahl pro Zyklus 86
5.1 Die vier Hauptgruppen an Restriktionsenzymen 107
5.2 Typ II Subtypen 108
5.3 Erkennungssequenzen von Typ II Restriktionsenzymen 109
6.1 Verschiedene gängige Vektoren 129
6.2 Auswahl einiger Tag-Sequenzen 142
6.3 Auswahl gängiger Fluoreszenzproteine 144
6.4 Alternative Reportergene 145
6.5 Größe einzubringender DNA bei verschiedenen Klonierungsvektoren und ihre Wirtsorganismen 148
6.6 Eigenschaften verschiedener Plasmide für Hefen 150
6.7 Eine ganz kleine Auswahl tierischer Zellkulturen 155
7.1 Fehlerquellen bei der Agarose Gelelektrophorese 168
7.2 Einfluss verschiedener Störstoffe auf die Gelelektrophorese 169
8.1 Einige nicht-mechanische Aufschlussverfahren 174
8.2 Auswahl verschiedener Proteaseinhibitoren 175
8.3 Einige gängige Homogenisationspuffer 178
8.4 Vergleich verschiedener Methoden zur Quantifizierung der Proteinkonzentration 189
9.1 Wichtige Verfahren der Polyacrylamid-Gelelekrophorese (PAGE) 197
9.2 Zusammensetzung des 1x SDS-Probenpuffers 199

9.3   Zusammensetzung der Gellösungen für ein SDS-PAGE 203
9.4   Detektionsgrenzen verschiedener Färbemethoden für Gele 207
9.5   Häufig auftretende Fehler bei der SDS-PAGE und deren mögliche Ursachen 214
9.6   Mögliche Fehlerquellen beim Western Blot 216
10.1 Verschiedene trägerbasierte, immunbiochemische Verfahren 224
10.2 Verschiedene Trägermaterialien für die Immobilisierung von proteinartigen Antigenen 226
10.3 Gängige Markierungsverfahren für Antikörper und deren Einsatzmöglichkeiten 228
10.4 Typische Detektionsverfahren für ELISAs 231
10.5 Fehler, die beim ELISA auftreten können 241
10.6 Fehler, die bei der Immunfärbung auftreten können 242
11.1 Typische DNA-Mengen für die Sequenzierung 246
11.2 Einige bekannte Sequenzanalyse-Programme 247

Abbildungsverzeichnis

1.1   Zentrales Dogma der Molekularbiologie 12
1.2   Die Komponenten der DNA 13
1.3   Die vier verschiedenen Monomere der DNA 14
1.4   Basenpaare und Helixstruktur der DNA 15
1.5   Schmelztemperatur einer DNA 15
1.6   Unterschiedlichw Bestandteile von DNA und RNA 16
1.7   Codon Sonne 17
1.8   Aufbau eines prokaryotischen Operons 19
1.9   Genstruktur und Expression bei Eukaryoten 21
1.10 Proteinogene Aminosäuren 23
1.11 Ladung einer Aminosäure in Abhängigkeit vom pH-Wert 24
1.12 Die Sekundärstruktur eines Proteins 24
1.13 Sekundär-, Tertiär- und Quartiärstruktur eines Proteins 25
1.14 Proteinsynthese an freien und menbrangebundenen Ribosomen 27
2.1   Komponenten einer typischen Reinstwasseranlage 30
2.2   Ein typisches pH-Meter 31
2.3   Verschiedene Puffer und ihre Pufferbereiche 32
2.4   Laborwaage mit Windschutz und Deckel 33
2.5   Mikropipetten 34
2.6   Pipettenspitzen 34
2.7   Übersicht über den Pipettiervorgang 35
2.8   Verschiedene Gefäße 36
2.9   Verschiedene Zentrifugen im Labor 38
2.10 Absaugen oder Abgießen eines Überstands im Gefäß 39
2.11 Geräte für das Mischen von Flüssigkeiten 40
2.12 Ultrafiltrationsröhrchen und die Speed-Vac 41
2.13 Eine -20 °C-Kühlbox für Enyme 42
2.14 Tischautoklav 43
2.15 Kulturröhrchen 44
2.16 Sterilbank 44
2.17 Strukturformeln gängiger Antibiotika 48
2.18 Mörser und Pistill in verschiedenen Größen 50
3.1   Schema der PCI-Extraktion 60
3.2   Saubere DNA-Sedimente 63
3.3   Silika-basierte Aufreinigungsverfahren 65
3.4   Plasmidpräparation 67
3.5   Reinigung hochmolekularer DNA 71
3.6   Prinzip eines Einstrahlspektrophotometers 75
3.7   Photometer und Nanodrop 76
3.8   Der hypochrome Effekt 77
4.1   PCR-Zyklen 82
4.2   Synthese der DNA-Polymerase 83
4.3   Polymerasen mit und ohne Korrekturfunktion 85
4.4   Hybridisieren des Primers 87
4.5   Unerwünschte Primereffekte 89
4.6   Thermocycler 90
4.7   Gradientencycler 92
4.8   Ergebnis einer Gradienten-PCR 93
4.9   Temperaturprofil einer Inkrementellen PCR 93
4.10 Nested PCR 93
4.11 Multiplex-PCR 94
4.12 PCR mit endständigen Restriktionsschnittstellen 95
4.13 Reverse Transkription 96
4.14 Primer für die Reverse Transkription 97
4.15 Kolonie-PCR 98

5.1   Einer typische Klonierung 104
5.2   R-M-System 107
5.3   Restriktionsenzyme 109
5.4   Kompatible Restriktionsenzyme 110
5.5   Puffertabelle für Restriktionsenzyme 111
5.6   Schema verschiedener Ligase-Reaktionen 113
5.7   Schneiden von Vektor und Fragment mittels Restriktionsenzym 116
5.8   Elektroporator 118
5.9   TA-Klonierung 121
5.10 SrfI basierte Klonierung 123
5.11 LIC-Klonierungssysteme 124
5.12 TOPO-Klonierung 125
6.1   Die verschiedenen Zustände der Plasmide 131
6.2   Klonierungsplasmide 132
6.3   α-Komplementation 134
6.4   Beispiel eines Klonierungsplasmids 135
6.5   Rekombinasen 137
6.6   Rekombination beim Gateway® System 138
6.7   Expressionsplasmide 139
6.8   Reportergene 144
6.9   BAC-Vektoren 149
6.10 PAC-Vektoren 149
6.11 Vektoren für die Transformation von Pflanzen 152
6.12 Vektoren für tierische Zellen 155
7.1   Komponenten eines Agarosegel-Systems 159
7.2   Herstellung eines Agarosegels 160
7.3   Beladen eines Agarosegels 161
7.4   Beispiel für DNA-Größenstandards 163
7.5   Ethidiumbromid zum Anfärben der DNA im Gel 164
7.6   Agarose-Gel auf einem UV-Leuchttisch nach dem Ethidiumbromid-Bad 165
7.7   Präparative Gele 166
7.8   Beispiel eines RNA-Agarosegels 167
8.1   Ammoniumsulfatfällung 180
8.2   Dialyse 181
8.3   Ultrafiltration 182
8.4   Aufreinigung durch Chromatographie-System 184
8.5   Prinzip der Aufreinigung mittels Magnetic Beads 185
8.6   Proteinquantifizierung nach Bradfort und BCA Test 187
8.7   Reaktionsschema des BCA-Tests 189
8.8   T7-Polymerase abhängige Expression 191
8.9   Der 6x His Tag 193
9.1   Aufkochen der Proteinprobe vor der SDS-PAGE 199
9.2   Proteingelanlage 200
9.3   Polyacrylamidgele 201
9.4   Zusammenbau eines SDS-Gels 202
9.5   Beladen eines Gels 204
9.6   Bandenmuster eines Längenstandards für die SDS-PAGE nach Coomassiefärbung 205
9.7   Beispiel einer Coomassiefärbung 207
9.8   IPGphor Flachbettgelsystem 209
9.9   Vergleich zweier 2D-Gele 210
9.10 Aufbau eines Semi-Dry-Blots 212
10.1 Schema eines Immunglobulins des Typ G (IgG) 219
10.2 Verschiedene Antikörper-Formate 220
10.3 Polyklonale Antikörper 221
10.4 Die Heidelberger Kurve 223
10.5 Prinzip der trägerbasierten Immunfärbung 225
10.6 Markierung von Antikörpern 229
10.7 Durchführung des ELISA in Mikrotiterplatten 230
10.8 Kontrollen für ELISA 232
10.9 Sandwich-ELISA 233
10.10 Kompetitiver ELISA 235
10.11 Beispiel einer Immunfärbung nach Western Blot 236
10.12 Bei der Immunaffinitätschromatographie 238
10.13 FACS 240
11.1 DNA-Sequenzierung 244
11.2 Chromatogramm einer Sequenzierung 245
11.3 Herleitung eines degenerierten Primers aus einer Aminosäure-Sequenz 250
11.4 Verfahren des 3'-RACE und 5'RACE 252
11.5 Southern Blot Analyse 254
11.6 Transkriptom-Analyse mittels Microarray 256
11.7 Mutageneseverfahren 258
11.8 DpnI-Mutagenese 259

Abkürzungsverzeichnis

AA	Acrylamid
AP	Alkalische Phosphatase [*Alkaline Phosphatase*]
APS	Ammoniumpersulfat
BAC	künstliches Bakterienchromosom [*Bacterial Artificial Chromosome*]
BCA	Bicinchon-Säure [*Bicinchonic acid*]
BCIP	5-Bromo-4-Chloro-3-Indolyl phosphat Toluidinsalz
BisAA	N,N'-Methylenbisacrylamid
BLAST	Basic Local Alignment Search Tool
BSA	Rinderserumalbumin [*Bovine Serum Albumine*]
CAPS	Cyclohexylaminopropansulfonsäure, ein Puffer
cDNA	komplementäre DNA [*complementary DNA* oder auch *copyDNA*]
CDR	hypervariable Bereiche [*Complementarity Determining Region*]
CDS	Codierende Sequenz [*Coding Sequence*]
CI	Chloroform-Isoamylalkohol
Da	Dalton, Masseneinheit, nicht SI konform
DAB	3,3'-Diaminobenzidin
ddNTP	Didesoxynukleotid
dNTP	Desoxynukleotid
DEPC	Diethylpyrocarbonat
DMF	N,N'-Dimethylfluorid
DMSO	Dimethylsulfoxid
DNA	Desoxyribonukleinsäure [*Deoxyribonucleic acid*]
dsDNA	doppelsträngige DNA [*double stranded DNA*]
dsRNA	doppelsträngige RNA [*double stranded RNA*]
DTT	1,4-Dithiothreitol
EBI	European Bioinformatics Institute
EDTA	Ethylendiamintetraessigsäure
Fab	Antikörperfragment, welches durch proteolytischen Verdau entsteht
F(ab)$_2$	weiteres Antikörperfragment, welches durch proteolytischen Verdau entsteht
FACS	Fluorescence Activated Cell Sorting
GαRAP	Ziege-anti-Kaninchen Antikörper mit Alkalischer Phosphatase
GTC	Guanidinthiocyanat
HC	Schwere Kette eines Antikörpers [*Heavy Chain*]
HEPES	2-(4-(2-Hydroxyethyl)- 1-piperazinyl)-ethansulfonsäure, ein Puffer
HIC	Hydrophobe Interaktionschromatographie
HRP	Meerrettich Peroxidase [*Horse radish peroxidase*]
IEF	Isoelektrische Fokussierung
IEX	Ionenaustausch-Chromatographie [*Ionexchange Chromatography*]
IgA	Immunglobulin A
IgD	Immunglobulin D
IgE	Immunglobulin E
IgG	Immunglobulin G
IgM	Immunglobulin M
IMAC	Metallchelatchromatographie [*Immobilized Metal Ion Affinity Chromatography*]
IPTG	Isopropyl- β -D-thiogalactopyranosid
kDa	Kilodalton → Dalton
LC	Leichte Kette eines Antikörpers [*Light Chain*]
LIC	Ligase-unabhängige Klonierungssysteme
MES	2-(N-Morpholino)-ethansulfonsäure, ein Puffer
MOPS	3-(N-Morpholino)-propansulfonsäure, ein Puffer
NBT	p-Nitrotetrazoliumblauchlorid
NC	Nitrozellulose [*Nitrocellulose*]
NCBI	National Center for Biotechnology Information
NTA	Nitrilotriessigsäure [*Nitrilotriacetic acid*]
ori	Replikationsursprung
PAC	P1 Artificial Chromosome
PAGE	Polyacrylamid-Gelelektrophorese
PBS	*Phosphate-Buffered Saline*, ein Phosphatpuffer mit NaCl
PCI	Phenol-Chloroform-Isoamylalkohol
PCR	Polymerase Kettenreaktion [*Polymerase Chain Reaction*]
PEG	Polyethylenglykol
PIPES	Piperazin-N,N'-bis(2-ethansulfonsäure, ein Puffer
PMSF	Phenylmethylsulfonylfluorid
PVDF	Polyvinylidenfluorid
PVP	Polyvinylpyrrolidon
PVPP	Polyvinylpolypyrrolidon
RACE	*Rapid Amplification of cDNA-Ends with Polymerase Chain Reaction*
RαMHRP	Kaninchen-anti-Maus Antikörper mit Meerrettich-Peroxidase konjugiert
rbs	ribosomale Bindestelle
RIA	Radioimmuntest [*Radioimmune assay*]
RNA	Ribonukleinsäure [*Ribonucleic acid*]
scFv	*single chain variable Fragment*
SDS	Natriumdodecylsulfat oder Natriumlaurylsulfat, ein Detergenz
SDS-PAGE	SDS-Polyacrylamid Gelelektrophorese
ssRNA	einzelsträngig RNA [*single stranded RNA*]
ssDNA	einzelsträngig DNA [*single stranded DNA*]
SPR	Oberflächenplasmonreonanz [*Surface Plasmon Resonance*]
TAE	Tris-Acetat-EDTA Puffer
TBE	Tris-Borat-EDTA Puffer
TBS	*Tris-Buffered Saline*, ein Puffer
TE	Tris-EDTA, ein Puffer
TCA	Trichloressigsäure
TEMED	N,N,N',N'- Tetramethylethylendiamin
UTR	Untranslatierter Bereich
UV	Ultraviolettstrahlung
YAC	*Yeast Artificial Chromosome*

Quellenverzeichnis

Alle Fotos vom Autor, mit Ausnahme von:
Abb. 4.11: Elisa Derboven, Institut für Pflanzengenetik, Abt. II, Leibniz Universität Hannover
Abb. 4.15 und 7.6: Jürgen Haacks / Christian-Albrechts-Universität zu Kiel
Abb. 5.5 und 7.4: Fermentas UAB
Abb. 6.8: Philip Wolff, Institut für Pflanzengenetik, Abt. II, Leibniz Universität Hannover
Abb. 9.9: Dr. Frank Colditz, Institut für Pflanzengenetik, Abt. III, Leibniz Universität Hannover

Alle Grafiken vom Autor mit Ausnahme von: 1.4, 1.7, 1.12, 1.14, 2.10, 3.1, 3.5, 3.6, 3.10, 4.15, 5.2, 6.1, 9.1, und 11.1

Register

2-D-Gelelektrophorese 209, 236
3'-OH-Ende 14, 81, 83, 87, 98, 102, 107, 251
3'UTR 22, 251
5'-P-Ende 113, 116
5'UTR 22
6xHis-Tag 142f., 193f.

A-Tailing 84, 121, 125,
Acrylamid **201**, 203, 214,f.
Adapterprimer 115, **251f.**
Adenin 12ff., 21
Adenoviren 129, **154f.**
Agarosegel 61, 66, 74f., 78, 81, 84, 91, 93, 102, 123, 125, 157ff., 165, 167f., 197, 204, 246, 253f.
Agarplatten 44ff., 49, 69, 99, 119, 264
Agglutinationstest 224, 239
Agrobacterium tumefaciens 94, 129, **151f.**, **E-Doc 6-3**
Alkalische Phosphatase 56, 145, **227f.**, 231, 237, **E-Doc 10-2**
Aminosäuren 12, **16ff., 22ff.**, 44, 49, 75, 78, 89, 133, 141ff., 175, **186**, 199f., 206ff., 220, 229, **250**
– kanonische 24
– proteinogene 23f.
Aminosäuresequenz 18, 89, 229, 250
Ammoniumacetat 63, 169
Ammoniumsulfat 173, **179ff.**, 189, 206, 221
Ammoniumsulfatfällung **179**, 182, 184
Ampholyte 22, 197, 208
Ampicillin 42, 48f., 133f., 138, 149
Annealing 81, 88ff.
Annealing-Temperatur 84, **88ff.**, 102
Antibiotika 44, **47ff.**, 119, 130, 133
Antigen 218ff., 259ff.
Antikörper 9, 42f., 142ff., 153ff., 180, 196, 211, 213,217, 59, 165, 171, 182ff., 187ff., 194, **218ff.**, 254f., 255, 258f., 264
– Fänger-A. 233f., 241
– Monoklonale A. 221
– Polyklonale A. 218, 221, 225ff., 238
– rekombinante A. 146, 218, 220f., 258, **E-Doc 10-1**
Ausgangs-DNA (=Template DNA) 80ff., 93ff., 100ff., 113, 119, 121, 147, 259f.
Autoklavieren 36, **43ff.**, 56, 67,72f., 262f.

β-Galaktosidase 133ff., 143
BAC 129, **148ff.**
BCA-Test 33, 186ff., 206
Bibliothek (DNA-, Gen-, Phagen) 222, 257f., **E-Doc 11-4**

Bioinformatik 244, **248ff.**
Biotin 142, **228**, 254
BLAST 248f., **E-Doc 11-2**
Blau-Weiß-Screening 120, 123, **133ff.**, 139, 143, 149
Blocklösung 213, **225f.**, 231ff., 237, 242
Blotto **226**, 232, 234ff.
Blue Native PAGE → PAGE
Blunt Ends → stumpfe Enden
Bradford-Test **186ff.**, 197, 178f., 206
Bromphenolblau 162, 164, 199f., 205
BSA → Rinderserumalbumin
Bunsenbrenner 44f., 262

CAAT-Box 20
Calf Intestine Alkaline Phosphatase (CIAP) 116
Capture Phase 173, 233
Carbenicillin 42, 48
ccc-DNA 132
cDNA 21, 72ff., 96ff., 119f., 128, 146, 220, 249, 251ff.
cDNA-Bank 71, 73, 97, 253, **E-Doc 11-4**
Chaotrope Salze 54, 59, 65f., 72, 125, 169, 179f., **E-Doc 8-2**
Chloramphenicol 45, 48f., 145, 149, 151
Chloroform 54, 56, **60f.**, 66, 69f., 72, 167
Chromatin Immunopräzipitation (ChIP) 224
Chromatogramm
– Protein 183, 265, **E-Doc 8-3**
– DNA 245ff.
Chromatographie 74, 172f., **182ff.**, 193ff., 217ff., 226, **E-Doc 8-4**
– Affinitäts-C. 184ff., 219, 221, 237f.
– Gelfiltrations-C. (SEC) 184, 215
– Hydrophobe Interaktionschromatographie (HIC) 184
– Immunoaffinitäts-C. 237f.
– Ionenaustausch-C. (IEX) 184, 221
– Metallchelatchromatographie (IMAC) 194f.
CI-Methode (s.a. PCI) 60f., 69
codierender Strang 18
codogener Strang 18
Codon **16f.**, 24, 89, 141, 144, **250f.**, 257
Codon-Optimierung 144, 257
Codon-Usage (Tabellen) 251, 257
Cofaktor 26, 57, 176
Coomassie Brilliant Blue 186, 206ff.
Coomassiefärbung 191, 196f., 205, **206ff.**, 236
Cosmid 129, 148f
CTAB **58f.**, 64f., 69, 71, 125, 169, **E-Doc 3-1**
Cy3, Cy5 254ff.
Cytosin 12ff.

Dam-Methylase 111, **112f.**, 126, 260
dcm-Methylase 112f., 126
DEPC (Diethylpyrocarbonat) 56, **72f.**, 98
Desoxynukleotid (dNTP) 13, 63, 80f., **86f.**, 98, 102, 123, 147, 244f., 254
Desoxyribonukleinsäure (DNA) 12
Dialyse 42, 66, **181f.**, 215
Didesoxynukleotid (ddNTP) 244f.
Diethylpyrocarbonat → DEPC
Digoxygenin 254
Dimethylsulfoxid 49, 86, 102, 167, 175
Display Verfahren → Phage Display
Disulfid-Isomerase 141, 193
Dithiothreitol (DTT) 58f., 69f., 98, 111, 115, 176, 178, 189, 199, 214
DMSO → Dimethylsulfoxid
DNA-Chips 99, **255f.**
DNA-Microarray 71f., 99, 244, 253ff.
DNA-Polymerase → Polymerase
DNA-Sequenzierung → Sequenzierung
DNase **55f.**, 58f., 105, 175
DNase I 51, 73
dNTPs → Desoxynukleotid
Dot Blot 211
DpnI 107f., 113, 259
DpnI-Mutagenese → Mutagenese
Drigalskispatel 44f., 119, 212f.,
dsRED 144f.
Durchflussphotometer 183, 186
Durchflusszytometrie 240

EDTA 55, **57f.**, 66, 68ff., 78, 84, 86, 101, 161f., 182, 189
EDTA-Blut 70
Einschlusskörperchen **142**, 192
Elektrokompetente Zellen 117f., 128
Elektroporation **117ff.**, 150f.
ELISA 9, 34, 143, 218, 224, 226, **230ff.**, 240f.
– kompetitiver ELISA 233ff.
– Sandwich ELISA 233f., 241
Elongation 80, 83, 249
Episom 49, 130, 133, 150
Epitop 218, 220f., 223, 229f., 233f.
Escherichia coli 30, **45ff.**, 49, 51f., 59, 66, 68, 83, 101, 105, 112, **117**, 119, 126, 129f., 133ff., 139f., 143, 147ff., 154ff., 176, 190ff., 222, 246, 257, 259f., **E-Doc 2-7**
EST-Bank 97f., **E-Doc 11-4**
Ethanolfällung 56, **61ff.**, 68f., 73, 102, 168, 177, 247
Ethidiumbromid 132, 162, **164ff.**, 262
Exon 20f., 97
Exonuklease 55f., 84f., 100, 124, 251
ExoSAP-IT 116, 247, **E-Doc 5-2**
Expression
– heterologe E. 9, 21, 45, 97, 139, 153, 155, 190ff., 233, 257
– homologe E. 139
Expressionsvektor 110, 128f., 130, **139f.**, 142, 190f., 249

Extension → Elongation

F Plasmid / F' Plasmid → Plasmid
FACS 240
FASTA 249, **E-Doc 11-2**
Flag-Tag 142, 237
Fluorescein 228, 239, 254
Fluoreszenzfarbstoff 89, 100, 145, 196, 224, 227f., 240, 244f., 255ff., **E-Doc 9-2**
Fluoreszenzmikroskopie 224, 228, 239
Fluoreszenzprotein 144f.
Fluorometer 78, **E-Doc 3-5**
Flüssiger Stickstoff 49ff., 58, 64, 69, 174
Freeze-'n'-Squeeze 166f.
Freeze-Thaw 52
Fusionsprotein 143, 155, 190, 258f.

Gateway-System 130, 137f.
GC-Gehalt 15, 77, 89, 102, 254
genomische DNA 52, 56, 71, 80, 89, 102, 119, 148, 253f.
Gewebekultur 45, 50, 174, 176
GFP (Green Fluorescent Protein) **143ff.**, 151f., 155
Glasmilch 65, 74
Glucose 47, 67, 140, 189
Glycerin 43, 46, 49, 102, 112, 117, 126, 162, 199, 204
Glykosylierung 17, 28
Gradientencycler 90, **92**
Guanidinsalze 59, 65f., 72, 189
Guanidinthiocyanat (GTC) 56, 59, 72
Guanin 12ff., 20
m^7G-Cap 20ff., 252f.

Hairpin 88f., 123
Harnstoff (Urea) 101, 190, 192
Heavy chain → Schwere Kette
Hefe → *Saccharomyces*
Heidelberger Kurve 223
High-Copy-Plasmid → Plasmid
Hitzeschock-Transformation **117**, 119f., 126, **173f.**
Homogenisation 37, 50, 52, 55f., 58f., 71f., 74, 174ff., 185
Homogenisationspuffer 50f., 55, 58, 69f., 176, 178,199
Hybridisierung 81, 158, 167f., 244, **253ff.**
Hybridoma 154f., 218, 221
Hypochromer Effekt 15, 77

Immunfärbung 9, 40f., 143, 189, **210ff.**, 224ff., **235ff.**, 239ff., 255, 265
Immunfluoreszenz 224, 226, 239
Immunfluoreszenz-Mikroskopie 228
Immunisierung 221
Immunglobulin → Antikörper
Immunogen 219, 221
Immunpräzipitation 219,223f., 227

Inclusion Bodies → Einschlußkörperchen
Inkompatibilitätsgruppe 130
Inkubationsschüttler 40f., 46, 191
Intron 20f., 97, 144, 152, 156
IPTG 134ff., 140, 142, 190f.
Isoelektrische Fokussierung 196f., **208f.**
Isoelektrischer Punkt 22, 24, 181, 197, 208ff.
Isopropanol 64, 68, 70, 73, 169
Isoschizomer 109f., 112

Kanamycin 48f., 138, 151, 155
Kapillarelektrophorese 244f.
Kit 59, **66**, 71, **73f.**, 84, 136, 146, 164, 166f., 189, 194, 233, 246f., 253, 259, **E-Doc 3-4**
Klonierungsvektor 129ff., 148ff.
Knockout-Maus 153, **E-Doc 6-4**
kohäsiven Enden 108, 113, 119,129
kompetente Zellen (Ca^{2+}) 117, 126, **E-Doc 5-3**
Kugelmühle 50f., 174

lacZ 47, 133ff., 139f., 145, 148f., 190f.
lacZ-Promoter → Promoter
LB-Medium 46f., 136, 191
Leichte Kette (LC) 219f.
Leupeptin 175, 192
Ligase-unabhängige Klonierungssysteme (LIC) 120, **124**,
Ligase 75, 95, 105, **113ff.**, 120f., 126, 131, 136, 177
Ligation 81, **113ff.**, 117ff., 123, 126
Low-Copy-Plasmid → Plasmid
Low-Melting Agarose 160
Lowry-Test 186, 188f.
Luminol 227
Lysozym 51, 59, 174, 192f.

M13-Phage → Phagen
Magnetic Beads 74, **184ff.**, 193, 226
Magnetrührer 41, 179, 181f.
Massenspektrometrie 196, 210, 250, **E-Doc 8-6**
Mastermix → PCR-Mastermix
Matrizen-DNA → Ausgangs-DNA
Maus → *Mus musculus*
Meerrettich Peroxidase (HRP) 227f., 231, 234, 242, **E-Doc 10-2**
Methylase 105ff., **112f.**, 126
Microarray → DNA-Microarray
Mikropipette 34f., 57, 232, 264
Mikrotiterplatte 37, 188, 230ff., 241, 246
Minizentrifuge → Zentrifuge
Mörser 50, 58, 69, 174, 177
Multiple Cloning Site (MCS) 133ff., 139f., 156
Mus musculus (Maus) **153**, 155, 221, 253

Mutagenese 90, 100, 113, **256**, 258f.
– DpnI-basierte M. 259f.
– Error Prone M. 259
– gerichtete M. (Site-directed M.) 257
– Saturation M. 257
– Scanning M. 257

NanoDrop 76
native PAGE → PAGE
Natriumacetat 32, **63ff.**, 67f., 86, 101f., 123, 169, 189
NcoI 109f., 112
Neomycin 48f., 155
Neoschizomer 110
Nitrozellulose 211f., 226, 239
Northern Blot 71ff., 158, 167ff., 211, 244, 253, 255, **E-Doc 7-2**
Nuklease **55ff.**, 70, 95, 105, 107, 126, 147, 168
Nukleotid **12ff.**, 63, 80, 84ff., 90, 108f., 114, 121, 141, 244, 250, 259
Nylonmembran 255

Oberflächensterilisation 45
occ-DNA 132
Oligonukleotid (s.a. Primer) 63, 65, 77, 89, 100, 115, 253f.
One Hybrid System 257
Operon 18f., 148
ori → Replikationsursprung

PAC 129, **148ff.**,
PAGE (Polyacrylamidgelelektrophorese) **197ff.**
– Blue Native PAGE 208
– native PAGE 196f., **208**,
– SDS-PAGE 172f., 178, 181f., 189, 191, **196ff.**, 205, 208ff., 213f., 218, 236, 242, **E-Doc 9-1**
Panning 259
Paratop 221, 223, 229f.
PBS (*Phosphate-Buffered Saline*) 42, **222**, 226, 231, 234, 236ff.
PCI 56, **60f.**, 69,71f., 167
PCR (Polymerase-Kettenreaktion) 8, 31, 36ff., 68, 70, 77, 80, **81ff.**, 104f., 113, 115, 119ff., 136ff., 159, 163, 166, 168, 224, 231, 245ff., 250ff., 259f.
– Error Prone PCR 259
– Gradienten-PCR 90, **92**
– inkrementelle PCR **92**, 102
– Kolonie-PCR 82, 84, **99**, 119f., 123, **E-Doc 4-2**
– Multiplex-PCR **93f.**
– Nested PCR **92f.**, 102, 251
– Quantitative PCR 100f., **E-Doc 4-3**
– RACE-PCR **251ff.**
– RT-PCR 71, 73, **96ff.**, 100, 168, 251f.
– Sticky-End PCR 95, **E-Doc 4-1**
PCR-Puffer 86, 91, 99

PCR-Mastermix 91, 99f.
pCRScript 121f., 134, 251
PEG → Polyethylenglykol
PEG-Fällung **64**, 68
PelB-Sequenz 141, 193
Periplasma 48, **141**, 175, 190, 192f.
pH-Meter 31f.
pH-Indikator 61, 73, 162, 199f.
pH-Wert 22, 24, 30, **31f.**, 46f., 63, 66f., 78, 176, 178, 181, 201, 208f., 222, 238, 242, **E-Doc 2-1**
Phagemid 59, 129, 131, 136, **147f.**, 222, 259
Phagen 36, 45, 59, 64, 105f., 129ff., **146ff.**, 222, 258f.
− Phage f1 147, 155
− Phage λ 114,129, 136f., 140, **146ff.**,
− Phage M13 129, **146f.**, 258, **E-Doc 11-5**
− Phage P1 129, 148f.
− Phage T7 191
Phage Display 129, 141, 146f. 218, 245, **258f.**, **E-Doc 11.5**
Phenol 54, 56, 58, **60f.,** 70, 72, 101, 167, 176
Phenolextraktion → PCI
Phenoloxidase 58, 174, **176**
Phosphatpuffer (s.a. PBS) 32, 56, 63, **177f.**, 222
Photometer 46, 67, **75ff.**, 100, 186, 188, 231
Pipette → Mikropipette
Pipettenspitze **34ff.**, 44f., 69f., 99, 102
Plasmid 9, 26, 42, 57, 59, 66ff., 74, 81, 89, 101f., 104f., 118ff., 124, **129ff.**, 138ff., 147ff., 163, 246, 253, 259f.
− 2µ Plasmid 150
− binäres Plasmid 151f.
− Broad Range Plasmid 147, 152
− Centromer-haltige Plasmide 150
− Episomale P. 150
− Expressions-P. 110, 130, **139f.**, 190f.
− F Plasmid 129ff., 148f.
− F' Plasmid 133ff., 140, 148
− Helferplasmid 151
− High Copy P. 130, 133
− Integrative P. 150
− Klonierungs-P 129ff. **132ff.**, 139, 147, 151
− Low Copy P. 130, 139, 246
− Ti-Plasmid 151f.
Plasmidisolationskit 69, 247
Plasmidpräparation 59, **66ff.**, 102, 112, 163, 191, 246f.
PMSF 175, 192, 197
Polishing Phase 173, 182
PolyA⁺-RNA 22, 61, 71, **97f.**, 119, 185, 251, **E-Doc 3-3**
Polyacrylamidgelelektrophorese → PAGE

Polyadenylierung 21f., 74
Polyadenylierungssignal 21, 152, 155f., 251
polycistronisch 19
Polyethylenglykol (PEG) 61, **64**, 68, 181f.
Polymerase 18
− DNA-P. 18, 56, 73, 80ff., **83f.**, **95ff.**, 121, 123f., 147
− Proofreading DNA-P. 84f., 120f., 123
− reverse DNA-P. → reverse Transkriptase
− RNA-abhängige DNA-P. 97
− RNA-P. 18ff., 140, 191
− Taq-DNA-P. 56, **83f.**, 121f.
− T7-RNA-P. 140, **190f.**
− Tth-P. 97
Polymerase-Kettenreaktion → PCR
Polynukleotid Adenylyltransferase 56, **E-Doc 5-5**
Polyphenol 57f.,70, 102, **176**
Prähybridisierung 255
Primer 80f., 83f., **87ff.**, 119ff., 132, 134, 138, 140, 149, 166, 168, 245ff., 249ff., 259
− Adapterprimer 251f.
− degenerierte P. 87, **89f.**, 92, 119, 250f.
− Hexamer-P. 97, 99
− modifizierte P. 89
− nested Primer 93
− Oligo-dT-Primer (= oligo-dT$_{18-22}$VN-Primer) 98, 251f., 252
− Primerdimer 89, 96, 102, 123
− Sequenzierprimer 244ff.
− Smart™-Primer 252f.
Probenpuffer
− für DNA 162f.
− für SDS-PAGE 198f., 214f
Promoter 18ff., 47, 132ff., 139, **140ff.**, 143, 152, 154f., 190f., 257
− 35S-Promoter 152
− Early-SV40-Promoter 155f.
− lacUV5-Promoter 140
− lacZ-Promoter 47, 133ff., **139f.**, 190f.
− nos-Promoter 152
− PL-Promoter 140
− T7-Promoter 139f., 190, **191**
Promoteranalyse 143, 145, 257
Proofreading Polymerase → Polymerase
Proteaseinhibitor 51, 175f., 199
Protease 58, 139, **173ff.**, 192, 194, 214, 220, **E-Doc 8-1**
Proteinase K 58f., 70
Protein Engineering 258
Proteinsynthese 19, 27f., 49
Pufferkapazität 31f., 168
Purin 12ff.
PVDF-Membran 211ff., 226, 237
Pyrimidin 12ff.

Quartärstruktur 25f.

RACE 71f., 97, 249f., **251ff.**
rbs → ribosomale Bindestelle
Reaktionsgefäß 31, **35ff.**, 49, 63, 68f., 74, 90f., 96, 99f., 124, 166f., 185, 188, 264
Red Safe 165
Reinstwasser 31, 66, 118
Reinstwasseranlage 30f., 66
Rekombinase 120, 124, 128, **136ff.**
− cre-Rekombinase 149
Rekombinase-basierte Klonierung 136ff.
Rekombinase-Site **137f.**, 149, 156
Rekombination 130, 136ff., 150
− homologe R. 150f., 154, 257
− illegitime R. 151
Renaturierung 15, 59, 67, 88
Replikation 13
Replikationsursprung 128, 130, 132ff., 139, 146f., 149ff., 156
− ori ColE1 130
− pSa-ori 151f.
− pUC-ori 155
− SV40-ori 150, 155
Reportergen 143f., 152, 155, 257
Restriktionsenzym 57, 95f., **105ff.**, 119ff., 126, 132f., 136f., 163, 166, 177, 254, 259
Retroviren 12, 17, 96, 129, 154
Reverse Genetik 153, 245, 257
Reverse Transkriptase 21, **96ff.**, 119, 253, 255
− AMV R.T. 96
− M-MLV R.T. 96, 98
Reverse Transkription 12, 72, **96f.**, 119f., 249, 253
Ribonukleinsäuren → RNA
Ribosom 19
ribosomale Bindestelle (rbs) 19, 139, 141
Ribozym 16, 18f., 22, 26f., 28, 40, 49
Rinderserumalbumin (BSA) 111f., 187f., 226
− deacetyliertes BSA 102
R-M-System **106**, 112
RNA **12ff.**, 52, 55ff., 63, 65f., **70ff.**, 85, 87, 96ff., 110, 115, 119f., 139, 146, 158, 167f., 177, 185, 251, 253ff., 257
− hnRNA 20f.
− mRNA (messenger RNA) 12, 16, **18ff.**, 27, 49, 54, 73, 96f., 99f., 141, 156, 249, 251ff., 254, 256, 258
− rRNA (ribosomale RNA) 16, 18, 22, 40, 73, 167f.
− tRNA (Transfer-RNA) 16, 18f., 22, 49, 73, 257
RNA-Ligase 252
RNA-Polymerase → Polymerase
RNA-Sonde 139

RNase 25, 56, **67ff.**, 98
- RNase A 68
- RNase H 69, 96, 98
- RNase Block 98
RNase-freie DNase 73
Rolling Circle 147f.
Rotationsmischer 40f.
Rotor 37ff., 41

Saccharomyces cerevisiae (Hefe) 59, 129, 148, **150f.**, 253, 257, **E-Doc 6-2**
Sammelgel 202f., 215
Säuger-Zellkulturen 150, **153ff.**, 257
scFv → Antikörper, rekombinant
Scherkraft 40f., 41, 52, **55ff.**, 71, 126, 131
Schmelztemperatur 15, 77, 88f., 255
Schüttler 40f., 46, 70, 119, 191
Schwere Kette (HC) 219f., 258
Screening (s.a. Blau-Weiß-Screening) 99, 120, 134, 258
SDS (Natriumdodecylsulfat) 30, 42, 58f., 63, 67f., 70ff., 101, 178, 189, 197, 199f., 203ff., 208, 212, 214f.
SDS-Gelelektrophorese → PAGE
SDS-PAGE → PAGE
SDS-Laufpuffer 204, 215
SDS-Probenpuffer 198
Sekundärstruktur 24
Selbstligation 115f.
Selektion 47, 128, 133, 152, 258
Selektionsverfahren 258
Self-Priming 89
Semi-Dry Blot 211ff., 216
Sequenzierung
- DNA-S. 66, 88, 132, 134, 146, **244ff.**, **E-Doc 11-1**
- Protein-S. 252, **E-Doc 8-7**
Shine-Dalgarno-Sequenz 18, 139, 141
Shrimp Alkaline Phosphatase 141
Shuttle-Vektor 129, 147f., 150f., 154ff.
Silberfärbung 206ff., 214
Silika-Partikel **65f.**, 91, 121, 123, 166f.
Southern Blot 113, 158, 211, 244, 253ff., **E-Doc 7-1**
Speed-Vac 41f., 57, 62, 64, 68, 101, 198
Speedcycler 90
Spektralphotometer → Photometer
Spheroblasten 150
Spleißen 20f.
- alternatives S. 20f
SrfI 110, 121f., 134
SrfI-basiertes Verfahren 120
ssDNA 14f., 75, 77, 114, 129, 146f., 245, 254
Stain G 165f.
Star-Aktivität 111f., 126
Startcodon 17, 19, 21f., 110, 141
Sterilbank 31, **44f.**, 135f.
Sticky ends → kohäsive Enden
Stoppcodon 17, 19, **21f.**, 110, 141
Streptavidin 142, 228, 254

Stuffer-DNA 146, 149
stumpfe Enden (blunt ends) 105, 108, 113ff., 119, 121f., 124, 136, 251
supercoiled DNA 74, 125, 131f., 163
SYBR Green 100

T7-Promoter → Promoter
T7-RNA-Polymerase → Polymerase
Tag-Sequenzen 98, 139f., 141, **142ff.**, 145, 184, 190, 192ff.
T-DNA 151ff.
T-Antigen 155f.
T4-Ligase → Ligase
TA-Klonierung 80, 84, **120f.**, 125, 251
TAE-Puffer 42, 56ff., 160ff., 164, 167ff.
Taq-Polymerase → Polymerase
TATA-Box 20
TBE-Puffer 56ff., 161
TBS-Puffer 222, 238
TCA-Fällung 181, **198**, 200, 213
TE-Puffer **57**, 62, 65f., 68ff., 75, 86, 91, 101, 167
Template-DNA → Ausgangs-DNA
Tertiärstruktur 25, 163, 179
Tetracyclin 48f.
Thermocycler 80f., 83, **90ff.**, 100, 115
Thymin 12ff.
tierische Zellkultur → Säuger-Zellkultur
Tissue Print 239
TOPO-Cloning 125
Topoisomerase I **124f.**, 131f., 137
Transduktion 129, 156
Transfektion 156
Transkriptionsfaktoren 20f.
Translation 12, 16ff., 19f., 22, 24, 26f., 49, 56, 85, 141, 257
Trenngel 202f., 215
Transformation 8, 94, 99, 105, 117, **117ff.**, 123f., 126, 133, 144, 147, 259
- von Hefen 151
- von Pflanzen 129, 151f.
- von Säugerzellen 153ff.
Transkription 8, 12, 16ff., 26, 80, 255
Tris-Puffer (s.a. TE-, TBE- und TBS-Puffer) 33, 73
Trockeneis 51, 64
TY-Medium 46f., 117, 191

Ultrafiltration 41, 182
Ultraschall 50, **51f.**, 174, 192f., 224
Ultrazentrifuge → Zentrifuge
Uracil 12f., 15ff.
UV-Crosslinking 255
UV-Tisch 164ff., 255
UV-Photometer → Photometer

Vektoren (s.a. Plasmid) 9, 80, 95, 97, 104f., 114ff., **119ff.**, **128ff.**, 140f., 144f., 147f., 150f., 154ff. , 166, 245
- binärer V. 150ff.
- BAC-V. 148
- Entry-V. 137f.

- Expressions-V. 110, 128f., 130, **139f.**, 142, 190f., 249
- Klonierungs.-V. 129ff., 148ff.
- PAC-V. 148f.
- Replacement-V. 146
- Shuttle-V. 129, **147f.**, 154ff.,
- Suicide-V. 122, **136**
- T-Vektor 121
Vektorkarte 141
Vortexer 40f., 49, 57, 62, 71

Waage 33
Wasser 12, **30ff.**, 41f., 45, 60, 71, 73, 117, 161, 168, 174, 180f., 193, 236
Wasserbad 51, 69, 112, 117, 166, 198f.
Wasserkontrolle 83, 93f., 101f.
Wasserstoffbrücke 14f., 25, 77, 87, 229
Wasserstoffperoxid 227
Western Blot 44, 203, 208, **211ff.**, 218, 224, 226, 228, 235f., 240, 242, 255
Wet Blot 211, 214, 216
Wobbel 16, 90, 250f.

XbaI 109f., 126
X-Gal 133ff., 145
Xylencyanol 162

YAC 56, 129, 148, **150**

Zentrifuge 36ff., 42, 51, 63f., 167 178ff., 192, 198, 236, 262, 265
- Kühlzentrifuge 37f.
- Minizentrifuge 38f., 91
- Ultrazentrifuge 39
Zwitterion 22, 24, 178
Zymolase 59